危险性较大工程
安全专项方案编制与案例精选
——模架工程

张彤炜　周书东　麦镇东　主编

中国建筑工业出版社

图书在版编目（CIP）数据

危险性较大工程安全专项方案编制与案例精选. 模架
工程/张彤炜，周书东，麦镇东主编. —北京：中国
建筑工业出版社，2021.1（2022.8重印）
ISBN 978-7-112-25683-9

Ⅰ. ①危… Ⅱ. ①张… ②周… ③麦… Ⅲ. ①建筑施
工-安全管理-建筑方案 Ⅳ. ①TU714

中国版本图书馆 CIP 数据核字（2020）第 241502 号

本书主要围绕如何制作好一份科学、规范、合理的危险性较大工程安全专项施工方案这个主题。全书内容共分为 13 章，分别为危险性较大的分部分项工程、危大工程安全管理、危大工程专项方案专家论证、模架工程及常见事故、模架体系选型、模架工程专项施工方案编制、落地与悬挑式外脚手架（扣件架）工程安全专项施工方案实例、大荷载模板工程（盘扣架）安全专项施工方案实例、附着式升降脚手架工程安全专项施工方案实例、悬挑高支模工程安全专项施工方案实例、顶升模架工程安全专项施工方案实例、铝合金模板工程安全专项施工方案实例、桥梁工程挂蓝悬浇施工安全专项施工方案实例等。

责任编辑：杨　杰　范业庶
责任校对：赵　菲

危险性较大工程安全专项方案编制与案例精选——模架工程
张彤炜　周书东　麦镇东　主编
*
中国建筑工业出版社出版、发行（北京海淀三里河路 9 号）
各地新华书店、建筑书店经销
霸州市顺浩图文科技发展有限公司制版
北京凌奇印刷有限责任公司印刷
*
开本：787 毫米×1092 毫米　1/16　印张：23½　字数：580 千字
2021 年 1 月第一版　2022 年 8 月第二次印刷
定价：**75.00** 元
ISBN 978-7-112-25683-9
（36651）

本书编委会

主　编：张彤炜　周书东　麦镇东

副主编：叶雄明　张　益　刘　亮　郑大叶　黄志明

　　　　全锡志　张顺祥

前　言

　　2018 年住建部印发《危险性较大的分部分项工程安全管理规定》住建部 37 号令和关于实施《危险性较大的分部分项工程安全管理规定》有关问题的通知建办质（2018）31号文，从规定的管理办法和专项方案编制内容方面有了进一步细化和要求。应 37 号令和 31 号文新规定要求，东莞市建筑科学研究所具有十余年组织危大工程专项方案评审论证和参与建设工程施工一线的优势，结合国家最新有关法律法规和标准规范，组织编写《危险性较大工程安全专项方案编制与案例精选》系列丛书，力求重点突出其实用性、指导性和可学性，有针对性地帮助建筑施工企业提升建设工程安全专项施工方案的编写质量和效率。

　　围绕如何编制好一份科学、规范、合理的危险性较大工程安全专项施工方案这个主题，本书可划分为技术内容（第 1—6 章）和范例精选（第 7—13 章）共 13 章。第 1 章为概述，介绍了危大工程的概念和界定，第 2 章分析了当前我国建筑业安全生产形势、解读相关的法律法规和制度，第 3 章介绍专项方案专家论证组织管理，第 4 章重点统计分析模架事故类型和原因，第 5 章探究模架的体系选型，第 6 章为模架工程专项施工方案编制内容，并重点明晰方案编制要点、审核标准和明确计算参数的取值辨析。本书所精选的 7 个专项方案范例已在相应工程项目中安全施行并通过验收，为了保留范例的真实性和可复制性，所有范例从形式到内容要素均保留完整，但原专项方案存在不同程度的不足，因此对原方案进行了优化调整，使得本书撷取案例既忠于但又高于原专项方案。

　　本书在编写过程中，得到了有关专家的大力支持和指导，这些专家在工程实践方面有着深厚造诣和丰富的专项方案评审论证经验，为本书的编写提出了十分宝贵的意见和支持，同时，本书参考了有关作者的文献和论著成果，在此谨致谢忱。由于编者水平有限及时间仓促等原因，书中难免存在不妥之处，欢迎读者指正，以便再版纠正。

　　本书理论联系实际，指导性较强，简明扼要便于理解，可供类似工程建设、设计和施工等单位从业人员参考、使用，也可供大专院校相关专业师生使用。

目　　录

第1章

危险性较大的分部分项工程

1.1 危险性较大的分部分项工程概述

危险性较大的分部分项工程（以下称"危大工程"）是指房屋建筑和市政基础设施工程在施工过程中，容易导致人员群死群伤或者造成重大经济损失的分部分项工程。因其危险性的特点，危大工程历来受到监管部门和工程参建单位重点监督和关注。危大工程没有严格定义和范围，根据工程建设的发展和不同地区，可以有不同类别。根据《危险性较大的分部分项工程安全管理规定》（中华人民共和国住房和城乡建设部令第37号），危大工程范围详见表1-1。

危大工程范围　　　　　　　　　　　　　　　　　　　表 1-1

大类	具体分类
基坑工程	1. 开挖深度超过 3m(含 3m)的基坑(槽)的土方开挖、支护、降水工程。 2. 开挖深度虽未超过 3m,但地质条件、周围环境和地下管线复杂,或影响毗邻建、构筑物安全的基坑(槽)的土方开挖、支护、降水工程
模板及支撑体系	1. 各类工具式模板工程:包括滑模、爬模、飞模、隧道模等工程。 2. 混凝土模板支撑工程:搭设高度 5m 及以上,或搭设跨度 10m 及以上,或施工总荷载(荷载效应基本组合的设计值,以下简称"设计值")10kN/m² 及以上,或集中线荷载(设计值)15kN/m 及以上,或高度大于支撑水平投影宽度且相对独立无连系构件的混凝土模板支撑工程。 3. 承重支撑体系:用于钢结构安装等满堂支撑体系
起重吊装及起重机械安装拆卸工程	1. 采用非常规起重设备、方法,且单件起吊重量在 10kN 及以上的起重吊装工程。 2. 采用起重机械进行安装的工程。 3. 起重机械安装和拆卸工程
脚手架工程	1. 搭设高度 24m 及以上的落地式脚手架工程(包括采光井、电梯井脚手架)。 2. 附着式升降脚手架工程。 3. 悬挑式脚手架工程。 4. 高处作业吊篮。 5. 卸料平台、操作平台工程。 6. 异形脚手架工程
拆除工程	可能影响行人、交通、电力设施、通信设施或其他建、构筑物安全的拆除工程
暗挖工程	采用矿山法、盾构法、顶管法施工的隧道、洞室工程

大类	具体分类
其他	1. 建筑幕墙安装工程。 2. 钢结构、网架和索膜结构安装工程。 3. 人工挖孔桩工程。 4. 水下作业工程。 5. 装配式建筑混凝土预制构件安装工程。 6. 采用新技术、新工艺、新材料、新设备可能影响工程施工安全，尚无国家、行业及地方技术标准的分部分项工程

根据《危险性较大的分部分项工程安全管理规定》，对于超过一定规模的危大工程，施工单位应编制专项施工方案，并组织专家论证，超过一定规模的危大工程范围详见表1-2。此外，还包括建设、勘察、设计、施工、监理单位三方以上共同认定或住房和城乡建设主管部门及其委托的安全监督机构认定为危险性较大的分部分项工程。

超过一定规模的危大工程范围   表1-2

大类	具体分类
深基坑工程	开挖深度超过5m(含5m)的基坑(槽)的土方开挖、支护、降水工程
模板工程及支撑体系	1. 各类工具式模板工程：包括滑模、爬模、飞模、隧道模等工程。 2. 混凝土模板支撑工程：搭设高度8m及以上，或搭设跨度18m及以上，或施工总荷载(设计值)15kN/m² 及以上，或集中线荷载(设计值)20kN/m及以上。 3. 承重支撑体系：用于钢结构安装等满堂支撑体系，承受单点集中荷载7kN及以上
起重吊装及起重机械安装拆卸工程	1. 采用非常规起重设备、方法，且单件起吊重量在100kN及以上的起重吊装工程。 2. 起重量300kN及以上，或搭设总高度200m及以上，或搭设基础标高在200m及以上的起重机械安装和拆卸工程
脚手架工程	1. 搭设高度50m及以上的落地式钢管脚手架工程。 2. 提升高度在150m及以上的附着式升降脚手架工程或附着式升降操作平台工程。 3. 分段架体搭设高度20m及以上的悬挑式脚手架工程
拆除工程	1. 码头、桥梁、高架、烟囱、水塔或拆除中容易引起有毒有害气(液)体或粉尘扩散、易燃易爆事故发生的特殊建、构筑物的拆除工程。 2. 文物保护建筑、优秀历史建筑或历史文化风貌区影响范围内的拆除工程
暗挖工程	采用矿山法、盾构法、顶管法施工的隧道、洞室工程
其他	1. 施工高度50m及以上的建筑幕墙安装工程。 2. 跨度36m及以上的钢结构安装工程，或跨度60m及以上的网架和索膜结构安装工程。 3. 开挖深度16m及以上的人工挖孔桩工程。 4. 水下作业工程。 5. 重量1000kN及以上的大型结构整体顶升、平移、转体等施工工艺。 6. 采用新技术、新工艺、新材料、新设备可能影响工程施工安全，尚无国家、行业及地方技术标准的分部分项工程

1.2 超过一定规模的危大工程界定

实际工程项目中，对于具体的分部分项工程是否属于危险性较大的类别，尤其是对超过一定规模的危大工程界定，很多从业人员辨识不清。根据工程经验及相关标准、规范，本节对超过一定规模的危大工程界定作以下分析和解读。

1. 深基坑工程

超过一定规模的深基坑工程，指开挖深度超过 5m（含 5m）的基坑（槽）的土方开挖、支护、降水工程。实际工程中对开挖深度 5m 有不同理解，一般指实际开挖深度。由于电梯井、承台、水池等开挖的需要，很多基坑工程存在坑中坑现象，开挖深度按照最深的坑中坑，还是按照基础底板垫层底？这需要具体情况具体分析，尺寸较大的坑中坑（边长达到 3m 以上），且距离基坑底边线间距较小时，基坑开挖深度应考虑到坑中坑的深度；坑中坑较小，且距离基坑底边线较远时，可不考虑坑中坑的深度。以上主要是从坑中坑对基坑整体稳定性的影响来考虑的。对于深基坑专项方案的论证审查一般包括基坑支护设计图和基坑专项施工方案两方面，基坑支护设计图应由具有岩土设计资质的单位进行设计。深基坑工程专项施工方案应包括支护结构施工、土方挖运施工及降排水施工等内容，专项施工方案应由总承包单位组织编写。

2. 模板工程及支撑体系

各类工具式模板工程均属于超过一定规模的危大工程，包括滑模、爬模、飞模及隧道模等。

对于混凝土模板支撑工程，又包括以下几类情况：

第一类是搭设高度 8m 及以上的，一般指支撑搭设高度达到 8m 及以上的。房屋及市政工程中常遇到悬挑支模及支撑平台支模的情况，如高层建筑物周边悬挑结构，筒仓顶板需要搭设支撑平台，在支撑平台上再搭设支撑架支撑模板，这些情况只要混凝土结构模板与地面高度达到 8m 及以上时，也属于超过一定规模的危大工程。

第二类是搭设跨度 18m 及以上的模板支撑工程，在建筑工程中一般指柱网跨度大于 18m 的情况，或者市政工程中组合支撑架体（如贝雷架）支撑跨度达到 18m 的。

第三类是施工总荷载（设计值）15kN/m² 及以上的情况，需要注意的是，这里的施工总荷载是设计值，而不是标准值。根据《建筑结构荷载规范》GB 50009—2012 及《建筑施工模板安全技术规范》JGJ 162—2008，工程施工采用不同模板、不同施工方法时施工总荷载各分项的取值是不同的，因此实际工程项目中施工总荷载是否达到 15kN/m² 应根据具体情况计算分析。

第四类集中线荷载（设计值）20kN/m 及以上情形，常见于房屋、市政工程中的大荷载梁。荷载标准值相同，但采用不同模板或施工工艺时，各项荷载前的分项系数取值不同，因此实际工程项目中集中线荷载是否达到 20kN/m 应根据具体情况计算分析。

当采用通常施工方法，梁截面面积及混凝土板的厚度达到一定值时，施工总荷载和集中线荷载便分别达到 15kN/m²、20kN/m。为便于工程技术人员把握标准，依据《建筑施工模板安全技术规范》JGJ 162—2008 第四章荷载及变形值的规定内容和参数取值，对超过一定规模的危大模板工程中涉及施工总荷载（设计值）15kN/m² 的钢筋混凝土板厚度或集中线荷载（设计值）20kN/m 的梁截面面积进行计算推导，为界定模板支撑工程是否为超过一定规模的危险性较大的分部分项工程提供一个参考标准。

依据《建筑施工模板安全技术规范》JGJ 162—2008 中 4.1 节规定，对相关参数进行取值。钢筋混凝土板施工的荷载效应由永久荷载控制，取永久荷载的分项系数：$\gamma_G =$

1.35、$\gamma_Q=1.4$、$\psi=0.7$，荷载组合取值：$G_{1k}=0.3\text{kN/m}^2$（木模板）、$G_{2k}=24\text{kN/m}^2$、$G_{3k}=1.1\text{kN/m}^2$、$Q_{1k}=2.5\text{kN/m}^2$。设楼板厚度为 h，S 为荷载效应组合的设计值，γ_0 为结构重要性系数（取 0.9），依据条文 4.3.1 和 4.3.2 相关计算内容可得出以下结果：

$$S=\gamma_G G_{ik}+\sum_{i=1}^{n}\gamma_G\psi Q_{ik}\Rightarrow S=\gamma_G(G_{1k}+G_{2k}+G_{3k})+\gamma_Q\psi Q_{1k}$$

$$\Rightarrow\gamma_0 S=0.9\times[1.35\times(0.3+24h+1.1h)+1.4\times0.7\times2.5]=15\text{kN/m}^2$$

$$\therefore h=\left[\frac{(15/0.9-1.4\times0.7\times2.5)}{1.35}-0.3\right]/(24+1.1)=0.408\text{m}$$

当钢筋混凝土板支模模板采用平板木模板且浇筑楼板厚度大于 0.408m 时，该项目模板工程为超过一定规模的危大分部分项工程。同样的，对钢筋混凝土板的木模板（$G_{1k}=0.75\text{kN/m}^2$）和钢模板（$G_{1k}=1.1\text{kN/m}^2$）进行推导计算，厚度超过 0.390m 的木模板工程和厚度超过 0.376m 的钢模板工程为超过一定规模的危大分部分项工程，专项施工方案需要进行专家论证。

同样，依据《建筑施工模板安全技术规范》JGJ 162—2008 中 4.1 节规定，对相关参数进行取值。梁施工的荷载效应由永久荷载控制，取永久荷载的分项系数：$\gamma_G=1.35$、$\gamma_Q=1.4$、$\psi=0.7$，荷载组合取值：$G_{1k}=0.75\text{kN/m}^2$（常规梁木模板及其支架）、$G_{2k}=24\text{kN/m}^2$、$G_{3k}=1.5\text{kN/m}^2$、$Q_{1k}=2\text{kN/m}^2$。设梁宽为 b，梁高为 h，S 为荷载效应组合的设计值，γ_0 为结构重要性系数（取 0.9），依据条文 4.3.1 和 4.3.2 相关计算内容可得出以下结果：

$$S=\gamma_G G_{ik}+\sum_{i=1}^{n}\gamma_G\psi Q_{ik}\Rightarrow S=\gamma_G(G_{1k}+G_{2k}+G_{3k})+\gamma_Q\psi Q_{2k}$$

$$\Rightarrow\gamma_0 S=0.9\times[1.35\times(0.75b+24bh+1.5bh)+1.4\times0.7\times2b]=20\text{kN/m}$$

$$\therefore h=\left[\frac{(20/0.9-1.4\times0.7\times2b)}{1.35}-0.75b\right]/[(24+1.5)b]=\frac{0.646}{b}-0.086$$

$$S_{\text{截面面积}}=bh=0.646-0.086b$$

当梁支模模板类型采用常规梁木模板及其支架时，有以下情况：

（1）当梁宽为 0.2～0.3m 时（含 0.3m），梁截面面积大于 0.620m²；

（2）当梁宽为 0.3～0.6m 时（含 0.6m），梁截面面积大于 0.594m²；

（3）当梁宽为 0.6～1.0m 时（含 1.0m），梁截面面积大于 0.560m²。

该项目模板工程为超过一定规模的危大分部分项工程。

同样的，对梁支模采用钢模板及其支架（$G_{1k}=1.1\text{kN/m}^2$）进行推导计算，有以下情况：

（1）当梁宽为 0.2～0.3m 时（含 0.3m），梁截面面积大于 0.616m²；

（2）当梁宽为 0.3～0.6m 时（含 0.6m），梁截面面积大于 0.586m²；

（3）当梁宽为 0.6～1.0m 时（含 1.0m），梁截面面积大于 0.546m²。

该项目模板工程为超过一定规模的危险性较大的分部分项工程。

承重支撑体系的情形，超过一定规模的承重支撑体系主要指用于钢结构安装等满堂支撑体系，承受单点集中荷载 7kN 及以上。这里支撑体系主要用于钢结构、市政工程施工，应注意分析具体工程单点集中荷载的最不利情况。

3. 起重吊装及起重机械安装拆卸工程

第一类是起重吊装工程，采用非常规起重设备、方法，且单件起吊重量 100kN 以上的吊装工程属于超过一定规模的危大工程。一些工程项目因场地等条件限制，无法采用常规标准设备进行吊装，而采用自行建造的机械设备进行吊装，当单件起吊重量达到 100kN 时，需要编制专项方案组织专家论证审查。此类起重吊装工程专项施工方案应包含起重机械设备的设计和建造，还应包含起重吊装施工工艺。

第二类为起重机械的安装和拆卸工程，具体有三种情况。一是起重量 300kN 及以上的起重机械，这种情况易于确定；第二种情况搭设总高度 200m 及以上，常见于超高层建筑物的塔式起重机；第三种情况为搭设基础标高 200m 以上的起重机械，常见于超高层建筑的内爬式、外挂式塔式起重机。

应注意的是，这三种情况的起重机械的安装和拆卸均应编制专项方案并组织专家论证审查。一般超高层建筑物施工周期较长，起重机械安装时往往还不能确定拆除时的施工条件，因此起重机械的安装和拆除可分两次分别编写安装和拆卸两个专项施工方案，分两次组织专家论证评审。

4. 脚手架工程

第一类是搭设高度 50m 及以上的落地式钢管脚手架工程，落地式脚手架搭设高度较大时，存在较大的危险性，脚手架容易发生较大的变形。随着搭设高度的增加应加强卸荷、连墙件及相应构造措施。在广东省广州、东莞等地区，落地式脚手架搭设最大高度一般控制在 80m 左右，每隔 5 层设置钢丝绳进行吊拉卸荷。

第二类是提升高度 150m 及以上的附着式升降脚手架工程或附着式升降操作平台。近年来，国内高层建筑采用整体爬升脚手架越来越多，附着在主体结构上的工具式脚手架应用也越来越多。当提升高度大于 150m 时，属于超过一定规模的危大脚手架工程。

第三类是分段架体搭设高度 20m 及以上的悬挑式脚手架。分段悬挑脚手架搭设高度较大时，支撑于悬挑型钢上的荷载较大，应采取卸荷措施，并加强连墙构造措施。各省市对悬挑脚手架的分段最大高度有不同要求，有的要求最大分段高度不大于 30m，有的要求不大于 25m 等，广东省广州、东莞地区一般要求不大于 50m。

5. 拆除工程

只有特殊建筑物的拆除工程才属于危大拆除工程，第一类是码头、桥梁、高架、烟囱、水塔或拆除中容易引起有毒有害气（液）体或粉尘扩散、易燃易爆事故发生的特殊建、构筑物的拆除工程。第二类是文物保护建筑、优秀历史建筑或历史文化风貌区影响范围内的拆除工程。

6. 暗挖工程

地铁及城市轨道交通隧道、联络通道及部分市政管道、箱涵等暗挖工程常采用矿山法、盾构法施工。为了减少对地表和周边环境的影响，一些市政管道、箱涵等常用顶管法施工，采用顶管施工的管道、箱涵截面尺寸越来越大，此类工程属于超过一定规模的危大工程。

7. 其他

第一类是施工高度 50m 及以上的建筑幕墙安装工程。幕墙常采用脚手架或吊篮进行安装，当施工高度较大，危险性也在增大，涉及脚手架搭设、吊篮安装操作、高空作业及材料垂直、水平运输等，当施工高度达到 50m 时属于超过一定规模的危大工程。

第二类是跨度 36m 及以上的钢结构安装工程，或跨度 60m 及以上的网架和索膜结构安装工程。钢结构和网架、索膜结构安装工程涉及吊装、高空作业、支撑平台等施工，跨度较大时，高度一般也大，达到以上高度属于超过一定规模的危大工程。

第三类是开挖深度 16m 及以上的人工挖孔桩工程。人工挖孔桩施工属于有限作业空间施工，危险性较大，尤其是有害气体、涌水、涌砂及孔壁坍塌等给施工作业人员带来较大危险。各省市对人工挖孔桩的施工提出了不同的管理要求，主要针对不良地质条件、安全防护、班组作业及开挖深度、桩径等提出限制要求。广东省建设厅于 2003 年发布《关于限制使用人工挖孔灌注桩的通知》（粤建管字〔2003〕49 号），为保障施工安全，对采用人工挖孔桩的工程提出了各种限制要求。

第四类为水下作业工程。在桥梁、隧道及一些临水及水上建筑工程中会涉及水下作业，水下作业条件复杂，危险性较大。

第五类为重量 1000kN 及以上的大型结构整体顶升、平移、转体等施工工艺。这类工程常见于钢结构工程、桥梁工程及建筑物移位等工程，这类工程具有施工难度大、精度要求高及机械设备复杂等特点。

第六类是采用新技术、新工艺、新材料、新设备可能影响工程施工安全，尚无国家、行业及地方技术标准的分部分项工程。这类工程是通常所说的四新无标准、规范的工程。为了鼓励科技进步，建设工程中允许采用新技术、新工艺、新材料、新设备，但由于没有国家、行业规范和标准参照，存在一定的不可预见性，应通过专家论证确保施工安全。

第2章

危大工程安全管理

2.1 我国建筑业安全生产形势

截至 2018 年底，全国建筑业产值和相关从业人员连续 7 年保持增长，但同时，事故总量持续保持在高位，已连续 10 年排在工矿商贸事故第一位，建筑业安全生产形势严峻。全国建筑业事故起数占比最大的房屋市政工程，如图 2-1 和图 2-2 所示，其生产安全事故起数和死亡人数自 2015 年起连续"双上升"，需引起各方高度重视。较大及以上事故起数近十年来保持相对平稳，其死亡人数呈现稳中有降的态势，但并没有得到根本遏制，造成严重社会影响的群死群伤或者造成重大经济损失的事故仍时有发生。

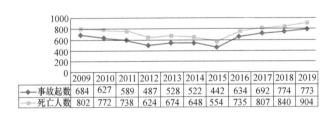

	2009	2010	2011	2012	2013	2014	2015	2016	2017	2018	2019
事故起数	684	627	589	487	528	522	442	634	692	774	773
死亡人数	802	772	738	624	674	648	554	735	807	840	904

图 2-1　2009～2019 年事故起数及死亡人数

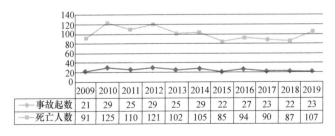

	2009	2010	2011	2012	2013	2014	2015	2016	2017	2018	2019
事故起数	21	29	25	29	25	29	22	27	23	22	23
死亡人数	91	125	110	121	102	105	85	94	90	87	107

图 2-2　2009～2019 年较大事故起数及死亡人数

2018 年，房屋市政工程生产安全事故情况通报 22 起较大及以上事故，伤害类型占比情况见图 2-3，按照伤害类型划分以坍塌、高处坠落、物体打击、机械伤害及触电"五大

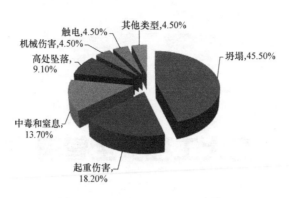

图 2-3　2018 年较大事故伤害类型

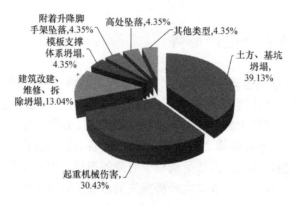

图 2-4　2019 年较大事故伤害类型

伤害"为主，特别是基坑工程、脚手架、起重机械等坍塌事故伤害类型占比达 63.70％。如图 2-4 所示，2019 年房屋市政工程生产安全事故情况通报 23 起较大及以上事故，其中以土方和基坑开挖、模板支撑体系、建筑起重机械为代表的危险性较大的分部分项工程事故占总数的 82.61％。

　　上述公开的较大及以上事故类型和数据特点表明，危大工程在重大安全事故中占主导，相关潜在危险源依然是事故伤害主体，危大工程管理制度及其实施仍存在欠缺（图 2-5～图 2-10）。

图 2-5　某发电厂冷却塔施工平台坍塌

图 2-6　某地铁工程透水坍塌

图 2-7　某项目塔式起重机倒塌

图 2-8　319 国道泰和大桥爆破施工整体坍塌

图 2-9　某楼房拆除施工部分坍塌

图 2-10　某综合楼项目模架坍塌

2.2　工程安全相关法律法规

2.2.1　建筑法

《中华人民共和国建筑法》（2019 年修正）于 2019 年 4 月进行了修改并生效，其中关于工程安全生产方面的条文主要在第五章的建筑安全生产管理第三十六至第五十一条共16 条：

第三十六条　建筑工程安全生产管理必须坚持安全第一、预防为主的方针，建立健全安全生产的责任制度和群防群治制度。

第三十七条　建筑工程设计应当符合按照国家规定制定的建筑安全规程和技术规范，保证工程的安全性能。

第三十八条　建筑施工企业在编制施工组织设计时，应当根据建筑工程的特点制定相应的安全技术措施；对专业性较强的工程项目，应当编制专项安全施工组织设计，并采取安全技术措施。

第三十九条　建筑施工企业应当在施工现场采取维护安全、防范危险、预防火灾等措施；有条件的，应当对施工现场实行封闭管理。施工现场对毗邻的建筑物、构筑物和特殊作业环境可能造成损害的，建筑施工企业应当采取安全防护措施。

第四十条　建设单位应当向建筑施工企业提供与施工现场相关的地下管线资料，建筑施工企业应当采取措施加以保护。

第四十一条　建筑施工企业应当遵守有关环境保护和安全生产的法律、法规的规定，采取控制和处理施工现场的各种粉尘、废气、废水、固体废物以及噪声、振动对环境的污染和危害的措施。

第四十二条　有下列情形之一的，建设单位应当按照国家有关规定办理申请批准手续：

（一）需要临时占用规划批准范围以外场地的；

（二）可能损坏道路、管线、电力、邮电通讯等公共设施的；

（三）需要临时停水、停电、中断道路交通的；

（四）需要进行爆破作业的；

（五）法律、法规规定需要办理报批手续的其他情形。

第四十三条　建设行政主管部门负责建筑安全生产的管理，并依法接受劳动行政主管部门对建筑安全生产的指导和监督。

第四十四条　建筑施工企业必须依法加强对建筑安全生产的管理，执行安全生产责任制度，采取有效措施，防止伤亡和其他安全生产事故的发生。建筑施工企业的法定代表人对本企业的安全生产负责。

第四十五条　施工现场安全由建筑施工企业负责。实行施工总承包的，由总承包单位负责。分包单位向总承包单位负责，服从总承包单位对施工现场的安全生产管理。

第四十六条　建筑施工企业应当建立健全劳动安全生产教育培训制度，加强对职工安全生产的教育培训；未经安全生产教育培训的人员，不得上岗作业。

第四十七条　建筑施工企业和作业人员在施工过程中，应当遵守有关安全生产的法律、法规和建筑行业安全规章、规程，不得违章指挥或者违章作业。作业人员有权对影响人身健康的作业程序和作业条件提出改进意见，有权获得安全生产所需的防护用品。作业人员对危及生命安全和人身健康的行为有权提出批评、检举和控告。

第四十八条　建筑施工企业必须为从事危险作业的职工办理意外伤害保险，支付保险费。

第四十九条　涉及建筑主体和承重结构变动的装修工程，建设单位应当在施工前委托原设计单位或者具有相应资质条件的设计单位提出设计方案；没有设计方案的，不得施工。

第五十条　房屋拆除应当由具备保证安全条件的建筑施工单位承担，由建筑施工单位负责人对安全负责。

第五十一条　施工中发生事故时，建筑施工企业应当采取紧急措施减少人员伤亡和事故损失，并按照国家有关规定及时向有关部门报告。

2.2.2　建设工程安全生产管理条例

《建设工程安全生产管理条例》是专门针对建设工程安全管理的法规。其中第二十六条是专门针对超过一定规模的危险性较大分部分项工程的条文："施工单位应在施工组织设计中编制安全技术措施和施工现场临时用电方案，对下列达到一定规模的危险性较大的分部分项工程编制专项施工方案，并附安全验算结果，经施工单位技术负责人、总监理工程师签字后实施，由专职安全生产管理人员进行现场监督：（一）基坑支护与降水工程；（二）土方开挖工程；（三）模板工程；（四）起重吊装工程；（五）脚手架工程；（六）拆除、爆破工程；（七）国务院建设行政主管部门或者其他有关部门规定的其他危险性较大的工程。对前款所列的工程中涉及深基坑、地下暗挖工程、高大模板工程的专项施工方案，施工单位还应当组织专家论证、审查。本条第一款规定的达到一定规模的危险性较大工程的标准，由国务院建设行政主管部门会同国务院其他部门制定。"

2.2.3 刑法和安全生产法

《中华人民共和国刑法》中关于安全生产方面的条文主要有第一百三十四条和一百三十五条，主要是对违反安全生产规定发生事故的处罚要求。第一百三十四条：在生产、作业中违反有关安全管理的规定，因而发生重大伤亡事故或者造成其他严重后果的，处三年以下有期徒刑或者拘役；情节特别恶劣的，处三年以上七年以下有期徒刑。强令他人违章冒险作业，因而发生重大伤亡事故或者造成其他严重后果的，处五年以下有期徒刑或者拘役；情节特别恶劣的，处五年以上有期徒刑。第一百三十五条：安全生产设施或者安全生产条件不符合国家规定，因而发生重大伤亡事故或者造成其他严重后果的，对直接负责的主管人员和其他直接责任人员，处三年以下有期徒刑或者拘役；情节特别恶劣的，处三年以上七年以下有期徒刑。

《中华人民共和国安全生产法》是关于安全生产的专门法律，其中与建设工程安全生产相关的条文主要有以下内容。第二十六条，生产经营单位采用新工艺、新技术、新材料或者使用新设备，必须了解、掌握其安全技术特性，采取有效的安全防护措施，并对从业人员进行专门的安全生产教育和培训。第二十七条，生产经营单位的特种作业人员必须按照国家有关规定经专门的安全作业培训，取得相应资格，方可上岗作业。特种作业人员的范围由国务院安全生产监督管理部门会同国务院有关部门确定。第二十八条，生产经营单位新建、改建、扩建工程项目（以下统称建设项目）的安全设施，必须与主体工程同时设计、同时施工、同时投入生产和使用。安全设施投资应当纳入建设项目概算。第二十九条，矿山、金属冶炼建设项目和用于生产、储存、装卸危险物品的建设项目，应当按照国家有关规定进行安全评价。第三十条，建设项目安全设施的设计人、设计单位应当对安全设施设计负责。矿山、金属冶炼建设项目和用于生产、储存、装卸危险物品的建设项目的安全设施设计应当按照国家有关规定报经有关部门审查，审查部门及其负责审查的人员对审查结果负责。

2.3 危大工程安全管理制度的发展

我国历来高度重视安全生产工作，为保障工程施工安全、保障人身和财产安全，特别是有效杜绝重大生产安全事故发生，不断加强危大工程安全管理，2004年，住房和城乡建设部首次印发《危险性较大工程安全专项施工方案编制及专家论证审查办法》（建质〔2004〕213号）。办法中给出了适用范围、危大工程分类、安全专项施工方案编制审核、组织专家论证的工程、专家论证审查等规定，但该办法事项规定过于简单，相关条文缺乏完备性。

为此，2009 年，住房和城乡建设部印发《危险性较大的分部分项工程安全管理办法》（建质〔2009〕87 号）。该管理办法对原 213 号文进行了内容上的健全完善，明确了专项方案编制内容、专家论证会参与主体及专家条件、施工总承包相关管理办法，细化了部分条款，明确了超过一定规模危大工程分类和专项方案的落实办法。87 号文具有良好的可操作性，基本可以满足当前多数危大工程安全管理工作的需要，但经过多年的实践，显现出以下问题：一是危大工程安全管理体系不健全，管理工作起步较晚，管控手段和方法简单，部分工程参建主体职责不明确，建设、勘察、设计等单位责任缺失；二是危大工程安全管理责任不落实，施工单位不按规定编制危大工程专项施工方案，或者不按方案施工；三是法律责任和处罚措施不完善，该规定对危大工程违法违规行为缺乏具体、量化的处罚措施，监管执法难，存在"安全检查不严格、行政执法不够硬，隐患整改走形式"的现象；四是专家论证审查缺乏监督，论证审查流于形式。

为进一步加强和规范危大工程安全管理，2018 年住房和城乡建设部印发《危险性较大的分部分项工程安全管理规定》（中华人民共和国住房和城乡建设部令第 37 号）和《关于实施〈危险性较大的分部分项工程安全管理规定〉有关问题的通知》（建办质〔2018〕31 号），从规定的可操作性方面不但细化了参建主体涉及危大工程前期保障和现场安全管理相关职责，而且对危大工程专项方案实施的监督处罚管理措施和法律责任有明确规定，从健全专项方案内容方面，该规定强调应急处置措施、监测方案内容、危大工程中增设暗挖工程的分类等。该规定的颁发与实施，有利于完善危大工程管理制度标准，加强相关安全生产管理，落实相应参建人员职责和安全责任，全面提高监管和法制化管理水平。

管理制度的发展，见表 2-1 所列。

管理制度的发展 表 2-1

序号	管理办法、规定	主要内容	发展趋势
1	《危险性较大工程安全专项施工方案编制及专家论证审查办法》（建质〔2004〕213 号）	全文共八条，主要内容包括适用范围、危大工程类别及方案编制、论证要求	越来越严格越来越完善
2	《危险性较大的分部分项工程安全管理办法》（建质〔2009〕87 号）	全文共二十五条，完善了施工单位要求、方案编制内容、论证审查要求、专家库管理及现场安全管理等	
3	《危险性较大的分部分项工程安全管理规定》（中华人民共和国住房和城乡建设部令第 37 号）	六章，四十条，前期保障、专项施工方案、现场安全管理、监督管理，明确了各参建方的法律责任及违规处罚规定	

2.4 危大工程安全管理规定条文解读

2.4.1 制定依据及适用范围

《危险性较大的分部分项工程安全管理规定》（以下简述《规定》）主要依据《中华人民共和国建筑法》《中华人民共和国安全生产法》《建设工程安全生产管理条例》等法律法规制定。目的是有效防范安全事故，加强危大工程安全管理。管理规定适用于房屋建筑和市政基础设施工程中危险性较大的分部分项工程安全管理。危大工程及超过一定规模的危大工程的范围是随时间和地区而动态变化的，近十五年来危大工程管理制度对危大工程及超过一定规模的危大工程界定也一直在随着建设的发展不断变化。危大工程及超过一定规模的危大工程范围由国务院住房和城乡建设主管部门确定。省级住房和城乡建设主管部门可以结合本地区实际情况，补充本地区危大工程范围。

2.4.2　建设、勘察单位的前期保障责任

建设单位应当依法向勘察、设计、施工、监测等单位提供真实、准确、完整的工程地质、水文地质和工程周边环境等资料，为工程勘察、设计、施工、监测等提供依据。（注：黑体字为管理规定原条文）建设单位在项目实施前应当收集场地周边环境资料，通过向城建档案馆、地下管线权属单位等收集资料，必要时应委托有资质的单位通过踏勘、物探等手段将场地周边环境调查清楚，并形成书面资料。勘察单位应当根据工程实际及工程周边环境资料，在勘察文件中说明地质条件可能造成的工程风险。勘察单位应根据本工程地质、水文条件，基础、深基坑及周边环境情况，说明不良地质条件、地质灾害、特殊性岩土等给工程带来的潜在风险，说明工程施工可能对周边环境带来的潜在风险源。设计单位应当在设计文件中注明涉及危大工程的重点部位和环节，提出保障工程周边环境安全和工程施工安全的意见，必要时进行专项设计。在设计阶段部分，危大分部分项工程已经明确，设计单位在设计文件中应明确存在或可能存在危大工程的重点部位和环节，提出保障安全的意见、建议。施工图确定后，已经能够明确本工程是否存在深基坑工程、部分高大模板工程、幕墙工程、钢结构安装工程、暗挖等危大分部分项工程。

建设单位应当组织勘察、设计等单位在施工招标文件中列出危大工程清单，要求施工单位在投标时补充完善危大工程清单并明确相应的安全管理措施。危大分部分项工程存在施工难度大、危险性大及造价高等特点，对施工单位的施工管理和技术水平要求高。建设单位组织勘察、设计单位在工程项目招标文件中列出已经明确存在的危大分部分项工程清单，提醒可能存在的危大分部分项工程清单。招标文件要求施工单位投标时补充完善危大工程清单并明确相应的安全管理措施。在投标阶段提醒投标的施工单位重视工程中存在的危大分部分项工程，提前做好准备工作。

建设单位应当按照施工合同约定及时支付危大工程施工技术措施费以及相应的安全防护文明施工措施费，保障危大工程施工安全。危大工程施工技术措施费及安全防护费用较高，为了确保安全措施及技术措施做到位，保障施工安全，建设单位应按照合同约定及时支付相关的措施费。建设单位在申请办理安全监督手续时，应当提交危大工程清单及其安全管理措施等资料。提交清单和安全管理措施是为了提醒监督单位和人员重视本工程存在的危大工程，重点监督危大工程的施工安全，督促落实危大工程安全管理措施。

2.4.3　专项施工方案编制及论证

危险性较大的分部分项工程安全专项施工方案是指施工单位在编制施工组织设计的基础上，针对单位工程中比较复杂、危险的分部、分项工程或一个以专项工程为对象，依照国家标准、规范单独编制的安全技术措施文件，是施工前建筑施工企业从人、机、料、法、环等方面进行全面策划，并根据策划结果编制形成的保证建设工程施工安全的重要文件，比施工方案内容更具体、详细，更有可操作性、针对性和指导作用，使建设工程施工

过程中的各种危险和有害因素始终处于受控状态，防范事故发生。

施工单位应当在危大工程施工前组织工程技术人员编制专项施工方案。实行施工总承包的，专项施工方案应当由施工总承包单位组织编制。危大工程实行分包的，专项施工方案可以由相关专业分包单位组织编制。根据项目具体情况，方案编制可以由施工总承包或专业分包单位组织编制，应组织相关专业技术人员进行编制。

专项施工方案应包括以下内容：

（1）工程概况。危大工程概况和特点、施工平面布置、施工要求和技术保证条件。

（2）编制依据。相关法律、法规、规范性文件、标准、规范及施工图设计文件、施工组织设计等。

（3）施工计划。包括施工进度计划、材料与设备计划。

（4）施工工艺技术。技术参数、工艺流程、施工方法、操作要求、检查要求等。

（5）施工安全保证措施。组织保障措施、技术措施、监测监控措施等。

（6）施工管理及作业人员配备和分工。施工管理人员、专职安全生产管理人员、特种作业人员、其他作业人员等。

（7）验收要求。验收标准、验收程序、验收内容、验收人员等。

（8）应急处置措施。

（9）计算书及相关施工图纸。

专项施工方案的审批及签章应符合以下要求：专项施工方案应当由施工单位技术负责人审核签字、加盖单位公章，并由总监理工程师审查签字、加盖执业印章后方可实施。危大工程实行分包并由分包单位编制专项施工方案的，专项施工方案应当由总承包单位技术负责人及分包单位技术负责人共同审核签字并加盖单位公章。对于超过一定规模的危大工程，施工单位应当组织召开专家论证会对专项施工方案进行论证。实行施工总承包的，由施工总承包单位组织召开专家论证会。专家论证前，专项施工方案应当通过施工单位审核和总监理工程师审查。专家应当从地方人民政府住房城乡建设主管部门建立的专家库中选取，符合专业要求且人数不得少于 5 名。与本工程有利害关系的人员不得以专家身份参加专家论证会。专项施工方案的编制、审批和专家论证应遵循规定的要求，目的在于确保方案切合实际、合理可行、确保安全。一般施工单位审批人员包括项目技术负责人和单位技术负责人，施工单位审批人员发现问题后应及时要求方案编制人员对方案进行修改、完善，审批人员认为可行后方可提交监理单位进行审批。监理单位一般由专业监理工程师和总监理工程师进行审批，发现问题后以书面形式通知施工单位进行修改、补充、完善。施工方案在施工单位内部和提交监理单位审批的过程可能是多次往复的过程，直到方案合理、安全、可行。

专家论证会后，应当形成论证报告，对专项施工方案提出通过、修改后通过或者不通过的一致意见。专家对论证报告负责并签字确认。专项施工方案经论证需修改后通过的，施工单位应当根据论证报告修改完善后，重新履行《规定》第十一条的程序。专项施工方案经论证不通过的，施工单位修改后应当按照《规定》的要求重新组织专家论证。专家论证的主要内容包括以下几点，一是方案内容的完整性和技术可行性。二是方案的计算依据、工况和结果是否符合工程实际情况，是否符合有关规范标准要求。方案施工部署、流程、应急措施及施工图是否清晰、可行、符合规范要求，是否符合工程实际情况，是否满足安全要求。其中，方案计算书、相关施工图及方案施工部署、施工流程和应急预案是施工方案论证的重点关注内容。

2.4.4　现场安全管理

施工单位应当在施工现场显著位置公告危大工程名称、施工时间和具体责任人员，并在危险区域设置安全警示标志。此要求的目的在于提醒和警示，要求项目管理人员、技术人员、安全管理人员及施工作业人员重视危大工程施工时间节点与安全管控，增强相关人员责任心。专项施工方案实施前，编制人员或者项目技术负责人应当向施工现场管理人员进行方案交底。施工现场管理人员应当向作业人员进行安全技术交底，并由双方和项目专职安全生产管理人员共同签字确认。向施工管理人员和作业人员进行方案交底和安全技术交底是危大工程施工的重要环节，是安全管理的重要内容。《安全生产法》和《建设工程安全生产管理条例》也有相关要求，施工单位必须履行。交底的主要内容有施工工序，材料检查检验，施工注意事项，安全防护与安全控制要点及施工安全保证措施等。

施工单位应当严格按照专项施工方案组织施工，不得擅自修改专项施工方案。因规划调整、设计变更等原因确需调整的，修改后的专项施工方案应当按照《规定》重新审核和论证。涉及资金或者工期调整的，建设单位应当按照约定予以调整。危大工程实际施工时经常存在不按方案施工和方案变更的情况，这是危大工程一个重要危险源。由于规划调整、设计变更、施工工艺改变、施工材料变化等情况，需要对方案进行变更。如深基坑深度变化，基坑开挖后地质条件与勘察报告不符及发现地下管线，支模架和脚手架钢管材料变化等，均会导致方案变更。施工单位应及时组织人员重新编制专项施工方案，履行施工单位内部和监理单位审批程序，并重新组织专家论证。

施工单位应当对危大工程施工作业人员进行登记，项目负责人应当在施工现场履职。项目专职安全生产管理人员应当对专项施工方案实施情况进行现场监督，对未按照专项施工方案施工的，应当要求立即整改，并及时报告项目负责人，项目负责人应当及时组织限期整改。施工单位应当按照规定对危大工程进行施工监测和安全巡视，发现危及人身安全的紧急情况，应当立即组织作业人员撤离危险区域。施工单位应重点加强对危大工程作业人员的管理，尤其是特种作业人员，项目负责人、技术负责人及安全管理人员应在施工现场组织和管理。专项安全生产管理人员负责对施工现场的安全管理，负责对危大工程专项施工方案的实施情况进行监督，发现问题及时整改，并报告项目负责人，把安全隐患消灭在萌芽之中。发现影响安全的紧急情况时，组织作业人员疏散和撤离。对于需要进行施工监测的深基坑、高大模板、钢结构安装、脚手架等工程，应按照方案要求进行监测，监测项目、频率、周期、变形控制值等均应按照方案严格执行，并定期形成监测报告上报监理单位和建设单位。施工监测有别于第三方监测，监测频率不少于一天一次。除了仪器监测，还应按要求进行巡视巡查，对于监测和巡视巡查中发现的问题，应及时采取应对措施。

监理单位应当结合危大工程专项施工方案编制监理实施细则，并对危大工程施工实施专项巡视检查。监理单位发现施工单位未按照专项施工方案施工的，应当要求其进行整改；情节严重的，应当要求其暂停施工，并及时报告建设单位。施工单位拒不整改或者不停止施工的，监理单位应当及时报告建设单位和工程所在地住房和城乡建设主管部门。监理单位负有危大工程安全管理的重要责任，编制专项施工方案监理实施细则，进行专项巡视检查，发现问题及时要求整改，以及将相关情况及时上报建设单位、主管单位，都是监理单位应尽的职责。

对于按照规定需要进行第三方监测的危大工程，建设单位应当委托具有相应勘察资质的单位进行监测。监测单位应当编制监测方案。监测方案由监测单位技术负责人审核签字并加盖单位公章，报送监理单位后方可实施。监测单位应当按照监测方案开展监测，及时向建设单位报送监测成果，并对监测成果负责；发现异常时，及时向建设、设计、施工、监理单位报告，建设单位应当立即组织相关单位采取处置措施。基坑工程、暗挖工程等按照规定需要进行第三方监测，第三方监测应由具备岩土工程监测或工程测量资质的单位实施。第三方是指与建设单位、施工单位没有利害关系的监测单位。第三方监测要求有利于监测单位开展公平公正的监测活动，确保监测成果真实可靠。第三方监测不止应对工程本身进行监测，还应对工程施工可能影响的周边环境进行监测。第三方监测方案的主要内容应当包括工程概况、监测依据、监测内容、监测方法、人员及设备、测点布置与保护、监测频次、预警标准及监测成果报送等。实际工程中常见的问题主要有几点，一是不按照规范要求进行监测，包括监测点数量、监测项目、监测频率及监测精度等不满足规范要求；二是监测单位弄虚作假，迫于施工单位或建设单位的压力而篡改监测数据；三是监测单位偷工减料，对部分监测项目、监测点少测或不测；四是发生监测结果异常或出现紧急情况时不按规定要求向建设单位、监督部门上报。因此，监理单位、建设单位应对监测单位进行有效监督和管理。

对于按照规定需要验收的危大工程，施工单位、监理单位应当组织相关人员进行验收。验收合格的，经施工单位项目技术负责人及总监理工程师签字确认后，方可进入下一道工序。危大工程验收合格后，施工单位应当在施工现场明显位置设置验收标识牌，公示验收时间及责任人员。危大工程验收人员应包括：总承包单位和分包单位技术负责人或授权委派的专业技术人员、项目负责人、项目技术负责人、专项施工方案编制人员、项目专职安全生产管理人员及相关人员；监理单位项目总监理工程师及专业监理工程师；有关勘察、设计和监测单位项目技术负责人。部分危大工程验收后仍存在危险性，如深基坑工程、暗挖工程等，后续仍应注意进行监测和加强安全管理。

危大工程发生险情或者事故时，施工单位应当立即采取应急处置措施，并报告工程所在地住房和城乡建设主管部门。建设、勘察、设计、监理等单位应当配合施工单位开展应急抢险工作。危大工程应急抢险结束后，建设单位应当组织勘察、设计、施工、监理等单位制定工程恢复方案，并对应急抢险工作进行后评估。危大工程专项施工方案应根据工程实际情况，在方案中对工程涉及的危险源进行分析，并编制应急预案，对应急机构人员组成及岗位职责作出明确要求，明确事故处理上报制度，制定应对各种险情的应急措施，并做好应急物资储备。危大工程发生险情或事故时，应按照应急预案组织抢险，及时通知相关单位配合开展抢险工作，必要时邀请专家库专家参加抢险指导工作。施工单位应按照《生产安全事故报告和调查处理条例》的要求，及时上报事故情况。事故发生后，事故现场有关人员应当立即向本单位负责人报告；单位负责人接到报告后，应当于1小时内向事故发生地县级以上人民政府安全生产监督管理部门和负有安全生产监督管理职责的有关部门报告。情况紧急时，事故现场有关人员可以直接向事故发生地县级以上人民政府安全生产监督管理部门和负有安全生产监督管理职责的有关部门报告。应急抢险结束后，应制定工程恢复方案，恢复方案应履行审批程序，重新组织专家进行论证。

施工、监理单位应当建立危大工程安全管理档案。施工单位应当将专项施工方案及审核、专家论证、交底、现场检查、验收及整改等相关资料纳入档案管理。监理单位应当将监理实施细则、专项施工方案审查、专项巡视检查、验收及整改等相关资料纳入档案管理。

2.4.5　监督管理

设区的市级以上地方人民政府住房城乡建设主管部门应当建立专家库，制定专家库管理制度，建立专家诚信档案，并向社会公布，接受社会监督。地级市住房城乡建设部门应当建立专家库，专家库应按照不同专业类别分类建立，如模板脚手架、岩土工程、钢结构工程、爆破拆除等不同类别，确保专家库专家是本专业类别中具有较高专业技术水平的名副其实的专家。对专家的任职条件、管理制度、诚信等提出明确要求。主管部门应当对专家库专家进行诚信管理，定期考核，将相关结果向社会公布，接受社会监督，确保专家库专家能够公平、公正、科学、高效地履行专家职责。

县级以上地方人民政府住房城乡建设主管部门或者所属施工安全监督机构，应当根据监督工作计划对危大工程进行抽查。县级以上地方人民政府住房城乡建设主管部门或者所属施工安全监督机构，可以通过政府购买技术服务方式，聘请具有专业技术能力的单位和人员对危大工程进行检查，所需费用向本级财政申请予以保障。危大工程涉及的范围及工程项目量大、面广，不同类型的危大工程涉及不同专业，如结构（包括钢结构）、岩土、监测、施工管理、爆破等各方面，需要监督管理人员具有较高的专业技术水平，监督人员不一定具备，因此，主管部门可以聘请专业单位或人员参与危大工程检查和监督，有利于监管适度，对症下药，并不是对发现的各种问题均采取严厉处罚措施，而是采取有针对性的适度合理的监管措施，更好地服务工程建设，保障工程安全。

县级以上地方人民政府住房和城乡建设主管部门或者所属安全监督机构，在监督抽查中发现危大工程存在安全隐患的，应当责令施工单位整改；重大安全事故隐患排除前或者排除过程中无法保证安全的，责令从危险区域内撤出作业人员或者暂时停止施工；对依法应当给予行政处罚的行为，应当依法作出行政处罚决定。县级以上地方人民政府住房和城乡建设主管部门应当将单位和个人处罚信息纳入建筑施工安全生产不良信用记录。

2.4.6　法律责任

危大工程安全管理规定相比以前的管理办法，首次明确了各单位违反规定的处罚措施，包括建设单位、勘察单位、设计单位、施工单位、监理单位、监测单位及监督人员等。不但有违规罚款措施，还有暂扣安全生产许可证30日的处罚措施，这些处罚措施将大大提高违法成本，具有强大威慑作用，有利于加强危大工程安全管理，警示危大工程违规活动，更好地确保危大工程施工安全。

建设单位有下列行为之一的，责令限期改正，并处1万元以上3万元以下的罚款；对直接负责的主管人员和其他直接责任人员处1000元以上5000元以下的罚款：

（1）未按照《规定》提供工程周边环境等资料的；

（2）未按照《规定》在招标文件中列出危大工程清单的；

（3）未按照施工合同约定及时支付危大工程施工技术措施费或者相应的安全防护文明

施工措施费的；

（4）未按照《规定》委托具有相应勘察资质的单位进行第三方监测的；

（5）未对第三方监测单位报告的异常情况组织采取处置措施的。

勘察单位未在勘察文件中说明地质条件可能造成的工程风险的，责令限期改正，依照《建设工程安全生产管理条例》对单位进行处罚；对直接负责的主管人员和其他直接责任人员处 1000 元以上 5000 元以下的罚款。

设计单位未在设计文件中注明涉及危大工程的重点部位和环节，未提出保障工程周边环境安全和工程施工安全的意见的，责令限期改正，并处 1 万元以上 3 万元以下的罚款；对直接负责的主管人员和其他直接责任人员处 1000 元以上 5000 元以下的罚款。

施工单位未按照《规定》编制并审核危大工程专项施工方案的，依照《建设工程安全生产管理条例》对单位进行处罚，并暂扣安全生产许可证 30 日；对直接负责的主管人员和其他直接责任人员处 1000 元以上 5000 元以下的罚款。

施工单位有下列行为之一的，依照《中华人民共和国安全生产法》《建设工程安全生产管理条例》对单位和相关责任人员进行处罚：

（1）未向施工现场管理人员和作业人员进行方案交底和安全技术交底的；

（2）未在施工现场显著位置公告危大工程，并在危险区域设置安全警示标志的；

（3）项目专职安全生产管理人员未对专项施工方案实施情况进行现场监督的。

施工单位有下列行为之一的，责令限期改正，处 1 万元以上 3 万元以下的罚款，并暂扣安全生产许可证 30 日；对直接负责的主管人员和其他直接责任人员处 1000 元以上 5000 元以下的罚款：

（1）未对超过一定规模的危大工程专项施工方案进行专家论证的；

（2）未根据专家论证报告对超过一定规模的危大工程专项施工方案进行修改，或者未按照《规定》重新组织专家论证的；

（3）未严格按照专项施工方案组织施工，或者擅自修改专项施工方案的。

施工单位有下列行为之一的，责令限期改正，并处 1 万元以上 3 万元以下的罚款；对直接负责的主管人员和其他直接责任人员处 1000 元以上 5000 元以下的罚款：

（1）项目负责人未按照《规定》现场履职或者组织限期整改的；

（2）施工单位未按照《规定》进行施工监测和安全巡视的；

（3）未按照《规定》组织危大工程验收的；

（4）发生险情或者事故时，未采取应急处置措施的；

（5）未按照《规定》建立危大工程安全管理档案的。

监理单位有下列行为之一的，依照《中华人民共和国安全生产法》《建设工程安全生产管理条例》对单位进行处罚；对直接负责的主管人员和其他直接责任人员处 1000 元以上 5000 元以下的罚款：

（1）总监理工程师未按照《规定》审查危大工程专项施工方案的；

（2）发现施工单位未按照专项施工方案实施，未要求其整改或者停工的；

（3）施工单位拒不整改或者不停止施工时，未向建设单位和工程所在地住房和城乡建设主管部门报告的。

监理单位有下列行为之一的，责令限期改正，并处 1 万元以上 3 万元以下的罚款；对直接负责的主管人员和其他直接责任人员处 1000 元以上 5000 元以下的罚款：

（1）未按照《规定》编制监理实施细则的；

（2）未对危大工程施工实施专项巡视检查的；

（3）未按照《规定》参与组织危大工程验收的；

（4）未按照《规定》建立危大工程安全管理档案的。

监测单位有下列行为之一的，责令限期改正，并处 1 万元以上 3 万元以下的罚款；对直接负责的主管人员和其他直接责任人员处 1000 元以上 5000 元以下的罚款：

（1）未取得相应勘察资质从事第三方监测的；

（2）未按照本规定编制监测方案的；

（3）未按照监测方案开展监测的；

（4）发现异常未及时报告的。

县级以上地方人民政府住房城乡建设主管部门或者所属施工安全监督机构的工作人员，未依法履行危大工程安全监督管理职责的，依照有关规定给予处分。

超过一定规模危大工程实施流程，如图 2-11 所示。

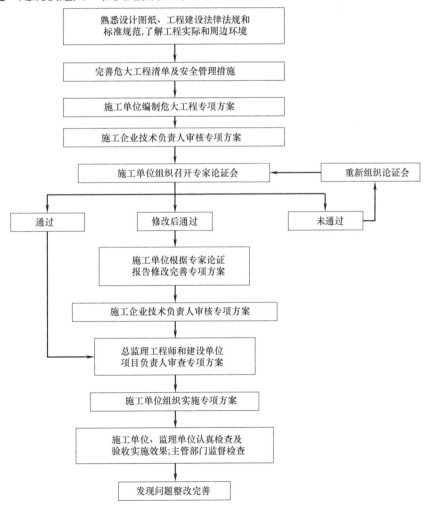

图 2-11　超过一定规模危大工程实施流程

第 3 章

危大工程专项方案专家论证

3.1 危大工程专家库的建立

为充分发挥建设工程领域专家的咨询和参谋作用，切实提升区域建设行业技术水平，保障建设工程安全生产，建设主管部门应当建立危大工程专项施工方案评审专家库（以下简称"专家库"），制定专家库管理制度，并向社会公布，接受社会监督。对专家的任职条件、管理制度、诚信等提出明确要求。

1. 专家库征集范围

科研院所、高等院校、建筑施工与监理单位、勘察设计单位、施工图审查机构、行业组织、咨询机构等相关专业技术人员。

2. 专家库的主要职能

（1）接受委托担任专项施工方案的评审专家，客观公正、科学准确地提出论证评审意见；

（2）协助住房和城乡建设行政主管部门检查专项施工方案的落实情况；

（3）参加论证评审的分部分项工程发生险情时，为抢险提供技术支持；

（4）必要时协助住房和城乡建设行政主管部门对参加论证的分部分项工程进行验收。

3. 基本条件

（1）坚持原则、诚实守信、作风正派、学术严谨、廉洁自律；

（2）从事相关专业工作 15 年以上或具有丰富的专业经验；

（3）具有土木工程类高级专业技术职称；

（4）专家应根据个人从事的专业工作选择申报专业，不得超范围申报，专业范围包括岩土工程、模架工程、起重吊装和拆卸工程、市政管网工程、拆除和爆破工程、机械设备等六个专业；

（5）熟悉城市建设管理、市政工程、建筑工程等方面的法律、法规、政策和有关技术标准、规范、规程，具有较高的理论和技术水平，具有丰富的危险性较大分部分项工程设计、施工等工程实践经验。

4. 专家的主要权利

（1）接受委托人聘请，担任相关工作专家；

（2）独立开展评审工作，不受任何单位和个人的非法干预和影响；

（3）按照委托人的统一安排，要求有关单位和人员对评审内容进行说明和澄清；

（4）对评审活动中的违法、违规或不公正行为，有权向住房和城乡建设行政主管部门报告，并可拒绝在评审意见上签字；

（5）按照国家有关规定获取相应报酬。

5. 专家的主要义务

（1）严格执行国家有关法律、法规和工程技术标准、技术规范，接受住房和城乡建设主管部门、纪检和监察部门的监督管理；

（2）客观、公正地履行职责，遵守职业道德，不徇私舞弊；

（3）遵守保密规定，不泄露评标和应保密的任何情况；

（4）评审工作结束后，向委托人提交书面评审意见；

（5）参加住房和城乡建设主管部门组织的培训。

专家库应按照不同专业类别分类建立，如模板脚手架、岩土工程、钢结构工程、爆破拆除等不同类别。主管部门应当对专家库专家进行诚信管理，定期考核，将相关结果向社会公布，接受社会监督，确保专家库专家能够公平、公正、科学、高效地履行专家职责。

实践证明，专家库的建立能够更好地为危大工程专项施工方案评审论证提供客观公正、科学准确的论证评审意见，评审过程中发挥咨询和参谋作用，且为政府在制定技术政策、安全法规、现场监督和事故鉴定等多个层面提供强大的技术支持和专业服务，促进建筑业科学、持续地发展和工程建设技术、安全管理水平的提高。

3.2 危大工程管理信息系统的介绍

3.2.1 系统基本情况

为进一步加强危大工程评审论证信息管理，便于专家便捷实现评审项目信息登记和信息确认，不断提升危大工程评审信息化水平，提高危大工程管理效率，本节提出了危大工程管理信息系统，用于危大工程论证业务和专家库信息管理处理。该系统简化、规范专家评审资料上传和论证评审项目登记申报流程，实现线上评审工作，提高评审和管理效率，不但为危大工程评审工作提供一个便捷的途径，而且为主管部门提供了全过程管理和监督的平台。

3.2.2 系统用途

（1）评审项目信息的管理。反映危大工程评审信息情况，以确保本地区危大工程评审信息得到及时、准确的采集和监管。

（2）线上评审项目的组织。评审组织机构通过本系统实现网上预审、形式审核和组织专家评价。评审组织机构按照规定的流程、步骤即可快捷地完成危大工程的组织论证。

（3）专家线上论证评审。简化和规范专家的线上评审工作，为地区危大工程评审工作提供更好的服务和保障。

（4）专家库管理。对专家数据库进行统一的管理和控制，以保证专家库专人维护、安全性和完整性。

3.2.3 系统功能

（1）应用表现层。应用表现层为系统业务功能的最终交互端，包括用户管理、危大工程信息采集及其评审申报、查询统计、日志管理、进度查询、专家评审等，系统主界面如图 3-1 所示。

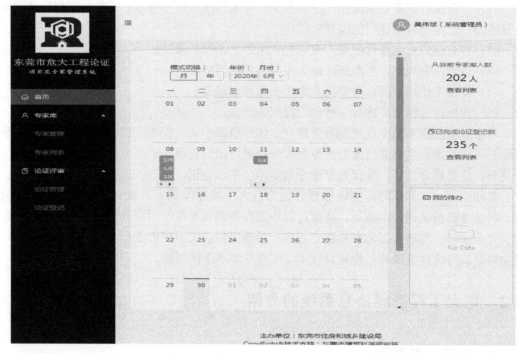

图 3-1 系统主界面

（2）业务服务层。业务服务层包括评审项目管理、论证评审和专家库管理三大部分。

评审项目管理方面。评审单位通过账户注册和登录，可在工程项目管理栏中创建项目或查看已有项目的信息。对于达到超过一定规模的危大工程范围的项目，评审单位可通过本系统按照相关要求和评价程序填写信息和提交材料，委托方案的论证评审，并可以完成查看或更新项目的信息、状态和修改补充等工作。

本系统具有报表统计分析功能，项目办事人员需填报和上传项目所涉及危大工程信息至该管理系统，亦可修改项目信息、删除项目信息和刷新项目信息，如图 3-2 所示，评审单位则可通过企业、工程名称、日期等指标进行查询和统计；对于主管部门，使用本系统可实现对地区危大工程相关评审信息的采集和汇总，并自动生成所需要的各种统计报表。系统以项目树的方式进行项目的整体管理和回溯式管理，不但满足评审单位对危大项目评审过程管理的需要，同时也满足主管部门对本地区项目中所涉及的危大工程管理的需求。

论证评审方面。评审组织单位构通过本系统实现方案上传、方案形式审查、评审专家抽取、专家论证会、论证结论上传与确认、方案实施情况上传、专家跟踪及结论等动态管理。评审组织单位按照规定的流程、步骤即可快捷地完成危大工程的组织论证，无需按照现行评审组织方式，即在规定时间到达指定地点召开专家评审会议。

图 3-2　查询和统计功能

如图 3-3 所示，"担任组长的论证"列表中，论证记录状态分为四种：

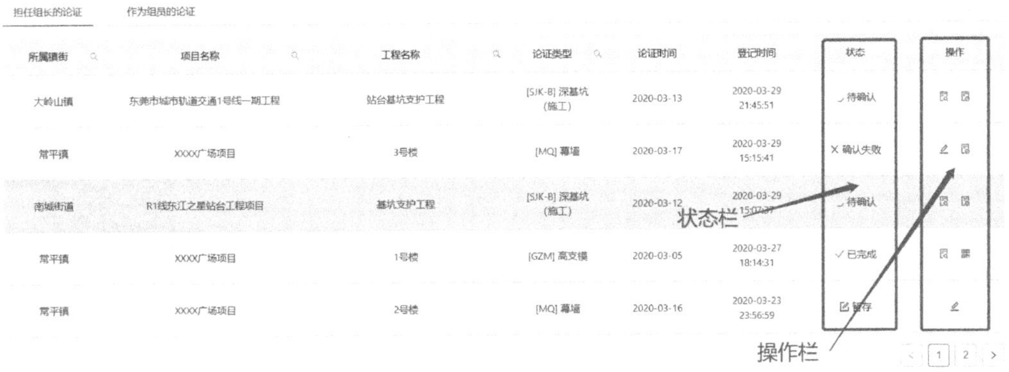

图 3-3　论证评审操作功能

（1）　**暂存**：是指专家组长正在进行论证登记操作，但尚未提交确认的论证记录状态。用户可通过右方操作栏的"编辑"按钮（　），对论证信息继续进行登记、提交。

（2）　**待确认**：是指专家组长已经提交论证登记信息，正等待其他组员进行确认的论证记录状态。用户可通过右方操作栏的"查看"按钮，查看论证当前提交的信息；可通过右方操作栏的"查看确认情况"按钮，查看论证当前的确认情况。如图 3-4 所示。

（3）　**已完成**：是指专家组长已经提交登记信息，所有组员已确认参与的论证记录状态。用户可通过右方操作栏的"查看"按钮（　），查看论证当前提交的信息；可通过右方操作栏的"查看二维码"按钮（　），查看该论证所生成的二维码，并提供给论证的组织机构，以供危大工程的相关监督部门在工地现场进行查验。如图 3-5 所示。

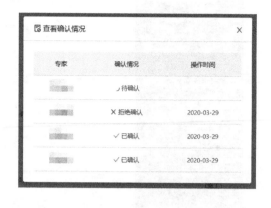

图 3-4　查看论证信息和查看论证确认情况

图 3-5　查看二维码

（4）✕确认失败：是指专家组长已经提交论证登记信息，但有一个或一个以上组员拒绝确认本次登记的论证记录状态。用户可通过右方操作栏的"重新编辑"按钮（✎），对论证信息继续进行登记、提交。可通过右方操作栏的"查看确认情况"按钮（🗐），查看论证当前的确认情况。

本系统可便于评审专家实现异时异地对项目进行评审工作，并针对评审过程中发现的不合理处，发布自己的意见或修改建议，评审单位依据专家所提修改意见进行修改并提交修改后的方案，直至评审工作结束。具体流程如图 3-6 所示。专家操作主界面如图 3-7 所示。

专家库管理方面，针对危大工程专项方案评审而设立专家库，项目评价时，评价机构从专家库中抽取 5 名专家组成专家组，对危大工程项目进行评价。系统管理员对专家入库申请、个人申诉、专家信息修改等实施动态管理。同时，每年对专家进行考评，对于符合要求的专家可以继续保留或增加到专家库，对于不符合要求的专家实行淘汰制。

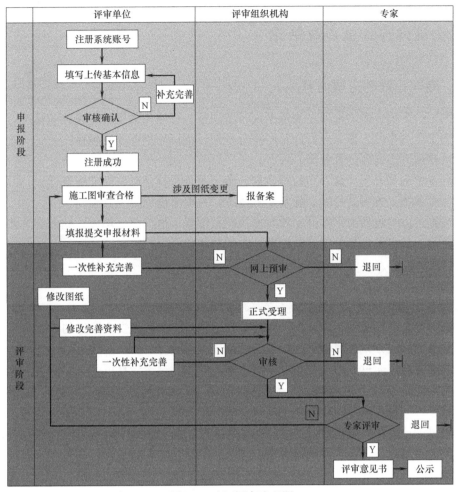

图 3-6　论证评审流程图

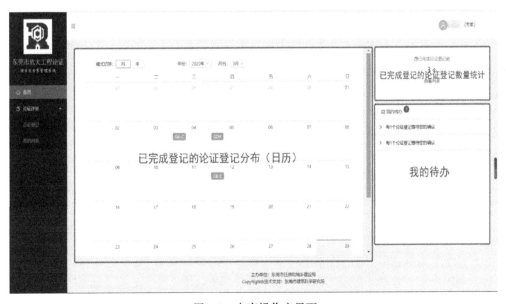

图 3-7　专家操作主界面

3.3 论证内容、重点及结论

3.3.1 专家论证的主要内容

危大工程专项方案的论证主要依据现行的国家、行业相关规程、规范和标准，论证专项方案的安全可靠性、施工可行性及经济合理性。论证的主要内容包括：

（1）专项方案内容是否完整、可行；

（2）专项施工方案计算书和验算依据、施工图是否符合有关标准规范；

（3）专项施工方案是否满足现场实际情况，并能够确保施工安全。

一般施工方案包括文字部分、计算书及相关图表，这三部分均应达到内容齐备和相应的深度要求，并应符合相关规范和标准，方案整体安全可行。

3.3.2 论证结论

论证结论应分为三种：通过、修改后通过和不通过。

论证结论为"不通过"的判据：方案有严重错误、有较大安全隐患的，或方案不完整而影响施工的，或方案在现场无法操作的，论证不通过。

论证结论为"通过"的判据：方案符合规范要求、理论计算可行，专家按经验认为需要调整的，论证结论可定为通过，但只提建议性修改意见，由施工单位自行考虑是否修改。

当项目论证结论为"修改后通过"的，施工单位应当按照专家意见进行修改，并重新履行当地关于危大工程安全管理的规定。如《广东省住房和城乡建设厅关于印发房屋市政工程危险性较大的分部分项工程安全管理实施细则的通知》（粤建规范〔2019〕2号）第十三条的程序，修改情况应由专家组长或至少3名原专家组成员签字确认。

第**4**章

>>>>>>

模架工程及常见事故

4.1 模板工程

模板工程是各类建设工程中最为常见的分部分项工程，同样在危大工程中所占比例最大。各类工具式模板工程具有施工难度大和危险性高的特点，其他类危大模板工程特点则在于高支撑、大荷载、大跨度。

4.1.1 常见模板种类

常见的模板类型主要有木（竹）胶合模板、钢模板、铝合金模板、塑料模板及其他各类组合模板、免拆模板等。近年来，国内相继引进和自主开发了各类新型、组合型模板，主要是为了提高施工效率、提高施工质量、节约木材、绿色施工。

木胶合板大致可分为表面经过覆膜处理的覆膜木胶合板和表面未经过覆膜处理的素面木胶合板。木模板具有适用性好、加工简便、造价低、重量小和易于安装的优点，但是也有周转次数少、人工耗费大、防水效果差、浪费木材和施工质量不易保障的缺陷。木胶合模板现仍是我国建筑工程中应用最多的模板类型。钢框胶合模板是在普通胶合模板基础上发展起来的新型模板，钢框胶合模板是以型钢为框架，以木（竹）胶合板为板面，并加焊若干钢肋承托面板的一种新型模板。

钢模板主要有全钢大模板和组合钢模板两种。组合钢模板通常由连接件组装成各种尺寸和形状，以满足各种混凝土结构的要求，所以其适用面相当广。组合钢模板存在尺寸小、拼缝多、刚度弱等缺陷。全钢大模板主要用来做墙体的浇筑模板，被当作一种工具式模板使用，在隧道、桥梁及市政工程中应用广泛。全钢大模板有效地避免了组合钢模板拼缝多的缺陷，而且整体性更好，混凝土成型效果也进一步提高，所以在工程领域应用广泛。全钢大模板的板块设计遵循模数化，这样可以使得建筑模板组装更为方便，有效地简化了施工工艺，降低了成本投入，而且能够更好地保证剪力墙的施工质量。全钢大模板存在自重大、人力物力消耗大、施工难度较大的特点。

塑料模板是用含纤维的高强度塑料为原料，在熔融状态下，通过注塑工艺一次注射成型的模板。塑料模板的优点表现为：自重轻、容易加工成型、经济性好、可重复使用等。塑料模板在建筑行业中的用途与钢模板类似，可以作为钢模板的替代。塑料模板的使用，常见于古建筑的维修和加固工程中，在桥梁工程当中也有应用。

4.1.2　常见模板支撑架

20世纪70年代后，我国引入了钢管脚手架，使脚手架技术的发展进入了一个新阶段。随着我国建筑业的全面发展，相关调查表明（调查项目样本数462个，见表4-1），建筑施工中扣件式钢管脚手架、门式脚手架、盘扣式脚手架、碗扣式脚手架以及轮扣式脚手架得到普及，其中扣件式钢管脚手架应用最为广泛。

施工现场采用脚手架材料类型表　　　　　　　　　　　表 4-1

脚手架类型	数量(个)	占比	排名	相应标准规范
扣件架	280	61%	排名第一	JGJ 130
碗扣架	52	11%	排名第四	JGJ 166
轮扣架	68	15%	排名第二	无
键槽架	9	2%	排名第五	无
承插盘扣架	53	11%	排名第三	JGJ 231

目前，建筑市场上涉及的新型模架技术主要有电动桥式脚手架技术、液压爬升模板技术、整体爬升钢平台技术、组合铝合金模板支撑架和组合式带肋塑料模板支撑架。不同支撑架体的区别在于支撑构件的组合方式不同，连接节点的构造不同，造成架体的整体稳定性和承载性能不同。承插型套扣式钢管架、轮扣式钢管架、盘扣式钢管架及碗扣架结构构造相似，主要区别在于横杆与支撑立杆的连接构造不同，节点刚度存在一定差别。

4.2　外脚手架

建筑外脚手架常见类型主要有扣件式钢管脚手架、附着升降整体式脚手架等，按搭设方式区分，有落地式脚手架和悬挑式脚手架。

落地式钢管脚手架支撑于地面，通过钢管接长搭设到不同高度，通过大横杆、小横杆与立杆连接，再铺设脚手板作为作业人员及材料工作面，并通过连墙件和卸荷钢丝绳与主体结构连接，保障架体的稳定性。一般落地式脚手架不宜搭设太高，太高容易造成架体的变形，一般不宜超过70m。

悬挑式脚手架支撑于悬挑的型钢上，外架体立杆接长和主体结构的连接方式与落地式脚手架类似。悬挑脚手架悬挑段高度也不宜过大，一般不宜超过40m。

附着式升降脚手架是指搭设一定高度并附着于工程结构上，依靠自身的升降设备和装置，可随工程结构逐层爬升或下降，具有防倾覆、防坠落装置的外脚手架。附着升降脚手架主要由集成化的附着升降脚手架架体结构、附着支座、防倾装置、防坠落装置、升降机构及控制装置等构成。附着升降脚手架架体高度不宜大于5倍楼层高，架体宽度不宜大于1.2m。两提升点直线跨度不宜大于7m，曲线或折线不宜大于5.4m。

4.3　模架工程常见事故

模板支撑体系及作业脚手架工程事故具有易发性、多发性和难控性的特点，是分部分项工程中的施工安全风险把控关键。通过学习研究模架工程事故中的事发原因和内在规律，有助于工程人员充分认识此类工程的特点、识别潜在安全隐患和把控风险防范重点，进而全面、深入、力求完善地做好模架工程专项施工方案的编制并认真审慎予以执行。

4.3.1　模架工程事故分类及原因

模架工程的生产安全事故可以分为以下三种类型：

（1）支架结构系统整体或局部的失能破坏事故——由于支架结构构件及其支承、模板和安全装置发生整体或局部的破坏、损坏、失去安全状态和工作能力的变形而引起的事故。包括：整体或局部坍塌、整体或局部倾倒、杆构件破坏和局部垮塌、整体或局部失去安全设置和工作状态。

（2）模架浇筑和作业安全事故——由于对脚手架使用不当、模板支撑架采用错误浇筑顺序和方式而引起的事故。包括：不当使用事故，即超量堆载，人员过度集中，在架侧设提升材料滑轮和在架子上设外檐模板支撑等；不当处置事故，即不当拆除连接件、结构杆件和防护设施等；不当架上作业事故，包括不当的行车、搬运、卸料，不安全操作、掉物等引起的高处坠落、落物伤害等，以及其他不安全行为引起的事故（碰撞、滑跌等）。

（3）模架安装和拆除作业事故——在模架安装和拆卸过程中因措施、操作不当和其他意外因素引发的事故。包括装拆中架体倒塌事故，在脚手架安装和拆除过程中因措施、操作不当导致作业人员坠落事故和落物伤人事故等。

4.3.2　模架工程事故原因

模架工程安全事故的发生，往往会导致群死群伤，造成巨大的经济损失和恶劣的社会影响，严重威胁到广大施工作业人员的生命健康安全。

较大以上工程事故（造成 3 人以上死亡，或 10 人以上重伤，或 1000 万元以上直接经济损失的事故）伤亡损失是惨重的，具有难控性、代表性和警示性；通过研究近年国内较大以上事故坍塌表现形式和原因（致因分析依据工程资料、事故报告、现场调查等内容），探索其共性规律及得到相关启示，具有重要的现实意义和警示作用。笔者收集整理了我国近年向社会公开的较大以上模架工程相关坍塌事故调查报告 45 例，见附录 1，给出了事故工程基本损失情况、坍塌破坏模式及事故原因。

模架安全事故直接原因因为模架自身抗力无法承受外部作用效应引起局部破坏凹陷，流动的混凝土迅速自发流向凹陷区域，短暂时间内发生一定区域的坍塌、倒塌和倾覆破坏。其中，事故直接原因可分为内因和外因，内因即模架系统本身的抗力，包括用材、实际搭设情况、搭设质量等；外因则是模架外在作用效应，如施工荷载、浇捣方式和顺序等。通过归纳分析较大以上模架事故直接原因，整理内容见表 4-2 所列，内因方面以构配件规格质量和实际构造缺陷在所有事故直接原因中出现的次数最多，另外，支架基础设计施工没有引起足够的重视程度也是原因之一；外因方面则以错误的浇筑顺序引起事故较多，其中，工程中梁板柱同时浇筑引起的事故频发，工程人员对此施工方式应审慎对待。需强调的是，较大以上模架工程事故通常是多个直接原因共同导致，而且坍塌模式和伤害方式在事故发生时才能表现出来，事故直接原因的主要方面容易导致忽视或掩盖其次要方面。

近年国内模架工程较大以上事故直接原因分析   表 4-2

原因类型		直接原因描述	频数
内因	材料质量缺陷	钢管壁厚不足、扣件重量轻；锈蚀、弯曲、变形、螺栓滑丝等	18
	实施、作业、方案缺陷	横纵立杆间距和步距大；未设或少设剪刀撑、扫地杆、双向拉杆、连墙件等，布设间距、高度或端距不足等	33
		梁、柱、墙等模板设计缺陷，如对拉不足、未抱柱抱箍	5
		支架基础缺陷且无加固处理	6
		违规拆除或搭设受力构配件；拆除顺序违规；拆卸无临时加固	9
		构件脱模强度不足	2
外因	浇筑顺序、方式	从一侧向另一侧推进浇筑；柱、墙、梁、板一起浇筑	14
	超载	违规堆放、超载使用	4
	恶劣天气	雨后、温度骤降等影响相关部分而未采取针对措施	2
	周围危险源	如施工位置有高压电源隐患	1

近年国内模架工程较大以上事故间接原因分析   表 4-3

参建方		间接原因描述	频数
建设各方实施管理因素	建设方	施工违法发包	5
		无第三方监理；聘用无资质监理	12
		无或伪造或未按照规定完善规划、建设、施工相关手续	24
	设计方	未注明涉及危大工程的重点部位和环节	2
	施工方	违法承揽项目；违法发包、转包、挂靠	21
		超过一定规模模架无设计、计算或无专项方案、专家论证	32
		未按专项方案要求施工；擅自变更设计	11
		无自检；无报验	18
		无技术交底；无或安全教育不到位	22
		无专职安全员或人员配备不足或履职不到位	22
		漠视危险预警信号，发现安全隐患未作整改	4
		拒绝、无视停工指令；野蛮施工	2
		相关新工艺未有专门防护措施和教育培训	1
	监理方	无监理旁站	14
		无检查、验收或验收不严	11
		专项方案缺陷或施工图未经审查	6
		对施工违法行为未发出整改、停工通知或报告相关人员	18
行政监督管理		住房和城乡建设行政主管部门履行施工安全监督职责不到位	45

　　模架安全事故间接原因主要是安全风险管理的缺失，而在近年较大以上事故的安全风

险管理缺失都存在一定的共性，见表4-3所列，可归纳为以下几点：

（1）建设方未遵守建设行政法规要求对工程项目办理行政许可和存在违规发包的行为，不利于住房和城乡建设行政管理部门加强对建筑活动的监督管理，也难以保障建筑工程的质量和安全。

（2）模架工程作为分部分项工程，总包单位未按发承包法规要求选择符合资质要求的分包企业，其工程承揽以转包和挂靠的形式给到劳务方，也未对分包方进行管理。

（3）未遵守危大工程管理规定，未编制模架工程专项方案或所编制专项方案如同虚设，对于超过一定规模的模架工程没有按照要求组织专家论证评审。专项方案检查流于形式、未按专项方案实施和擅自更改专项方案，致使模架工程作业中存在的关键性、原则性隐患问题未被发现和提出。

（4）现场安全管理体系存在漏洞，模架搭设施工或浇筑作业无施工技术人员和专职安全员管理旁站，相关人员履职不到位，难以确保施工过程的安全性。安全管理意识不足，三级安全教育流于形式，搭设前未进行专项技术交底。

（5）涉事管理人员往往对工程验收重视不足，未按相应模架工程安全与质量规定要求进行工程质量自检和安全检查，且不报与监理人员验收工程，心存侥幸直接进入混凝土浇筑或脚手架的施工作业环节。对于监督管理各方的整改停工要求置之不理，野蛮施工，冒险作业。

（6）监理未能对模架工程安全管理履行职责，缺少对一些重点问题、重要部位和容易忽视的方面进行重点检查和旁站监控。监理人员普遍存在"不能、不敢、不愿"尽职的难题，对施工违法行为未发出整改、停工通知或报告相关人员。

4.3.3 模架工程安全隐患的识别

工程安全事故的表现形式，随不同时期建设工程总体情况与工程技术和安全工作水平而有变化。通过归纳总结国内相关文献资料和近年发生的安全事故情况，整理出模架工程常见的安全风险隐患，见表4-4所列。

模架工程常见安全隐患　　　　　　　　　　　　表4-4

类别划分	模架工程安全隐患
构配件规格质量	构配件规格和质量缺陷;实际强度低;钢管脚手架壁厚不足;扣件净重量不足;杆件初始偏心变形较大;扫地杆设置不足
构造参数	杆件纵横距、步距较大;立杆顶部自由端超长;剪刀撑和横向斜撑的设置数量与参数不符合要求;杆件接长接头的位置不符合要求
锚固支承状态	连墙件和附着拉结件设置不足或有严重缺陷或被拆除;连墙件竖向与水平向和没点的覆盖面积不足;吊具、索具、附着件断裂或松脱;穿墙、固定螺栓的直径与丝扣圈数牙深不足;无立杆垫不足;基础承载力不足或沉降较大
搭设质量	架体垂直度较大偏差;扣件拧紧力矩不够;任意拆除构件
受力工作状态	超载;强大侧向力作用;浇筑顺序不符合要求;梁板柱同时浇筑;混凝土强度不足;提升、爬升、顶升不协调;卸荷失效;混凝土泵管直接对模架有作用效应;叠合板下立杆不足且与梁下立杆共用
外部条件	触电、火灾、物体打击、雷雨、强风
安全防护	安全防护网设置不规范;脚手板设置不规范;挡脚板、安全防护栏杆设置不符合要求

模架工程中构配件规格质量是决定支架极限稳定承载力的重要因素，特别是钢管壁厚。对多个工地周转使用的钢管壁厚进行实测的结果表明，所测算钢管平均壁厚仅为 2.7mm，而相关行业标准规范要求钢管规格为 $\phi 48 \times 3.5$（3.24～3.96mm 许用壁厚偏差）。

大量标准规范对构造参数作出要求，可提高模板支架安全系数。相关构造措施如：剪刀撑设置、连墙件设置、扫地杆设置等。特别是，在部位受力不明确、难以准确计算和把握的情况下，需重视构造措施的设置。但据了解，模架工程中的一些构造要求难以把控。例如：①扣件拧紧力矩均值为 24N·m，且有相当一部分力矩值在 10N·m 以下，与行业规范要求的"扣件螺栓拧紧力矩不应小于 40N·m，且不应大于 65N·m"相差甚远。②横向和纵向竖向剪刀撑都能按规范要求从顶端到底部进行连续设置，但实际工程中却未设或少设水平剪刀撑。③施工人员基本都能够认识到搭设扫地杆的重要性，但是对于扫地杆的搭设高度却鲜有人知。如图 4-1～图 4-6 所示。

从所整理的模架工程安全隐患分析，可以得出模架工程支撑脚手架应严格把控构配件用材质量，选取合适的架型，在合理的设计与计算基础上，注重以规范构造要求为核心的安全储备；以安全风险管理角度分析，施工管理人员应从中识别、解决和消除安全隐患，提高安全风险管理意识，完善作业条件和防护措施。消除事故要素的存在或者及时制止其发展，就可有效地避免或者减少施工安全事故的发生。

图 4-1　双排脚手架立杆翘曲

图 4-2　满堂脚手架未设置扫地杆

图 4-3　预制梁搁置在水平杆上且缺纵向水平杆件

图 4-4　对接钢管局部偏折

图 4-5 现浇梁板下钢管排架支撑构造不全

图 4-6 无扫地杆且水平杆件设置不足

4.3.4 模架工程事故的预防对策

1. 模架材料和构配件的质量管理

目前，模板和外脚手架的架体材料有多种，每种架体的构件规格也有多种，材料和构配件的质量参差不齐，给模架工程带来一定安全隐患。在进行架体种类和规格选择时应严把质量关，将构配件的规格、壁厚、尺寸、平整度、单位重量等作为重点检验参数，并应进行进场检测，确保所采用的架体材料和配件质量满足规范、标准要求。

2. 模架工程专项施工方案管理

模架工程，尤其是超过一定规模的危险性较大的模架工程，应编制专项方案，按危大工程管理规定履行审批和专家论证程序。方案编制深度应满足指导施工的要求，给出平面图、立面图、剖面图、大样图等施工用图，并进行计算，计算采用的参数应符合工地实际情况，并选择最不利工况进行计算，应重视模架基础稳定和承载力验算，架体构造措施应满足规范要求，避免因搭设方案不安全导致事故发生。

3. 现场施工管理

模架工程现场搭设应严格按照方案施工，构造措施、地基处理要求、构配件的安装质量等是重点关注环节。模板工程的混凝土浇捣、架体上的堆载等直接影响架体荷载和稳定性，应严格控制。架体的拆除环节也是事故易发环节，应重视架体拆除的安全管理，架体的拆除顺序和施工流程是控制重点。架体构造措施（尤其是外架连墙件）、拆除过程应考虑最不利工况复核安全状态。

模板工程现场实施时，应注意落实安全防护措施，落实好"三宝""四口""五临边"的安全管理措施。在异常天气发生后（大风、暴雨等），应对架体进行检查，发现问题及时消除安全隐患。

4. 落实参建各方的安全责任

模架工程安全事故的发生除了各种直接原因外，还与参建各方的安全管理责任落实不到位有关。应按照危大工程安全管理规定的要求落实好参建各方的安全管理责任，包括勘察、设计、施工、监理及甲方等各方安全管理责任。

第5章

模架体系选型

对于常规混凝土结构，施工单位通常凭木工或架子工经验搭设满堂支架支模。施工单位按照常用规范的构造要求以及自己的经验，一般可以保证支模安全。但对于建筑结构形式特殊或体量高大的模架支设方案的选择，要求施工单位以工程特点、模架可靠度、适用范围、与相关工程的应用情况为主要考虑因素，并以结构体系、结构高度、建筑层数、层高变化、工期要求、场地条件等情况，综合分析选择相应的模架体系。

5.1 选用原则

(1) 结构设计满足规范的刚度、强度和稳定性要求，兼顾施工易建性和经济性；
(2) 具有较强可靠度，在规定的施工条件和期限内，能充分满足预期周转性要求；
(3) 选用搭设材料时，力求材料规格常见通用，规格需统一，便于保养维修；
(4) 支架受力体系应简单有效，构造措施到位和搭拆方便，便于检查验收。

5.2 模板体系优缺点

对比不同种类建筑模板的经济性，收集整理出房屋建筑工程中常用模板经济技术指标性能，具体如表 5-1 所示。模板体系的选用应综合考虑构件浇筑品质、现场施工条件、边际经济效益等条件。

房屋建筑工程常用模板经济性比较 表 5-1

性能	塑料模板	竹胶合模板	木胶合模板	组合钢模板	铝合金模板
适用范围	窄	广	广	一般	一般
周转次数	30	15	3～8	300	200
单次成本(元)	5	8	7	10.5	24
辅材成本(元)	8(模架)	8(模架)	8(模架)	10(机械费)	5
模板重量(kg/m²)	12	10	10.5	35～40	20～25
浇筑品质	光滑	粗糙	粗糙	光滑、拼缝多	光滑
综合成本(元)	50	53	52	44.5	54

续表

性能	塑料模板	竹胶合模板	木胶合模板	组合钢模板	铝合金模板
脱模过程	容易	适中	适中	困难	容易
隔离剂	不使用	使用	使用	使用	使用
定制尺寸	可以	不可以	不可以	可以	可以
回收性	回收	不回收	不回收	回收	回收
亲水后	不变形	易变形损坏	易变形损坏	易生锈	不变形
强度	一般，易脆断	低	低	大	较大
刚度	较大	低	低	大	较大
环保	无污染	污染环境	污染环境	无污染	无污染
施工周期	6	6	6	7	4～5
回收价值	低	无	无	低	高
其他	无需抹灰	需二次抹灰	需二次抹灰	无需抹灰	无需抹灰

5.3　支架体系优缺点

我国现浇混凝土结构施工，常采用扣件式钢管排架支模，相比于碗扣式钢管支架以及门式支架，扣件式钢管支架具有搭设方便、搭设三维尺寸灵活等特点，能够满足不同体系的结构施工支模要求。支架体系优缺点及适用范围，见表5-2所示。

支架体系优缺点及适用范围　　　　　　　　　　　　表5-2

体系类型	优点	缺点	适用范围
扣件式脚手架	①承载力大；②装拆方便，搭设灵活；③造价经济合理；④应用成熟	①扣件容易丢失；②节点处的杆件为偏心连接，影响承载力；③扣件质量和作业人员水平影响较大	①层高较高、跨度截面较大的梁板结构；②构筑各种形式的脚手架、模板和其他支撑架；③组装井字架；④搭设坡道、工棚、看台及其他临时构筑物；⑤作为其他种脚手架的辅助，加强杆件；⑥高耸建筑物，如烟囱、水塔等结构施工用脚手架；⑦上料平台及安装施工用满堂脚手架；⑧栈桥、码头、公路高架桥施工用脚手架；⑨其他临时建筑物的骨架等
承插型盘扣式脚手架	①组合功能多；②结构设计合理，承载力高；③安装快捷，安全可靠；④便于运输管理；⑤损耗低，综合效益好；⑥外观形象好	①构架尺寸受到限制；②横杆为纵横垂直交叉，曲线梁搭设受限；③应用经验较少	①在地铁、场馆、桥隧等模板支撑及脚手架工程中应用较多；②演唱会、运动会、展览会等临时看台、舞台、广告架等搭建；③装配式建筑中安装预制构件的支撑架
碗扣式脚手架	①多功能，拼装速度快；②承载力大，通用性强；③安全可靠，制造工艺简单；④无零散零件，不易丢失；⑤维修简单，便于运输	①构架尺寸受到限制；②U形连接销易丢失；③成本较高	与扣件式脚手架适用范围相似，但不适合于：①不宜在基层不硬实、地面不平整和不能进行混凝土硬化的地面上搭设；②不宜直接在土质差的软土层、地面易塌陷的地面上搭设；③只能作为落地式脚手架使用，不能作为悬挑脚手架使用

续表

体系类型	优点	缺点	适用范围
门式脚手架	①尺寸标准化,配件系列化,配套使用;②受力性能好,承载能力较高;③施工搭设、拆卸方便,经济适用	①规格单一;②锁销容易破坏;③高度调整超过300mm时,承载力需修正	①用于房建、桥梁、隧道等模板内支顶或作飞模支承主架;②构成临时工地宿舍、仓库或工棚;③广泛应用于工业及民用建筑的建造及维护,如机电安装,及其他装修工程的活动工作平台

各类型脚手架,如图 5-1～图 5-4 所示。

图 5-1　扣件式脚手架的工程应用及式样

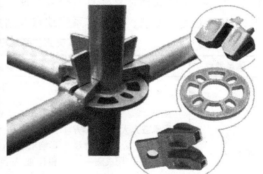

图 5-2　承插型盘扣式脚手架的工程应用及节点式样

图 5-3　碗扣式脚手架的工程应用及节点式样

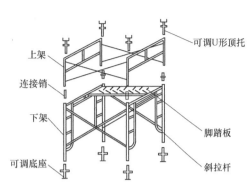

可调U形顶托
上架
连接销
下架
脚踏板
可调底座
斜拉杆

图 5-4　门式脚手架的工程应用及图样

5.4　建筑外脚手架的选用

施工脚手架是建筑施工必须使用的重要防护设施，其中，外脚手架为施工脚手架中使用量最大、安全要求最高的一种，可满足结构临边施工安全及外立面施工操作需求。常用外脚手架类型有落地式脚手架、悬挑式脚手架、爬架等，如何根据自身需求选择适合现场施工的外脚手架类型变得尤为重要（表5-3）。

施工脚手架的选用　　　　　　　　　　　　　　　　　　　　　　　表5-3

外架类型	不适宜采用情况	安全性	搭设便利性	经济性(高层建筑)	文明施工
落地式脚手架	位于沉降后浇带处	①架体高度超限，安全系数低；②架体搭拆工作量大；③架体维护工作量大；④安全网面积大，易引发火灾事故	①架体搭设工作量大，进度慢；②架体搭设对裙房施工、回填等工序造成影响	落地式双排脚手架费用最高	①架体搭设过程中，搭设材料不断进入，占用施工场地；②架体清理工作量大
悬挑式脚手架	结构外立面凹凸尺寸较大	①架体高度较小，安全系数较高；②架体搭拆工作量大；③架体维护工作量较大；④安全网面积较大，较易引发火灾事故	①架体搭设工作量大，进度慢；②穿墙洞口封堵，影响装修施工	其次是悬挑式脚手架	①搭设过程中，材料不断涌入，占用施工场地；②每次翻搭时，可集中对密目网进行清理，外立面效果较好
爬架		①架体高度小，主框架采用多道附着，安全系数高；②架体搭拆和维护工作量小；③安全网面积小，不易引发火灾事故	①无需架体搭拆，进度快；②冬期施工时，架体提升周期较长	爬架费用最低	①架体高度低，搭设材料少，占用施工场地少；②架体维护工作量小，易于保持架体外立面整洁

为了确保钢管脚手架使用安全，《建筑施工脚手架安全技术统一标准》GB 51210—2016 第 3.2.1 条规定，在安全等级 II 级的一般情况下，落地式钢管脚手架搭设高度不超过 50m（搭设高度超过 50m 需要专家论证），底部设置悬挑型钢梁承力架的悬挑式脚手架搭设高度不超过 20m（搭设高度超过 20m 需要专家论证）。因此，在高层建筑施工中，一般采用落地式脚手架与悬挑式脚手架结合的方式。

5.5 （超）高层建筑模架体系选用

随着国内（超）高层建筑的迅猛发展，（超）高层建筑施工从爬架结合模板系统发展到采用爬模体系、顶模体系进行施工。（超）高层建筑实际施工时，根据结构体系、结构高度、建筑层数、层高变化、工期要求等情况进行技术分析，采用相应的模架体系。

（1）附着式升降脚手架（图 5-5，以下简称"爬架"）。在（超）高层建筑中采用爬架作为外部围护架体，配合铝合金模板早拆体系进行整体施工，可起到优势互补的作用。铝合金模板逐层上递，大大减轻了起重机的垂直运输压力，工作人员的安全系数也大大增加，铝合金模板早拆体系的配合减小了爬架仅作为围护操作架的缺点。特别适用于 16 层以上，结构平面外檐变化较小的高层或超高层建筑施工。

图 5-5　爬架的工程应用　　　　　　图 5-6　爬模的工程应用

（2）爬升模板体系（图 5-6，以下简称"爬模"）。利用下部已硬化的大体积混凝土作为承载结构，实现单组爬升或整体爬升。爬模的整体刚度比顶模差，但爬模安装、调整和爬升更方便灵活，造价比顶模更经济，在剪力墙、核心筒和桥墩等高耸结构的施工中是一种有效的工具。由于具备自爬的能力，因此不需起重机械的吊运，这减少了施工中运输机械的吊运工作量。在自爬的模板上悬挂脚手架可省去施工过程中的外脚手架。

（3）顶升模架体系（图 5-7，以下简称"顶模"）。顶模是通过支承系统的钢立柱与上下箱梁将荷载传递到下部核心筒墙体，顶模在核心筒上部空间形成了一个巨大的钢结构平台，模板系统与挂架系统通过钢框架系统下挂于钢平台下方，顶模架体跨越 3.5 个标准层，形成一个封闭的整体平台，可满足钢结构吊装焊接、钢筋绑扎、混凝土浇筑、混凝土养护等不同工序的交叉施工，实现分段流水施工。由于顶模体系强大的顶升与支承能力，使顶模平台能够高度集成，如设置堆场、机房、布料机、消防水箱等，甚至可以集成塔式起重机，布置在核心筒内的施工电梯通过附着于顶模体系而能够直达钢平台，实现施工人员的快速输送。

　　顶模体系设计的定向性比爬模体系强，适用于高度特别高或工期要求非常紧的超高层建筑，高度越高，顶模的性能越容易发挥，经济性越好。但其通用性与周转性较差，一次性投入大，因此顶模的主要缺点是造价高，大约是爬模的2倍。由于顶模体系在核心筒上部形成了一个钢结构桁架纵横交错的钢平台，而模板系统与挂架系统下挂于钢平台下方，造成钢构件、混凝土等必须通过钢结构桁架落位，施工有一定难度。

图 5-7　智能顶升模架三维效果图

第6章

模架工程专项施工方案编制

▶▶▶▶▶▶▶

专项方案编制是一个涉及设计和施工、不同学科和专业、不同施工方法和工艺的复杂工程，建筑施工现场高处作业、模板、脚手架、土石方、基坑工程、起重吊装、机械使用、供用电、消防等均有专门的安全技术标准，因此，编制及审查人员既要对工程项目本身（结构形式、施工工艺、周边环境等）有深入的了解，又要对施工安全的相关法律法规和标准规范有透彻的理解。

6.1 方案编制要求

危险性较大的分部分项工程安全专项施工方案是指施工单位在编制施工组织设计的基础上，针对单位工程中比较复杂、危险的分部、分项工程或一个专项工程，依照国家标准、规范单独编制的安全技术措施文件，是施工前建筑施工企业从人、机、料、法、环等方面进行全面策划，并根据策划结果而编制形成的保证建设工程施工安全的重要文件，比施工方案内容更具体、详细，更有可操作性、针对性和指导作用，使建设工程施工过程中的各种危险和有害因素始终处于受控状态，防范事故发生。

施工单位应当在危大工程施工前组织工程技术人员编制专项施工方案。实行施工总承包的，专项施工方案应当由施工总承包单位组织编制。危大工程实行分包的，专项施工方案可以由相关专业分包单位组织编制。根据项目具体情况，方案编制可以由施工总承包或专业分包单位组织编制，应组织相关专业技术人员进行编制。

根据《危险性较大的分部分项工程安全管理规定》（中华人民共和国住房和城乡建设部令第37号），专项施工方案应包括以下内容。

（1）工程概况：危大工程概况和特点、施工平面布置、施工要求和技术保证条件；

（2）编制依据：相关法律、法规、规范性文件、标准、规范及施工图设计文件、施工组织设计等；

（3）施工计划：包括施工进度计划、材料与设备计划；

（4）施工工艺技术：技术参数、工艺流程、施工方法、操作要求、检查要求等；

（5）施工安全保证措施：组织保障措施、技术措施、监测监控措施等；

（6）施工管理及作业人员配备和分工：施工管理人员、专职安全生产管理人员、特种作业人员、其他作业人员等；

（7）验收要求：验收标准、验收程序、验收内容、验收人员等；

（8）应急处置措施；

（9）计算书及相关施工图纸。

6.2 模板工程专项方案的编制内容

1. 工程概况

建设项目名称、建设地点、建设规模；工程的建设、勘察、设计、总承包和分包单位名称，建设单位委托的建设监理单位名称以及工期要求等。简要说明建筑及结构设计情况，高大模板工程概况和特点，包括高大模板轴线范围、支撑高度、跨度、梁板截面尺寸等。所采用的模板支撑架种类、各类支撑构件材质、规格间距等，施工场地施工平面布置情况，施工安全、质量要求和技术保证条件等。

（1）梁支模设计

应选取有代表性的一个或多个梁进行支撑系统设计，包括底模、侧模、立杆（门架）、水平杆、扫地杆、地基处理、剪刀撑及梁板支撑系统可靠连接。

1）底模应说明小楞间距、布置方向，大楞间距、布置方向，梁下立杆（门架）间距、支顶方式。

2）侧模应说明内楞设置方向、间距，外楞设置方向、间距，斜撑、对拉螺栓的设置方式、间距等。

3）剪刀撑设计应说明水平、竖向剪刀撑设置间距，剪刀撑跨越立杆数、夹角等。

4）说明扫地杆的布置及地基处理措施，确定构件、连墙件的连接方式、布置间距以及垫块材质、规格等。

（2）板支模设计

板支模设计要求内容项与上述梁支模设计要求内容项相同。

（3）保证高大模板整体稳定的构造措施：

1）应对高大支模纵横水平拉杆与周围已浇筑梁、板、柱的拉结、抱箍措施，与周边非高支模区支撑体系的拉结措施进行说明。

2）对缺乏侧向拉结工况的支撑体系应采取侧向稳定措施。

3）高大支模高空悬挑支模的专项构造措施，参见表6-1内容。

高大模板设计参数 表6-1

构件		材质	规格	间距	强度
梁下立杆	梁截面一				
	梁截面二				
板下立杆					
模板					
梁下小楞	梁截面一				
	梁截面二				

续表

构件		材质	规格	间距	强度
板下小楞					
梁下大楞	梁截面一				
	梁截面二				
板下大楞					
梁侧内楞	梁截面一				
	梁截面二				
梁侧外楞	梁截面一				
	梁截面二				
对拉螺栓	梁截面一				
	梁截面二				
梁侧斜撑	梁截面一				
	梁截面二				
水平杆					
连墙件					
立杆垫块					

2. 编制依据

危大工程相关法律、法规、规范性文件等，模板工程相关的标准、规范，新工艺新设备的产品说明书，本工程施工图设计文件、施工组织设计等。

3. 施工计划

包括施工进度计划、材料与设备计划；应对工程质量、安全施工、施工进度等方面制定工程目标。根据工程特点提出高大模板工程施工中应重视的关键问题，供编制方案及施工时考虑针对性措施。

4. 施工工艺技术

技术参数、工艺流程、施工方法、操作要求、检查要求等，应详细说明高大支模各施工工序的施工内容及先后衔接顺序。应分别对梁、板支撑系统的安装进行叙述，提出对各步骤的质量控制要求，叙述应与计算书及附图保持一致。应对支撑系统搭设、钢筋绑扎、混凝土浇筑、支撑架拆除等施工程序进行详细说明。分别对梁、板的混凝土浇筑方法、振捣要求、分层厚度、养护等进行说明，明确为保持支撑系统的稳定所采取的浇筑方法和措施。说明支撑系统拆除的施工顺序，拆除时混凝土强度控制要求及相关的报批手续，拆除过程中的安全措施，以及拆除材料的堆放等。

5. 施工安全保证措施

组织保障措施、技术措施、监测监控措施等。施工安全管理机构应说明人员组成、职责，安全生产责任制度。

施工安全技术和管理措施应说明各施工步骤的安全注意事项及有针对性的安全措施，包括施工过程中的检查、验收，施工操作禁忌，防止支架倾斜失稳措施，安全技术交底，施工的安全防护措施及人员的上岗、安全教育，降雨、台风天气安全措施等。

监测监控措施应对监测项目的设置，监测点布置，监测设备、时间、方法、频率、控制值、报警值，监测结果整理反馈等方面进行说明。可参考以下内容：

（1）班组日常进行安全检查，项目部每周进行安全检查，分公司每月进行安全检查，所有安全检查记录必须形成书面材料。

（2）高支模日常检查、巡查重点部位：

1）杆件的设置和连接、连墙件、支撑、剪刀撑等构件是否符合要求。

2）地基是否积水，底座是否松动，立杆是否悬空。

3）连接扣件是否松动。

4）架体是否有不均匀的沉降。

5）施工过程中是否有超载现象。

6）安全防护措施是否符合规范要求。

7）支架与杆件是否有变形的现象。

（3）支架在承受六级大风或大暴雨后必须进行全面检查。

（4）监测项目：立杆顶水平位移、支架整体水平位移及立杆的基础沉降。

（5）监测点布设：

1）支架监测点布设应按监测项目分别选取在受力最大的立杆、支架周边稳定性薄弱的立杆及地基承载力低的立杆设置监测点。

2）应根据支架平面大小设置各不少于 2 个立杆顶水平位移、支架整体水平位移及立杆基础沉降监测点。

3）监测仪器精度应满足现场监测要求，并设变形监测预警值。

（6）监测频率：

在浇筑混凝土过程中应实时监测，一般监测频率不宜超过 20～30 分钟一次。监测时间可控制在混凝土浇筑前直至混凝土终凝。扣件式钢管脚手架高支模搭设允许偏差及监测变形允许值、预警值可参考表 6-2 所列。

支模架搭设允许偏差及监测变形允许值、预警值　　　　　表 6-2

序号	项目		搭设允许偏差（m）	变形允许值	变形预警值	检查工具
1	立杆钢管弯曲	3m<L≤4m	≤12	—	—	吊线和卷尺
		4m<L≤6.5m	≤20	—	—	吊线和卷尺
2	水平杆、斜杆的钢管弯曲 L≤6.5m		≤30	—	—	吊线和卷尺
3	立杆垂直度全高		±100	—	—	经纬仪及钢板尺
4	立杆脚手架高度 H 内		—	—	—	吊线和卷尺
5	立杆顶水平位移		—	—	—	经纬仪及钢板尺
6	支架整体水平位移		—	—	—	经纬仪及钢板尺
7	立杆基础沉降		—	—	—	经纬仪及钢板尺

（7）当监测数据超过预警值时必须立即停止浇筑混凝土，疏散人员，并进行加固处理。

6. 施工管理及作业人员配备和分工

施工管理人员、专职安全生产管理人员、特种作业人员、其他作业人员等。

列出项目组织机构，主要应阐述项目组织管理体系模式和内容，建立统一的工程指挥系统，通常采用组织机构框图表示，并体现岗位配置、人员安排。项目管理人员工作职责和权限，应与质量、环境、职业安全健康管理体系文件中管理人员职责和权限相一致。明确特种作业人员工种和人数配置。

7. 验收要求

验收标准、验收程序、验收内容、验收人员等。

8. 应急处置措施

应分析工程危险源，项目部成立应急领导小组，由安全、保卫、工程技术、材料设备、后勤等部门组成，明确人员职责、姓名、联系电话等。应急计划内容包括：支撑系统失稳、坍塌、坠落发生的原因及预防措施；应急对策、应急设施和装备；职责和信息传递，应急准备和响应计划（预案）应及时让所有相关岗位、人员掌握，对应急计划（预案）的有效性适时进行演练，并做好记录。

工程开工或阶段性施工开始前，项目经理部根据活动、项目特点、管理水平、资源配置、技术装备能力、外部条件等识别潜在事故和应急情况，控制潜在事故和可能引起人员、材料、装备、设施破坏的紧急情况，如失稳、坍塌、高处坠落、物体打击等。应急响应应说明发生事故或紧急情况时的现场处理及信息上报方法，发生事故后的求助措施、现场协调处理措施、资源调配等。保障措施应说明通信与信息保障，现场救援和工程抢险设备、药品保障，后勤保障，资金保障等保障工作。

9. 计算书及相关施工图纸

（1）计算图式要求：每项计算列出计算简图和截面构造大样图，并注明材料尺寸、规格、纵横支撑间距。

（2）验算项目及计算内容。

1）模板、支架的主要结构强度和截面特征以及各项荷载设计值与荷载组合。

2）梁、板模板支架的强度和刚度计算。

① 各构件的计算简图；

② 底、侧模抗弯、抗剪、挠度计算，侧模对拉螺栓计算；

③ 小楞抗弯、抗剪、挠度计算；

④ 大楞抗弯、抗剪、挠度计算；

⑤ 大楞与立杆交接处扣件抗滑承载力计算。

3）梁板下立杆稳定性计算。

4）立杆基础承载力验算，支撑系统支撑层承载力验算，如大型梁板下楼层验算、转换层下支撑层承载力验算。

5）其他特殊高支模增加的相关验算。

（3）施工图纸基本要求：附图与支撑系统设计及验算书相吻合，且经验算是安全的。包括以下图纸：

1）支模区域立杆平面布置图和纵横水平杆平面布置图：图中标示立杆或门架纵横间距、跨距、水平杆件、柱及主次梁截面相对位置及轴线编号等。

2）支撑系统立面图、剖面图：图中标示立杆间距、步距、竖向剪刀撑、水平剪刀撑投影、扫地杆、底座及垫块等。

3）水平剪刀撑布置平面图及竖向剪刀撑布置投影图：图中标示立杆纵横间距、跨距，标注水平及竖向剪刀撑布置原则等。

4）梁板支模大样图：图中标示底模大小楞、侧模、侧模内外楞、对拉螺杆的规格、尺寸、间距等。

5）支撑体系监测平面布置图：图中标示支架沉降观测点布设、地基稳定性沉降观测点布设以及支架水平位移观测点布设等。

6）连墙件布设位置及节点大样图。

7）特殊位置支撑布置图（指平、立面复杂的高支模）。

6.3　脚手架工程专项方案的编制内容

脚手架方案编制内容类似于模板方案，现重点对脚手架设计、施工等编制内容和深度进行说明。脚手架概况应详细叙述脚手架类型（满堂式、落地式、悬挑式）、搭设高度、支撑的地基情况等。本工程脚手架特点与施工关键，根据工程特点提出脚手架工程施工中的关键问题，供编制方案及施工时考虑针对性措施。

脚手架设计应包含各构件的选型、选材，脚手架构造设计，悬挑型钢、卸荷钢丝绳、连墙件的布置，上下人行斜道的设计及特殊部位的处理等。根据脚手架工程实际情况，确定脚手架立杆、水平杆、连墙件、脚手板、挡脚板、悬挑钢梁（悬挑脚手架）、卸荷钢丝绳、连墙件、剪刀撑等的选材、规格、尺寸，列出各构件力学性能指标。

（1）脚手架构造设计要求。

1）立杆：说明立杆纵横间距、步距及接长方法，特殊节点及位置的设置等。

2）纵横水平杆：说明纵横水平杆的设置位置关系、接长方法等，特殊节点及位置的设置等。

3）扫地杆：说明扫地杆的设置位置、接长方法、与立杆的固接方法等，特殊节点及位置的设置等。

4）剪刀撑：说明剪刀撑的搭设要求，斜杆连接方法，特殊节点及位置的设置等。

5）脚手板：说明脚手板的铺设要求。

6）防护设施：说明安全网、防护栏杆、挡脚板等的设置要求。

7）落地基础处理（落地脚手架）：说明落地脚手架底部地基情况，所达到的地基承载力要求。

（2）悬挑钢梁设计（悬挑脚手架）。详细说明悬挑钢梁的选型、规格和尺寸，钢梁的布置间距、锚固要求、节点处理，立杆与钢梁可靠连接等内容。

（3）卸荷钢丝绳的设计。详细说明卸荷钢丝绳的选型、规格、设置位置及间距、张拉要求，钢丝绳与钢梁、主体结构连接要求等。

（4）连墙点的设计。详细说明连墙点的间距，连墙件的选材、制作及锚固要求等。

（5）上下斜道的设计。详细说明安全斜道的设计及搭设要求，包括高度、平台、宽度、坡度、安全网、跨度等。

（6）卸料平台的设计。说明卸料平台规格、选材、制作、悬挑长度、位置、可靠连接措施及卸料荷载限值等内容。

（7）特殊部位的处理。说明转角、阳台、凸角等部位脚手架的搭设要求。

（8）计算书应包括以下内容：地基承载力验算（落地式脚手架），扣件脚手架架体验算（包括立杆承载力、扣件抗滑、大小横杆等的验算），悬挑钢梁验算，卸料平台验算，卸荷钢丝绳强度验算，钢丝绳吊环验算，连墙件计算，钢梁、吊环、连墙件锚固验算，安全斜道验算等。

（9）脚手架施工图纸包括以下内容：

1）悬挑钢梁平面布置图（悬挑脚手架）和立杆平面布置图：图中应将钢梁选材、规格、间距、尺寸及建筑轴线、尺寸标注清楚，建筑物结构平面不同的应分别绘制平面图。

2）连墙件、钢丝绳吊钩平面布置图：图中应将连墙件及钢丝绳吊钩水平、竖向间距及建筑轴线、尺寸标注清楚，结构平面不同的建筑物应分别绘制平面图。

3）脚手架立面图：图中应将立杆间距、步距、剪刀撑、各层标高、建筑轴线等标注清楚。

4）脚手架剖面图：图中应将立杆间距、步距、连墙件、卸荷钢丝绳等内容标注清楚。

5）卸料平台设计图：图中应将相关构件选材、规格、间距、尺寸标注清楚。

6）安全斜道设计图：图中应将相关构件选材、规格、间距、尺寸标注清楚。

7）相关大样图：包括连墙件，悬挑钢梁与立杆底部处理大样，吊环锚固大样，悬挑型钢锚固大样，立杆底座大样（落地式脚手架），钢丝绳卸荷大样及特殊部位处理大样图等。

6.4　编制要点

笔者通过整理分析近十年约 500 项高大模板工程、250 项脚手架工程施工方案专项论证审查报告和意见书，总结归纳出专家针对高支模脚手架类施工方案提出的常见意见问题，反映了模架工程专项方案专家评审论证的关键点和危大工程管理的合规合理性，工程人员明晰其中要点，有利于有针对性、全面、深入和力求完善地做好模架工程专项施工方案的编制和执行工作。

6.4.1　高大模板工程施工方案常见问题及建议

1. 方案技术内容部分

（1）方案编制内容不全。一份完整的高大模板方案，文字部分应包括以下内容：①编制说明及依据；②工程概况；③支撑系统设计；④施工部署；⑤高大模板施工；⑥施工安全管理；⑦质量保证措施；⑧监控措施；⑨应急预案。

（2）对《建筑施工模板安全技术规范》JGJ 162 不熟悉，违反其中的强条。

（3）高大模板支撑体系监测方案不完善，部分方案缺支架水平及沉降变形的允许值和预警值等内容。

建议：监测方案应对监测项目的设置，监测点布置，监测设备、时间、方法、频率、控制值、预警值，监测结果整理反馈等方面进行说明。

（4）专项方案对高大模板工程区域存在缺漏，没有针对高大模板施工的危险源识别及相应的安全措施。

建议：工程概况应对高大模板区域编号，以列表和文字描述，把每个区域的高大模板所处部位描述准确清楚。

对达到 $0.6m^2$ 截面的大梁，如梁截面规格多，可列表分组，各组选最大截面梁为代表进行计算与制图，并作文字描述。

（5）在专项施工方案中，对于支模用的各种材料应有明确的质量要求及验收标准。

（6）高大支模的支架应有明确的搭设、拆除步骤及相应的安全措施、安全注意事项，应符合规范的相关要求，应以文字形式在专项施工方案中全面及完善地加以叙述。

（7）高大支模的支架搭设完成后应组织检查与验收，应符合规范的相关要求，应以文字形式在专项施工方案中全面及完善地加以叙述。

（8）缺漏混凝土浇筑方法及技术措施。应避免支架不均匀受力或局部受力超载，明确浇筑混凝土的施工顺序，建议从非高支模开始向高支模方向浇筑，从内弧向外弧浇筑。

（9）在专项施工方案中，应有预防支架坍塌、高空坠物等安全防范措施。涉及高空施工作业的，应按高空施工作业规范采取相应的安全防护措施，如模板支架搭设和拆除的操作平台和临边防护措施。

（10）缺漏编制应急预案。应明确应急处理措施，明确突发事件后的救援措施，明确应急人员及其联系方式。

（11）施工方案编制的严谨性有待提高，许多方案在支撑构件的选材、规格、间距、计算跨度等方面经常出现前后矛盾的情况。

建议：对模板支架的主要技术参数（如大梁立柱纵横间距，大梁下增加的立柱根数，剪刀撑的布置，对拉螺栓的直径与根数等）核查文字叙述、计算书选用结果和施工图纸三者是否吻合。

2. 计算书部分

（1）高大支模必须进行详细的受力分析和计算，尤其是支撑体系的稳定性验算直接关系到施工的安全性，是施工成败的关键因素。常见的问题是未按支模的实际情况进行建模计算，或者未按最不利的工况进行建模计算，或者计算书与附图不符，从而导致计算结果不能正确反映模板及支架的受力情况，甚至存在安全隐患。

① 未选最大截面梁的计算信息进行计算。

② 未选最大支撑高度的计算信息进行计算。

③ 计算过程的选用数据错误（如木方抗弯抗剪强度取值不合理等），计算结果出现明显差距，导致支架选型错误，立柱纵横间距过大，支架不安全。

建议：计算的前提是要论证清楚最不利荷载信息，不同梁分别计算，图纸选用立柱的纵横间距不应大于计算书的选定间距。

（2）计算书中荷载录入错误，没有按规范及施工计算手册规定的荷载值录入计算，或录入的荷载不全、漏算荷载，没有考虑荷载的不利布置，没有考虑荷载分项系数或者取值错误等。

（3）支撑体系计算书中错漏较多，杆件的计算简图经常与实际工况不一致，影响了计算结果的准确性。

（4）斜屋面或斜层没有按折算厚度、长度验算，没有设置平行于斜屋面的水平杆。

（5）明确支撑架支撑面标高、基础结构类型（如钢筋混凝土结构、级配碎石换填层等）等情况，应进行立杆的地基承载力验算，以确保地基承载力满足要求；套扣架、扣件式等支架立杆的基础为楼板时，应进行承载力验算。

3. 施工图部分

（1）没有提供能正确指导施工的施工图纸，不能针对工程特点指导现场施工与模板验收，难以保证安全。

① 图纸混乱，没有区分不同的高大模板区域，各自编制一套施工图纸。

② 完整的图纸要做到"一区一套"，每套应有"四平、二剖、一节点"（立杆平面布置图、水平杆平面布置图、剪刀撑平面布置图、沉降观测点平面布置图、大模板高支架纵向剖面图、大模板高支架横向剖面图、局部支撑拉结点大样图）。

③ 以示意图或计算简图代替施工图，图纸缺漏不齐全（如监测点布置图缺失或者不完整、后浇带模板支架设计大样图以及支架临边防护做法大样图缺失等），模板与支架构造无图示，主要尺寸缺标注。

建议：

① 编写图纸目录，图号、名称、图幅及文字要清晰，定位尺寸、标注齐全。

② 图纸要清晰明确，可操作性强，做到实物能对图。

（2）模板支架的立杆布置应有利于传递上部荷载，立杆严禁偏心受力。立杆布置时应尽可能形成"横成行、竖成列"的阵列，使水平杆可以连续拉通，形成稳定受力体系。

（3）钢管立柱端部采用可调顶托时，要明确控制伸出长度允许值（规范限值为200mm），避免立杆长度不一，导致自由长度超过允许值。在专项施工方案中，常见的问题是没有明确伸出长度允许值，或伸出长度超过规范限值，或方案中伸出长度前后矛盾。

（4）扣件式钢管立柱下端应设置底座及垫板，应明确注明垫板的尺寸，垫板厚度不得小于50mm。在专项施工方案中，常见的问题是：没有明确说明采用何种支座及垫板，也没有相应的设计大样图。

（5）钢管立柱各层各步接头必须采用对接扣件连接，扫地杆、水平杆也应采用对接扣件连接，接头点应交错布置并符合规范的相关要求。在《建筑施工扣件式钢管脚手架安全技术规范》JGJ 130—2011中扫地杆、水平杆是可以采用搭接进行接长的，但在《建筑施工模板安全技术规范》JGJ 162—2008中已经明确扫地杆、水平杆的接长应采用对接扣件。

（6）当主梁底设置横杆传递竖向荷载，荷载值较接近单扣件抗滑设计值时，建议主立杆选择双扣件抗滑。当竖向荷载较大时，不建议采用扣件抗滑来传递竖向荷载，应改用可调顶托将竖向荷载直接传到钢管立柱。

（7）在条件许可的情况下，高大支模模板支架的水平杆应尽可能与已浇筑的主体结构顶紧，与已浇筑的结构柱进行抱箍，抱箍应两步一设。高危大模板的支撑架要注意与普通模板支架的整体布局和连接，在高大支模与非高大支模混搭的情况下，高大支模区域的水平杆应延伸到非高大支模区域内并与非高大支模区域内的立柱扣接至少两排。

（8）对于荷载较大、支模较高的模板支架，应采取有效措施保证模板支架的稳定性（如：增加立杆数量，减小立杆布置间距，水平杆与周围可靠拉结等），同时可考虑采用变步距设计，即在支架下部采用较小的步距，以增强支架的稳定性。

（9）临边高大支模，应有向内拉结的措施，当模板支架的高宽比较大时，应注意支架的侧向失稳问题，在条件许可的情况下，应向外增加立杆的数量，减小支架的高宽比，水平剪刀撑、结构抱柱、与内楼板支架拉结均严格控制，必要时还应向外设置抛撑。

（10）剪刀撑斜杆应用旋转扣件固定在与之相交的横向水平杆的伸出端或立杆上，旋转扣件中心线至主节点的距离不宜大于 150mm。剪刀撑的底端应与地面顶紧，剪刀撑斜杆与地面的夹角为 45°～60°，剪刀撑跨越立杆的根数不应大于《建筑施工扣件式钢管脚手架安全技术规范》JGJ 130—2011 表 6.6.2 的规定。

（11）高大梁的侧模板无抗倾覆措施；当梁先支一侧梁模板，绑扎梁钢筋后再封另一侧梁模板的，也无防止梁侧模板倾覆的措施。

（12）完善混凝土浇筑工艺。先浇筑墙柱混凝土，待其混凝土强度达到 70%，支架与混凝土墙顶紧和柱设置抱箍后，方可再浇筑梁板混凝土。大梁混凝土应分层浇筑，厚度不大于 0.4m，注意施工荷载不大于模板支架的设计荷载。

（13）对不同支模层高的支架支撑体系进行立杆配架设计，梁板下的模板支架可调托座伸出顶层水平杆或双槽钢托梁的悬臂长度严禁超过相应类型模架的规范要求（且丝杆外露长度及可调托座插入立杆或双槽钢托梁长度必须满足规范要求），如超过规范要求，应在支撑立杆顶加设一道钢管纵横水平杆。根据《建筑施工模板安全技术规范》JGJ 162—2008 规定，当层高在 8～20m 时，在最顶步距两水平拉杆中间应加设一道水平拉杆；当层高大于 20m 时，在最顶两步距水平拉杆中间应分别增加一道水平拉杆。高支模区域纵横向水平杆应确保拉通，同时确保与周边非高支模区域有效连接，部分横杆、水平杆未拉通的，应补充拉结水平杆，且与浇筑的混凝土进行抱柱或顶紧处理，实现有效连接。

（14）当立杆间距不合模数时，应采用有效方法进行处理：轮扣式应采用扣件式水平杆将相邻支架有效拉结；承插型套扣式钢管支架应与周边普通模板支架拉结，通过加设钢管立杆和水平杆的方式连成整体。

（15）完善支撑系统剖面图，扫地杆处应增设一道水平剪刀撑；可调支撑顶部应增设一道扣件式水平杆；扫地杆及扫天杆处应设置抱柱；大梁下两侧应设置竖向垂直剪刀撑；支架与相邻混凝土柱设置抱箍；高大模板支模的水平剪刀撑布置应与纵横向竖向剪刀撑布置相结合，确保形成完整立方体支撑体系，并调整剪刀撑位置使其形成有效支撑系统。

（16）柱帽支架、大截面梁支架两侧均应设竖向剪刀撑；完善水平剪刀撑的布置，水平剪刀撑应在竖向剪刀撑交汇点上，其宽度不大于 6.0m。

（17）完善整个柱帽区域的模板立杆平面布置图、剪刀撑平面布置图（柱帽水平剪刀撑应设在柱两侧；竖向剪刀撑设置在柱帽下立杆上，应顶到模板底）、纵向和横向剖面图，明确大小楞、内外楞、对拉螺杆布置。

（18）完善不同支模区域套扣式支撑架的立杆配杆设计。

（19）完善各区域高大支模立杆平面布置图，应按先梁后板的原则进行布置，立杆至混凝土墙柱边的距离应不大于 0.30m。

（20）大荷载梁梁下支撑立杆支撑在下一层楼板时，楼板下应采取相应的回顶措施。

6.4.2 脚手架工程施工方案常见问题及建议

1. 方案技术内容部分

(1) 在专项施工方案中，对于搭设脚手架所用的各种材料应有明确的质量要求及验收标准。

(2) 脚手架（包括电梯井、施工电梯出入平台及通道、卸料平台等部位）应有明确的搭设、拆除步骤及相应的安全措施、安全注意事项，应符合规范的相关要求，应以文字形式在专项施工方案中全面及完善地加以叙述。

(3) 应有预防支架坍塌、高空坠物等安全防范措施，应按高空施工作业规范采取相应的安全防护措施。

(4) 所有预埋件均应有稳定的抗拔措施，并应有足够的抗拉强度。脚手架张拉、悬挂前应对预埋件进行现场检查，不合格的应采取措施。

(5) 在专项施工方案中，应编制应急预案，明确应急处理措施，明确突发事件后的救援措施，明确应急人员及其联系方式。

(6) 附着式升降脚手架应由具有相应资质的单位进行设计与施工，方案应包括脚手架安装、爬升、拆除的操作规程、监测布置、总体流程及相关有效的检验报告等内容。

(7) 明确脚手架内立杆与结构边的距离，考虑外墙饰面施工的空间需要，当大于0.30m 时应补充临边防护措施。

(8) 应有悬挑型钢、型钢上连梁、预埋吊环、钢丝绳卸荷、屋面架体等施工工艺及安全措施，并明确相关焊接施工质量保证措施。

2. 计算书部分

(1) 计算书应包括以下内容：地基承载力验算（落地式脚手架），扣件脚手架验算（包括立杆承载力、扣件抗滑、大小横杆等的验算），悬挑钢梁验算，卸荷钢丝绳强度验算，钢丝绳吊环强度验算，连墙件计算，主体结构验算（支撑悬挑型钢及钢丝绳的梁、板），钢梁、吊环、连墙件锚固验算，安全斜道验算。

(2) 脚手架验算时荷载取值应正确，录入不遗漏。在专项施工方案中，最常见的问题是：荷载录入错误，没有按规范及施工计算手册规定的荷载值录入计算，或录入的荷载不全、漏算荷载，没有考虑荷载的不利布置，没有考虑荷载分项系数等。外脚手架计算应考虑风荷载的影响，风荷载、体型系数等应取值正确。

(3) 计算参数、材料力学指标取值应正确、合理。常见错误有：扣件抗滑移承载系数取错、材料强度指标（抗弯强度、抗剪强度等）取错、材料的弹性模量取错、构件的惯性矩计算错等。

(4) 外脚手架必须进行详细的受力分析和计算，尤其是支撑体系、悬挂体系的安全性验算直接关系到施工的安全性，是施工成败的关键因素。在专项施工方案中，最常见的问题是没有按脚手架的实际情况进行建模计算，或者没有按最不利的工况进行建模计算，导致计算结果不能正确反映模板及支架的受力情况，甚至存在安全隐患。

(5) 悬挑型钢在特殊部位（如阳角、边柱、梁、挑板部位）存在型钢悬挑跨度不同、锚固长度不足或者需预埋钢板与工字钢梁焊接的情况，因此应设计具体的安装大样图以及进行相应工况的验算。阳角部位立杆的跨度不能超过计算值。

（6）采用落地脚手架时，应对脚手架下端支承面进行承载力验算。

（7）采用落地、悬挑、分段卸荷等不同方式搭设脚手架时，应根据脚手架实际荷载分布情况选取适当的计算高度，分别对落地脚手架、悬挑型钢脚手架和拉吊卸荷段脚手架进行验算。每种脚手架均应选取最不利工况位置进行计算。脚手架荷载计算高度应考虑上一层卸载装置所受荷载，同时考虑不同高度风荷载值的变化。

（8）采用悬挑工字钢脚手架时，应对工字钢、钢丝绳、吊环等作相关验算，验算应有明确的针对性，应选取受力最不利的地方进行验算。对于工字钢悬挑尺寸较大的建筑物阳角处应进行验算，当工字钢不能内伸到建筑物内时，也应针对该工况进行相关验算。

（9）连墙件采用预埋钢筋与钢管焊接，以及对部分墙柱位置的悬挑工字钢采用预埋钢板焊接连接，均应补充焊缝的验算。

3. 施工图部分

（1）方案设计图一定要详细、全面，方案要提供每栋建筑脚手架搭设平面图、立面图、卸荷节点大样图，应标明各栋建筑脚手架各杆件的材料规格、布置位置、间距、步距及内立杆距离建筑的尺寸等；标明悬挑型钢及卸荷吊点的设置位置（楼层、标高），图上应表示出脚手架搭设高度、悬挑脚手架高度以及卸荷段高度。脚手架杆件布置图中明确卸料平台、出入通道、施工电梯、塔式起重机等平面位置。

建议：编图纸目录、图号、名称。图幅及文字考虑能看得清楚，尺寸标注齐全。完整的图纸应包括悬挑钢梁平面布置图（悬挑脚手架），立杆平面布置图，连墙件、钢丝绳吊钩、横向斜撑平面布置图，脚手架立面图，脚手架剖面图，安全斜道设计图，相关大样图〔包括连墙件大样图，悬挑钢梁与立杆底部处理大样图，悬挑钢梁在窗台、电梯井、楼梯间、卫生间等部位的安装大样图，悬挑型钢锚固大样图，吊环锚固大样图，立杆底座大样图（落地式脚手架），钢丝绳卸荷大样图及其在窗台、电梯井、楼梯间等部位的处理大样图等〕。

（2）脚手架步距与楼层高往往不成模数，因此连墙件应每层设置。

（3）部分方案未明确安全防护挡板设置要求，设计大样图缺漏。

（4）落地脚手架的立杆下端应设置底座及垫板，应避免立杆悬空。立杆支承面应坚固稳定，当支承面为天然地面时应对地面进行硬化、平整处理，并设置排水措施。

（5）外脚手架中扫地杆、水平杆、剪刀撑的设置应符合《建筑施工扣件式钢管脚手架安全技术规范》JGJ 130 的相关规定。

（6）连墙件的设置不够合理，应根据现场的实际情况设置，在没有建筑外墙的情况下，应在结构楼层处设置刚性连墙件。

（7）当脚手架局部与建筑物之间的间距过大时，应增设立杆，不能采用小横杆向内悬挑作为施工操作层的做法。

（8）卸荷层的设置应根据脚手架的高度而定，悬吊钢丝绳、卸荷钢丝绳的设置应有利于架体均匀受力，且均应设置张紧装置。

（9）悬挑工字钢的内伸段应用 U 形卡环固定，U 形卡环应在结构施工时预埋。悬挑工字钢内伸段与 U 形卡环间应有固紧措施，防止工字钢上下或左右摆动。

（10）卸荷钢丝绳吊环应在结构施工时预埋，吊环不应预埋在建筑主体结构受力薄弱的地方，如悬挑板、悬挑边梁等，当无法避免时应对主体结构进行施工荷载作用下的强度验算。

（11）脚手架应有防雷措施。

（12）人行斜道的设置位置及高度应明确，是否需要卸荷也应交代清楚，同时应有平面图、立面图及大样图，并有相应的验算。应有施工斜梯道的设计内容，并且提出施工人员上到操作层外架的措施。

（13）在平面转角处，拉吊点处的水平横杆与卸荷钢丝绳不在同一平面内，应在拉吊点与结构柱间，与卸荷钢丝绳同一平面的方向增设水平横杆，该横杆应与纵杆扣接，并与结构柱顶紧，以便于该横杆能传递卸荷钢丝绳传至的水平分力。

（14）应有不同立面位置（楼梯间、电梯间、转角、柱墙、阳台、窗台等）相应类型脚手架安装、爬升、拆除的全高剖面图。

（15）明确脚手板铺设方式，采用钢筋网片作为脚手板的，应确保钢筋规格、间距、铺设满足规范要求，应有钢筋网片的设计、计算内容。

6.5　模架设计计算存在的问题

（1）设计计算编制参考规范不妥。由于现行相关规范，是常规模板体系下的半理论半经验的规范，且规范编制组成人员立场意见不尽相同，模架工程设计计算不同种类的参考规范所适用范围、结构重要性系数规定、立杆稳定性计算内容都不尽相同。

（2）计算过程生搬硬套。模架荷载通常看作均布荷载计算，这样计算起来比较简便。在实际工程设计计算中需选取合理的计算模型，必须充分考虑支架所承受的实际荷载情况。高支模由于其有一定的高度，需考虑风荷载的作用。另外，用输送泵进行浇筑时，混凝土泵送管道对支撑的冲击作用也需考虑。

（3）计算参数取值不恰当。如前所述，工程实际测算钢管平均壁厚仅为 2.7mm，而规范中规定钢管外径 48mm，壁厚 3.0～3.2mm，设计计算时壁厚取值 3.0mm，而实际使用的钢管无法符合计算参数取值。

6.6　模架计算依据选择的探讨

6.6.1　不同规范的差异

《混凝土结构工程施工规范》GB 50666—2011、《建筑施工扣件式钢管脚手架安全技术规范》JGJ 130—2011 和《建筑施工模板安全技术规范》JGJ 162—2008 之间存在诸多不一致，见表 6-3 所列（这里只对比扣件式高支模架部分规范的内容，不涉及其他连接形式的模架）。

不同规范的差异　　　　　　　　　　　　　　　　　　表 6-3

项目	《混凝土结构工程施工规范》GB 50666—2011	《建筑施工扣件式钢管脚手架安全技术规范》JGJ 130—2011	《建筑施工模板安全技术规范》JGJ 162—2008
许用立杆长细比	180	210	150
立杆间距	小于 1200mm	小于 1200mm	未规定

续表

项目	《混凝土结构工程施工规范》GB 50666—2011	《建筑施工扣件式钢管脚手架安全技术规范》JGJ 130—2011	《建筑施工模板安全技术规范》JGJ 162—2008
立杆步距	小于1800mm	小于1800mm	未规定
自由端长度	小于500mm	小于1800mm	不得大于200mm
剪刀撑要求	水平剪刀撑不宜大于600mm	水平剪刀撑距架体平面不宜大于800mm	模板纵横向每隔10m设连续剪刀撑
风荷载	$w_k = \beta_s \mu_z \mu_s w_0$	$w_k = \mu_z \mu_s w_0$	$w_k = \beta_s \mu_z \mu_s w_0$
结构承载能力设计表达式	$\gamma_0 S \leqslant R_0$	依据《建筑结构可靠性设计统一标准》GB 50068	$\gamma_0 S \leqslant \gamma_R R$
立杆底面地基承载力验算	$p \leqslant f_a$	$p \leqslant f_g$	$p \leqslant m_f f_{ak}$

6.6.2 荷载值与组合

各规范、标准的适用性分析 表6-4

规范、标准名称	适用范围
《建筑施工脚手架安全技术统一标准》GB 51210—2016	1.0.2 本标准是制定各类脚手架支撑架相关标准应遵守的基本准则，但不能代替各类脚手架支撑架标准；不能作为基本变量取值、参数确定、荷载效应、结构抗力的依据（详见条文解释）。同时引入结构重要性系数 γ_0（超危工程取1.1）
《混凝土结构工程施工规范》GB 50666—2011	1.0.2 本规范适用于建筑工程混凝土结构的施工；要求进行模板及支架的承载力、刚度、抗倾覆验算，整体稳定性仅验算许容长细比。4.3.5 通过引入结构重要性系数 γ_0，区分了"重要"和"一般"模板及支架的设计要求，其中"重要的模板及支架"包括超危模板支撑工程，但取值规定"宜≥1"
《建筑施工扣件式钢管脚手架安全技术规范》JGJ 130—2011	增加了满堂支撑架的计算，但4.3.2条规定：满堂支撑架用于混凝土结构施工时，荷载组合与荷载设计值应符合现行行业标准《建筑施工模板安全技术规范》JGJ162的规定。 同时，为简化计算，本规范基本组合采用由可变荷载效应控制的组合，分项系数取1.2，根据《建筑施工脚手架安全技术统一标准》GB 51210—2016 及《建筑结构荷载规范》GB 50009—2012规定，适用于非超危模板支撑工程的计算
《建筑施工模板安全技术规范》JGJ 162—2008	4.3.2 本条参与模板及其支架荷载效应组合的各项荷载规定是按《混凝土结构工程施工及验收规范》GB 50204—1992 的规定采用的（详见条文解释，但该规范在2002年已废止）

从表6-4分析可以得出：《建筑施工脚手架安全技术统一标准》GB 51210—2016 是制定各类脚手架支撑架相关标准应遵守的基本准则，不能作为计算依据。《建筑施工扣件式钢管脚手架安全技术规范》JGJ 130—2011 规定：满堂支撑架用于混凝土结构施工时，荷载组合与荷载设计值应符合现行行业标准《建筑施工模板安全技术规范》JGJ 162—2008 的规定。而《建筑施工模板安全技术规范》JGJ 162—2008 参与模板及其支架荷载效应组

合的各项荷载规定是废止条文。因此，模板支撑工程的荷载选用及组合的计算依据，应选择《混凝土结构工程施工规范》GB 50666—2011 比较合适。

6.6.3 结构重要性系数

《混凝土结构工程施工规范》GB 50666—2011 在极限承载力验算时，首次引入结构重要性系数 γ_0，区分了"重要"和"一般"模板及支架的设计要求（重要 $\gamma_0 \geqslant 1$，一般 $\gamma_0 \geqslant 0.9$），其中"重要的模板及支架"包括高大模板支架，跨度较大、承载较大或体型复杂的模板及支架等。

在《建筑施工脚手架安全技术统一标准》GB 51210—2016 中引入支撑架的安全等级，当搭设高度大于 8m 或荷载标准值达到超危模板支撑架标准，即为 1 级安全等级，其承载力验算时，结构重要性系数取 1.1。

《建筑施工脚手架安全技术统一标准》GB 51210—2016 规定：支撑脚手架的综合安全系数指标 $\beta \geqslant 2.2$（相当于保险倍数）。当采用施工规范"重要 $\gamma_0 \geqslant 1$"计算，综合安全系数指标为 $\beta \geqslant 2.38 > 2.2$，满足要求；当采用统一标准"1 级重要性系数 $\gamma_0 = 1.1$"计算，综合安全系数指标为 $\beta = 2.62 > 2.2$，满足要求。

虽然统一标准在 1.0.2 条文解释中表明仅作为基本变量的取值原则，不作为取值、参数确定的依据，但综合安全系数指标越大，说明结构越可靠，对于超危数值较大的模板支撑工程，重要性系数 γ_0 取 1.1 比较合适。

6.6.4 立杆稳定性计算

《混凝土结构工程施工规范》GB 50666—2011 规定：架体立杆稳定性仅验算容许长细比（受压立杆 180），查表得标准钢管的惯性矩为 12.71cm^4，计算得出的立杆容许步距达 2287mm（远远大于超危模板支撑立杆步距不得大于 1500mm 的规定）。因此，立杆稳定性计算应选择 JGJ 162—2008 或 JGJ 130—2011 作为计算依据。

当立杆承载力（轴向力设计值）和立杆材料及截面均不变时，立杆稳定性与稳定系数 ϕ 成正比，稳定系数通过长细比查表获取，长细比越大，稳定系数呈非线性减少，所以稳定性计算的决定因素是立杆的计算长度（即立杆步距），步距越小，稳定性越可靠。下文分别按照两个规范计算分析其可靠性。

（1）JGJ 130—2011 第 5.4.6 条规定，立杆的计算长度按顶部立杆段和非顶部立杆段分别计算，取整体稳定计算结果最不利值。顶部立杆段：$l_0 = k\mu_1(h + 2a)$，a 为顶部悬臂长度；非顶部立杆段：$l_0 = k\mu_2 h$。

（2）JGJ 162—2008 第 5.2.5 条：立杆的计算长度取最大步距。

假设超危模板支架（剪刀撑设置普通型）的高宽比小于 2，架体立杆间距 1m，步距 1.5m，悬臂长度 0.5m。则验算长细比时，前者（JGJ 130）的计算长度为 3.1m，后者（JGJ 162）为 1.5m，也就是同一根立杆用 JGJ 162—2008 计算的承载力是用 JGJ 130—2011 计算的 2 倍。

相关文献表明：在立杆的纵距、横距以及水平步距都相同的情况下，上述两种规范对立杆稳定性验算的结果显示，按《建筑施工扣件式钢管脚手架安全技术规范》JGJ 130—2011 计算，立杆的稳定性具有较大的安全储备。

为保证模板支撑工程的安全可靠，建议稳定性验算采用 JGJ 130—2011 作为计算依据。

6.7 方案编制（含计算项）常用参考标准和规范

常用参考标准和规范，见表 6-5～表 6-7 所列。

脚手架类专项方案编制常用参考标准规范　　　　　表 6-5

序号	名称	编号
1	建筑施工脚手架安全技术统一标准	GB 51210—2016
2	钢管脚手架扣件	GB 15831—2006
3	起重机设计规范	GB/T 3811—2008
4	建筑地基基础设计规范	GB 50007—2011
5	建筑结构荷载规范	GB 50009—2012
6	混凝土结构设计规范	GB 50010—2010
7	钢结构焊接规范	GB 50661—2011
8	建筑地基基础工程施工质量验收标准	GB 50202—2018
9	混凝土结构工程施工规范	GB 50666—2011
10	钢结构工程施工规范	GB 50755—2012
11	重要用途钢丝绳	GB 8918—2006
12	高处作业吊篮	GB/T 19155—2017
13	安全网	GB 5725—2009
14	冷弯薄壁型钢结构技术规范	GB 50018—2002
15	建筑施工门式钢管脚手架安全技术标准	JGJ/T 128—2019
16	建筑施工扣件式钢管脚手架安全技术规范	JGJ 130—2011
17	建筑施工碗扣式钢管脚手架安全技术规范	JGJ 166—2016
18	钢管满堂支架预压技术规程	JGJ/T 194—2009
19	建筑施工工具式脚手架安全技术规范	JGJ 202—2010
20	建筑施工临时支撑结构技术规范	JGJ 300—2013
21	建筑施工承插型盘扣式钢管支架安全技术规程	JGJ 231—2010
22	组合铝合金模板工程技术规程	JGJ 386—2016
23	液压升降整体脚手架安全技术标准	JGJ/T 183—2019
24	建筑机械使用安全技术规程	JGJ 33—2012
25	施工现场临时用电安全技术规范	JGJ 46—2005
26	建筑施工安全检查标准	JGJ 59—2011
27	广东省标准轮扣式钢管脚手架安全技术规程	DB44/T 1876—2016
28	广东省标准铝合金模板技术规范	DBJ 15—96—2013
29	广东省标准建筑施工承插型套扣式钢管脚手架安全技术规程	DBJ 15—98—2014
30	广东省标准建筑地基基础设计规范	DBJ 15—31—2016

模板支撑架类专项方案编制常用参考标准规范　　表 6-6

序号	名称	编号
1	钢管脚手架扣件	GB 15831—2006
2	混凝土模板用胶合板	GB/T 17656—2018
3	碗扣式钢管脚手架构件	GB 24911—2010
4	建筑结构荷载规范	GB 50009—2012
5	钢结构设计标准	GB 50017—2017
6	混凝土结构工程施工质量验收规范	GB 50204—2015
7	组合钢模板技术规范	GB/T 50214—2013
8	建筑工程施工质量验收统一标准	GB 50300—2013
9	混凝土结构工程施工规范	GB 50666—2011
10	建筑施工脚手架安全技术统一标准	GB 51210—2016
11	液压传动系统及其元件的通用规则和安全要求	GB/T 3766—2015
12	重要用途钢丝绳	GB 8918—2006
13	冷弯薄壁型钢结构技术规范	GB 50018—2002
14	滑动模板工程技术标准	GB/T 50113—2019
15	建筑施工安全检查标准	JGJ 59—2011
16	建筑工程大模板技术标准	JGJ/T 74—2017
17	建筑施工高处作业安全技术规范	JGJ 80—2016
18	钢框胶合板模板技术规程	JGJ 96—2011
19	建筑施工门式钢管脚手架安全技术标准	JGJ/T 128—2019
20	建筑施工扣件式钢管脚手架安全技术规范	JGJ 130—2011
21	建筑施工模板安全技术规范	JGJ 162—2008
22	钢管满堂支架预压技术规程	JGJ/T 194—2009
23	建筑施工碗扣式钢管脚手架安全技术规范	JGJ 166—2016
24	建筑施工承插型盘扣式钢管支架安全技术规程	JGJ 231—2010
25	建筑施工临时支撑结构技术规范	JGJ 300—2013
26	建筑塑料复合模板工程技术规程	JGJ/T 352—2014
27	组合铝合金模板工程技术规程	JGJ 386—2016
28	城市桥梁工程施工与质量验收规范	CJJ 2—2008
29	公路工程施工安全技术规范	JTGF 90—2015
30	公路桥涵施工技术规范	JTGTF 50—2011
31	建筑机械使用安全技术规程	JGJ 33—2012
32	液压爬升模板工程技术标准	JGJ/T 195—2018
33	广东省标准轮扣式钢管脚手架安全技术规程	DB44/T 1876—2016
34	广东省标准铝合金模板技术规范	DBJ 15—96—2013
35	广东省标准建筑施工承插型套扣式钢管脚手架安全技术规程	DBJ 15—98—2014
36	广东省《建筑结构荷载规范》	DBJ 15—101—2014
37	钢管脚手架、模板支架安全选用技术规程	DB11/T 583—2015

模架专项施工方案计算书计算项目 表 6-7

类别	构件验算内容	计算依据
模板支撑架	①模板体系承载力和变形计算	JGJ/T 74、JGJ 162、JGJ/T 352、JGJ 386、GB 50017、GB/T 50214
	②对拉螺栓（支撑）承载力和变形计算	JGJ 96、JGJ 162、JGJ 386
	③支架体系强度、承载力和变形计算	JGJ/T 74、JGJ/T 128、JGJ 231、JGJ/T 352、JGJ 386、GB 50017、GB/T 50214、GB 51210
	④支架、立杆（立柱）稳定承载力计算	JGJ/T 74、JGJ 96、JGJ/T 128、JGJ 130、JGJ 162、JGJ 166、JGJ 231、JGJ 386、GB 50017、GB 51210
	⑤连接扣件抗滑、盘扣节点连接盘的受剪承载力计算；吊钩（吊环）、勾头螺栓、杆件等连接节点承载力计算	JGJ 96、JGJ 231、GB 51210
	⑥立杆（立柱）地基或楼板承载力计算	JGJ/T 128、JGJ 130、JGJ 162、JGJ 166、JGJ 231、GB 50007、GB 51210
	⑦架体抗倾覆能力计算	JGJ/T 128、JGJ 166、JGJ 231、JGJ/T 352、GB 51210
	⑧连墙件、门洞转换横梁强度、稳定和挠度计算	JGJ 166、GB 50017、GB 51210
脚手架	①纵、横向水平杆承载力和变形计算	JGJ 130、JGJ 166、JGJ 202、JGJ 231、GB 51210
	②立杆（竖向桁架）、三角臂压杆稳定性计算	JGJ/T 128、JGJ 130、JGJ 166、JGJ 202、JGJ 231、GB 51210
	③脚手板的强度和挠度计算	JGJ/T 128、JGJ 130
	④连接扣件抗滑、杆件连接节点承载力计算	JGJ/T 128、JGJ 130、JGJ 166、JGJ 231、GB 51210
	⑤立杆地基或楼板承载力计算	JGJ/T 128、JGJ 130、JGJ 166、JGJ 231、GB 51210
	⑥连墙件强度、稳定性和连接强度的计算	JGJ/T 128、JGJ 130、JGJ 166、JGJ 202、JGJ 231、GB 50010、GB50017、GB50018、GB51210
	⑦悬挑支撑结构强度、稳定性承载力和变形、锚固计算	JGJ/T 128、JGJ 130、GB 50010、GB 50017、GB 51210
爬模、滑模	①模板体系承载力和变形计算	JGJ/T 74、JGJ 96、JGJ/T 352、JGJ 386、JGJ 459、GB/T 50113
	②对拉螺栓承载力和变形计算	JGJ 459
	③支撑架体系整体强度、稳定性承载力和变形计算；单肢稳定性和缀条验算	JGJ 162、JGJ/T 195、JGJ/T 352、JGJ 386、JGJ 459、GB 50010、GB 50017、GB/T 50113
	④导轨承载力和变形计算	JGJ/T 195、JGJ 459
	⑤混凝土结构局部受压承载力、承载螺栓孔壁局部受压计算	JGJ 162、JGJ 459

续表

类别	构件验算内容	计算依据
爬模、滑模	⑥连接节点(螺栓)强度、承载力计算	JGJ 162、JGJ 459
	⑦模板牵引力计算	GB/T50113
爬架	①竖向主框架的强度和压杆稳定及连接计算	JGJ /T 183、JGJ 202
	②水平桁架的强度和压杆稳定及连接计算	JGJ /T 183、JGJ 202
	③脚手架架体的强度和压杆稳定及连接计算	JGJ /T 183、JGJ 202
	④附着支撑的强度、变形、稳定及连接计算及其工作时对混凝土结构所产生的附加作用验算	JGJ /T 183、JGJ 202
	⑤防倾覆装置和悬挂装置、支架或(悬臂)平台的强度、稳定及连接计算	JGJ /T 183、GB/T 19155
	⑥导轨强度和稳定计算以及变形验算;悬挂单轨荷载计算	JGJ /T 183、JGJ 202、GB/T 19155
	⑦锚固螺栓(附着支撑结构穿墙螺栓)自身强度以及螺栓孔处混凝土受压承载能力计算;钢丝绳锚固在固定结构上的计算	JGJ /T 183、JGJ 202、GB/T 19155
	⑧支撑点的结构、钢丝绳端部强度、连接节点计算	JGJ 202、GB/T 19155
	⑨液压升降装置的提升力计算;钢丝绳最大牵引力和强度计算	JGJ /T 183、JGJ 202、GB/T 19155

第**7**章

▶▶▶▶▶▶▶

落地与悬挑式外脚手架（扣件架）
工程安全专项施工方案实例

实例1　××高层住宅建筑工程脚手架安全专项施工方案

7.1　工程概况

7.1.1　项目信息

项目概况，见表7-1所列。

××项目概况表　　　　　　　　　　　　　表7-1

工程名称	××一期工程	建设单位	××房地产开发有限公司
工程地点	×××	设计单位	××建筑工程设计有限公司
施工单位	××工程实业有限公司	监理单位	××工程建设监理有限公司
规模/层	64301.81m²/3～24层	基础类型	桩基础

7.1.2　外脚手架工程信息

外脚手架工程信息，见表7-2所列。

外脚手架工程信息　　　　　　　　　　　　表7-2

脚手架类型	楼栋号	建筑高度(m)	层数	搭设位置
落地架	3栋	49.55	18层	−6.5m开始搭设
落地架与悬挑架	19、20栋	69.85	24层	2层以下采用落地架，2～14层为第一段悬挑，14层至天面为第二段悬挑

7.2　编制依据

略

注：本书所选用的专项方案已在相应工程项目中安全施行并通过验收，相关专项方案所依据的规范可能存在与现行规范不一致的情况，方案的编制应参照现行规范执行。

7.3 施工计划

7.3.1 施工进度计划

整个脚手架工程随主体结构的升高而升高。脚手架必须配合施工进度搭设，一次搭设高度不应超过相邻连墙件以上两步，脚手架应与整个结构部分同时施工、同时使用，搭设高度超过施工作业面 1.2m，并起到足够的保护作用，使当层施工的工人始终处于外脚手架的范围内。施工进度计划表在此处略去。

7.3.2 材料与设备计划

材料与设备计划，见表 7-3、表 7-4 所列。

材料计划 表 7-3

序号	材料名称	规格	数量	单位
1	钢管	48mm×3.5mm	131376.667	m
2	小横杆	48mm×3.5mm×1300mm	20271	根
3	直角扣件	—	79224	个
4	对接扣件	—	21897	个
5	旋转扣件	—	6569	个
6	脚手板	—	1411	m²
备注	本工程当中的脚手架材料使用量在同时施工时其使用量较大,可考虑分两次施工,材料循环使用。因此,所需准备材料可减半考虑

拟投入机具设备 表 7-4

序号	设备名称	规格	数量	单位
1	锤子	质量 1kg	20	个
2	单扳手	开口宽 22～24mm	10	把
3	活动扳手	最大开口宽 65mm	10	把
4	钢丝钳	长 150mm、175mm	10	把
5	墨斗、粉丝带	—	2	个
6	水准仪	DZS3-1/AL332	1	台
7	水平尺	长 450mm、500mm	2	个
8	钢卷尺	5m/30m	2	把
9	工程测量尺	2m	2	把
10	拧紧力矩检测扳手	配套	3	把

7.3.3 外架材料的选取

1. 钢管

（1）钢管包括立杆、大横杆、小横杆、剪刀撑、连墙杆等。

（2）钢管应采用现行国家标准《直缝电焊钢管》GB/T 13793 或《低压流体输送用焊接钢管》GB/T 3091 中规定的 3 号普通钢管，其质量应符合现行国家标准《碳素结构钢》GB/T 700 中 Q235-A 级钢的规定。

（3）采用外径为 48mm、壁厚 3.5mm 的钢管，最大长度不应超过 6.5m，且每根钢管的最大质量控制在 25kg。

2. 扣件

（1）扣件包括直角扣件、旋转扣件、对接扣件及其附件、T形螺栓、螺母等。

（2）扣件式钢管脚手架应符合现行国家标准《钢管脚手架扣件》GB 15831 的规定。扣件与钢管的贴合面必须完好不变形，扣件扣紧钢管时接触良好，扣件活动部位应能灵活转动，旋转扣件的旋转面间小于 1mm，扣件表面应进行防锈处理。

（3）扣件螺栓拧紧力矩不得小于 40N·m，且不应大于 65N·m。

3. 钢丝绳

钢丝绳选用 6×19+1 的光面钢丝绳纤维芯，公称抗拉强度 1550MPa。断股、锈蚀严重的钢丝绳不得使用。

4. 安全网

采用密目式安全立网，网眼尺寸 35mm×35mm，安全网尺寸 1800mm×6000mm。

5. 工字钢

本方案采用 14 号、16 号工字钢，Q235 钢。其材质分别符合现行标准《碳素结构钢》GB/T 700 或《低合金高强度结构钢》GB 1591《桥梁用碳素钢及普通低合金钢钢板技术条件》YB 168 的规定。焊接构件的焊缝应符合焊接规范要求。工字钢与楼层混凝土接触的地方要锚固结实，接触面积要大，锚固时不能破坏混凝土结构，焊接时最好在混凝土上浇水，防止高温烧伤混凝土结构。工字钢裸露的部分要做好防锈处理，具体做法：先用砂纸把工字钢上的锈去掉，然后全部涂刷两遍颜色一致的防锈油漆，热涂沥青一遍，这样就能保证在很长的时间里工字钢不会锈蚀。

7.4 施工工艺技术

7.4.1 施工技术措施

1. 技术参数（表 7-5）

外脚手架技术参数 表 7-5

项目楼号	脚手架搭设高度（最大值）	连墙件设置	脚手板铺设（层数）	立杆横距 L_b（m）	立杆纵距 L_a（m）	步距 h（m）	外架竖向数据
3 栋	58.3m	每层二跨	4	0.9	<1.5	1.8	落地架，9 层板第一次卸荷，14 层板第二次卸荷
19 栋、20 栋	72.1m	每层二跨	4	0.9	<1.5	1.8	2 层以下落地，2 层板悬挑、8 层卸荷、14 层板悬挑、19 层卸荷

2. 立杆的构造

（1）立杆步距 1.8m，横距 0.9m，纵距小于 1.5m，内排立杆离主体 0.3m。

（2）每根立杆下端设置 0.5m×0.5m 木垫板。立杆基础为地面时，地面必须用回填土分层夯实，并在脚手架外 1.5m 做一条排水沟，确保外架基础不积水；立杆基础为首层板时，在地下室相应位置用钢管支撑首层梁板；立杆基础为三层板时，也应用钢管在相应的位置支撑二层和三层梁板。

（3）立杆接头必须采用对接扣件连接，立杆上的对接扣件应交错布置，两根相邻立杆的接头不应设置在同步内，同步内隔一根立杆分两个相隔接头在高度方向错开距离不宜小于 500mm；各接头中心至主节点的距离不宜大于步距的 1/3。

3. 纵向水平杆的构造

纵向水平杆设置在立杆内侧，其长度不小于 3 跨。纵向水平杆采用对接扣件连接，符合下列规定：纵向水平杆的对接扣件交错布置，两根相邻纵向水平杆的接头不宜设置在同步或同跨内，不同步或不同跨两个相邻接头在水平方向错开的距离不小于 500mm，各接头中心至最近主节点的距离不宜大于纵距的 1/3。

4. 横向水平杆的构造

主节点处必须设置一根横向水平杆，用直角扣件扣接且严禁拆除。主节点处两个直角扣件的中心距不应大于 150mm。在双排脚手架中，靠墙一端的外伸长度，不应大于 0.4L，且不应大于 300mm。作业层上非主节点处的横向水平杆，宜根据支承脚手板的需要等间距设置，最大间距不应大于纵距的 1/2。

5. 剪刀撑

本工程双排脚手架采用剪刀撑与横向斜撑相结合的方式，随立柱、纵横向水平杆同步搭设，用通长剪刀撑沿架高连续布置。剪刀撑从外架立杆节点开始沿全高连续布置，斜杆与地面的夹角在 45°～60° 之间。剪刀撑的一根斜杆扣在立杆上，另一根扣在小横杆伸出的端头上，两端分别用旋转扣件固定，在其中间增加 2～4 个扣节点。所有固定点距主节点距离不大于 15cm。

6. 连墙杆

为了增强脚手架的侧向刚度及稳定性，在脚手架与建筑物之间设置连墙杆：

（1）连接杆用短钢管制成，长度约 1000mm，一端用扣件固定于脚手架的立杆上，另一端预埋在钢筋混凝土结构内，预埋深度不小于 0.3m；当连接主体部分为剪力墙或柱时，连墙杆采用预埋件焊接。连墙杆按二步二跨设置，上下错开，成菱形布局。

（2）连墙杆尽可能设置在立杆与大、小横杆的连接处，与脚手架架体垂直，如在规定的位置上设置有困难，应在邻近点补足。

（3）连墙杆采用双扣件连接。

（4）开口型脚手架的两端必须设置连墙件，连墙件的竖向间距不应大于建筑物的层高，并且不应大于 4m。

7. 工字钢悬挑做法

（1）工字钢梁参数（表 7-6）

工字钢梁参数　　　　　　　　　　　　　　　　　　　　　　　表 7-6

序号	工字钢悬挑类型	工字钢型号	挂点（支点）	吊挂（支撑）方式
1	悬挑长度 1300～1600mm	工 16 号	最外面一排立杆	17mm 钢丝绳拉
2	悬挑长度大于 1600mm	工 16 号	最外面一排立杆	17mm 钢丝绳拉 100mm×10mm 钢管斜撑
3	承载 3 根或 4 根立杆	工 16 号	最外面一排立杆和次排立杆的中间	22mm 钢筋拉杆 100mm×10mm 钢管斜撑

（2）工字钢支承于楼板时，伸入楼板长度大于 1.5m，且预埋两道 $\phi20$ 钢筋压环与工字钢焊接；当工字钢支承于剪力墙或柱时，在墙（柱）内预埋埋件，并与工字钢焊接。

（3）工字钢安装时尽可能全部采用塔式起重机吊装就位，少数塔式起重机无法顾及的钢架可采用捯链来吊装就位。就位后即可进行与埋件的焊接。除注明外，本设计均采用贴角焊缝，现场焊缝用渗透液渗透探伤抽样检测。

（4）吊环是钢丝绳与主体结构的连接件，吊环采用 $\phi22$ 圆钢制作，吊环锚固长度为 $20d$。吊环预埋在卸荷层往上一层的梁内。钢丝绳采用 $6\times19+1$ 的 17mm 光面钢丝绳，钢筋拉杆采用 $\phi22$ 圆钢，斜撑采用 100mm×10mm 钢管。

8. 卸荷做法

采用 $6\times19+1$ 的 17mm 光面钢丝绳＋M25 花篮螺栓＋预埋吊环在 3 号楼的 10 层、15 层进行卸荷，在卸荷层往上一层预埋 $\phi22$ 圆钢吊环，采用双股钢丝绳＋M25 花篮螺栓分别与外架内、外主立杆拉接，拉接点为大横杆、小横杆和立杆的交点。每一道立杆都只有一个对应的卸荷吊环，卸荷时，钢丝绳要拉直，不得扭曲。

9. 脚手板

要求脚手板隔步一铺，整个脚手架铺设不多于 4 层，按《建筑施工扣件式钢管脚手架安全技术规范》JGJ 130—2011 6.2.4 要求铺设。

10. 防护设施

脚手架要满挂全封闭式的 1.8m×6.0m 密目安全网，用网绳绑扎在大横杆外立杆里侧。作业层脚手架设防护栏杆，底部侧面设 18cm 高的木挡脚板，并在作业层下步架处用模板进行全封闭。往上每隔五步距设隔层平网，施工层应设随层网。

11. 门洞

（1）脚手架门洞宜采用上升斜杆、平行弦杆桁架结构形式（图 7-1），斜杆与地面的倾角 α 应在 45°～60°之间。门洞桁架的形式宜按下列要求确定。

1）当步距 (h) 小于纵距 (L_a) 时，应采用 A 型。

2）当步距 (h) 大于纵距 (L_a) 时，应采用 B 型，并应符合下列规定：

① $h=1.8m$ 时，纵距不应大于 1.5mm；

② $h=2.0m$ 时，纵距不应大于 1.2mm。

（2）脚手架门洞桁架的构造应符合下列规定：

1）双排脚手架门洞处的空间桁架，除下弦平面外，应在其余 5 个平面内的图示节间设置一根斜腹杆（图 7-1 中 1-1、2-2、3-3 剖面）。

2）斜腹杆宜采用旋转扣件固定在与之相交的横向水平杆的伸出墙上，旋转扣件中心线至主节点的距离不宜大于 150mm。当斜腹杆在 1 跨内跨越 2 个步距（A 型）时，宜在相交的纵向水平杆处，增设一根横向水平杆，将斜腹杆固定在其伸出端上。

3）斜腹杆宜采用通长杆件，当必须接长使用时，宜采用对接扣件连接，也可采用搭接，搭接构造应符合《建筑施工扣件式钢管脚手架安全技术规范》JGJ 130－2011 第 6.3.6 条第 2 款的规定。

4）门洞桁架下的两侧立杆应为双管立杆，副立杆高度应高于门洞口 1～2 步。

5）门洞桁架中伸出上下弦杆的杆件端头，均应增设一个防滑扣件（图 7-1），该扣件宜紧靠主节点处的扣件。

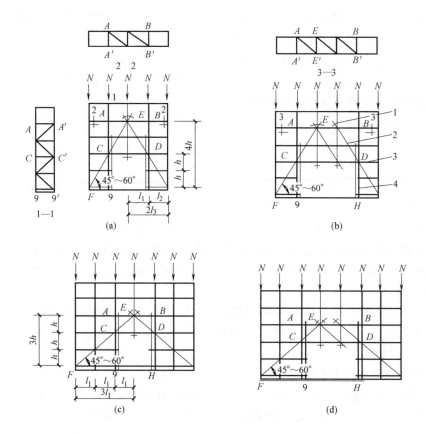

图 7-1　门洞处上升斜杆、平行弦杆桁架

（a）挑空一根立杆（A 型）；（b）挑空二根立杆（A 型）；

（c）挑空一根立杆（B 型）；（d）挑空二根立杆（B 型）；

1—防滑扣件；2—增设的横向水平杆；3—副立杆；4—主立杆

12. 上人斜道搭设

斜道坡度为 1∶（1.8～2.0），宽度为 0.8m，斜道脚手板应铺严，上面铺厚 3cm、间距不小于 30cm 的防滑条，转弯处搭设休息平台，宽度为 1.2m，护栏高度 1.2m。斜道设置在便于人员通行的脚手架外侧，用安全网封闭，外设挡脚板，通道两侧设置剪刀撑，进出口搭设防护棚，并悬挂标志牌。防护棚用 $\phi48\times3.5$ 钢管搭架，上面满铺双层脚手板，立杆垫板采用 50mm×500mm×500mm 木板。本工程所有上人斜道均为落地式，搭设高度为 18.2m，其上改由施工电梯通行。必须在地下室底板对应上部立杆位置加设立杆支撑，以分担上部荷重，避免对地下室顶板的冲切破坏。

13. 卸料平台的构造

从经济、安全实用的角度考虑，卸料平台设计为悬挑式型钢平台，规格为 2.5m×3m×1.5m（长×宽×高），悬挑长度为 4m。平台上要设有限定荷载标牌，本工程卸料平台限重为 1t（总荷载）。

主梁、次梁均采用 14a 槽钢，所有构件均为螺栓连接，即为铰接。防护栏采用 $\phi48\times3.5$ 钢管，分别在高 60cm、120cm 处设立两道，并与四周槽钢焊接。四周槽钢外侧面及防护栏均刷红白相间的油漆标识，并满布密目安全网。平台每侧设两根 6×19、$\phi 20.0$mm 钢丝绳，强度极限不小于 1400MPa，破断拉力总和不小于 211kN，每根绳设夹具不少于 3 个，相互反向夹设。钢丝绳与卸料平台钢管架接触处垫橡胶胶皮，以缓冲钢丝绳的拉力。钢丝绳通过梁上预埋钢筋箍环连接。平台底面设 5cm 厚的脚手板，满铺、铺牢，两端用 8 号镀锌钢丝捆紧，并在四周设 18cm 高的挡脚板。

卸料平台的设置数量和位置根据现场实际要求设置，应注意与脚手架立杆相互错开，距建筑物结构外皮 15cm 和 130cm 预埋钢筋箍环。

卸料平台加工制作完毕，经验收合格后方可吊装。吊装时，先挂好四角的吊钩，传发初次信号，但只能稍稍提升平台，放松斜拉钢丝绳，方可正式吊装，吊钩的四牵引绳应等长，保证平台在起吊过程中平稳。吊装至预定位置后，先将平台钢梁与预埋件固定后，再将钢丝绳固定，紧固螺母及钢丝绳卡子，完毕后方可松塔式起重机吊钩。卸料平台安装完毕后经验收合格方可使用，卸料平台的限重牌应挂在该平台附近的明显位置。要求提升一次验收一次。

7.4.2 工艺流程

1. 外脚手架的搭设顺序

外脚手架搭设自下而上进行，基础处理（工字钢搭设）→铺完后由楼的一侧开始排尺，在垫板上用粉笔画出立杆轴心线，然后在垫板上摆放标准底座及扫地杆→竖立杆（随即立杆与扫地杆用直角扣件紧扣）→装扫地小横杆→安第一步大横杆→安装第一步小横杆→校正立杆→设第一排拉结点→安第二步大横杆→安装第二步小横杆……依此类推，搭设高度 7 步大横杆时安装剪刀撑和横向支撑，绑扎防护栏杆及挡脚板并挂安全网保护。

2. 悬挑架设计及搭接处的施工方法

施工至悬挑楼层时，应结合现场施工及时预埋工字钢压脚卡，部分工字钢正好在剪力墙或转角柱上的，可预埋竖向钢板焊件。工字钢架压脚钢卡的预埋和工字钢尺寸见计算书及设计图纸。

为便于工字钢架支设和安全保护，应按规范将下部外脚手架架设高度比悬挑工字钢楼层高一层，在工字钢底标高上增加两根纵向水平杆，然后把工字钢放在其上，将工字钢与楼面的连接处理牢固后，有连梁的部分应将连梁也焊接牢固，再把立杆竖在工字钢上，接下来按普通的搭设方法搭设，等到上部的斜拉绳安装完成，并且悬挑层和斜拉钢丝绳吊环固定层的混凝土强度达到设计要求后，再拆除下部脚手架的纵向水平杆及其余搭设部，使上部挑架和下面架子脱离，形成真正的悬挑架。

3. 脚手架拆除顺序

严格遵守拆除顺序，坚持自上而下、先加固后拆除的原则，不得上下同时作业，拆除脚手架应先拆除挡脚板，再拆脚手板→护身栏杆→剪刀撑→大横杆→小横杆→立杆，最后拆连墙件、工字钢，当拆至脚手架下部最后一节立杆时要先设临时支撑加固，以便拆除后能确保其完整稳定。

7.4.3 施工方法

1. 脚手架的搭设注意事项

（1）搭设脚手架时，工人必须戴好安全帽，佩好安全带，工具及零配件要放在工具袋内，穿防滑鞋工作，袖口、裤口要扎紧。

（2）按照规定的构造方案和尺寸进行搭设。

（3）及时与结构拉结或临时支顶，以确保搭设过程的安全。

（4）拧紧扣件（拧紧程度要适当）。

（5）有变形的杆件和不合格的扣件不能使用。

（6）随时校正杆件的垂直和偏差，避免偏差过大。

（7）未完成的脚手架，在每日收工时，要确保架子稳定，以免发生意外。

（8）建筑物出入口处的脚手架，应根据出入口的高度和宽度采用平行弦桁梁结构形式，在开口处的两边要采用双立杆，悬空立杆下要设安全扣件，此处的连接要加密，每步设置，同时在洞口边及其上方设置剪刀撑。出入口脚手架的上方要有安全可靠的隔离防护设施，一般为在出入口处的外侧设置双层防护棚，防止物体坠落伤人，保护出入人员安全。

2. 脚手架拆除前工作

（1）对脚手架进行安全检查，确认不存在严重隐患。如存在影响拆除脚手架安全的隐患，应先对脚手架进行修整和加固，以保证脚手架在拆除过程中不发生危险。

（2）在拆除脚手架时，应先清除脚手板（或竹笆板）上的垃圾杂物，清除时严禁高空向下抛掷，大块的装入容器内由垂直运输设备向下运送，能用扫帚集中的要集中装入容器内运下。

（3）脚手架在拆除前，应先明确拆除范围、数量、时间和拆除顺序、方法，物件垂直运输设备的数量，脚手架上的水平运输、人员组织，指挥联络的方法和用语，拆除的安全措施和警戒区域。

（4）外脚手架的拆除一般严禁在垂直方向上同时作业，因此，要事先做好其他垂直方向工作的安排。

（5）拆除脚手架时，下部的出入口必须停止使用，对此除监护人员要特别注意外，还应在出入口处设置明显的停用标志和围栏，此装置必须在内、外双面都加以设置。

（6）拆除脚手架时，在坠落范围内应有明显"禁止入内"字样的标志，并有专人监护，以保证拆脚手架时无其他人员入内。

（7）对于拆除脚手架用的垂直运输设备要用滑轮和绳索运送或塔式起重机配合，严禁乱扔乱抛，并对操作人员和使用人员进行交底，规定联络用语和方法，明确职责，以保证脚手架拆除时其垂直运输设备能安全运转。

（8）拆下的脚手架钢管、扣件及其他材料运至地面后，应及时清理，将合格、需要整修后重复使用的和应报废的加以区分，按规格堆放。对合格件应及时进行保养，保养后送仓库保管以备日后使用。

（9）本工程脚手架拆除遇大风、大雨、大雾天气时应停止作业。

（10）拆除时操作人员要系好安全带，穿软底防滑鞋，扎裹腿。

（11）脚手架拆除过程中，不中途换人。如必须换人，则应该在安全技术交底中交代清楚。

7.4.4　检查验收

可详查《建筑施工扣件式钢管脚手架安全技术规范》JGJ 130，根据相关章节的要求进行材料构配件和脚手架的检查与验收。此处略去。

7.5　施工安全保证措施

7.5.1　组织保障

（1）脚手架搭设过程中，由安全员负责安全管理，技术负责人负责技术指导，施工员进行指挥。施工时应按专项方案施工，不得擅自更改。

（2）脚手架搭设人员必须是经过按现行国家标准《特种作业人员安全技术培训考核管理规定》考核合格的专业架子工，上岗人员应定期体检，合格者方可持证上岗。凡患有高血压、心脏病者不得上脚手架操作，进场时检查每一个架子工有无登高架设特种作业上岗证。

（3）脚手架搭拆前应有书面安全技术交底，书面交底需履行签字手续。

（4）架体使用前必须经过验收（可分层、分段），合格后挂牌使用，并有验收签字手续；拆除时严格按安全技术操作规程要求进行。

（5）承重支架搭设、验收、拆除必须按有关规定，搭设质量由质量检查部门验收。

（6）加强对钢管、扣件的管理、检测、维修保养，并落实到位。

（7）施工现场带电线路如无可靠的安全措施，一律不准通过脚手架，非电工不准擅自拉接电线和电气装置。

（8）在脚手架上进行电、气焊作业时，必须有防火措施和专人看守。

（9）搭拆脚手架时，地面应设围栏和警戒标志，并派专人看守，严禁非操作人员入内。

7.5.2　技术措施

（1）进场钢管、扣件必须有产品合格证书和检验报告。

（2）脚手架与主体结构连墙杆采用钢管，一端用扣件与主体结构预埋钢管扣件连接，另一端用扣件同立杆连接。

（3）严禁在脚手架上堆放钢管、木材及施工多余的物件等。作业层上的施工荷载应符合设计要求，不得将模板支架、缆风绳、泵送混凝土和砂浆的输送管等固定在脚手架上，以确保脚手架畅通及防止超载。

（4）吊运脚手架、钢管等需用专用保险吊钩，严禁单点起吊，并严格控制脚手架上的施工荷载。

（5）脚手架立杆顶端栏杆宜高出女儿墙上端1m，宜高出檐口上端1.5m。

（6）脚手片必须满铺三步（包括操作层），绑扎牢固，脚手片铺设交接处要平整、牢固，无空头跳板。

（7）严禁搭单排脚手架，严禁主要受力杆件用钢竹或钢木混搭。

（8）建立钢管、扣件的专用堆放场地，钢管、扣件按品种、规格分类堆放，堆放场地不得积水。

（9）当遇六级及六级以上大风和雾、雨、雪、雷天气时，脚手架不能上人，并且停止脚手架的搭设与拆除作业。

（10）在脚手架使用期间，严禁拆除下列杆件：

1）主节点处的纵、横向水平杆；

2）连墙件；

3）交叉支撑、水平架；

4）加固杆件，如剪刀撑、水平加固杆件、扫地杆、封口杆等；

5）栏杆。

（11）不得在脚手架基础及其邻近处进行挖掘作业，否则应采取安全措施，并报主管部门批准。

（12）临街搭设脚手架时，外侧应有防止坠物伤人的防护措施。

（13）工地临时用电线路的架设及脚手架接地、避雷措施等，应按现行行业标准《施工现场临时用电安全技术规范》JGJ 46 的有关规定执行。

（14）脚手架大多在露天使用，搭拆频繁，耗损较大，因此必须加强维护和管理，及时做好回收、清理、保管、整修、防锈、防腐等各项工作，才能降低损耗率，提高周转次数，延长使用年限，降低工程成本。

（15）日常维护管理要求如下：使用完毕的架料和构件、零件要及时回收，分类整理，分类存放。堆放地点要场地平坦，排水良好，下设支垫。钢管、角钢、钢桁架和其他钢构件最好放在室内，如果放在露天，应用毡、席架盖。扣件、螺栓及其他小零件，应用木箱、钢筋笼或麻袋、草包等容器分类贮存，放在室内。

（16）弯曲的钢管杆件要调直，损坏的构件要修复，损坏的扣件、零件要更换。

（17）做好金属件的防锈和木制件的防腐处理。钢管外壁在湿度较大地区（相对湿度大于 75％），应每年涂刷防锈漆一次；其他地区可两年涂刷一次。涂刷时涂层不宜过厚。经彻底除锈后，涂一度红丹即可。钢管内壁可根据地区情况，每隔 2～4 年涂刷一次，每次涂刷完。角钢、桁架和其他金属件可每年涂刷一次。扣件要涂油，螺栓宜镀锌防锈，使用 3～5 年保护层剥落后应再次镀锌。没有镀锌条件时，应在每次使用后用煤油洗涤并涂机油防锈。

（18）搬运长钢管、长角钢时，应采取措施防止弯曲。拆架应拆成单片装运，装卸时不得抛丢，防止损坏。

（19）脚手架使用的扣件、螺栓、螺母、垫板、连接棒、插销等小配件极易丢失。在安装脚手架时，多余的小配件应及时收回存放；在拆卸脚手架时，散落在地面上的小配件要及时收捡起来。

（20）健全制度、加强管理、减少损耗和提高效益是脚手架管理的中心环节。比较普遍采用的管理办法有两种：

1）由架子工班（组）管理，遵循谁使用、谁维护、谁管理的原则，并建立积极奖罚制度，做到确保施工需要，用毕及时归库、及时清理和及时维修保养，减少丢失和损耗。

2）由材料部门集中管理，实行租赁制。施工队根据施工的需要向公司材料部门租赁脚手架材料，实行按天计费和损坏赔偿制度。

（21）防雷措施：利用建筑结构自身的防雷接地点，从每栋塔楼四个角上的钢筋引下线上与连墙件进行有效焊接，用于焊接的镀锌钢筋直径为 8mm。完成后，选取任意点对外脚手架进行摇表检测，接地电阻不大于 10Ω。

（22）工字钢安装施工安全措施：安装工字钢时，脚手架必须搭设到安装高度，并满铺脚手板及挂好安全网；工字钢用塔式起重机吊装，吊装时工字钢上不得堆放或悬挂零用物件；特殊工种必须持有效证件上岗，且工人必须佩戴安全带，穿绝缘软底鞋，并做好安全措施。

7.5.3 应急预案

1. 概况

略

2. 相关联系方式

略

3. 应急救援组织架构图

略

4. 应急响应

（1）重大事故发生后，项目部应立即启动应急救援预案，事故现场主要负责人或现场人员应当积极采取有效的抢救措施，进行全方位的抢救和应急处理；项目部的主要负责人在抢险救援和事故调查处理期间不得擅离职守；同时，向公司领导报告，公司领导根据实际情况在法定时间内，向负有安全生产监督管理职责的政府部门报告。

（2）采取有效措施，积极组织抢救，防止事故蔓延扩大。

（3）保护事故现场，如需要移动物体的，应在现场做好记号。

（4）通信电话：如发生火灾，立即使用现场灭火器材进行扑救，如火势不能控制，立即拨打（火警）119报警；如发生人员伤亡、中毒、传染性疾病等事故，现场应积极采取必要的医疗救护措施，并立即拨打120急救电话请求救助。任何人不得隐瞒、缓报、谎报或者授意他人隐瞒、缓报、谎报安全事故。

（5）项目部确定重大事故未能有效控制时，应当立即向公司提出启动上一级重大事故应急救援预案的建议；启动公司的重大事故应急救援预案及申请启动上级预案，必须由公司经理批准，公司应急预案领导小组立即组织实施。

（6）项目部应急预案启动后，项目经理部各部门各专业班组应当根据预案规定的职责要求，服从项目经理部安全生产应急救援领导小组统一指挥，立即到达规定岗位，采取有关的控制措施。

（7）应急救援领导小组及应急抢救人员分工如下：

1）指挥组。专家组长、副组长负责组织指挥各方面力量，处理重大事故，统一指挥对重大事故现场的应急救援，控制事故蔓延和扩大。

2）现场抢救组。专家组长、副组长、组员及各班专家组长负责对重大事故的应急抢险、抢救处理，协助地方有关部门对事故原因进行调查，会同公司总工一起提出事故技术措施并分析事故原因，保护好事故现场，防止事故进一步扩大，负责事故现场整改措施的落实，对抢险工作人员进行安排、救援指导或督察。必要时，应对现场人员进行疏散或者隔离，并可以依法对事故区域实行封闭。

3）技术措施保障组。专家组长、副组长、组员在接受项目部抢险救援指令后，应及时提供抢险救援技术措施、方案，确保措施及时、合理、有效。

4）物资供应保障组。专家组长、副组长、组员有权紧急调集人员、储备的物资、交通工具以及相关设施、设备，全力配合救援小组的物资供应，做到信息准确、物资供应充足。

5）资金保障组。专家组长、副组长为事故建立和准备应急救援专项资金，同时积极配合物资供应组的资金保障。

6）信息组。专家组长、副组长、组员建立重大事故信息上报、通告制度，保持本项目应急救援体系的有效性，积极响应外部机构的应急救援。

7）事故处理组。专家组长、副组长、组员根据重大事故应急处理的需要，依法妥善处理事故的后续人员安定或安抚工作，对事件的处理要公正、合理、合法。

7.5.4 监测措施

1. 仪器设备配置

采用经纬仪、水准仪对支撑体系进行监测，主要监测体系的水平、垂直位置是否有偏移。所使用仪器如下：

（1）电子经纬仪（DT202C）一台

（2）全站仪（RST-232）一台

（3）红外线水准仪（DZJ 2）一台

（4）对讲机 4 台

仪器的说明：

（1）全站仪（RST-232）的精度误差±2″，最大允许误差±20″；

（2）电子经纬仪（DT202C）的精度误差±2″；

（3）红外线水准仪（DZJ2）的精度误差 1/40000。

2. 观测点的设置

（1）坐标原始观测点可在临边位置的梁或板及柱、墙上埋设倒"L"形 ϕ12 钢筋头。

（2）本工程的立杆监测点选取各个阳角和阴角上的立杆作为监测立杆，监测立杆每 10m 高度用红色油漆在钢管上做记号。

（3）沉降位移监测点水平方向每 10～15m 设置一处。

3. 监测说明

（1）班组每日进行安全检查，项目部进行安全周检，公司进行安全月检。

（2）工程日常检查重点部位：

1）杆件的设置和连接，连墙件、支撑、剪刀撑等构件是否符合要求；

2）连接扣件是否松动；

3）架体是否有不均匀沉降、垂直度偏差；

4）施工过程中是否有超载现象；

5）安全防护措施是否符合规范要求；

6）支架与杆件是否有变形现象。

（3）监测频率：在使用过程中应实时监测，一般监测频率不宜低于每三天一次。在加高过程中应加强监测，每加高一次，应完成一次监测，当监测数据超过预警值时（垂直允许偏差和沉降允许偏差为规范允许偏差值的 80％）必须立即停止加高脚手架，并疏散人员，及时进行加固处理，待架体稳定后方可进行架体上作业。

7.6 劳动力计划

7.6.1 管理人员组织信息

略

7.6.2 作业人员信息

拟投入作业人员信息，见表7-7所列。

拟投入作业人员信息 表7-7

序号	特种作业人员	人数	备注
1	架子工	50	—
2	电工	5	—
3	杂工	8	—

7.7 计算书及相关图纸

7.7.1 落地式扣件钢管脚手架计算书

钢管脚手架的计算参照《建筑施工扣件式钢管脚手架安全技术规范》JGJ 130—2011。设计信息见表7-8所列。

落地式扣件钢管脚手架设计信息 表7-8

脚手架类型	落地式双排脚手架	搭设高度(m)	58.3
钢管截面类型	$\phi48\times3.5$	连墙件设置	2步2跨(竖向间距3.6m；水平间距3.2m)
脚手架板铺设(层数)	4	立杆横距l_b(m)	0.9
立杆纵距l_a(m)	1.5	步距h(m)	1.8
施工荷载(kN/m²)	3.0	工况	同时施工2层

1. 小横杆的计算（图7-2）

小横杆按照简支梁进行强度和挠度计算，小横杆在大横杆的上面。

按照小横杆上面的脚手板和活荷载为均布荷载计算小横杆的最大弯矩和变形。

（1）均布荷载值计算

小横杆的自重标准值 $P_1 = 0.04$ kN/m

脚手板的荷载标准值 $P_2 = 0.15 \times 1.50/3 = 0.075$ kN/m

活荷载标准值 $Q = 3.00 \times 1.50/3 = 1.50$ kN/m

荷载的计算值 $q = 1.2 \times 0.04 + 1.2 \times 0.075 + 1.4 \times 1.50 = 2.24$ kN/m

图7-2 小横杆计算简图

（2）抗弯强度计算

最大弯矩考虑为简支梁均布荷载作用下的弯矩

$$M_{q,max} = ql^2/8 = 2.24 \times 0.90^2/8 = 0.226 \text{kN} \cdot \text{m}$$

$$\sigma = M_{q,max}/W = 0.226 \times 10^2/5080.0 = 44.57 \text{N/mm}^2$$

小横杆的计算强度小于 $205.0\mathrm{N/mm^2}$，满足要求。

（3）挠度计算

计算公式如下：

荷载标准值 $q=0.038+0.075+1.50=1.61\mathrm{kN/m}$

最大挠度考虑为简支梁均布荷载作用下的挠度，简支梁均布荷载作用下的最大挠度

$v_{\mathrm{q,max}}=5ql^4/384EI=5.0\times1.61\times900.0^4/(384\times2.06\times10^5\times121900.0)=0.549\mathrm{mm}$

小横杆的最大挠度小于 $900.0/150$ 与 $10\mathrm{mm}$，满足要求。

2. 大横杆的计算（图7-3）

大横杆按照三跨连续梁进行强度和挠度计算，小横杆在大横杆的上面。

用小横杆支座的最大反力计算值，在最不利荷载布置下计算大横杆的最大弯矩和变形。

（1）荷载值计算

小横杆的自重标准值 $P_1=0.038\times0.90=0.035\mathrm{kN}$

脚手板的荷载标准值 $P_2=0.15\times0.90\times1.50/3=0.068\mathrm{kN}$

活荷载标准值 $Q=3.00\times0.90\times1.50/3=1.350\mathrm{kN}$

荷载的计算值 $P=(1.2\times0.035+1.2\times0.068+1.4\times1.35)/2=1.006\mathrm{kN}$

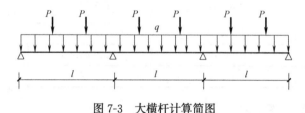

图7-3 大横杆计算简图

（2）抗弯强度计算

最大弯矩考虑为大横杆自重均布荷载与集中荷载的计算值最不利分配的弯矩和

$$M_{\mathrm{q,max}}=0.08\times1.2ql^2+0.267Pl=0.08\times(1.2\times0.038)\times1.50^2+0.267\times1.006\times1.50$$
$$=0.411\mathrm{kN\cdot m}$$

$$\sigma=M_{\mathrm{q,max}}/W=0.411\times10^6/5080.0=80.96\mathrm{N/mm^2}$$

大横杆的计算强度小于 $205.0\mathrm{N/mm^2}$，满足要求。

（3）挠度计算

最大挠度考虑为大横杆自重均布荷载与荷载的计算值最不利分配的挠度和。

均布荷载最大挠度计算公式如下：

$$v_{\mathrm{max}}=0.677ql^4/100EI$$

集中荷载最大挠度计算公式如下：

$$v_{\mathrm{p,max}}=1.883Pl^3/100EI$$

大横杆自重均布荷载引起的最大挠度

$$v_1=0.677\times0.038\times1500.00^4/(100\times2.060\times10^5\times121900.00)=0.05\mathrm{mm}$$

集中荷载标准值 $P=(0.035+0.068+1.35)/2=0.726\mathrm{kN}$

集中荷载标准值最不利分配引起的最大挠度

$$v_2 = 1.883 \times 726 \times 1500.00^3 / (100 \times 2.06 \times 10^5 \times 121900.00) = 1.84\text{mm}$$

最大挠度和

$$v = v_1 + v_2 = 1.89\text{mm}$$

大横杆的最大挠度小于 1500.0/150 与 10mm，满足要求。

3. 扣件抗滑力的计算

纵向或横向水平杆与立杆连接时，扣件的抗滑承载力按照下式计算：

$$R \leqslant Rc$$

式中　Rc——扣件抗滑承载力设计值，取 8.0kN；

　　　R——纵向或横向水平杆传给立杆的竖向作用力设计值。

横杆的自重标准值　$P_1 = 0.038 \times 1.50 = 0.058\text{kN}$

脚手板的荷载标准值　$P_2 = 0.150 \times 0.90 \times 1.50 / 2 = 0.10\text{kN}$

活荷载标准值　$Q = 3.000 \times 0.90 \times 1.50 / 2 = 2.03\text{kN}$

荷载的计算值　$R = 1.2 \times 0.058 + 1.2 \times 0.10 + 1.4 \times 2.03 = 3.032\text{kN}$

单扣件抗滑承载力的设计计算满足要求。

注：当直角扣件的拧紧力矩达 40～65N·m 时，试验表明：

单扣件在 12kN 的荷载下会滑动，其抗滑承载力可取 8.0kN；

双扣件在 20kN 的荷载下会滑动，其抗滑承载力可取 12.0kN。

4. 脚手架荷载标准值

（1）第二次卸荷（14 层板）脚手架荷载

卸荷点在 14 层板，第二次卸荷计算高度为 13.85m。脚手板两层。

作用于脚手架的荷载包括静荷载、活荷载和风荷载。

1）静荷载标准值包括以下内容：

① 每米立杆承受的结构自重标准值（kN/m），本例为 0.125。

$$N_{G1} = 0.125 \times 13.85 = 1.731\text{kN}$$

② 脚手板的自重标准值（kN/m²），本例采用竹笆片脚手板，标准值为 0.15。

$$N_{G2} = 0.150 \times 2 \times 1.50 \times (0.90 + 0.30) / 2 = 0.27\text{kN}$$

③ 栏杆与挡脚板自重标准值（kN/m），本例采用栏杆、竹笆片脚手板挡板，标准值为 0.15。

$$N_{G3} = 0.150 \times 1.500 \times 2 / 2 = 0.225\text{kN}$$

④ 吊挂的安全设施荷载，包括安全网（kN/m²），取 0.005。

$$N_{G4} = 0.005 \times 1.50 \times 10.95 = 0.08\text{kN}$$

经计算得到，静荷载标准值 $N_G = N_{G1} + N_{G2} + N_{G3} + N_{G4} = 1.94\text{kN}$。

2）活荷载为施工荷载标准值产生的轴向力总和，内、外立杆按一纵距内施工荷载总和的 1/2 取值。经计算得到，活荷载标准值 $N_Q = 3.000 \times 2 \times 1.500 \times 0.900 / 2 = 4.050\text{kN}$

3）风荷载标准值应按照以下公式计算

$$W_k = 0.7 \mu_z \mu_s W_0$$

式中　W_0——基本风压（kN/m²），按照《建筑结构荷载规范》GB 50009 的规定采用：

　　　$W_0 = 0.50$；

μ_z——风荷载高度变化系数，按照《建筑结构荷载规范》GB 50009 的规定采用：

$\mu_z=1.25$；

μ_s——风荷载体型系数：$\mu_s=0.87$。

经计算得到，风荷载标准值 $W_k=0.7\times0.50\times1.25\times0.87=0.38\text{kN/m}^2$。

考虑风荷载时，立杆的最大轴向压力

$$N=1.2N_G+0.85\times1.4N_Q=1.2\times1.94+0.85\times1.4\times4.05=7.15\text{kN}$$

不考虑风荷载时，立杆的最大轴向压力

$$N=1.2N_G+1.4N_Q=1.2\times1.94+1.4\times4.050=8.00\text{kN}$$

风荷载设计值产生的立杆段弯矩 M_W 计算公式：

$$M_W=0.85\times1.4W_kl_ah^2/10$$

式中　W_k——风荷载标准值（kN/m^2）；

l_a——立杆的纵距（m）；

h——立杆的步距（m）。

经计算得到风荷载产生的弯矩

$$M_W=0.85\times1.4\times0.38\times1.50\times1.80\times1.80/10=0.22\text{kN}\cdot\text{m}$$

（2）第一次卸荷（9 层板）脚手架荷载

卸荷点在 9 层板，第一次卸荷与第二次卸荷之间共 14.5m，因为均为不完全卸荷，所以把第二次卸荷一半的卸荷高度往下传，第一次卸荷的计算高度为 $14.5+13.85/2=21.43$m。脚手板两层。

作用于脚手架的荷载包括静荷载、活荷载和风荷载。

1）静荷载标准值包括以下内容：

① 每米立杆承受的结构自重标准值（kN/m），本例为 0.125。

$$N_{G1}=0.125\times21.43=2.675\text{kN}$$

② 脚手板的自重标准值（kN/m^2），本例采用竹笆片脚手板，标准值为 0.15。

$$N_{G2}=0.15\times2\times1.50\times(0.90+0.30)/2=0.27\text{kN}$$

③ 栏杆与挡脚板自重标准值（kN/m），本例采用栏杆、竹笆片脚手板挡板，标准值为 0.15。

$$N_{G3}=0.150\times1.50\times2/2=0.225\text{kN}$$

④ 吊挂的安全设施荷载，包括安全网（kN/m^2），取 0.005。

$$N_{G4}=0.005\times1.50\times21.43=0.16\text{kN}$$

经计算得到，静荷载标准值 $N_G=N_{G1}+N_{G2}+N_{G3}+N_{G4}=3.33\text{kN}$。

2）活荷载为施工荷载标准值产生的轴向力总和，内、外立杆按一纵距内施工荷载总和的 1/2 取值。

经计算得到，活荷载标准值 $N_Q=3.00\times2\times1.50\times0.90/2=4.05\text{kN}$

3）风荷载标准值应按照以下公式计算

$$W_k=0.7\mu_z\mu_sW_0$$

式中　W_0——基本风压（kN/m^2），按照《建筑结构荷载规范》GB 50009 的规定采用：

$W_0=0.50$；

μ_z——风荷载高度变化系数，按照《建筑结构荷载规范》GB 50009 的规定采用：

$\quad \mu_z = 1.25$；

μ_s——风荷载体型系数，$\mu_s = 0.872$。

经计算得到，风荷载标准值 $W_k = 0.7 \times 0.50 \times 1.25 \times 0.87 = 0.38 \text{kN/m}^2$。

考虑风荷载时，立杆的最大轴向压力

$$N = 1.2N_G + 0.85 \times 1.4N_Q = 1.2 \times 3.33 + 0.85 \times 1.4 \times 4.050 = 8.82 \text{kN}$$

不考虑风荷载时，立杆的最大轴向压力

$$N = 1.2N_G + 1.4N_Q = 1.2 \times 3.33 + 1.4 \times 4.05 = 9.67 \text{kN}$$

风荷载设计值产生的立杆段弯矩 M_W 计算公式：

$$M_W = 0.85 \times 1.4W_k l_a h^2 / 10$$

式中 W_k——风荷载标准值（kN/m^2）；

$\quad l_a$——立杆的纵距（m）；

$\quad h$——立杆的步距（m）。

经计算得到风荷载产生的弯矩

$$M_W = 0.85 \times 1.4 \times 0.38 \times 1.50 \times 1.80 \times 1.80 / 10 = 0.22 \text{kN} \cdot \text{m}$$

（3）落地脚手架荷载

落地脚手架为 -6.50m 到 9 层板共 29.95m 的搭设高度，因为是不完全卸荷，所以把第一次卸荷一半的卸荷计算高度往下传，落地脚手架的计算高度为 $29.95 + 21.43/2 = 40.67\text{m}$。脚手板三层。

作用于脚手架的荷载包括静荷载、活荷载和风荷载。

1）静荷载标准值包括以下内容：

① 每米立杆承受的结构自重标准值（kN/m），本例为 0.125。

$$N_{G1} = 0.125 \times 40.67 = 5.08 \text{kN}$$

② 脚手板的自重标准值（kN/m^2），本例采用竹笆片脚手板，标准值为 0.15。

$$N_{G2} = 0.15 \times 3 \times 1.50 \times (0.90 + 0.30)/2 = 0.405 \text{kN}$$

③ 栏杆与挡脚板自重标准值（kN/m），本例采用栏杆、竹笆片脚手板挡板，标准值为 0.15。

$$N_{G3} = 0.150 \times 1.50 \times 3/2 = 0.34 \text{kN}$$

④ 吊挂的安全设施荷载，包括安全网（kN/m^2），取 0.005。

$$N_{G4} = 0.005 \times 1.50 \times 40.67 = 0.31 \text{kN}$$

经计算得到，静荷载标准值 $N_G = N_{G1} + N_{G2} + N_{G3} + N_{G4} = 6.123 \text{kN}$。

2）活荷载为施工荷载标准值产生的轴向力总和，内、外立杆按一纵距内施工荷载总和的 1/2 取值。

经计算得到，活荷载标准值 $N_Q = 3.00 \times 2 \times 1.50 \times 0.90/2 = 4.05 \text{kN}$

3）风荷载标准值应按照以下公式计算：

$$W_k = 0.7\mu_z\mu_s W_0$$

式中 W_0——基本风压（kN/m^2），按照《建筑结构荷载规范》GB 50009 的规定采用：

$\quad W_0 = 0.50$；

μ_z——风荷载高度变化系数，按照《建筑结构荷载规范》GB 50009 的规定采用：

$\mu_z=1.25$；

μ_s——风荷载体型系数，$\mu_s=0.87$。

经计算得到，风荷载标准值 $W_k=0.7\times0.50\times1.25\times0.87=0.38\text{kN/m}^2$。

考虑风荷载时，立杆的最大轴向压力

$$N=1.2N_G+0.85\times1.4N_Q=1.2\times6.12+0.85\times1.4\times4.05=12.17\text{kN}$$

不考虑风荷载时，立杆的最大轴向压力

$$N=1.2N_G+1.4N_Q=1.2\times6.12+1.4\times4.05=13.02\text{kN}$$

风荷载设计值产生的立杆段弯矩 M_W 计算公式：

$$M_W=0.85\times1.4W_kl_ah^2/10$$

式中 W_k——风荷载标准值（kN/m²）；

l_a——立杆的纵距（m）；

h——立杆的步距（m）。

经计算得到风荷载产生的弯矩

$$M_W=0.85\times1.4\times0.38\times1.50\times1.80\times1.80/10=0.22\text{kN}\cdot\text{m}$$

5. 卸荷计算

卸荷吊点按照完全卸荷计算方法。

脚手架全高范围内增加 2 吊点；吊点选择在立杆、小横杆、大横杆的交点位置；以吊点分段计算。

计算中脚手架的竖向荷载按照吊点数平均分配。

（1）第二层卸荷（14 层板）计算（图 7-4）

计算公式：

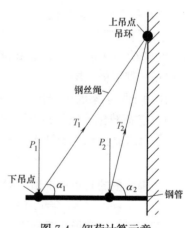

$$P_1=P_2=\frac{N}{n+1}\cdot K_x$$

式中 N——吊点水平距离内脚手架全高的竖向荷载；

n——卸荷段数；

K_x——不均匀系数，取 1.5。

图 7-4 卸荷计算示意

经过计算得到

$$\tan\alpha_1=3.00/(0.90+0.30+0.5)=1.77\text{（窗台悬挑 0.5m 板）}$$

$$\tan\alpha_2=3.00/(0.30+0.5)=3.75$$

最下面的立杆轴向力在考虑风荷载时 P_1 和 P_2 分别为 8.00kN 和 8.00kN。

考虑荷载组合，各吊点位置处内力计算为（kN）

$$T_1=9.20,T_2=8.28$$

其中，T 为钢丝绳拉力。

卸荷钢丝绳的最大拉力为 9.20kN。

选择卸荷钢丝绳的破断拉力要大于 $8.000\times9.20/0.820=89.75\text{kN}$。

选择 $6\times19+1$ 钢丝绳，钢丝绳公称抗拉强度 1550MPa，直径 15.0mm。满足要求。

本工程使用 $6\times19+1$ 钢丝绳（17.0mm）。

吊环强度计算公式为：

$$\alpha = T/A < [f]$$

式中　$[f]$——吊环钢筋抗拉强度，$[f] = 50\text{N/mm}^2$；

A——吊环截面积，每个吊环按照两个截面计算。

经计算得到，选择吊环的直径至少要 $[18390 \times 4/(3.14 \times 50 \times 2)]^{1/2} = 15.30\text{mm}$。

本工程使用 22mm 圆钢吊环。

（2）第一层卸荷（9 层板）计算

经过计算得到

$$\tan\alpha_1 = 3.00/(0.90 + 0.30 + 0.5) = 1.765（窗台悬挑 0.5\text{m} 板）$$

$$\tan\alpha_2 = 3.00/(0.30 + 0.5) = 3.75$$

最下面的立杆轴向力在考虑风荷载时 P_1 和 P_2 分别为 9.67kN 和 9.67kN。

考虑荷载组合，各吊点位置处内力计算为（kN）

$$T_1 = 11.11, \quad T_2 = 10.01$$

其中，T 为钢丝绳拉力。

所有卸荷钢丝绳的最大拉力为 11.11kN。

选择卸荷钢丝绳的破断拉力要大于 $8.000 \times 11.11/0.820 = 108.44\text{kN}$。

选择 6×19+1 钢丝绳，钢丝绳公称抗拉强度 1550MPa，直径 17.0mm。满足要求。

本工程使用 6×19+1 钢丝绳（17.0mm）。

吊环强度计算公式为：

$$\alpha = T/A < [f]$$

式中　$[f]$——吊环钢筋抗拉强度，《混凝土结构设计规范》规定 $[f] = 50\text{N/mm}^2$；

A——吊环截面积，每个吊环按照两个截面计算。

经计算得到，选择吊环的直径至少要 $[17720 \times 4/(3.14 \times 50 \times 2)]^{1/2} = 15.02\text{mm}$。

本工程使用 22mm 圆钢吊环。

6. 立杆的稳定性计算

（1）不考虑风荷载时，立杆的稳定性计算：

$$\sigma = \frac{N}{\phi A} \leq [f]$$

式中　N——立杆的轴心压力设计值，$N = 13.02\text{kN}$；

i——计算立杆的截面回转半径，$i = 1.58\text{cm}$；

k——计算长度附加系数，取 1.155；

u——计算长度系数，由脚手架的高度确定，$u = 1.50$；

l_0——计算长度（m），由公式 $l_0 = kuh$ 确定，$l_0 = 1.16 \times 1.50 \times 1.80 = 3.118\text{m}$；

A——立杆净截面面积，$A = 4.89\text{cm}^2$；

W——立杆净截面模量（抵抗矩），$W = 5.08\text{cm}^3$；

ϕ——轴心受压立杆的稳定系数，由长细比 l_0/i 的结果查表得到 0.186；

σ——钢管立杆抗压强度计算值（N/mm²），经计算得到 $\sigma = 13018/(0.19 \times 489) = 140.11\text{N/mm}^2$；

$[f]$——钢管立杆抗压强度设计值，$[f] = 205.00\text{N/mm}^2$。

不考虑风荷载时，立杆的稳定性计算 $\sigma < [f]$，满足要求。

（2）考虑风荷载时，立杆的稳定性计算：

$$\sigma=\frac{N}{\phi A}+\frac{M_W}{W}\leqslant[f]$$

式中　N——立杆的轴心压力设计值，$N=12.17\text{kN}$；

　　　i——计算立杆的截面回转半径，$i=1.58\text{cm}$；

　　　k——计算长度附加系数，取 1.155；

　　　u——计算长度系数，由脚手架的高度确定，$u=1.50$；

　　　l_0——计算长度（m），由公式 $l_0=kuh$ 确定，$l_0=1.155\times1.50\times1.80=3.12\text{m}$；

　　　A——立杆净截面面积，$A=4.89\text{cm}^2$；

　　　W——立杆净截面模量（抵抗矩），$W=5.08\text{cm}^3$；

　　　ϕ——轴心受压立杆的稳定系数，由长细比 l_0/i 的结果查表得到 0.19；

　　　M_W——计算立杆段由风荷载设计值产生的弯矩，$M_W=0.22\text{kN}\cdot\text{m}$；

　　　σ——钢管立杆抗压强度计算值（N/mm²），经计算得到 $\sigma=12167/(0.19\times489)+221000/5080=174.46\text{N/mm}^2$；

　　　$[f]$——钢管立杆抗压强度设计值，$[f]=205.00\text{N/mm}^2$。

考虑风荷载时，立杆的稳定性计算 $\sigma<[f]$，满足要求。

7. 最大搭设高度的计算

（1）不考虑风荷载时，采用单立管的敞开式、全封闭和半封闭的脚手架可搭设高度按照下式计算：

$$H_s=\frac{\phi A\sigma-(1.2N_{G2k}+1.4N_{Qk})}{1.2g_k}$$

式中　N_{G2k}——构配件自重标准值产生的轴向力，$N_{G2K}=1.05\text{kN}$；

　　　N_{Qk}——活荷载标准值，$N_{Qk}=4.05\text{kN}$；

　　　g_k——每米立杆承受的结构自重标准值，$g_k=0.16\text{kN/m}$。

经计算得到，不考虑风荷载时，按照稳定性计算的搭设高度 $H_s=78.10\text{m}$。

脚手架搭设高度 H_s 不小于 26m，按照下式调整且不超过 50m：

$$[H]=\frac{H_s}{1+0.001H_s}$$

经计算得到，不考虑风荷载时，脚手架搭设高度限值 $[H]=50.00\text{m}$。

（2）考虑风荷载时，采用单立管的敞开式、全封闭和半封闭的脚手架可搭设高度按照下式计算：

$$H_s=\frac{\phi A\sigma-(1.2N_{G2k}+0.85\times1.4N_{Qk}+\phi AM_{Wk}/W)}{1.2g_k}$$

式中　N_{G2k}——构配件自重标准值产生的轴向力，$N_{G2k}=1.05\text{kN}$；

　　　N_{Qk}——活荷载标准值，$N_{Qk}=4.00\text{kN}$；

　　　g_k——每米立杆承受的结构自重标准值，$g_k=0.16\text{kN/m}$；

　　　M_{Wk}——计算立杆段由风荷载标准值产生的弯矩，$M_{Wk}=0.19\text{kN}\cdot\text{m}$；

经计算得到，考虑风荷载时，按照稳定性计算的搭设高度 $H_s=57.433\text{m}$。

脚手架搭设高度 H_s 不小于 26m，按照下式调整且不超过 50m：

$$[H] = \frac{H_s}{1 + 0.001 H_s}$$

经计算得到，考虑风荷载时，脚手架搭设高度限值 $[H] = 50.000\text{m}$。

8. 连墙件的计算

连墙件的轴向力计算值应按照下式计算：

$$N_1 = N_{lw} + N_0$$

式中 N_{lw}——风荷载产生的连墙件轴向力设计值（kN），应按照下式计算：

$$N_{lw} = 1.4 \times W_k \times A_w$$

式中 W_k——风荷载标准值，$W_k = 0.41\text{kN/m}^2$；

A_w——每个连墙件的覆盖面积内脚手架外侧的迎风面积，$A_w = 3.60 \times 3.20 = 11.52\text{m}^2$；

N_0——连墙件约束脚手架平面外变形所产生的轴向力，$N_0 = 5.00\text{kN}$。

经计算得到 $N_{lw} = 6.65\text{kN}$，连墙件轴向力计算值 $N_1 = 11.66\text{kN}$

连墙件轴向力设计值：

$$N_f = \phi A [f]$$

式中 ϕ——轴心受压立杆的稳定系数，由长细比 $l/i = 30.00/1.58$ 的结果查表得到 $\phi = 0.95$。

$A = 4.89\text{cm}^2$；$[f] = 205.00\text{N/mm}^2$。

经过计算得到 $N_f = 95.411\text{kN}$

$N_f > N_1$，连墙件的设计计算满足要求。

连墙件采用扣件与墙体连接。

经计算得到 $N_1 = 11.645\text{kN}$，小于双扣件的抗滑力 12.0kN，满足要求。

9. 立杆的地基承载力计算

地基处理方式为回填土分层夯实，再浇捣地骨，垫 $0.5\text{m} \times 0.5\text{m}$ 木板。

立杆基础底面的平均压力应满足下式的要求：

$$p \leqslant f_g$$

式中 p——立杆基础底面的平均压力（kN/m²），$p = N/A$，$p = 52.07$；

N——上部结构传至基础顶面的轴向力设计值（kN），$N = 13.02$；

A——基础底面面积（m²），$A = 0.25$；

f_g——地基承载力设计值（kN/m²），$f_g = 68.00$。

地基承载力设计值应按下式计算：

$$f_g = k_c \times f_{gk}$$

式中 k_c——脚手架地基承载力调整系数，$k_c = 0.40$；

f_{gk}——地基承载力标准值（kN/m²），$f_{gk} = 170.00$。

地基承载力的计算满足要求。

7.7.2 悬挑工字钢扣件钢管脚手架计算书（悬挑长度 1.6m）

设计信息见表 7-9 所列。

悬挑工字钢扣件钢管脚手架设计信息   表 7-9

脚手架类型	悬挑式双排脚手架	搭设高度(m)	34.2
钢管截面	$\phi48\times3.5$	连墙件设置	2步2跨(竖向间距3.6m;水平间距3.0m)
脚手板铺设(层数)	4(每次悬挑各铺2层)	立杆横距 l_b(m)	0.9
立杆纵距 l_a(m)	1.5	步距 h(m)	1.8
施工荷载(kN/m²)	3.0	钢梁截面	16号工字钢

注：建筑物外悬挑段长度1.60m，建筑物内锚固段长度1.50m。悬挑水平钢梁采用拉杆与建筑物拉结，最外面支点距离建筑物1.50m。

1. 小横杆的计算

注：本计算项同上述落地式扣件钢管脚手架小横杆的计算，此处略去。

2. 大横杆的计算

大横杆按照三跨连续梁进行强度和挠度计算，小横杆在大横杆的上面。

用小横杆支座的最大反力计算值，在最不利荷载布置下计算大横杆的最大弯矩和变形。

(1) 荷载值计算

注：本计算项同上述落地式扣件钢管脚手架大横杆的荷载值计算，此处略去。

(2) 抗弯强度计算

注：本计算项同上述落地式扣件钢管脚手架大横杆的抗弯强度计算，此处略去。

(3) 挠度计算

最大挠度考虑为大横杆自重均布荷载与集中荷载的计算值最不利分配的挠度和。

均布荷载最大挠度计算公式如下：

$$v_{max}=0.68ql^4/100EI$$

集中荷载最大挠度计算公式如下：

$$v_{p,max}=1.88Pl^3/100EI$$

大横杆自重均布荷载引起的最大挠度

$$v_1=0.68\times0.04\times1500.00^4/(100\times2.06\times10^5\times121900.00)=0.05mm$$

集中荷载标准值 $P=0.035+0.068+1.350=1.452kN$

集中荷载标准值最不利分配引起的最大挠度

$$v_2=1.88\times1452.06\times1500.003/(100\times2.06\times105\times121900.00)=3.68mm$$

最大挠度和

$$v=v_1+v_2=3.73mm$$

大横杆的最大挠度小于1500.0/150与10mm，满足要求。

3. 扣件抗滑力的计算

注：本计算项同上述落地式扣件钢管脚手架扣件抗滑力的计算，此处略去。

4. 脚手架荷载标准值

注：本计算项同上述落地式扣件钢管脚手架荷载标准值计算，此处略去。

5. 立杆的稳定性计算

注：除立杆的轴心压力设计值 $N=11.775kN$（不考虑风荷载）和 $N=10.924kN$（考

虑风荷载）需计算考量外，本计算项与上述落地式扣件钢管脚手架立杆的稳定性计算相似，此处略去。

6. 连墙件的计算

连墙件的轴向力计算值应按照下式计算：

$$N_1 = N_{lw} + N_0$$

式中　N_{lw}——风荷载产生的连墙件轴向力设计值（kN）。

$$N_{lw} = 1.4 \times W_k \times A_w$$

式中　W_k——风荷载标准值，$W_k = 0.38kN/m^2$；

A_w——每个连墙件的覆盖面积内脚手架外侧的迎风面积，$A_w = 3.60 \times 3.00 = 10.80m^2$；

N_0——连墙件约束脚手架平面外变形所产生的轴向力，$N_0 = 5.00kN$。

经计算得到 $N_{lw} = 5.77kN$，连墙件轴向力计算值 $N_1 = 10.77kN$。

连墙件轴向力设计值：

$$N_f = \phi A [f]$$

式中　ϕ——轴心受压立杆的稳定系数，由长细比 $l/i = 30.00/1.58$ 的结果查表得到 $\phi = 0.90$。

$A = 4.89cm^2$；$[f] = 205.00N/mm^2$。

经计算得到 $N_f = 89.76kN$。

$N_f > N_1$，连墙件的设计计算满足要求。

连墙件采用扣件与墙体连接。

经计算得到 $N_1 = 10.768kN$，小于双扣件的抗滑力 12.0kN，满足要求。

7. 悬挑梁的受力计算（图7-5～图7-9）

悬挑脚手架的水平钢梁按照带悬臂的连续梁计算。

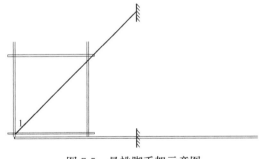

图7-5　悬挑脚手架示意图

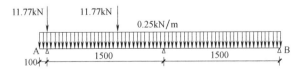

图7-6　悬挑脚手架计算简图

悬臂部分脚手架荷载 N 的作用，里端 B 为与楼板的锚固点，A 为墙支点。

本工程中，脚手架排距为 900mm，内侧脚手架距离墙体 600mm，支拉斜杆的支点距

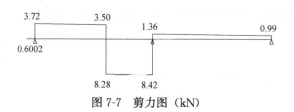

图 7-7　剪力图（kN）

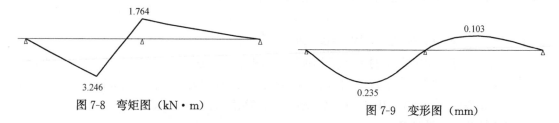

图 7-8　弯矩图（kN·m）

图 7-9　变形图（mm）

离墙体 1500mm，水平支撑梁的截面惯性矩 $I=1130.00\text{cm}^4$，截面抵抗矩 $W=141.00\text{cm}^3$，截面积 $A=26.10\text{cm}^2$。

受脚手架集中荷载 $P=11.78\text{kN}$

水平钢梁自重荷载 $q=1.2\times26.10\times0.0001\times7.85\times10=0.25\text{kN/m}$

经过连续梁的计算得到：

各支座对支撑梁的支撑反力由左至右分别为

$$R_1=15.52\text{kN},R_2=9.79\text{kN},R_3=-0.99\text{kN}$$

最大弯矩 $M_{\max}=3.25\text{kN·m}$

抗弯计算强度 $f=M/(1.05W)+N/A=3.25\times10^6/(1.05\times141000.0)+8.027\times1000/2610.0=25.00\text{N/mm}^2$

水平支撑梁的抗弯计算强度小于 215.0N/mm^2，满足要求。

8. 悬挑梁的整体稳定性计算

水平钢梁采用 16 号工字钢，计算公式如下：

$$\sigma=\frac{N}{\phi_b W_x}\leqslant[f]$$

式中　ϕ_b——均匀弯曲的受弯构件整体稳定系数。

查《钢结构设计标准》GB 50017—2017 附录 B 得到：

$$\phi_b=2.00$$

由于 ϕ_b 大于 0.6，按照《钢结构设计标准》GB 50017—2017 附录 B，其值 $\phi_b=1.07-0.28/\phi_b=0.929$

经过计算得到强度 $\sigma=3.25\times106/(0.929\times141000.00)=24.78\text{N/mm}^2$。

水平钢梁的稳定性计算 $\sigma<[f]$，满足要求。

9. 钢丝绳的受力计算

水平钢梁的轴力 R_{AH} 和钢丝绳的轴力 $R_{\text{U}i}$ 按照下式计算：

$$R_{\text{AH}}=\sum_{i=1}^{n}R_{\text{U}i}\cos\theta_i$$

式中　$R_{\text{U}i}\cos\theta_i$ 为钢丝绳的拉力对水平杆产生的轴压力。

各支点的支撑力 $R_{Ci} = R_{Ui} \sin \theta_i$

按照以上公式计算得到由左至右各钢丝绳拉力分别为

$$R_{U1} = 17.471 \text{kN}$$

10. 钢丝绳的强度计算

拉绳的轴力 R_U 均取最大值进行计算，为 $R_U = 17.47 \text{kN}$。

选择卸荷钢丝绳的破断拉力要大于 $8.000 \times 17.47/0.85 = 164.43 \text{kN}$。

选择 $6 \times 19 + 1$ 钢丝绳，钢丝绳公称抗拉强度 1550MPa，直径 17.0mm。满足要求。

吊环强度计算公式为：

$$\alpha = T/A < [f]$$

式中 $[f]$——吊环钢筋抗拉强度，$[f] = 50 \text{N/mm}^2$；

A——吊环截面积，每个吊环按照两个截面计算。

经计算得到，选择吊环的直径至少要 $[34942 \times 4/(3.14 \times 50 \times 2)]^{1/2} = 21.09 \text{mm}$。本工程使用 22mm 圆钢吊环。

11. 锚固段与楼板连接的计算

(1) 水平钢梁与楼板压点如果采用钢筋拉环，拉环强度计算如下。

水平钢梁与楼板压点的拉环受力 $R = 9.79 \text{kN}$

水平钢梁与楼板压点的拉环强度计算公式为：

$$\sigma = \frac{N}{A} \leqslant [f]$$

其中，$[f]$ 为拉环钢筋抗拉强度，每个拉环按照两个截面计算，$[f] = 50 \text{N/mm}^2$；

所需要的水平钢梁与楼板压点的拉环最小直径 $D = [9785 \times 4/(3.14 \times 50 \times 2)]^{1/2} = 12 \text{mm}$

水平钢梁与楼板压点的拉环一定要压在楼板下层钢筋下面，并要保证两侧 30cm 以上搭接长度。

(2) 水平钢梁与楼板压点如果采用螺栓，螺栓粘结力锚固强度计算如下。

锚固深度计算公式

$$h = \frac{N}{\pi d [f_b]} \leqslant [f]$$

式中 N——锚固力，即作用于楼板螺栓的轴向拉力，$N = 9.79 \text{kN}$；

d——楼板螺栓的直径，$d = 20 \text{mm}$；

$[f_b]$——楼板螺栓与混凝土的容许粘结强度，计算中取 1.5N/mm^2；

h——楼板螺栓在楼板内的锚固深度，h 要大于 $9785.24/(3.1416 \times 20 \times 1.5) = 103.8 \text{mm}$。

(3) 水平钢梁与楼板压点如果采用螺栓，混凝土局部承压计算如下。

混凝土局部承压的螺栓拉力要满足公式：

$$N \leqslant \left(b^2 - \frac{\pi d^2}{4} \right) f_{cc}$$

式中 N——锚固力，即作用于楼板螺栓的轴向拉力，$N = 9.79 \text{kN}$；

d——楼板螺栓的直径，$d = 20 \text{mm}$；

b——楼板内的螺栓锚板边长，$b=5d=100mm$；

f_{cc}——混凝土的局部挤压强度设计值，计算中取 $0.95f_c=13.59N/mm^2$。

经计算得到公式右边等于 131.6kN。

楼板混凝土局部承压计算满足要求。

7.7.3 悬挑工字钢扣件钢管脚手架计算书（悬挑长度 2.8m）

设计信息见表 7-10 所列。

悬挑工字钢扣件钢管脚手架设计信息 　　　　表 7-10

脚手架类型	悬挑式双排脚手架	搭设高度(m)	34.2
钢管截面	$\phi48\times3.5$	连墙件设置	2步2跨（竖向间距3.6；水平间距3.0m）
脚手板铺设（层数）	4（每次悬挑各铺两层）	立杆横距 l_b(m)	0.9
立杆纵距 l_a(m)	1.5	步距 h(m)	1.8
施工荷载(kN/m²)	3.0	钢梁截面	16号工字钢

注：建筑物外悬挑段长度 2.80m，建筑物内锚固段长度 1.50m。悬挑水平钢梁上面采用支杆、下面采用拉杆与建筑物拉结。最外面支点距离建筑物 2.70m，支杆采用钢管 100.0mm×10.0mm，钢丝绳采用 17mm。

1. 小横杆的计算

注：本计算项同上述落地式扣件钢管脚手架小横杆的计算，此处略去。

2. 大横杆的计算

注：本计算项同上述悬挑工字钢扣件钢管脚手架大横杆的计算，此处略去。

3. 扣件抗滑力的计算

注：本计算项同上述落地式扣件钢管脚手架扣件抗滑力的计算，此处略去。

4. 脚手架荷载标准值

注：本计算项同上述落地式扣件钢管脚手架荷载标准值计算，此处略去。

5. 立杆的稳定性计算

注：除立杆的轴心压力设计值 $N=12.10kN$（不考虑风荷载）和 $N=11.25kN$（考虑风荷载）需计算考量外，本计算项与上述落地式扣件钢管脚手架立杆的稳定性计算相似，此处略去。

6. 连墙件的计算

注：本计算项同上述悬挑工字钢扣件钢管脚手架连墙件的计算，此处略去。

7. 悬挑梁的受力计算（图 7-10～图 7-14）

悬挑脚手架的水平钢梁按照带悬臂的连续梁计算。

悬臂部分脚手架荷载 N 的作用，里端 B 为与楼板的锚固点，A 为墙支点。

本工程中，脚手架排距为 900mm，内侧脚手架距离墙体 1800mm，支拉斜杆的支点距离墙体 2700mm，

水平支撑梁的截面惯性矩 $I=1130.00cm^4$，截面抵抗矩 $W=141.00cm^3$，截面积 $A=26.10cm^2$。

受脚手架集中荷载 $P=12.10kN$

水平钢梁自重荷载 $q=1.2\times26.10\times0.0001\times7.85\times10=0.25kN/m$

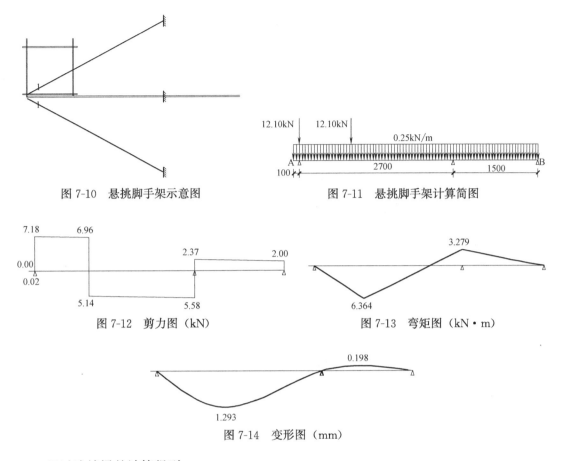

图 7-10 悬挑脚手架示意图

图 7-11 悬挑脚手架计算简图

图 7-12 剪力图（kN）

图 7-13 弯矩图（kN·m）

图 7-14 变形图（mm）

经过连续梁的计算得到：

各支座对支撑梁的支撑反力由左至右分别为

$R_1 = 19.31$ kN，$R_2 = 7.95$ kN，$R_3 = -2.00$ kN

最大弯矩 $M_{max} = 6.36$ kN·m

抗弯计算强度 $f = M/(1.05W) + N/A = 6.364 \times 10^6/(1.05 \times 141000.0) + 0.000 \times 1000/2610.0 = 42.99$ N/mm^2

水平支撑梁的抗弯计算强度小于 215.0N/mm^2，满足要求。

8. 悬挑梁的整体稳定性计算

注：本计算项与上述悬挑梁的整体稳定性计算相似，此处略去。

9. 钢丝绳与支杆的受力计算

水平钢梁的轴力 R_{AH} 和拉钢绳的轴力 R_{Ui}、支杆的轴力 R_{Di} 按照下式计算：

$$R_{AH} = \sum_{i=1}^{i} R_{Ui} \cos\theta_i - \sum_{i=1}^{i} R_{Di} \cos\alpha_i$$

其中，$R_{Ui} \cos\theta_i$ 为钢丝绳的拉力对水平杆产生的轴压力；

$R_{Di} \cos\alpha_i$ 为支杆的顶力对水平杆产生的轴拉力。

当 $R_{AH} > 0$ 时，水平钢梁受压；当 $R_{AH} < 0$ 时，水平钢梁受拉；当 $R_{AH} = 0$ 时，水平钢梁不受力。

各支点的支撑力 $\qquad R_{Ci}=R_{Ui}\sin\theta_i+R_{Di}\sin\alpha_i$

且有 $\qquad\qquad\qquad R_{Ui}\cos\theta_i=R_{Di}\cos\alpha_i$

可以得到

$$R_{Ui}=\frac{R_a\cos\alpha_i}{\sin\theta_i\cos\alpha_i+\cos\theta_i\sin\alpha_i},R_{Di}=\frac{R_a\cos\theta_i}{\sin\theta_i\cos\alpha_i+\cos\theta_i\sin\alpha_i}$$

按照以上公式计算,得到由左至右各杆件轴力分别为

$R_{U1}=13.19\text{kN}$, $R_{D1}=13.19\text{kN}$

10. 钢丝绳与支杆的强度计算

拉绳或拉杆的轴力 R_U 与支杆的轴力 R_D 均取最大值进行计算,分别为 $R_U=13.190\text{kN}$, $R_D=13.190\text{kN}$。

(1) 钢丝绳的强度计算

选择卸荷钢丝绳的破断拉力要大于 $8.00\times13.19/0.850=124.14\text{kN}$。

选择 $6\times19+1$ 钢丝绳,钢丝绳公称抗拉强度 1550MPa,直径 17.0mm。满足要求。

吊环强度计算公式为

$$\alpha=T/A<[f]$$

式中 $[f]$——吊环钢筋抗拉强度,$[f]=50\text{N/mm}^2$;

$\qquad A$——吊环截面积,每个吊环按照两个截面计算。

经计算得到,选择吊环的直径至少要 $[26380\times4/(3.14\times50\times2)]^{1/2}=18.33\text{mm}$。

(2) 压杆的强度计算

下面压杆以钢管 100.0mm×10.0mm 计算,斜压杆的容许压力按照下式计算:

$$\sigma=\frac{N}{\phi A}\leqslant[f]$$

式中 N——受压斜杆的轴心压力设计值,$N=13.19\text{kN}$;

$\qquad \phi$——轴心受压斜杆的稳定系数,由长细比 l/i 查表得到 $\phi=0.47$;

$\qquad i$——计算受压斜杆的截面回转半径,$i=3.36\text{cm}$;

$\qquad l$——受最大压力斜杆计算长度,$l=3.96\text{m}$;

$\qquad A$——受压斜杆净截面面积,$A=29.85\text{cm}^2$;

$\qquad \sigma$——受压斜杆受压强度计算值,经计算得到结果是 9.39N/mm^2;

$[f]$——受压斜杆抗压强度设计值,$[f]=215\text{N/mm}^2$。

受压斜杆的稳定性计算 $\sigma<[f]$,满足要求。

(3) 斜撑杆的焊缝计算

斜撑杆采用焊接方式与墙体预埋件连接,对接焊缝强度计算公式如下:

$$\sigma=\frac{N}{l_w t}\leqslant f_c \text{ 或 } f_t$$

其中,N 为斜撑杆的轴向力,$N=13.190\text{kN}$;

$l_w t$ 为焊接面积,取 2984.52mm^2;

f_t 或 f_c 为对接焊缝的抗拉或抗压强度,取 185.0N/mm^2。

经计算得到焊缝抗拉强度 $\sigma=13189.54/2984.52=4.42\text{N/mm}^2$。

对接焊缝的抗拉或抗压强度计算满足要求。

11. 锚固段与楼板连接的计算

注：本计算项与上述悬挑工字钢扣件钢管脚手架的锚固段与楼板连接计算相似，此处略去。

12. 剪力墙和柱的悬挑工字钢焊缝验算

对接焊缝强度计算公式如下：

$$\sigma=\frac{N}{l_w t}\leqslant f_c \text{ 或 } f_t$$

其中，N 为工字钢支座受力，$N=7.95\text{kN}$；

$l_w t$ 为焊接面积；

f_t 或 f_c 为对接焊缝的抗拉或抗压强度，取 185.0N/mm^2。

本处主要求 $l_w t$。考虑安全系数为3，则焊缝的受力应为强度值（185.0N/mm^2）的 $1/3$，求焊缝。根据上述公式有：

$$l_w t=N/(f_t\times 3)=7950/(185\times 3)=129\text{mm}^2$$

按：焊缝厚度取值为 5mm，

则焊缝长度 $=129/5=25.8\text{mm}$

即当焊缝长度 $=25.8\text{mm}$，焊缝厚度 $=5\text{mm}$ 时，焊缝的设计强度约为 62N/mm^2，小于焊缝的抗拉或抗压强度，取 185.0N/mm^2。

焊缝长度满足要求。

7.7.4　支撑三根钢管悬挑工字钢计算书

1. 基本参数的计算

引入双排脚手架，搭设高度为 34.2m，立杆采用单立管时单根立杆产生的轴向压力为 11.21kN；

根据图纸建立受力图，如图 7-15 所示。

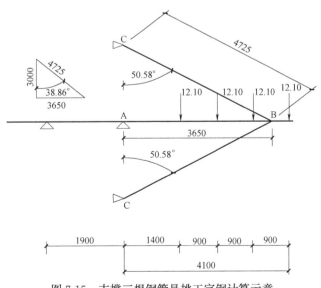

图 7-15　支撑三根钢管悬挑工字钢计算示意

求 B 点弯矩，支点放置于外侧两根立杆的中部，则 B 点弯矩应为

$$M_B = 12.10 \times 0.9/2 = 5.445 \text{kN} \cdot \text{m}$$

求上拉杆和下支撑的轴力，由于上下角度位置均相同，因此上下轴力相同。（计算过程略）

根据计算 $T = 52.24176/2 = 26.12$ kN

求 A 点支座力 $N_A = 18.45$ kN

求最大弯矩，本计算图示当中最大弯矩应在第一根立杆与第二根立杆之间。（计算过程略）

$$M_{max} = 18.52 \text{kN} \cdot \text{m}$$

2. 悬挑工字钢选型分析

根据前面的计算可知，最大弯矩为 $M_{max} = 18.52$ kN·m

根据经验，采用 16 号工字钢做悬挑。计算其稳定性：

根据公式：

$$\sigma = \frac{N}{\phi_b W_x} \leqslant [f]$$

式中 ϕ_b——均匀弯曲的受弯构件整体稳定系数。

查《钢结构设计标准》GB 50017—2017 附录 B 得到：由于 ϕ_b 大于 0.6，按照《钢结构设计标准》GB 50017—2017 附录 B 其值 $\phi_b' = 1.07 - 0.282/\phi_b = 0.929$，$[f] = 205$ N/mm^2。

型钢截面惯性矩 $I = 1130.00$ cm^4，截面抵抗矩 $W = 141.00$ cm^3，截面积 $A = 26.10$ cm^2。

根据公式计算：

$[\sigma] = 18.519 \times 10^6/(0.929 \times 141 \times 10^3) = 145.50$ N/mm$^2 < [f] = 205$ N/mm^2。

满足要求。

3. 上拉杆的选型分析

根据上面计算值可知拉杆的拉力约为 26.12kN，试解决拉杆的大小和处理方式（因脚手架中部有卸荷钢丝绳，因此，拉杆的拉力不会超过本值）。

由于拉杆受力较大，因此采用圆钢来完成上下连接，圆钢与工字钢的连接和上端吊点的连接均采用刚接（焊接）。

（1）上面拉杆以圆钢直径 20mm 计算，斜拉杆的容许压力按照下式计算：

$$\sigma = \frac{N}{A} \leqslant [f]$$

式中 N——斜拉杆的轴心压力设计值，$N = 26.12$ kN；

A——斜拉杆净截面面积，$A = 3.14$ cm^2；

σ——斜拉杆受拉强度计算值，经计算得到结果是 83.18N/mm^2；

$[f]$——斜拉杆抗拉强度设计值，$[f] = 215$ N/mm^2。

受拉斜杆的稳定性计算 $\sigma < [f]$，满足要求。

斜撑杆的焊缝计算：

（2）斜撑杆采用焊接方式与墙体预埋件连接，对接焊缝强度计算公式如下：

$$\sigma = \frac{N}{l_w t} \leqslant f_c \text{ 或 } f_t$$

其中，N 为斜撑杆的轴向力，$N = 26.12$ kN；

$l_w t$ 为焊接面积；

f_t 或 f_c 为对接焊缝的抗拉或抗压强度，取 185.0N/mm^2。

本处主要求 $l_w t$。考虑安全系数为3，则焊缝的受力应为强度值（185.0N/mm^2）的 1/3，求焊缝。根据上述公式

得：$l_w t = N/(f_t \times 3) = 26000/(185 \times 3) = 421\text{mm}^2$

按：焊缝厚度取值为 5mm

则焊缝长度 $= 421/5 = 84\text{mm}$

即当焊缝长度 $= 84\text{mm}$，焊缝厚度 $= 5\text{mm}$ 时，焊缝的设计强度约为 62N/mm^2，小于焊缝的抗拉或抗压强度，取 185.0N/mm^2。

焊缝长度满足要求。

（3）下面压杆以钢管 $100.0\text{mm} \times 10.0\text{mm}$ 计算，斜压杆的容许压力按照下式计算：

$$\sigma = \frac{N}{\phi A} \leqslant [f]$$

式中　N——受压斜杆的轴心压力设计值，$N = 26.12\text{kN}$；

ϕ——轴心受压斜杆的稳定系数，由长细比 l/i 查表得到 $\phi = 0.47$；

i——计算受压斜杆的截面回转半径，$i = 3.36\text{cm}$；

l——受最大压力斜杆计算长度，$l = 5.39\text{m}$；

A——受压斜杆净截面面积，$A = 29.85\text{cm}^2$；

σ——受压斜杆受压强度计算值，经计算得到结果是 18.62N/mm^2；

$[f]$——受压斜杆抗压强度设计值，$[f] = 215\text{N/mm}^2$。

受压斜杆的稳定性计算 $\sigma < [f]$，满足要求。

（4）斜撑杆采用焊接方式与墙体预埋件连接，对接焊缝强度计算公式如下：

$$\sigma = \frac{N}{l_w t} \leqslant f_c \text{ 或 } f_t$$

其中 N 为斜撑杆的轴向力，$N = 26.136\text{kN}$；

$l_w t$ 为焊接面积，取 2984.52mm^2；

f_t 或 f_c 为对接焊缝的抗拉或抗压强度，取 185.0N/mm^2；

经计算得到焊缝抗拉强度 $= 26135.65/2984.52 = 8.76\text{N/mm}^2$。

对接焊缝的抗拉或抗压强度计算满足要求。

7.7.5　上人斜道计算书

设计信息见表7-11所列。

上人斜道设计信息　　　　表7-11

脚手架类型	落地式双排脚手架	搭设高度(m)	18.2
钢管类型截面	$\phi 48 \times 3.5$	连墙件设置	2步2跨(竖向间距3.6m;水平间距2.60m)
脚手板铺设(层数)	10	立杆横距 l_b(m)	0.8
立杆纵距 l_a(m)	1.3	步距 h(m)	1.8
施工荷载(kN/m²)	3.0	工况	同时施工4层

1. 小横杆的计算

注：除立杆纵距（1.3m）和立杆横距（0.8m）需计算考量外，本计算项与落地式扣件钢管脚手架小横杆的计算相似，此处略去。

2. 大横杆的计算

注：除立杆纵距（1.3m）和立杆横距（0.8m）需计算考量外，本计算项与落地式扣件钢管脚手架大横杆的计算相似，此处略去。

3. 扣件抗滑力的计算

注：除立杆纵距（1.3m）和立杆横距（0.8m）需计算考量外，本计算项与落地式扣件钢管脚手架扣件抗滑力的计算相似，此处略去。

4. 脚手架荷载标准值

（1）静荷载标准值包括以下内容：

1）每米立杆承受的结构自重标准值（0.116kN/m）

$$N_{G1} = 0.116 \times 18.200 = 2.113 \text{kN}$$

2）脚手板的自重标准值（本例采用竹笆片脚手板，标准值为 0.15kN/m^2）

$$N_{G2} = 0.150 \times 10 \times 1.300 \times (0.800 + 1.200)/2 = 1.950 \text{kN}$$

3）栏杆与挡脚板自重标准值（本例采用栏杆、竹笆片脚手板挡板，标准值为 0.15kN/m）

$$N_{G3} = 0.150 \times 1.300 \times 10/2 = 0.975 \text{kN}$$

4）吊挂的安全设施荷载，包括安全网（0.005kN/m^2）

$$N_{G4} = 0.005 \times 1.300 \times 18.200 = 0.118 \text{kN}$$

经计算得到，静荷载标准值 $N_G = N_{G1} + N_{G2} + N_{G3} + N_{G4} = 5.156 \text{kN}$。

（2）活荷载为施工荷载标准值产生的轴向力总和，内、外立杆按一纵距内施工荷载总和的 1/2 取值。

经计算得到，活荷载标准值 $N_Q = 3.000 \times 4 \times 1.300 \times 0.800/2 = 6.240 \text{kN}$

（3）风荷载标准值应按照以下公式计算：

$$W_k = 0.7 \mu_z \mu_s W_0$$

式中　W_0——基本风压（kN/m^2），按照《建筑结构荷载规范》GB 50009 的规定采用：$W_0 = 0.50$；

　　　μ_z——风荷载高度变化系数，按照《建筑结构荷载规范》GB 50009 的规定采用：$\mu_z = 0.84$；

　　　μ_s——风荷载体型系数，$\mu_s = 0.87$。

经计算得到，风荷载标准值 $W_k = 0.7 \times 0.50 \times 0.84 \times 0.872 = 0.256 \text{kN/m}^2$。

考虑风荷载时，立杆的最大轴向压力

$$N = 1.2 N_G + 0.85 \times 1.4 N_Q = 1.2 \times 5.16 + 0.85 \times 1.4 \times 6.24 = 13.61 \text{kN}$$

不考虑风荷载时，立杆的最大轴向压力

$$N = 1.2 N_G + 1.4 N_Q = 1.2 \times 5.16 + 1.4 \times 6.24 = 14.92 \text{kN}$$

风荷载设计值产生的立杆段弯矩 M_W 计算公式：

$$M_W = 0.85 \times 1.4 W_k l_a h^2/10$$

式中　W_k——风荷载标准值（kN/m^2）；

　　　　l_a——立杆的纵距（m）；

　　　　h——立杆的步距（m）。

经计算得到风荷载产生的弯矩

$$M_W = 0.85 \times 1.4 \times 0.256 \times 1.300 \times 1.800 \times 1.800/10 = 0.128 kN \cdot m$$

5. 立杆的稳定性计算

注：除立杆的轴心压力设计值 $N = 14.92kN$（不考虑风荷载）和 $N = 13.61kN$（考虑风荷载）需计算考量外，本计算项与上述落地式扣件钢管脚手架立杆的稳定性计算相似，此处略去。

6. 最大搭设高度的计算

注：除构配件自重标准值产生的轴向力 $N_{G2K} = 3.043kN$、活荷载标准值 $N_Q = 6.240kN$、每米立杆承受的结构自重标准值 $g_k = 0.116kN/m$ 和计算立杆段由风荷载标准值产生的弯矩 $M_{wk} = 0.108kN \cdot m$ 需计算考量外，本计算项与上述落地式扣件钢管脚手架立杆最大搭设高度的计算相似，此处略去。

7. 连墙件的计算

注：除风荷载标准值 $W_k = 0.256kN/m^2$、每个连墙件的覆盖面积内脚手架外侧的迎风面积 $A_w = 3.60 \times 2.60 = 9.360m^2$ 和轴心受压立杆的稳定系数 0.75 需计算考量外，本计算项与上述落地式扣件钢管脚手架连墙件的计算相似，此处略去。

8. 立杆的地基承载力计算

注：除上部结构传至基础顶面的轴向力设计值 14.92kN 需计算考量外，本计算项与上述落地式扣件钢管脚手架立杆的地基承载力计算相似，此处略去。

7.7.6　卸料平台的稳定承载计算

设计信息见表 7-12 所列。

卸料平台设计信息　　　　　　　　　　　　　表 7-12

平台尺寸(m)	2.5×3	主次梁型钢	14a 槽钢
脚手板厚度(cm)	5	钢丝绳	6×19、ϕ20.0 光面钢丝绳
两端吊环	ϕ20(Q235)	悬挑长度(m)	4

注：由于卸料平台的悬挑长度和所受荷载都很大，因此必须严格地进行设计和验算。

参数信息：

脚手板类别：木脚手板，脚手板自重标准值：$0.35kN/m^2$；

栏杆、挡板类别：栏杆冲压钢，栏杆、挡板脚手板自重标准值 $0.11kN/m$；

施工人员等活荷载：$3kN/m^2$；

14a 槽钢槽口水平，间距 0.5m，其截面特性为：

面积 $A = 18.51cm^2$；

惯性矩 $I_x = 563.7cm^4$；

转动惯量 $W_x = 80.5cm^3$；

回转半径 $i_x = 5.52cm$；

弹性模量 $E = 2.06 \times 10^5 N/mm^2$

截面尺寸 $b=58$mm，$h=140$mm，$t=9.5$mm。

1. 次梁的验算

脚手板自重：$0.35\times1.2=0.42$kN/m²

施工等活荷载：$1.4\times1.2\times3=5.04$kN/m²

$\sum=0.42+5.04=5.46$kN/m²

次梁间距 0.5m，脚手板传来荷载：$5.46\times0.5=2.73$kN/m

次梁自重：$0.14\times1.2=0.168$kN/m

则：$\sum=2.73+0.168=2.898$kN/m

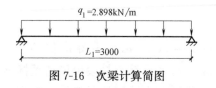

$q_1=2.898$kN/m

$L_1=3000$

图 7-16　次梁计算简图

计算简图，如图 7-16 所示。

弯矩：

$$M=\frac{1}{8}q_1L_1^2=\frac{1}{8}\times2.898\times3^2=3.26\text{kN}\cdot\text{m}$$

应力：

$$\sigma=\frac{M}{0.9W}=\frac{3.26\times10^6}{0.9\times80.5\times10^3}=45\text{N/mm}^2<[f]=215\text{N/mm}^2$$

挠度：

$$\bar{\omega}=\frac{5q_1L_1^4}{384EI}=\frac{5\times2.898\times3000^4}{384\times2.06\times10^5\times563.7\times10^4}=2.63\text{mm}<[\omega]=\frac{3000}{250}=12\text{mm}$$

次梁强度与挠度满足要求。

2. 主梁的验算

根据现场实际情况和一般做法，卸料平台的内钢绳作为安全储备不参与内力的计算。

主梁采用[14a 号槽钢，计算参数同前。计算简图，如图 7-17 所示。

脚手板与活荷载：5.46kN/m²

次梁 6 根总重：$\dfrac{0.14\times1.2\times3\times6}{4\times3}=$

0.252kN/m²

$\sum=5.46+0.252=5.712$kN/m²

化为线荷载：$\dfrac{5.712\times3}{2}=8.568$kN/m

主梁自重：$0.14\times1.2=0.168$kN/m

栏杆与挡脚板自重：$0.11\times1.2=0.132$kN/m

$\sum=8.568+0.168+0.132=8.868$kN/m

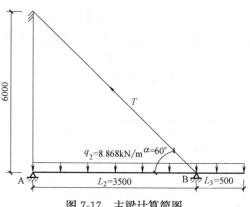

6000

T

$q_2=8.868$kN/m　$\alpha=60°$

A　$L_2=3500$　B　$L_3=500$

图 7-17　主梁计算简图

弯矩：

$$M_{支}=\frac{1}{2}q_2L_3^2=\frac{1}{2}\times8.868\times0.5^2=1.108\text{kN}\cdot\text{m}$$

$$M_{中}=\frac{1}{8}q_2L_2^2=\frac{1}{8}\times8.868\times3.5^2=13.579\text{kN}\cdot\text{m}$$

支座反力：

$$R_B = \frac{1}{2}q_2 L_2 + q_2 L_3 = \frac{1}{2} \times 8.868 \times 3.5 + 8.868 \times 0.5 = 19.953\text{kN}$$

钢丝绳拉力：

$$T = \frac{R_B}{\sin\alpha} = \frac{19.953}{\sin 60°} = 23.04\text{kN}$$

主梁承受的轴压力：

$$N = T\cos\alpha = 23.04 \times \cos 60° = 11.52\text{kN}$$

强度验算：

$$\frac{N}{A_n} + \frac{M}{Y_x W} \leqslant f = \frac{11.52 \times 10^3}{18.51 \times 10^2} + \frac{13.579 \times 10^6}{1.05 \times 80.5 \times 10^3} = 6.224 + 160.65 = 166.874\text{N/mm}^2 <$$

$[f] = 215\text{N/mm}^2$。

稳定性验算：

$$\frac{N}{\phi_x A} + \frac{\beta_{mx} M_x}{Y_x W_{1x}\left(1 - 0.8\dfrac{N}{N'_{Ex}}\right)}$$

式中　N——轴心压力，$N = 11.52\text{kN}$；

N'_{Ex}——参数，$N'_{EX} = \dfrac{\pi^2 EA}{1.1\lambda_x^2}$，$\lambda_x = \dfrac{L_2}{i_x} = \dfrac{3500}{55.2} = 63.4$。

$$N'_{EX} = \frac{\pi^2 EA}{1.1\lambda_x^2} = \frac{3.1416^2 \times 2.06 \times 10^3 \times 18.51 \times 10^2}{1.1 \times 63.4^2} = 27.093 \times 10^2\text{kN}$$

ϕ_x——弯矩作用平面内的轴心受压构件稳定系数，得 $\phi_x = 0.789$；查 GB 50017，

β_{mx}——等效弯矩系数，取 1。

$$\frac{N}{\phi_x A} + \frac{\beta_{mx} M_x}{Y_x W_{1x}\left(1 - 0.8\dfrac{N}{N'_{Ex}}\right)} = \frac{11.52 \times 10^3}{0.789 \times 18.51 \times 10^2} + \frac{1 \times 13.579 \times 10^6}{1.05 \times 80.5 \times 10^3\left(1 - 0.8\dfrac{11.52 \times 10^3}{27.093 \times 10^5}\right)}$$

$= 7.888 + 161.199 = 169.09\text{N/mm}^2 < [f] = 215\text{N/mm}^2$。

钢丝绳验算：

$$P_g \geqslant \frac{KP_x}{a} = \frac{8 \times 23.04}{0.85} = 216.84\text{kN}$$

选用 6×19、$\phi 20$ 钢丝绳，$\sigma = 1400\text{N/mm}^2$，其 $p_g = 211.5\text{kN}$，与 216.84kN 相差 2.5%<5%，安全。

要求卡环与钢丝绳配套，查表知与 $\phi 20$ 的钢丝绳配套的卡环为 GD22 号，其安全荷重 $Q_b = 273.9\text{kN} > 216.84\text{kN}$，安全。

预埋吊环：

按一环吊一绳计算（共四吊环，备用两个）

吊环面积 $A_s = \dfrac{23040}{2 \times 50} = 230.4\text{mm}^2$

选 $1\phi20$，则 $A_s = 314.1\text{mm}^2 > 230.4\text{mm}^2$。安全。

焊缝验算：

钢丝绳的下节点，应穿绑在 $\phi20$ 钢环上，角度在 $50°\sim60°$ 之间，$\phi20$ 钢筋焊在 14a 槽钢腹板上，焊缝高度 t 取 5mm，焊缝长度 l_m 取 100mm，按角焊缝计算。

$$\frac{N}{l_\text{m}t} = \frac{23040}{100\times4} = 57.6\text{N/mm}^2 < f = 160\text{N/mm}^2，可。$$

后部钢筋箍环计算：

钢筋箍环选用 $\phi20$，箍环承受的拉应力为：

$$\sigma = \frac{N}{A} = \frac{11.52\times10^3}{3.14\times10^2} = 36.7\text{N/mm}^2，按照《混凝土结构设计规范》，[f] = 50\text{N/mm}^2，$$

满足要求。

7.8　施工图纸

施工图纸如图 7-18～图 7-28 所示。

注：本案例施工图有部分删减。

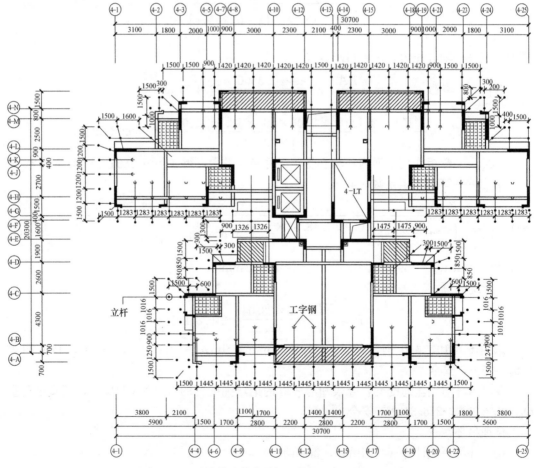

图 7-18　3 号楼落地外脚手架立杆平面布置图（mm）

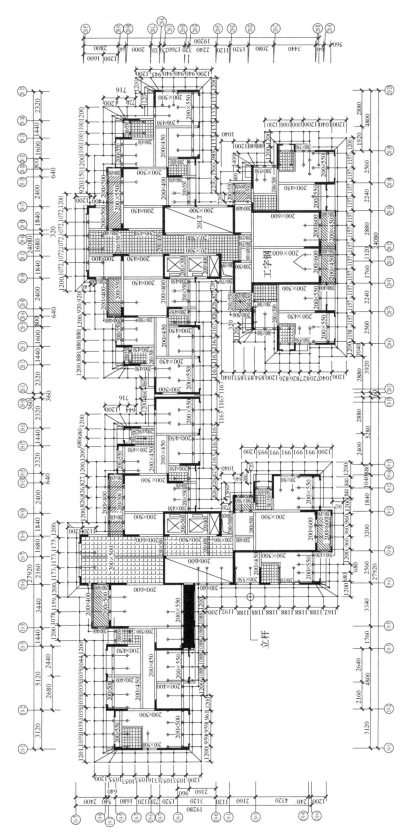

图7-19　19、20号楼落地与悬挑式外脚手架立杆与工字钢平面布置图（mm）

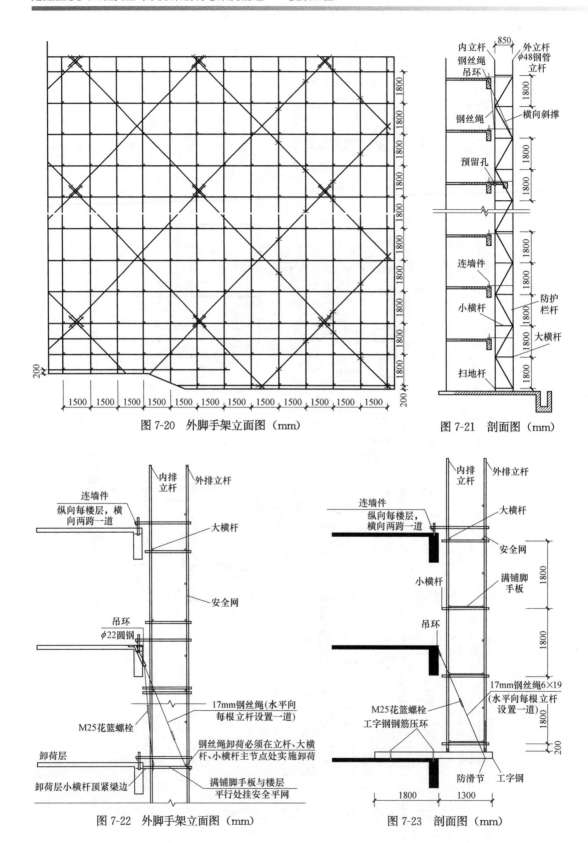

图 7-20　外脚手架立面图（mm）

图 7-21　剖面图（mm）

图 7-22　外脚手架立面图（mm）

图 7-23　剖面图（mm）

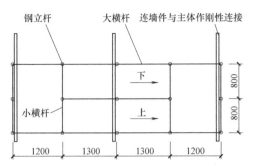

图 7-24 上人斜道平面图（mm）

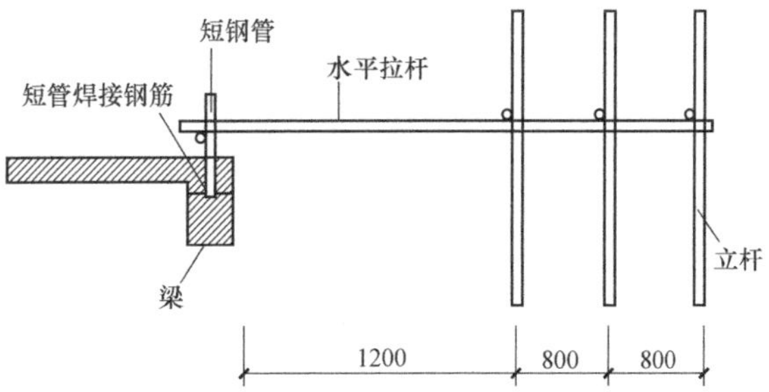

图 7-25 上人斜道连墙大样图（mm）

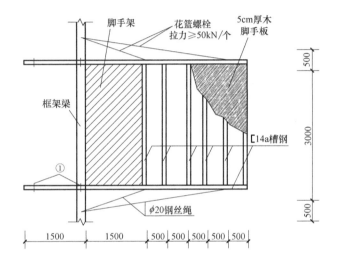

图 7-26 卸料平台平面图（mm）

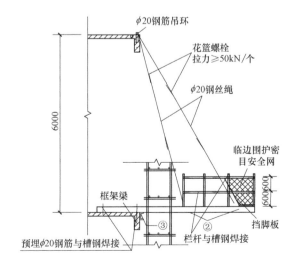

图 7-27 卸料平台侧面图（mm）

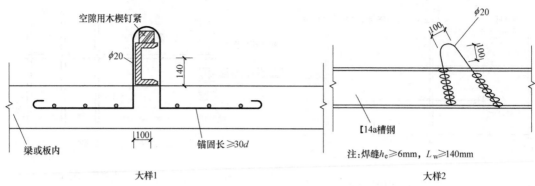

图 7-28　卸料平台大样图（mm）

第**8**章

大荷载模板工程（盘扣架）安全专项施工方案实例

实例 2　××车站工程主体结构模板支撑体系安全专项施工方案

8.1　编制依据

(1)《建筑结构荷载规范》GB 50009—2012；

(2)《混凝土结构工程施工规范》GB 50666—2011；

(3)《建筑施工模板安全技术规范》JGJ 162—2008；

(4)《地下铁道工程施工质量验收标准》GB/T 50299—2018；

(5)《建筑施工承插型盘扣式钢管支架安全技术规程》JGJ 231—2010；

(6)《建筑施工高处作业安全技术规范》JGJ 80—2016；

(7)《建筑工程大模板技术标准》JGJ/T 74—2017；

(8)《钢结构设计标准》GB 50017—2017；

(9)《混凝土结构工程施工质量验收规范》GB 50204—2015；

(10)《城市轨道交通地下工程建设风险管理规范》GB 50652—2011；

(11)《危险性较大的分部分项工程安全管理规定》（建质〔2018〕37 号）；

(12) 住房城乡建设部办公厅关于实施《危险性较大的分部分项工程安全管理规定》有关问题的通知（建办质〔2018〕31 号）。

注：本书所选用的专项方案已在相应工程项目中安全施行并通过验收，相关专项方案所依据的规范可能存在与现行规范不一致的情况，方案的编辑应参照现行规范执行。

8.2　工程概况

8.2.1　项目概况

本工程为地下两层双跨（局部三跨）岛式车站，车站有效站台中心里程为右（左）DK33＋552.390，设计起终点里程为右（左）DK33＋397.390～右（左）DK33＋637.390，车站总长度为240m，有效站台长度为120m，站台宽度为11m，车站标准段外包宽度为19.7m。本站为明挖车站，前后均接盾构区间，车站基坑开挖深度为17.46～19.45m，顶板覆土约3.5m厚。主要结构构件尺寸，见表8-1所列。

主要结构构件尺寸表

表 8-1

项目	结构部位	说　　明
建筑面积	总建筑面积	9776.278m²
层数	地下	2层
层高	地下一层	6550mm
	地下二层	7150mm
结构形式	基础类型	筏板基础
	结构类型	地下二层双跨(局部三跨)框架结构
地下防水	结构自防水	底板、底梁、侧墙、顶板、顶梁:C35P8 中板、中隔墙:C35 中柱:C50
	材料防水	预铺自粘防水卷材
结构断面尺寸	侧墙厚度(mm)	标准段侧墙:700 盾构始发井侧墙:800
	柱截面(mm)	Z1:700×1200;Z2:800×1200;Z3:1000×1200; AZ1:700×1200;AZ2:800×800;AZ3:800×1200;AZ4:700×1400
	梁规格(mm) 顶板梁	TDL1(2)1800×800;TBL1(2)1750×800;TDL3 1750×800; TBL2(1)1550×800;TBL3 1500×800;TDL2 1500×800; TBL3 1450×800;TBL3(2)1450×800;TZL1(3)1200×2100; TZL1(1)1200×2100;TZL2(4)1200×2100;TZL1(4)1200×2100
	梁规格(mm) 中板梁	MDAL1 700×1000;MDAL1(4)700×1000;ZAL1 800×400; ZAL2 1000×400;ZAL3 600×400;ZAL4 1200×400;ZAL5 400×400; ZBL1(2)1800×1000;ZBL2(1)1600×1500;ZBL3(2)1500×600; ZBL4(2)2100×900;ZDL1 1800×400;ZDL1(2)1800×400
	梁规格(mm) 底板梁	DZL1(3)1200×2300;DZL2(2)1200×2260;DZL2(3)1200×2260; DZL2(4)1200×2300;DZL3(1)1200×2300;DZL3(3)1200×2300; DZL3(7)1200×2300;DHL1 1400×2470;DHL2 1400×1440; DHL3 1400×1900
	中板 mm	400
	顶板 mm	800
	基础底板 mm	900

8.2.2　高支模区域概况

本工程的顶板及顶板梁的模板支撑体系采用盘扣式钢管支撑架,立杆、水平杆、竖向斜杆均采用镀锌钢管,尺寸类型分别为 $\phi48×3.25$、$\phi48×2.75$、$\phi48×2.5$。根据上述文件规定的临界值,对超重支模范围的定义见表 8-2 所列。

大荷载支模范围一览表   表8-2

施工总荷载15kN/m²				
部位	自重标准值	活荷载标准值	荷载效应组合	超重模板支撑截面计算公式
中板顶板	模板及其支架自重标准值 $G_{1k}=0.75kN/m^2$	施工人员及设备荷载标准值 $Q_{1k}=4kN/m^2$	可变荷载效应控制的组合：$S=1.2\times(G_{1k}+G_{2k}+G_{3k})+1.4\times Q_{1k}$	由 $S\leqslant15kN/m^2$，得计算公式：$1.2\times(0.75+25.5\times H+1.5\times H)+1.4\times4.0\leqslant15kN/m^2$，得 $H\leqslant226mm$ 且 $1.35\times(0.75+25.5\times H+1.5\times H)+0.7\times1.4\times4.0\leqslant15kN/m^2$，得 $H\leqslant275mm$
	新浇筑混凝土自重标准值 $G_{2k}=25.5kN/m^3$	混凝土振捣荷载标准值 $Q_{2k}=4kN/m^2$	永久荷载效应控制的组合：$S=1.35\times(G_{1k}+G_{2k}+G_{3k})+0.7\times1.4\times Q_{1k}$	
	钢筋自重标准值 $G_{3k}=1.5kN/m^3$	混凝土倾倒荷载标准值 $Q_{3k}=6kN/m^2$		通过计算得出：板厚度 $H>226mm$ 时为超重支模

集中线荷载20kN/m				
部位	自重标准值	施工活荷载标准值	荷载效应组合	超重模板支撑截面计算公式
梁	模板及其支架自重标准值 $G_{1k}=0.75kN/m^2$	施工人员及设备荷载标准值 $Q_{1k}=4kN/m^2$	可变荷载效应控制的组合：$S=1.2\times(G_{1k}+G_{2k}+G_{3k})+1.4\times Q_{2k}$	由 $S\leqslant20kN/m$，得计算公式：$1.2\times[0.75(b+2h)+(25.5+1.5)hb]+1.4\times4\leqslant20kN/m$，且 $1.35\times[0.75(b+2h)+(25.5+1.5)bh]+0.7\times1.4\times4b\leqslant20kN/m$，通过计算得出：（1）$b=400mm$，$h>1086mm$；（2）$b=600mm$，$h>713mm$；（3）$b=800mm$，$h>515mm$。界面尺寸超过以上标准的梁模板为超重支模
	新浇筑混凝土自重标准值 $G_{2k}=25.5kN/m^3$	混凝土振捣荷载标准值 $Q_{2k}=4kN/m^2$	永久荷载效应控制的组合：$S=1.35\times(G_{1k}+G_{2k}+G_{3k})+0.7\times1.4\times Q_{2k}$	
	钢筋自重标准值 $G_{3k}=1.5kN/m^3$	混凝土倾倒荷载标准值 $Q_{3k}=6kN/m^2$		

注："H"表示板厚；"b"表示梁宽；"h"表示梁高。

（1）本工程的中顶板厚度为400mm，顶板厚度为800mm，施工总荷载超出15kN/m²，属于超重模板工程。大小里程端头中板、顶板满堂支架高度分别为8080mm、4950mm。标准段中板、顶板满堂支架高度分别为6750mm、5850mm。相关资料分析显示，本工程中板、顶板施工均属于超过一定规模的危险性较大的分部分项工程，需要进行专家论证。

（2）本工程顶板梁线荷载超出20kN/m，属于超重模板工程，属于超过一定规模的危险性较大的分部分项工程的范畴，需要进行专家论证。

（3）按照本工程的分段施工情况，最大流水段施工长度为24.9m，单次搭设跨度大于18m，均属于超过一定规模的危险性较大的分部分项工程范畴，需要进行专家论证。

8.2.3 高大模板重点难点

结合主体结构模架工程的施工内容、施工方法、施工环境等特征，对本项目施工的重点主要进行如下分析：

（1）采用盘扣式钢管支架作为其支撑体系及其牢固性、安全性和可靠性；

（2）模板、脚手架及盘扣支架等吊装过程中的安全控制；

（3）模板及脚手架拆除过程中的安全控制；

（4）如何在模板拼装过程中控制保护层的厚度；

（5）如何控制模板拼装过程中拼缝的整体性及模板之间的错台；

（6）对于跨度大于 4m 的梁和跨度大于 3.6m 的板，如何控制底模起拱高度以确保混凝土浇筑后板、梁的标高。

8.3 模架体系设计

8.3.1 底板及底板上翻梁模板设计

对底梁与底板同时进行浇筑时，充分考虑到剪力的影响，将底板水平施工缝留设在夹腋角以上 200~300mm 的位置，而且侧墙夹腋角部位的混凝土与底板混凝土一同浇筑，底板只需安装侧墙导墙及加腋角模板。

（1）在底板模板体系夹腋角位置设置钢模板，同时满足侧墙向上浇筑导墙的需要，施工缝处模板采用木胶板，厚度为 15mm；主楞采用 $\phi48\times3.25$ 双钢管纵向布置，900mm 厚底板范围内设置 3 道，次楞采用 100mm×100mm 方木竖向布置，横向间距为 500mm；采用 $\phi48\times3.25$ 作为抛撑加固模板。见图 8-1。

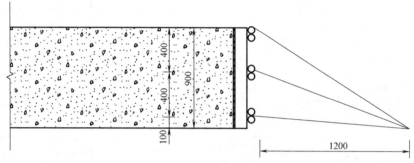

图 8-1　底板施工缝模板安装示意图

（2）施工流程：底板钢筋验收→底板施工缝模板安装→模板验收→浇筑混凝土。

（3）底板加腋角及导墙模板安装。

1）为了保证侧墙模板安装加固的质量及考虑到剪力的影响，底板水平施工缝留设在加强腋角以上 300mm 的位置，导墙和夹腋角部位的混凝土与底板混凝土同期浇筑，底板夹腋角和导墙模板采用定型模板体系，见图 8-2。

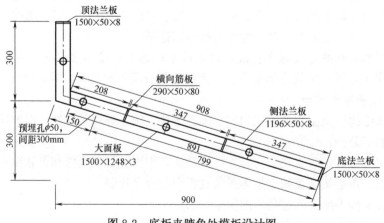

图 8-2　底板夹腋角处模板设计图

2）导墙高度为300mm，夹腋角900mm×300mm。

（4）底板上翻梁模板安装

1）底板上翻梁采用"吊模"体系，上翻梁侧面模板面板采用15mm木胶板，横向内背楞采用间距为300mm的方木（尺寸为100mm×100mm）作为支撑体系；竖向外背楞采用间距为500mm的 ϕ48×3.25 双排钢管；面板采用M16对拉螺栓连接，横向间距为500mm，竖向间距为600mm。

2）为了保证梁模板截面尺寸偏差控制在可操作范围内，除采用保护层垫块外，还需要在模板内增加间距为1200mm的定位筋（定位筋采用 ϕ15 下脚料钢筋制作），呈梅花形分布，并且在两端点处涂防锈漆。

3）为了避免梁模板出现整体侧墙偏移的情况，需要在梁两侧用间距为1.5m的 ϕ48×3.25 单排钢管作为斜向支撑，并固定在 ϕ48×3.25 的钢管上；此外，钢管背顶固定在底板主筋上，并通过焊接方式加强架立筋与主筋的连接，靠近模板侧用U形丝杠顶在方木上。上翻梁模板示意图，如图8-3所示。

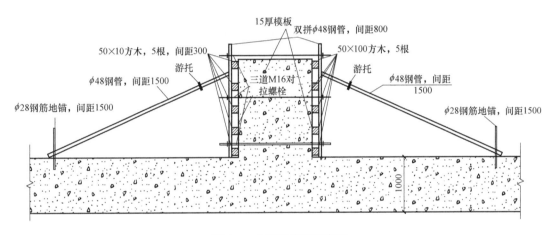

图8-3　上翻梁模板示意图

4）扶梯基坑、底板集水坑、污水池、下翻梁等处模板采用15mm厚木胶板、100mm×100mm方木及钢管对撑支撑方式，钢管间距为600mm，上下两道。模板安装示意图如图8-4所示。

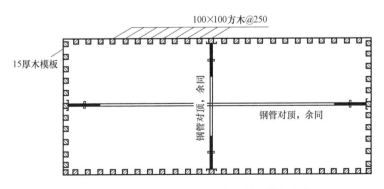

图8-4　扶梯基坑、底板集水坑、污水池等处模板安装示意图

8.3.2 中板及顶板模板支架设计

车站主体结构中板厚度为400mm，顶板厚度为800mm，顶板分段一次性浇筑，顶板模板采用15mm厚的木胶板。中板板底主次楞均采用100mm×100mm方木，立杆纵距、横距均为900mm，步距为1500mm；顶板板底主楞采用12号工字钢，次楞采用100mm×100mm方木，立杆横距为600mm，纵距为900mm，步距为1500mm，按照规范要求，顶层横杆的步距为1000mm，特殊情况下可以选用500mm。

1. 模板体系

中板及顶板的模板体系中，面板采用2440mm×1220mm×15mm的木胶板。主次楞采用100mm×100mm的木方，次楞间距200mm，主楞沿着车站横向布置间距与盘扣支架的横距相同。模板主楞沿横向布置，次楞沿车站主体结构纵向布置，间距不大于200mm；所有木胶板拼缝均布置在次楞上，所有次楞接头均布置在主楞上，以满足受力要求。

2. 支撑体系

(1) 中板及顶板的模板支架采用盘扣式钢管支架支撑体系，中板支撑体系立杆纵、横向间距均为900mm，横杆步距为1500mm；顶板支撑系统立杆纵向间距为900mm、横向间距为600mm，横杆步距为1500mm。为了便于对高度进行适当调节，在每根立杆顶部配置可调顶托，可调长度不超过300mm。待顶托标高调整完毕后，在其上安放100mm×100mm的方木主楞，其间距按照立杆横间距进行布置，横梁上设置横向间距为200mm、尺寸为100mm×100mm的方木次楞，再将15mm木胶板搭设在次楞上。方木接头应安放在纵向方木中心位置，接头位置应错开且任何相邻的两根纵向方木的接头不在同一平面上。在支架支撑前，放线人员以梁中心轴线为基准先放出立杆位置线，保证上下层的盘扣式钢管支架立杆在一条垂直线上，支架安装示意图见图8-5和图8-6。

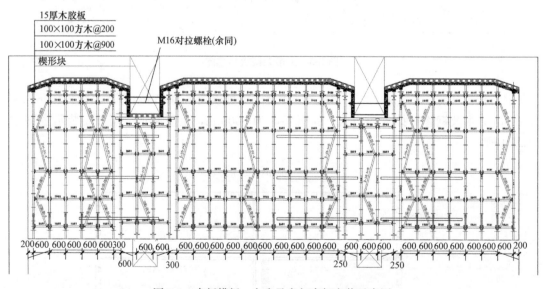

图 8-5　中板模板、方木及盘扣支架安装示意图

(2) 对顶板预埋件的设置、预留孔洞的位置进行复核，经确认无误后方可浇筑，并且保证下部建筑限界、沉降后净空仍能满足设计要求。

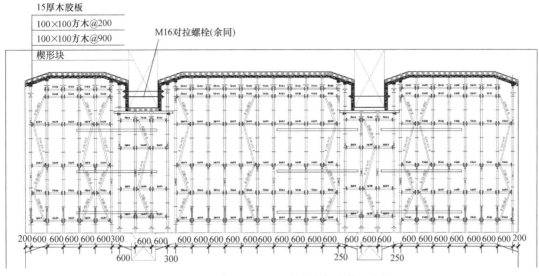

图 8-6　顶板模板、方木及盘扣支架安装示意图

（3）顶板底标高应考虑支架、搭板沉降及施工误差。对于跨度大于 4m 的梁和跨度大于 3.6m 的板，其模板应按设计要求起拱，当设计无具体要求时，起拱高度为跨度的 1/1000～3/1000，混凝土浇筑前必须严格控制好起拱高度。

（4）顶板表面可以用钢抹子收光，使表面光滑平整；为了使防水涂层与基层之间的粘结强度满足规范要求，顶板顶部必须使用木抹子反复收面压实。

（5）每层均设置连墙撑（2 步距）以保证脚手架稳定，水平距离为框架的柱距，用连墙件将脚手架与混凝土柱或墙进行有效连接，以保证架体的整体稳定性满足规范要求。

8.3.3　中板梁及顶板梁模板支架设计

主体结构中板及顶板梁共有 15 种形式，梁截面尺寸（mm）分别为：1500/1800×600、1500/1600/1800×800、1200/2100×900、700/900/1800×1000、1600×1500、800/1200×2100、700×2450、700×2650，模板采用 15mm 厚的木胶板，支撑体系采用盘扣式满堂支架体系。出于偏安全及经济性考虑，模架设计时，将梁按照尺寸规格进行合理分组归类，并在每组中选用最大梁截面尺寸进行计算和设计，组内其他梁的模板支架设计按计算结果进行。

梁模架构件设计间距，见表 8-3 所列。

梁模架构件设计间距　　　　　　　　　　　　　　表 8-3

部位	次楞(100mm×100mm 方木)	主楞(12 号工字钢)	立杆横距	立杆纵距	立杆步距
中板梁(mm)	@200(纵向布置)	@900(横向布置)	900	900	1500
顶板梁(mm)	@200(纵向布置)	@600(横向布置)	600	900	1500

（1）顶板梁侧模采用 15mm 厚木胶板，纵向次楞采用 100mm×100mm 方木，中心距为 200mm；竖楞采用 $\phi48×3.25$ 双拼支架钢管，由 M16 拉杆进行拉接，沿梁纵向间距 600mm，竖向间距视梁上下翻高度而定，不大于 600mm。同时，模板外侧纵向、竖向使用 $\phi48×3.25$ 钢管对顶，将钢管支撑与盘扣架体立杆扣件相连，确保模板加固后不发生

移动。

（2）顶板梁底模与顶板梁侧模一样，采用 15mm 厚木胶板，横向次楞采用 100mm×100mm 方木，中心距为 250mm；纵向主楞采用 12 号工字钢，沿梁纵向间距为 600mm，在下部盘扣式支架可调托撑上搭设。梁底立杆的横向间距、纵向间距和立杆步距分别为 600mm、900mm、1500mm。

（3）梁底盘扣架体必须与中间盘扣架体形成有效连接。对于斜梁段，梁底架体沿梁方向布置，当与周边板架体立杆无法采用盘扣横杆连接时，可采用 $\phi48\times3.25$ 支架钢管按步距与立杆十字扣件连接，梁下立杆与两侧立杆间的横杆用钢管连接牢固，并保证钢管至少与两排立杆进行有效连接，使梁底架体与周边板底架体形成稳定体系。

中板梁、顶板梁模板支架安装，如图 8-7 所示。

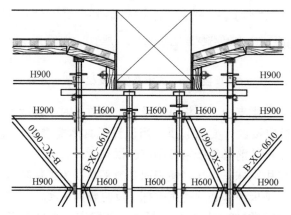

图 8-7　中板梁、顶板梁模板支架安装示意图

8.3.4　侧墙模板支架设计

1. 标准段侧墙模板设计

定型钢模板的面板采用 5.75mm 钢板，竖楞采用 8 号槽钢，主楞采用双拼 10 号槽钢，在 300mm 厚导墙浇筑时，通过预埋地脚螺栓锁住底部纵向压梁，详见图 8-8。

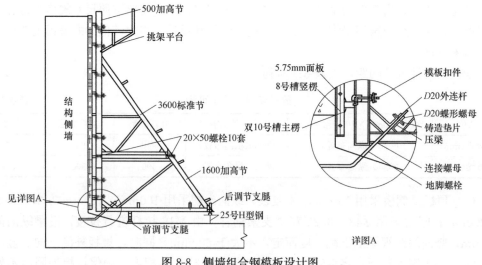

图 8-8　侧墙组合钢模板设计图

2. 始发井侧墙及端墙模板设计

始发井侧墙及端墙采用 2440mm×1220mm×15mm 的木胶板，主楞采用 ϕ48×3.2 双拼支架钢管，次楞采用间距为 250mm、尺寸为 100mm×100mm 的木方；模板次楞沿竖向布置，主楞沿横向布置，所有木胶板拼缝均置于次楞上，所有次楞接头均置于主楞上，以满足受力要求。侧墙模板使用钢管对撑定位加固作为辅助安全储备，通过在钢管两端安装顶托支撑的方式来固定主楞；端墙位置采用 10 号槽钢斜撑加固，具体安装示意图如图 8-9 所示。

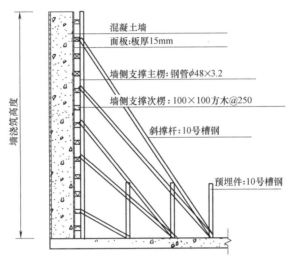

图 8-9 始发井端墙模板、方木安装示意图

侧墙的模架采用与顶板盘扣满堂支架连成一体的通长 ϕ48×3.2 钢管横向支撑，并且用十字扣件与横向所有立杆进行可靠连接。为了便于横向长度的调节，钢管两端安装顶托支撑主楞，可调长度不超过 300mm。待顶托调整到位后，在其上搭设主楞，主楞采用 ϕ48×3.2 双拼钢管，其布置间距同立杆步距，然后在横梁上设置次楞，次楞采用 100mm×100mm 的方木，横向间距为 250mm，并且使用铁钉将次楞与木胶板进行整体固定。安放方木时，接头的设置方法与中板及顶板模板支撑体系设计中采用的方法相似。

8.3.5 柱模板支架设计

（1）本工程框架柱模板均采用定型钢模板。

（2）搭设满堂支架的同时，人工配合起吊设备安装模板。

（3）定型钢模板要严格控制加工质量，做到表面平整，尺寸偏差符合设计要求，具有足够的强度、刚度、稳定性，拆装方便，接缝处贴双面胶确保严密不漏浆，并能够多次使用。模板拼装前，涂刷优质长效隔离剂。模板内干净无杂物，拼装平整严密。

（4）沿框柱范围搭设盘扣支架，支架结构需安装牢固，并且将立杆在两个互相垂直的方向加以固定。

（5）模板与模板之间采用 D20 蝶形螺母实现水平螺栓连接，并需垫平垫和弹簧垫。在模板安装完成后，需要增加四个方向的斜撑，并用 4 根钢管作为抱箍，扣紧柱模板，与周围已经搭设完成的盘扣支架进行有效连接并形成整体，提高模板的抗倾覆稳定性；最后安装防护栏杆和安全网，搭设作业平台；安装完毕且经检查满足要求后，方可浇筑混凝土。

（6）柱模板安装需严格控制其轴线、标高、垂直度和模板内边线截面的位置，安装前由测量人员认真核对图纸，检查校对轴线及标高控制点位，确保无误后方可组织安装。

（7）安装完成后，需挂垂线校核面板的垂直度。

（8）为保证柱根部不出现漏浆、烂根的情况，应在柱模板下皮放置海绵条，模板就位前弹出柱外皮线，海绵条内层平柱模板内侧（内侧压在弹出的线上，用胶粘在底板上），不得进入柱外皮线内。

（9）在柱底部角筋位置预埋 ϕ25 钢筋，其上焊接 ϕ12 钢筋作为定位筋，柱模板上口放置定位箍筋，两端点刷防锈漆，保证柱截面尺寸偏差控制在合理的范围内。

（10）柱模板安装前需使用相同强度等级的砌筑砂浆进行柱底找平操作，避免模板下口缝隙因局部漏浆而造成质量缺陷。

（11）混凝土浇筑前，必须对柱模板加固体系进行检查，经检查确认无误后，方可进行混凝土浇筑作业。在混凝土浇筑过程中，应指派专人对模板加固体系进行看护。

（12）梁柱节点处模板的安装是施工的重点和关键。在本项目中，节点采用 15mm 厚多层木胶板与方木结合的方式进行处理，构件尺寸按 1∶1 进行现场制作。待梁底模板安装后，将节点处固定牢固并用密封条密封。该处节点加设一道竖向钢管支撑，与顶底板支撑连接牢固。施工中设专人进行放样，采用定型非标模板配合流水施工。

框架柱模板设计图，如图 8-10 所示。

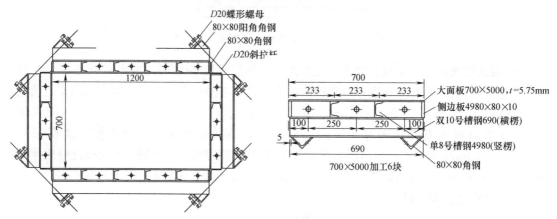

图 8-10　框架柱模板设计图

8.3.6　中板及顶板夹腋角模板支架设计

（1）夹腋角分底板上下夹腋角和顶板上下夹腋角，其中，底板上夹腋角已进行描述。

（2）顶板下夹腋角模板采用 δ＝15mm 厚木胶板，次龙骨采用间距为 250mm、尺寸为 100mm×100mm 的方木，主龙骨采用 100mm×100mm 方木，间距视夹腋角斜边长度而定，但不大于 600mm。

（3）夹腋角采用盘扣式满堂支架，面板采用厚度为 15mm 的木胶板，立杆间距同板架体立杆间距（中板 900mm×900mm×1500mm，顶板 600mm×900mm×1500mm）。

（4）中板及顶板腋角下部采用钢管补强，且纵向采用盘扣架体横杆连接，横向采用 ϕ48×3.25 的钢管与主体支架（至少 3 根立杆）连接，与腋角下部侧墙形成对撑。

（5）腋角处保证支架至少有 1 根斜杆，且各斜杆必须与相应的横杆进行有效连接，位于底板夹腋角处的立杆底板设置楔子，并且做好抗滑移的措施。

8.3.7　洞口及施工缝模板设计

（1）预留洞口面板采用木胶板制作，厚度为 15mm，按设计尺寸加工定型的木箱，背楞采取 100mm×100mm 方木，间距为 200mm，为了防止漏浆，在预留洞面板与顶板接缝处放置密封条，密封条位于内层平顶板模板的内侧。预留洞口模板侧面不允许有缺棱的现象，支模前侧面粘贴好密封条，采用 $\phi48$ 钢管十字撑作为支撑。

（2）因大部分孔洞周围布置矩形次梁，梁顶同板顶标高，次梁模板及支撑体系与板配置相同，必须保证洞口模板与梁及板节点处的连接牢固可靠。

（3）施工缝处堵头模采用方木条锯齿加工，齿距按设计受力主筋间距制作，木条背后采用间距为 300mm 的 $\phi20$ 钢筋与结构主筋焊接加固支撑，木条固定时必须保证施工缝平直，且与止水带连接紧密，避免出现漏浆的情况。如图 8-11 所示。

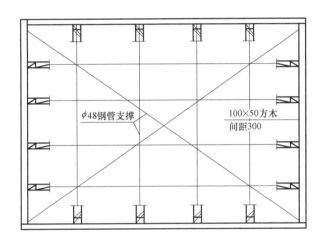

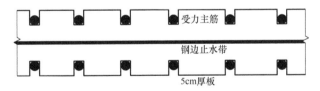

图 8-11　洞口及施工缝模板示意图

8.4　施工方法

8.4.1　施工工艺流程

略

8.4.2　施工准备工作

1. 施工技术准备

略

2. 施工材料准备

（1）模板承重支架为盘扣式钢管支架，立杆采用 Q345 钢管，尺寸为 $\phi48×3.25$；横杆采用 Q235 钢管，尺寸为 $\phi48\times2.75$。

（2）侧墙模板：采用定型单侧支模钢模板体系，面板厚度为 5.75mm，主楞采用双拼 10 号槽钢，竖楞采用 8 号槽钢。

（3）框架柱模板：框柱采用定型钢模板，柱模板配置高度为 6m（5m 标准节＋1m 调整节），可对站台层和站厅层柱子的浇筑高度进行适当的调整。柱模板面板采用 5.75mm 厚钢板，横楞采用双拼 10 号槽钢，竖楞采用 8 号槽钢。

（4）中板及顶板模板：采用 15mm 厚木胶板，主龙骨和次龙骨均采用 100mm×100mm 方木、盘扣式 $\phi48\times3.25$ 钢管支架及扣件、U 托丝杠。

（5）夹腋角处：底板夹腋角位置采用定型钢模板，面板采用钢板，规格为 1500mm×1248mm×3mm；除底板外，其余夹腋角均采用 15mm 厚木胶板，主龙骨和次龙骨均采用 100mm×100mm 方木。

根据主体结构基坑土方开挖顺序，车站主体结构采取由两端向中间施工的顺序，优先保证大里程盾构始发段施工，兼顾小里程盾构始发段施工的策略，施工方法采用明挖顺作法。综合考虑施工组织筹划、施工缝设置、结构特点等情况，车站主体结构共分为 12 个结构段，拟一次性投入模板、支架等材料，不考虑周转。主要材料用量见表 8-4 所列。

拟投主要材料用量表　　　　　　　　　　　　表 8-4

序号	名称	单位	数量	备注
1	15mm 木胶板	m²	11000	—
2	盘扣式钢管支架	m³	55000	—
3	顶托	个	9248	—
4	底托	个	9288	—
5	$\phi48\times3.25$ 钢管	t	120	用于架体连接及板墙双钢管主楞
6	扣件	个	70000	—
7	12 号工字钢	m	9000	—
8	100mm×100mm 方木	根	15500	长度 4m

（6）根据模板进场材料质量验收标准，整体组装验收要求如下：

1）面板表面光滑平整，无锈蚀、麻坑等缺陷，无划痕、锤击痕迹；

2）模板表面平整度≤2mm；模板面周边直线度≤1mm/2m；

3）模板长、宽误差 5‰且＜2mm，高度整体误差 5‰且＜3mm；

4）相互拼装错台≤1mm，缝隙≤1mm；

5）法兰连接孔拼装配合准确，孔壁错台最大误差≤1mm，法兰平直，横、竖筋板成一条直线，并均匀分布；

6）整体拼装后，外观质量要美观，所有线条要横平竖直。

（7）盘扣式支撑架进场外观验收要求：

1）钢管应无裂纹、无锈蚀、平直光滑、无结疤、无分层、无毛刺等，不得采用横断面接长的钢管。

2）冲压件不得有裂纹、毛刺、氧化皮等缺陷。

3）铸造件表面应光整，不得有裂纹、缩孔、浇冒口残余、砂眼等缺陷，表面粘砂应清除干净。

4）各焊缝应饱满，焊药应清除干净，不得有裂纹、未焊透、咬伤、夹砂等缺陷。

5）构配件防腐涂层附着应牢固，涂抹应均匀；主要构配件上的生产厂标识应清晰可见。

（8）盘扣式支撑架进场质量验收要求：

1）盘扣式支撑架用钢管应采用 Q235A 级普通钢管，符合现行国家标准《直缝电焊钢管》GB/T 13793 或《低压流体输送用焊接钢管》GB/T 3091 的相关要求，而且其材质性能应符合现行国家标准《碳素结构钢》GB/T 700 的规定。

2）盘扣架用钢管规格：立杆为 $\phi48\times3.25$，横杆为 $\phi48\times2.75$。

3）上盘扣、可调底托及可调托撑螺母应采用可锻铸铁或铸钢制造，其材料机械性能应符合《建筑施工承插型盘扣式钢管支架安全技术规程》JGJ 231 的规定。

4）下盘扣、横杆接头、斜杆接头应采用碳素铸钢制造，其材料机械性能应符合国家标准《一般工程用铸造碳钢件》GB/T 11352 的规定。

5）立杆上的上盘扣应能上下串动和灵活转动，不得有卡滞现象；杆件的最上端应有防止上盘扣脱落的措施。

6）进入现场的支架钢管和扣件等构配件应由项目部试验室、安全部门和工区等相关部门联合检查，同时按照相关规范要求进行现场抽样检测，只有经过检测合格之后，才能应用到工程中。应对进场的承重杆件、连接件等材料的产品合格证、生产许可证、检测报告等资料进行复核，并对其表面观感、重量等物理指标进行抽检（表 8-5）。

材料进场检验标准

表 8-5

项目	要求	抽检数量	检查方法
钢管/盘扣架杆件	应有产品质量合格证、质量检验报告	750 根为一批，每批抽取 1 根	检查资料
	钢管表面应平直光滑，不应有裂缝、结疤、分层、错位、硬弯、毛刺、压痕、深的划道及严重锈蚀等缺陷，严禁打孔；钢管使用前必须涂刷防锈漆	全数	目测
	拉伸（屈服强度、抗拉强度、断后伸长率）、弯曲试验	750 根为一批	检查资料
	横杆接头强度	1000 套为一批	检查资料
	连接盘强度	1000 套为一批	检查资料
	连接盘焊接强度	1000 套为一批	检查资料
	可调支座抗压强度	1000 套为一批	游标卡尺
钢管外径及壁厚	$\phi48\times3.25$，钢管壁厚不得小于 3.25+0.025mm	3%	游标卡尺
盘扣	应有生产许可证、质量检测报告、产品质量合格证、复试报告	—	检查资料
	不允许有裂缝、变形、螺栓滑丝；扣件与钢管接触部位不应有氧化皮；在盘扣节点上同时安装 1～4 个横杆，上盘扣均应能锁紧	全数	目测

续表

项目	要求	抽检数量	检查方法
扣件	应有生产许可证、质量检测报告、产品质量合格证、复试报告；不允许有裂缝、变形、螺栓滑丝；扣件与钢管接触部位不应有氧化皮；活动部位应能灵活转动，旋转扣件两旋转面间隙应小于 1mm；扣件表面应进行防锈处理	《钢管脚手架扣件》GB 15831 规定/全数	检查资料/目测
	抗滑性能(直角、旋转)	10000 个抽取 20 个	现场检测
扣件螺栓拧紧扭力矩	扣件螺栓拧紧扭力矩值不应小于 40N·m，且不应大于 65N·m	—	扭力扳手
可调托撑	可调托撑受压承载力设计值不应小于 50kN。应有产品质量合格证、质量检验报告	3%	游标卡尺、钢板尺测量
	可调底座及可调托撑丝杆与螺母啮合长度不得少于 6 扣，插入立杆内的长度不得小于 150mm	全数	目测
脚手板	木脚手板材质应符合现行国家标准《木结构设计标准》GB 50005—2017 中 IIa 级材质的规定。扭曲变形、劈裂、腐朽的脚手板不得使用	全数	目测
	木脚手板的宽度不宜小于 200mm，厚度不应小于 50mm；板厚允许偏差—2mm	3%	钢板尺
安全网	安全网绳不得损坏和腐朽，平支安全网宜使用锦纶安全网；密目式阻燃安全网除满足网目要求外，其锁扣间距应控制在 300mm 以内	全数	目测

8.4.3 模板制作

略

8.4.4 高支模安装搭设

1. 支架安装

(1) 安装要求

1) 采用钢板热锻制作的连接盘，应采用符合现行国家标准《低合金高强度结构钢》GB/T 1591、《碳素结构钢》GB/T 700 以及《一般工程用铸造碳钢件》GB/T 11352 的钢板，板材厚度不得小于 8mm，并应经 600~650℃的时效处理。严禁利用废旧锈蚀钢板改制而成的板材。

2) 可调底座底板和可调托座托板的钢板厚度不得小于 5mm，允许尺寸偏差为 ±0.2mm，承力面钢板长度和宽度均不应小于 150mm；承力面钢板与丝杠应采用环焊，并应设置加劲片或加劲拱度，可调托座托板应设置高度不得小于 40mm 的开口挡板。

3) 可调托座用于满堂支架顶，型号为 B-ST-600，可调底座用于满堂支架底，型号为 B-XT-600，两种托座的几何尺寸均采用 $\phi 38 \times 5.0 \times 600$，材质均为 Q235B。可调底座和可调托撑丝杆与调节螺母啮合长度不得少于 6 扣，插入立杆内的长度不得小于 150mm。

4) 根据《建筑施工承插型盘扣式钢管支架安全技术规程》JGJ 231 规定：模板支架可调托座伸出顶层水平杆或双槽钢托梁的悬臂长度严禁超过 650mm，且丝杆外露长度严禁超过 400mm，可调托座插入立杆或双槽钢托梁长度不得小于 150mm。可调底座调节丝杆外露长度不应大于 300mm，作为扫地杆的最底层水平杆离地高度不应大于 550mm。

5）主体结构中涉及下翻梁的顶板及中板，在下翻梁的下部加设一排立杆。中板及顶板浇筑前，采用四根钢管将已浇筑完成的立柱环向抱死并与立柱周边满堂支架立杆进行有效连接，每根上下各设置一道，以保证支架整体稳定。

6）满堂支架搭设完成后，支架工作面高空临边处应采用钢管搭设防护栏，防护栏高度大于1.2m，采用安全密目网防护，悬挂安全警示标志。

7）梁底模板支架首层立杆应采用不同的长度交错布置，立杆应配置可调底座或固定底座。杆件长细比要求：受压杆件不得大于230，受拉杆件不得大于350。

8）扫地杆。必须设置纵、横向扫地杆，作为扫地杆的底层纵、横向横杆距地面高度不应大于550mm；当立杆基础不在同一高度上时，必须将高处的纵向扫地杆向低处延长两跨与立杆固定，高低差不应大于1m。严禁在施工中随意拆除扫地杆。

（2）安装方法及顺序

立杆基础为混凝土板，基础承载力满足施工要求，盘扣支架安装前应清除组架范围内的杂物。在放样完毕后，依照已经完成放样的位置进行逐层搭设，搭设时，要求最多二层向同一方向或中间向两边推进，严禁从两边向中间合拢搭设，并且应采取措施保证整个架体在搭设过程中始终处于稳定安全的状态。

安装顺序：施工准备及放样→摆放可调底座→安装第一步距架体（立杆、横杆）→调整可调底座标高和架体水平度→安装第一步距架体（斜杆）→安装第二步距架体→……→安装最后一步距架体→安装可调托座→调节结构支撑高度→安装模板体系。

满堂支架搭设施工顺序及注意事项，见表8-6所列。

满堂支架搭设施工顺序及注意事项　　　　　　　　表8-6

步骤	工　序	注　意　事　项
步骤一	定位、放样，摆放可调底座	1. 本工程满堂支架搭设在已经浇筑的底板上，地基承载力满足要求； 2. 根据结构标高，确定可调底座螺母的初始高度； 3. 作为扫地杆的水平杆离地应小于550mm； 4. 承载力较大时，宜采用垫板合理分散上部传力，应保证选用的垫板平整、无翘曲、无开裂
步骤二	首层立杆安装	1. 安装时，应明确立杆连接套管的位置（在上或在下）； 2. 相邻两支立杆宜采取不同的长度规格，以保证立杆承插对接接头不在同一水平面；接头错开长度应大于75mm； 3. 为了防止立杆倾倒伤人，应做好安全防护工作
步骤三	首层横杆安装	1. 根据施工设计方案，明确横杆步距、规格和安装位置； 2. 首层安装时，横杆插销不宜先敲紧； 3. 为了防止立杆倾倒伤人，应做好安全防护工作
步骤四	首层架体向四周扩展安装	1. 按照步骤二和步骤三，向四周扩展安装； 2. 首层安装时，横杆插销不宜先敲紧； 3. 为了防止立杆倾倒伤人，应做好安全防护工作
步骤五	组成独立单元体	1. 按照步骤二、步骤三和步骤四组成独立单元体，并保证单元体方正，以此向四周扩展安装； 2. 首层安装时，横杆插销不宜先敲紧； 3. 为了防止立杆倾倒伤人，应做好安全防护工作

续表

步骤	工　序	注　意　事　项
步骤六	首层架体水平调节	1. 选择某一立杆,将控制标高引测到立杆,并以此标高为首层架体水平控制基准标高; 2. 采用水平尺、水准仪、水平管等,旋转可调底座螺母,逐一调节控制各立杆标高
步骤七	首层斜杆安装	1. 首层架体水平调节完成后,方可进行首层斜杆安装; 2. 斜杆安装时,应与立杆、横杆形成三角形几何不变体系
步骤八	销紧首层横杆、斜杆插销	1. 首层斜杆安装完成后,使用锤子将横杆、斜杆插销逐一锤实,销紧程度以插销刻度线为准; 2. 插销销紧后,方可进入上层架体安装施工; 3. 插销销紧后,逐一检查可调底座,旋紧调节螺母,确保立杆置于调节螺母限位凹槽内,且立杆不能出现悬空的情况
步骤九	登高工作梯安装	1. 首层架体安装完成后,应利用工作梯进行登高作业,实现继续向上搭设架体的作业; 2. 工作梯挂钩直接挂扣在上下对角的两支横杆上,并锁好安全销; 3. 应同步安装专用楼梯的防护扶手和平台栏杆,以作为上下施工楼梯使用
步骤十	登高平台踏板安装	1. 平台踏板挂钩直接挂扣在同平台高度位置的相邻两支横杆上,并锁好以保证安全可靠; 2. 作为施工平台时,踏板应满铺,应严格控制踏板之间的间隙不宜过大
步骤十一	立杆接长安装	1. 立杆之间以承插的方式,往上接长搭设,并错开接头位置; 2. 当立杆承受向上的力或整组架体进行吊运时,立杆接长搭接处,应采用螺栓等连接销进行可靠的连接,且该连接销必须满足相应的抗剪强度要求; 3. 当作业高度超过 2m 时,必须穿防滑鞋和佩戴安全带,安全带不得直接挂扣在斜杆上,而应直接挂扣在立杆或横杆上; 4. 当遇雾、雨、雪或 6 级风力天气时,严禁进行 2m 以上架体的搭设作业
步骤十二	横杆安装	1. 根据施工设计方案,明确横杆步距; 2. 安装前应先挂好安全带; 3. 安装时,架体宜由中间向四周扩展安装
步骤十三	斜杆安装	1. 斜杆安装时,应与立杆、横杆形成三角形稳定受力体系; 2. 上层斜杆安装时,应保证与对应的下层斜杆同向且相对横杆异侧(上下层斜杆相对横杆内外侧相间); 3. 斜杆安装完成且插销销紧后,方可进入上层架体安装施工作业
步骤十四	登高工作梯安装	1. 若楼梯安装在同一单元格内时,上下两层楼梯应以"之"字形交错而上; 2. 若楼梯安装在不同单元格内时,上下两层楼梯之间应铺设踏板,形成安全通道; 3. 其余同步骤九
步骤十五	登高平台安装	1. 登高平台宜满铺踏板; 2. 其余同步骤十
步骤十六	可调托座安装	1. 根据结构标高,确定可调托座螺母初始高度,并略低于精确标高 2cm 左右; 2. 应确保立杆顶端置于可调托座调节螺母限位凹槽内; 3. 根据施工方案,应严格控制可调托座伸出顶层水平杆或双槽钢托梁的悬臂长度,严禁超过650mm,并明确可调托座开口方向; 4. 可调托座应进行加劲处理方可作为高大模板支架使用

续表

步骤	工　序	注意事项
步骤十七	主龙骨安装	1. 根据施工方案，明确主龙骨的设置方向； 2. 主龙骨搭接长度不宜小于30cm，且不得小于15cm，否则应采取一定措施进行搭接连接； 3. 主龙骨应设置防倾覆措施，如采用木方填塞等； 4. 主龙骨与次龙骨应有可靠的连接
步骤十八	过程检查与验收	1. 地基基础是否有不利变形或裂缝等影响稳定性的因素； 2. 架体中杆件的受力变形情况； 3. 控制架体立杆垂直偏差不应大于模板支架总高度的1/500，且不得大于50mm； 4. 插销销紧程度，刻度线外露长度； 5. 挂钩安全销是否处于工作状态； 6. 可调底座调节螺母是否旋紧； 7. 顶、底层悬臂长度是否符合设计限定的要求

（3）支架安装

采用盘扣式满堂支架，其主要材料见表8-7所列。

盘扣式支撑架材料型号及规格表　　　　　　　　　表8-7

产品名称	材质	规格	单重(kg)	每吨米数
立杆	Q345B	48mm×3.25mm×0.2m	1.8	142
立杆	Q345B	48mm×3.25mm×0.35m	2.35	172
立杆	Q345B	48mm×3.25mm×0.5m	3.45	161
立杆	Q345B	48mm×3.25mm×1m	5.8	191
立杆	Q345B	48mm×3.25mm×1.5m	8.15	185
立杆	Q345B	48mm×3.25mm×2m	10.5	201
立杆	Q345B	48mm×3.25mm×2.5m	12.86	203
立杆	Q345B	48mm×3.25mm×3m	15.15	205
横杆	Q235	48mm×2.75mm×0.3m	1.45	207
横杆	Q235	48mm×2.75mm×0.6m	2.45	245
横杆	Q235	48mm×2.75mm×0.9m	3.4	265
横杆	Q235	48mm×2.75mm×1.2m	4.3	279
横杆	Q235	48mm×2.75mm×1.5m	5.65	265
横杆	Q235	48mm×2.75mm×1.8m	6.6	272
斜拉杆	Q195	0.6mm×1.5m×1.61m	5.42	297
斜拉杆	Q195	0.9mm×1.5m×1.71m	5.7	300
斜拉杆	Q195	1.2mm×1.5m×1.86m	6.2	300
斜拉杆	Q195	1.5mm×1.5m×2.04m	6.75	302
顶托	20号钢	38mm×600mm	4.92	122
底托	20号钢	38mm×500mm	3.41	147

在可调顶托上纵向铺设尺寸为100mm×100mm的方木。根据夹腋角坡面将方木加工成楔形。支架底模铺设后，对顶板底模中心及夹腋角位置进行测量放样。底模标高＝设计顶板底＋支架的变形＋（±前期施工误差的调整量），来控制底模立模。侧墙模板在安装前，先由测量班组将边墙线放在已浇筑好的侧墙底板混凝土表面，以控制侧墙模板位置，立模完毕后要根据规范要求，调整垂直度；待侧墙模板、中（顶）板底模标高和线形调整结束，并经监理检查合格后方可进行下道工序的施工。

（4）搭设注意事项

1）所有构件都应按设计及支撑架的有关规定设置。

2）在搭设过程中，应注意调整支架的垂直度，钢管立杆垂直偏差不应大于模板支架总高度的1/500，且不得大于50mm。

3）支架在拼装之前，必须使用水准仪将底托螺栓调至同一水平面上，否则会导致支架拼装困难。

4）支架搭设时，在两侧腋角位置留出人员通道，用于紧急疏散及检修。

5）在搭设、拆除或改变作业程序时，禁止人员进入危险区域。

6）严格检查杆件有无弯曲、接头开焊和断裂等现象，经确认合格后方可实施拼装作业。

7）拼装到顶层立杆后，装上顶层可调U形托，并依设计标高将各U形托顶面调至设计标高位置，U形顶托外露长度不得大于300mm。

8）混凝土施工前，需将所有盘扣锁紧，并严格检查所有可调底托及可调U形托螺母是否与立杆、横杆紧贴。

（5）主要构配件的制作质量及公差要求

见表8-8所列。

支架构配件公差要求

表8-8

构配件名称	检查项目	公称尺寸(mm)	允许偏差(mm)
立杆	长度	—	±0.7
	连接盘间距	500	±0.5
	杆件垂直度	—	$L/1000$
	杆端面对轴线垂直度	—	0.3
	连接盘与立杆同轴度	—	0.3
水平杆	长度	—	±0.5
	扣接头平行度	—	≤1.0
水平斜杆	长度	—	±0.5
	扣接头平行度	—	≤1.0
竖向斜杆	两端螺栓孔间距	—	≤1.5
可调托座	托板厚度	5	±0.2
	加劲片厚度	4	±0.2
	丝杠外径	$\phi48,\phi38$	±2
可调底座	底板厚度	5	±0.2
	丝杠外径	$\phi48,\phi38$	±2

（6）支模架不符合模数处理方式

当模数不匹配时，需要在板下承受荷载较小的部位设置调节跨。用普通扣件钢管每步拉结成整体，水平杆向两端延伸至少应扣接2根定型支架的立杆，如图8-12、图8-13所示。

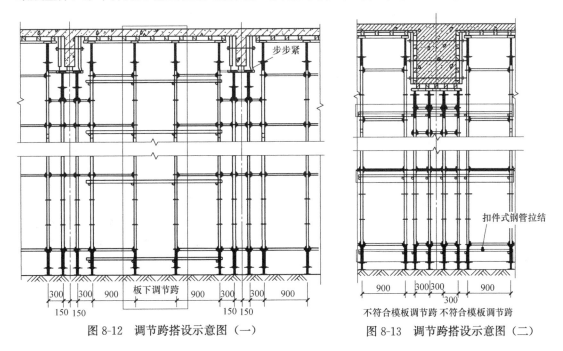

图 8-12　调节跨搭设示意图（一）　　　　图 8-13　调节跨搭设示意图（二）

（7）梁侧立杆距梁侧间距过大的做法

1）梁高较小时，在梁侧板边用方木立柱支撑在梁底支模架的木方主楞上，方木立杆上部、中部、下部用钉子将木条与梁底木方主楞和板底木方次楞固定。方木立柱尽量与立杆对齐，见图8-14。

2）梁高较大时，在梁侧板边用普通钢管加顶托形式支撑。钢管立杆下部直接焊在梁底型钢主楞上，或者套接在梁底型钢主楞上的焊接接头上，重点关注短钢管的可靠固定，见图8-15。

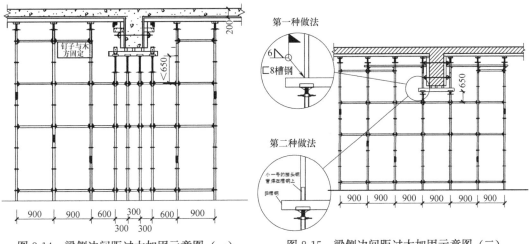

图 8-14　梁侧边间距过大加固示意图（一）　　　图 8-15　梁侧边间距过大加固示意图（二）

（8）支架的安全使用规定

略

（9）支架检查验收

1）支架进场检查验收技术指标

略

2）支架搭设检查

① 立杆与基础面的接触情况；

② 盘扣的锁紧情况；

③ 立杆连接销的安装、扣件拧紧程度；

④ 连墙件的设置情况等。

3）混凝土浇筑检查

① 混凝土浇筑前，安全生产条件经施工单位项目技术负责人、现场监理工程师确认满足要求，并签署混凝土浇筑令后，方可进行混凝土的浇筑施工。

② 框架结构中，应按照先浇筑柱混凝土，后浇筑梁板混凝土的顺序施工。浇筑过程应符合专项施工方案的要求，并确保支撑系统受力均匀，避免高大模板支撑系统出现失稳倾斜的问题。

③ 浇筑过程应有专人对高大模板支撑系统进行观测，如发现有松动、变形等情况时，必须立即停止浇筑并撤离危险区域内的作业人员，采取相应的加固措施。

④ 腋角部位因底板及底纵梁部位有加腋，存在高低差，先用木楔在加腋部位找平，并且采用钢筋预埋的方法将木楔固定牢固，然后利用短节或者底托及立杆 0.6m 节点位进行调整。

⑤ 底板下沉部位、底板污水池、废水池及各底板间存在落差的部位，无法直接搭设支撑，在这些部位进行盘扣式模架搭设时，应调整节点位置，以确保能与上方底板模架正常扣接。

2. 模板安装

（1）模板安装要求

所有模板安装前放好模板位置线，安装时必须拉通线。模板安装和预埋件、预留洞的允许偏差见表 8-9 所列。

模板安装和预埋件、预留洞的允许偏差　　　　　　　　表 8-9

项　　目	允许偏差（mm）	检查方法
墙、梁、柱轴线位移	3	用尺量检查
标高	±3	用水准仪或拉线和尺量
墙、梁、柱截面尺寸	±3	用尺量检查
每层垂直度	3	用 2m 托线板
相邻两板表面高低差	2	用直尺和尺量检查
表面平整度	2	用靠尺和塞尺检查
预埋钢板中心线位移	2	用尺量检查
预埋管预留孔中心线位移	2	用尺量检查

项　目		允许偏差(mm)	检查方法
预留螺栓	中心线位移	2	用尺量检查
	外露长度	+5、0	拉线和尺量检查
预留洞	中心线位移	5	用尺量检查
	截面内部尺寸	+5、0	用尺量检查

（2）侧墙模板安装

略

（3）板、梁模板安装

1）梁模板的施工工艺流程：弹出梁轴线及水平线（梁下皮线）→搭设梁模板盘扣支架支撑→梁底模安装→梁底起拱→绑扎梁钢筋→梁侧模安装。

2）顶板模板的施工工艺流程：盘扣式钢管支架搭设→安装纵横大小龙骨→调整板下皮标高及起拱→铺设板模板。

3）在柱子混凝土上弹出梁的轴线及水平线。考虑到本工程中梁断面不同，且有高低梁的特殊部位，弹线时要根据标高弹出水平线。

4）支架的底垫采用方木制作的垫板，首先顺梁长度方向搭设盘扣式钢管支架，间隔为600mm；放线人员需要在各层支架位置弹通线，以保证满堂支架支点各层能保持在一条直线上。

5）安装调节丝杆，按设计要求调整起拱高度，且应在U形托上安装背楞系统。

6）梁钢筋绑扎完毕，然后进行梁侧模的安装。梁侧模夹梁底模，以主次梁体系分割的开间为单元体，加工时进行单独制作，并做标识以便于显示使用部位。

7）搭设盘扣式钢管支架，安装调节丝杆。上下层立杆保证在一条线上，使上下受力均匀。梁、板支撑盘扣式钢管支架相互配合，使纵横保持在一条直线上，并形成空间体系。为了保证盘扣式钢管支架的稳定性，支架立杆每一道横杆必须平放。

8）板底在U形托上安装纵横主龙骨，尺寸为100mm×100mm；在主龙骨上安装次龙骨，次龙骨采用100mm×100mm方木，间距不大于250mm。

9）次龙骨上铺设厚度为18mm的多层木胶板，板与板之间的缝隙粘贴橡胶粘条防止漏浆，凸出的部分用小刀刮净。

（4）柱板安装

略

3. 模板吊运

略

8.4.5　高支模拆除

1. 模板拆除

略

2. 满堂支架拆除

主体梁板结构浇筑已完成，需待混凝土强度达到设计强度的100%后方可拆除。一般而言，满堂支架拆架程序应遵守由上而下，先搭后拆的原则，不准分立面拆架或在上下两步同时进行拆架；一般的拆除顺序为：安全网→栏杆→剪刀撑（或斜杆）→水平杆→立杆。拆立杆时，要先抱住立杆再拆开最后两个扣件。

满堂支架拆除时，方木要与盘扣架交替拆除，即：拆一排方木，就拆支撑该方木处的盘扣支架，满堂支架拆除时先拆除跨中处的支架，再拆除支座位置处的支架，然后由跨中处同时向两侧拆除。

每层满堂支架水平拆除自上而下推进，以确保拆除过程中支架的稳定性；按照先纵向后横向的顺序拆除水平杆，先拆除横距及纵距中较大的横杆，再拆除长度较小的横杆，拆除后应保证架体的稳定性不被破坏。

方木的起落采用吊车或龙门吊吊卸，由专人统一协调指挥。方木成捆起吊时，为防止方木起吊时滑落，在方木捆两端位置提前设计防脱装置。方木卸落到指定区域以后，按拆架工艺，依次拆除支架，拆除下来的脚手管、扣件需放置在指定区域，方木、脚手管、扣件等应分批统一码放，禁止将物料直接向下抛掷。

8.5 钢筋混凝土结构施工部署

8.5.1 施工准备
略

8.5.2 施工段的划分
略

8.5.3 施工安排
略

8.6 高支撑架变形监测

8.6.1 监测内容和监测要求
地下管线全部迁改完成，周边管线已做好地面标识，并对周边环境进行监控量测；在土方开挖过程中，严控监测频率，确保万无一失。

满堂支架拆除前，在梁板顶布设主体结构沉降的观测点，并对这些观测点进行高程测量。在满堂支架拆除过程中，要派专人对梁底进行观察，如有异常情况，应立即停止支架的拆除工作，待查明原因或通过专家论证后，按调整方案进行作业。

8.6.2 监测报警指标
略

8.6.3 监测方法
略

8.6.4 处理方法
略

8.7 质量保证措施

8.7.1 保证材料质量的控制措施
略

8.7.2 预防轴线偏位、标高不正确的控制措施

略

8.7.3 施工质量保证措施

略

8.7.4 预防漏浆的控制措施

略

8.7.5 成品保护措施

略

8.7.6 混凝土浇筑施工注意事项

略

8.8 安全保证措施

8.8.1 安全生产保证体系

略

8.8.2 安全教育制度

略

8.8.3 安全检查制度

略

8.8.4 高支模工程的安全管理措施

略

8.8.5 高支模工程的安全技术措施

根据本明挖主体结构施工的内容和具体情况，风险源存在于安全、工期、质量、成本四个方面，它们之间的关系密切，相互影响，其中安全风险是最大的风险源。在本工程施工过程中，自身安全风险及环境安全风险统计见表8-10。

1. 自身安全风险

（1）对于顶板及侧墙等结构的模板支撑体系，需要采取相应的技术措施保证体系的安全性、牢固性和可靠性，降低自身的安全风险。

（2）支撑体系可能存在坍塌的风险。

2. 环境安全风险

（1）主体支护采用地连墙+内支撑体系，邻近居民生活区，基坑两侧作业空间小，导致模板、脚手架及盘扣支架等材料吊装困难，存在较大的安全风险；

（2）在模板及满堂支架的拆除过程中，扣件、模板及方木等存在坠落的风险。

可能出现的施工安全风险统计表，见表8-10所列。

可能出现的施工安全风险统计表 表8-10

风险项目	风险出现的可能性	风险出现的后果	保证措施
模板支撑体系不牢固	有	浇筑混凝土过程中，模板支撑体系坍塌，造成人员伤亡	1. 模板支撑体系必须经过计算，论证通过后方可浇筑混凝土；2. 现场技术员对满堂支架每个扣件及模板连接件均要进行检查

风险项目	风险出现的可能性	风险出现的后果	保 证 措 施
模板、脚手架及盘扣支架等吊装过程中脱落	可能	模板、脚手架及盘扣支架掉落,造成人员伤亡、机具损坏	1. 吊装前,现场安全员对吊钩、钢丝绳等进行仔细检查,以确保安全;2. 吊装过程中,除专业信号工外,其他人员不得对吊车司机进行指挥;3. 吊装过程中,影响范围半径内不得站人
模板及脚手架拆除过程中扣件、模板及方木坠落	可能	扣件、模板及方木坠落,造成人员伤亡、机具损坏	1. 拆除时必须分节、分段拆除;2. 拆除过程中必须由专人指挥,现场须有安全员旁站;3. 拆除过程中影响范围半径内不得站人
钢支撑及钢围檩拆除过程中脱落	可能	钢支撑及钢围檩脱落,造成人员伤亡、机具损坏	1. 拆除时必须分节、分段拆除;2. 拆除过程中必须由专人指挥,现场须有安全员旁站;3. 拆除过程中,影响范围半径内不得站人

8.8.6 施工现场防火措施
略

8.8.7 安全用电管理措施
略

8.8.8 塔式起重机防碰撞措施
略

8.9 季节性措施

8.9.1 针对雨季的施工措施
略

8.9.2 针对台风的施工措施
略

8.9.3 针对炎热的施工措施
略

8.10 应急救援预案

8.10.1 应急救援组织机构
略

8.10.2 应急救援措施
略

8.11 危险源识别与监控

8.11.1 危险源识别
略

8.11.2 危险源监控
略

8.12 组织结构

8.12.1 管理人员
略

8.12.2 组织结构图
略

8.12.3 岗位及部门职责
略

8.13 计算书

8.13.1 TDL1（2）1800mm×800mm 顶板梁计算书

1. 工程属性（表8-11）

1800mm×800mm 梁模板及支架工程信息　　　　　　表 8-11

新浇混凝土梁名称	TDL1(2)1800×800顶板梁	混凝土梁截面尺寸(mm×mm)	1800×800
模板支架高度 H(m)	5.85	模板支架横向长度 B(m)	2.4
模板支架纵向长度 L(m)	10.85	梁侧楼板厚度(mm)	400

2. 荷载设计（表8-12）

1800mm×800mm 梁模板支架荷载设计信息　　　　　　表 8-12

模板及其支架自重标准值 G_{1k}(kN/m²)	模板	0.75
	模板及次楞	0.75
	楼板模板	0.75
新浇筑混凝土自重标准值 G_{2k}(kN/m³)	25.5	
混凝土梁钢筋自重标准值 G_{3k}(kN/m³)	1.5 　混凝土板钢筋自重标准值 G_{3k}(kN/m³)	1.5
施工人员及设备荷载标准值 Q_{1k}(kN/m²)	3	
模板支拆环境是否考虑风荷载	否	

3. 模板体系设计（表8-13）

1800mm×800mm 梁模板体系设计信息　　　　　　表 8-13

新浇混凝土梁支撑方式	梁两侧有板,梁底次楞平行梁跨方向
梁跨度方向立杆纵距是否相等	是
梁跨度方向立杆间距 l_a(mm)	600
梁两侧立杆横向间距 l_b(mm)	2400
支撑架中间层水平杆最大竖向步距 h(mm)	1500
支撑架顶层水平杆步距 h'(mm)	1000
可调托座伸出顶层水平杆的悬臂长度 a(mm)	400
新浇混凝土楼板立杆间距 l_a'(mm)、l_b'(mm)	900、900
混凝土梁距梁两侧立杆中的位置	居中
梁左侧立杆距梁中心线距离(mm)	1200

续表

新浇混凝土梁支撑方式	梁两侧有板,梁底次楞平行梁跨方向
梁底增加立杆根数	3
梁底增加立杆布置方式	按梁两侧立杆间距均分
梁底增加立杆依次距梁左侧立杆距离(mm)	600,1200,1800
梁底支撑次楞最大悬挑长度(mm)	150
梁底支撑次楞根数	10
梁底支撑次楞间距(mm)	200
每纵距内附加梁底支撑主楞根数	0
模板及支架计算依据	《建筑施工承插型盘扣式钢管支架安全技术规程》JGJ 231—2010

模板平立面如图 8-16、图 8-17 所示。

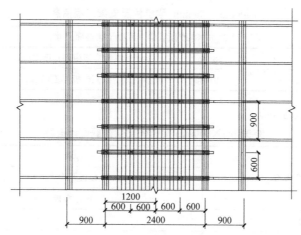

图 8-16　模板平面图

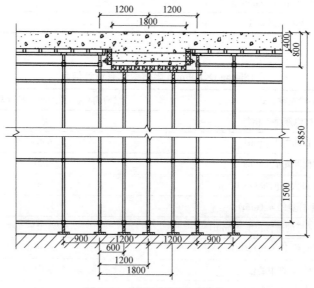

图 8-17　模板立面图（纵向）

4. 模板验算

设计信息，见表8-14所列。

1800mm×800mm梁模板设计信息 表8-14

模板类型	覆面木胶合板	模板厚度 t(mm)	15
模板抗弯强度设计值$[f]$(N/mm²)	15	模板抗剪强度设计值$[\tau]$(N/mm²)	1.4
模板弹性模量 E(N/mm²)	10000		

取单位宽度 $b=1000$mm，按四等跨连续梁计算：

$W=bh^2/6=1000\times15\times15/6=37500$mm³

$I=bh^3/12=1000\times15\times15\times15/12=281250$mm⁴

$q_1=\{1.2[G_{1k}+(G_{2k}+G_{3k})\times h]+1.4\times Q_{1k}\}\times b$
$=\{1.2\times[0.75+(25.5+1.5)\times0.8]+1.4\times3\}\times1=31.02$kN/m

$q_{1静}=1.2\times[G_{1k}+(G_{2k}+G_{3k})\times h]\times b=1.2\times[0.75+(25.5+1.5)\times0.8]\times1$
$=26.82$kN/m

$q_{1活}=1.4\times Q_{1k}\times b=1.4\times3\times1=4.2$kN/m

$q_2=\{1\times[G_{1k}+(G_{2k}+G_{3k})\times h]+1\times Q_{1k}\}\times b$
$=\{1\times[0.75+(25.5+1.5)\times0.8]+1\times3\}\times1=25.35$kN/m

计算简图如图8-18所示。

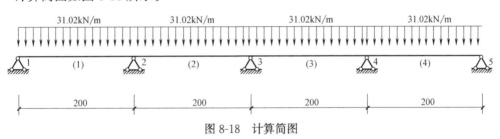

图8-18 计算简图

（1）强度验算

$M_{max}=0.107q_{1静}l^2+0.121q_{1活}l^2=0.107\times26.82\times0.2^2+0.121\times4.2\times0.2^2$
$=0.135$kN·m

$\sigma=M_{max}/W=0.135\times10^6/37500=3.816$N/mm²$\leqslant[f]=15$N/mm²

满足要求。

（2）挠度验算

$v_{max}=0.632q_2l^4/(100EI)=0.632\times25.35\times200^4/(100\times10000\times281250)$
$=0.091$mm$\leqslant[v]=min[L/150,10]=min[200/150,10]=1.333$mm

满足要求。

（3）支座反力计算

设计值（承载能力极限状态）

$R_1=R_5=0.393q_{1静}l+0.446q_{1活}l=0.393\times26.82\times0.2+0.446\times4.2\times0.2=2.483$kN

$R_2=R_4=1.143q_{1静}l+1.223q_{1活}l=1.143\times26.82\times0.2+1.223\times4.2\times0.2=7.158$kN

$R_3=0.928q_{1静}l+1.142q_{1活}l=0.928\times26.82\times0.2+1.142\times4.2\times0.2=5.937$kN

标准值（正常使用极限状态）

$R'_1 = R'_5 = 0.393q_2l = 0.393 \times 25.35 \times 0.2 = 1.993\text{kN}$

$R'_2 = R'_4 = 1.143q_2l = 1.143 \times 25.35 \times 0.2 = 5.795\text{kN}$

$R'_3 = 0.928q_2l = 0.928 \times 25.35 \times 0.2 = 4.705\text{kN}$

5. 次楞验算

设计信息，见表 8-15 所列。

次楞设计信息　　　　表 8-15

次楞类型		方木	次楞截面类型(mm)	100×100
次楞抗弯强度设计值$[f]$(N/mm²)		15.444	次楞抗剪强度设计值$[\tau]$(N/mm²)	1.782
次楞截面抵抗矩 W(cm³)		166.667	次楞弹性模量 E(N/mm²)	9350
次楞截面惯性矩 I(cm⁴)		833.333	次楞计算方式	四等跨连续梁

承载能力极限状态：

梁底模板传递给左边次楞线荷载 $q_{1左} = R_1/b = 2.483/1 = 2.483\text{kN/m}$

梁底模板传递给中间次楞最大线荷载

$q_{1中} = \max[R_2,R_3,R_4]/b = \max[7.158,5.937,7.158]/1 = 7.158\text{kN/m}$

梁底模板传递给右边次楞线荷载 $q_{1右} = R_5/b = 2.483/1 = 2.483\text{kN/m}$

次楞自重：$q_2 = 1.2 \times (0.75-0.75) \times 1.8/9 = 0\text{kN/m}$

梁左侧模板传递给左边次楞荷载 $q_{3左} = 1.2 \times 0.75 \times (0.8-0.4) = 0.36\text{kN/m}$

梁右侧模板传递给右边次楞荷载 $q_{3右} = 1.2 \times 0.75 \times (0.8-0.4) = 0.36\text{kN/m}$

梁左侧楼板传递给左边次楞荷载 $q_{4左} = \{1.2 \times [0.75+(25.5+1.5) \times 0.4]+1.4 \times 3\}$
　　　　　　　　　　　　　　　　$\times (1.2-1.8/2)/2 \times 1 = 2.709\text{kN/m}$

梁右侧楼板传递给右边次楞荷载

$q_{4右} = \{1.2 \times [0.75+(25.5+1.5) \times 0.4]+1.4 \times 3\} \times [(2.4-1.2)-1.8/2]/2 \times 1$
　　　$= 2.709\text{kN/m}$

左侧次楞荷载 $q_左 = q_{1左}+q_2+q_{3左}+q_{4左} = 2.483+0+0.36+2.709 = 5.552\text{kN/m}$

中间次楞荷载 $q_中 = q_{1中}+q_2 = 7.158+0 = 7.158\text{kN/m}$

右侧次楞荷载 $q_右 = q_{1右}+q_2+q_{3右}+q_{4右} = 2.483+0+0.36+2.709 = 5.552\text{kN/m}$

次楞最大荷载 $q = \max[q_左,q_中,q_右] = \max[5.552,7.158,5.552] = 7.158\text{kN/m}$

正常使用极限状态：

梁底模板传递给左边次楞线荷载 $q'_{1左} = R'_1/b = 1.993/1 = 1.993\text{kN/m}$

梁底模板传递给中间次楞最大线荷载

$q'_{1中} = \max[R'_2,R'_3,R'_4]/b = \max[5.795,4.705,5.795]/1 = 5.795\text{kN/m}$

梁底模板传递给右边次楞线荷载 $q'_{1右} = R'_5/b = 1.993/1 = 1.993\text{kN/m}$

次楞自重 $q'_2 = 1 \times (0.75-0.75) \times 1.8/9 = 0\text{kN/m}$

梁左侧模板传递给左边次楞荷载 $q'_{3左} = 1 \times 0.75 \times (0.8-0.4) = 0.3\text{kN/m}$

梁右侧模板传递给右边次楞荷载 $q'_{3右} = 1 \times 0.75 \times (0.8-0.4) = 0.3\text{kN/m}$

梁左侧楼板传递给左边次楞荷载

$q'_{4左} = \{1 \times [0.75+(25.5+1.5) \times 0.4]+1 \times 3\} \times (1.2-1.8/2)/2 \times 1 = 2.183\text{kN/m}$

梁右侧楼板传递给右边次楞荷载

$q'_{4右}=\{1\times[0.75+(25.5+1.5)\times0.4]+1\times3\}\times[(2.4-1.2)-1.8/2]/2\times1$
$\quad=2.183\text{kN/m}$

左侧次楞荷载 $q'_{左}=q'_{1左}+q'_2+q'_{3左}+q'_{4左}=1.993+0+0.3+2.183=4.475\text{kN/m}$

中间次楞荷载 $q'_{中}=q'_{1中}+q'_2=5.795+0=5.795\text{kN/m}$

右侧次楞荷载 $q'_{右}=q'_{1右}+q'_2+q'_{3右}+q'_{4右}=1.993+0+0.3+2.183=4.475\text{kN/m}$

次楞最大荷载 $q'=\max[q'_{左},q'_{中},q'_{右}]=\max[4.475,5.795,4.475]=5.795\text{kN/m}$

为简化计算，按四等跨连续梁和悬臂梁分别计算，如图8-19、图8-20所示。

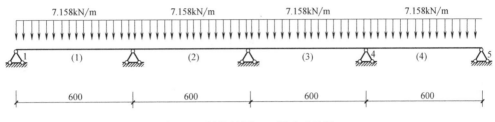

图8-19　计算简图（四等跨连续梁）

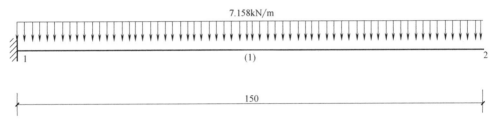

图8-20　计算简图（悬臂梁）

（1）抗弯验算

$M_{\max}=\max[0.107ql_1^2,0.5ql_2^2]=\max[0.107\times7.158\times0.6^2,0.5\times7.158\times0.15^2]$
$\quad=0.276\text{kN}\cdot\text{m}$

$\sigma=M_{\max}/W=0.276\times10^6/166667=1.654\text{N/mm}^2\leqslant[f]=15.444\text{N/mm}^2$

满足要求。

（2）抗剪验算

$V_{\max}=\max[0.607ql_1,ql_2]=\max[0.607\times7.158\times0.6,7.158\times0.15]=2.607\text{kN}$

$\tau_{\max}=3V_{\max}/(2bh_0)=3\times2.607\times1000/(2\times100\times100)=0.391\text{N/mm}^2\leqslant[\tau]=$
1.782N/mm^2

满足要求。

（3）挠度验算

$v_1=0.632q'l_1^4/(100EI)=0.632\times5.795\times600^4/(100\times9350\times833.333\times10^4)$
$\quad=0.061\text{mm}\leqslant[v]=\min[l_1/150,10]=\min[600/150,10]=4\text{mm}$

$v_2=q'l_2^4/(8EI)=5.795\times150^4/(8\times9350\times833.333\times10^4)=0.005\text{mm}\leqslant[v]$
$\quad=\min[2l_2/150,10]=\min[300/150,10]=2\text{mm}$

满足要求。

（4）支座反力计算

承载能力极限状态：

$$R_{max} = \max[1.143ql_1, 0.393ql_1 + ql_2]$$

$$= \max[1.143 \times 7.158 \times 0.6, 0.393 \times 7.158 \times 0.6 + 7.158 \times 0.15] = 4.909\text{kN}$$

同理可得，梁底支撑次楞所受最大支座反力依次为

$R_1 = 3.808\text{kN}$，$R_2 = 4.909\text{kN}$，$R_3 = 4.072\text{kN}$，$R_4 = 4.072\text{kN}$，$R_5 = 4.072\text{kN}$，

$R_6 = 4.072\text{kN}$，$R_7 = 4.072\text{kN}$，$R_8 = 4.072\text{kN}$，$R_9 = 4.909\text{kN}$，$R_{10} = 3.808\text{kN}$

正常使用极限状态：

$$R'_{max} = \max[1.143q'l_1, 0.393q'l_1 + q'l_2]$$

$$= \max[1.143 \times 5.795 \times 0.6, 0.393 \times 5.795 \times 0.6 + 5.795 \times 0.15] = 3.974\text{kN}$$

同理可得，梁底支撑次楞所受最大支座反力依次为：

$R'_1 = 3.069\text{kN}$，$R'_2 = 3.974\text{kN}$，$R'_3 = 3.227\text{kN}$，$R'_4 = 3.227\text{kN}$，$R'_5 = 3.227\text{kN}$，

$R'_6 = 3.227\text{kN}$，$R'_7 = 3.227\text{kN}$，$R'_8 = 3.227\text{kN}$，$R'_9 = 3.974\text{kN}$，$R'_{10} = 3.069\text{kN}$

6. 主楞验算

设计信息，见表 8-16 所列。

主楞设计信息　　　　　　　　　　　　表 8-16

主楞类型	钢管	主楞截面类型（mm）	$\phi48 \times 2.5$
主楞计算截面类型（mm）	$\phi48 \times 2.5$	主楞抗弯强度设计值$[f]$（N/mm^2）	205
主楞抗剪强度设计值$[\tau]$（N/mm^2）	125	主楞截面抵抗矩 W（cm^3）	3.86
主楞弹性模量 E（N/mm^2）	206000	主楞截面惯性矩 I（cm^4）	9.28
可调托座内主楞根数	2	主楞受力不均匀系数	0.6

主楞自重忽略不计，主楞 2 根合并，其主楞受力不均匀系数为 0.6，则单根主楞所受集中力为 $K_s \times R_n$，R_n 为各次楞所受最大支座反力。计算简图如图 8-21 所示。

图 8-21　计算简图

（1）抗弯验算（图 8-22）

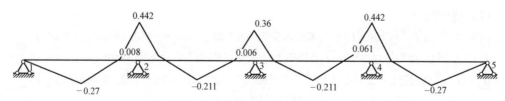

图 8-22　主楞弯矩图（kN·m）

$\sigma = M_{max}/W = 0.442 \times 10^6/3860 = 114.389 \text{N/mm}^2 \leqslant [f] = 205 \text{N/mm}^2$

满足要求。

（2）抗剪验算（图8-23）

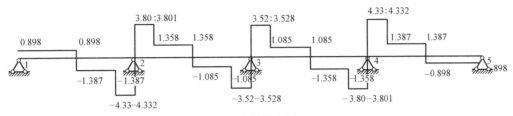

图8-23　主楞剪力图（kN）

$V_{max} = 4.332 \text{kN}$

$\tau_{max} = 2V_{max}/A = 2 \times 4.332 \times 1000/357 = 24.267 \text{N/mm}^2 \leqslant [\tau] = 125 \text{N/mm}^2$

满足要求。

（3）挠度验算（图8-24）

图8-24　主楞变形图（mm）

$v_{max} = 0.289 \text{mm} \leqslant [v] = \min[l/150, 10] = \min[600/150, 10] = 4 \text{mm}$

满足要求。

（4）支座反力计算

承载能力极限状态：

支座反力依次为 $R_1 = 0.898 \text{kN}$，$R_2 = 8.132 \text{kN}$，$R_3 = 7.057 \text{kN}$，$R_4 = 8.132 \text{kN}$，$R_5 = 0.898 \text{kN}$

立杆所受主楞支座反力依次为 $P_1 = 0.898/0.6 = 1.497 \text{kN}$，$P_2 = 8.132/0.6 = 13.554 \text{kN}$，$P_3 = 7.057/0.6 = 11.762 \text{kN}$，$P_4 = 8.132/0.6 = 13.554 \text{kN}$，$P_5 = 0.898/0.6 = 1.497 \text{kN}$

7. 可调托座验算

设计信息，见表8-17所列。

可调托座设计信息　　　　　　　　　　　　　　　表8-17

荷载传递至立杆方式	可调托座	可调托座承载力容许值[N](kN)	50
扣件抗滑移折减系数 k_c	0.85		

（1）扣件抗滑移验算

两侧立杆最大受力 $N = \max[R_1, R_5] = \max[0.898, 0.898] = 0.898 \text{kN} \leqslant 0.85 \times 8 = 6.8 \text{kN}$

单扣件在扭矩达到 $40 \sim 65 \text{N} \cdot \text{m}$ 且无质量缺陷的情况下，能满足要求。

（2）可调托座验算

可调托座最大受力 $N = \max[P_2, P_3, P_4] = 13.554 \text{kN} \leqslant [N] = 50 \text{kN}$

满足要求。

8. 立杆验算

设计信息，见表 8-18 所列。

表 8-18

立杆设计信息

立杆钢管截面类型(mm)	$\phi 48\times3.25$	立杆钢管计算截面类型(mm)	$\phi 48\times3$
钢材等级	Q345	立杆截面面积 A(mm²)	424
回转半径 i(mm)	15.9	立杆截面抵抗矩 W(cm³)	4.49
支架立杆计算长度修正系数 η	1.2	悬臂端计算长度折减系数 k	0.7
抗压强度设计值$[f]$(N/mm²)	295	支架自重标准值 q(kN/m)	0.15

（1）长细比验算

$h_{max}=\max(\eta h,h'+2ka)=\max(1.2\times1500,1000+2\times0.7\times400)=1800\text{mm}$

$\lambda=h_{max}/i=1800/15.9=113.208\leqslant[\lambda]=150$

长细比满足要求。

查表得，$\phi=0.386$

（2）稳定性计算

$P_1=1.497\text{kN}$，$P_2=13.554\text{kN}$，$P_3=11.762\text{kN}$，$P_4=13.554\text{kN}$，$P_5=1.497\text{kN}$

立杆最大受力：$N=\max[P_1+N_{边1},P_2,P_3,P_4,P_5+N_{边2}]+1.2\times0.15\times(5.85-0.8)$

$=\max[1.497+\{1.2\times[0.75+(25.5+1.5)\times0.4]+1.4\times3\}\times$

$(0.9+1.2-1.8/2)/2\times0.6,13.554,11.762,13.554,1.497+$

$\{1.2\times[0.75+(25.5+1.5)\times0.4]+1.4\times3\}\times(0.9+2.4-1.2$

$-1.8/2)/2\times0.6]+0.909=14.463\text{kN}$

$f=N/(\phi A)=14.463\times10^3/(0.386\times424)=88.367\text{N/mm}^2\leqslant[f]=295\text{N/mm}^2$

满足要求。

9. 高宽比验算

根据《建筑施工承插型盘扣式钢管支架安全技术规程》JGJ 231—2010 第 6.1.4：对长条状的独立高支模架，架体总高度与架体的宽度之比不宜大于 3。

$H/B=5.85/2.4=2.438\leqslant3$

满足要求，不需要进行抗倾覆验算。

8.13.2 板模板计算书

略

8.13.3 梁侧模板计算书

略

8.13.4 底板端头模板验算计算书

1. 工程属性（表 8-19）

表 8-19

底板端头工程信息

混凝土墙特性	底板	混凝土墙厚度(mm)	5000
混凝土墙高度(mm)		900	

2. 支撑构造（表 8-20）

底板端头支撑构造信息			表 8-20
小梁布置方式	竖直	小梁间距 l(mm)	250
主梁最大悬挑长度 D(mm)	150	斜撑水平间距 S(mm)	900
主梁和支撑构造			
支撑序号	预埋点距主梁水平距离 l_i(mm)		主梁上支撑点距墙底距离 h_i(mm)
第1道	1200		100
第2道	1200		900

简图如图 8-25、图 8-26 所示。

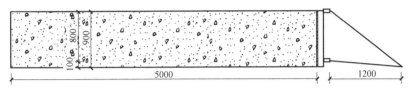

图 8-25　墙模板单面支撑剖面图

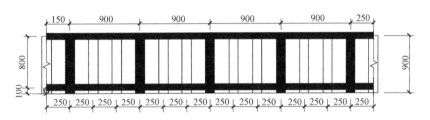

图 8-26　墙模板单面支撑正立面图

3. 荷载组合

设计信息，见表 8-21 所列。

荷载组合信息			表 8-21
侧压力计算依据规范	《建筑施工模板安全技术规范》JGJ 162—2008	混凝土重力密度 γ_c(kN/m³)	25.5
新浇混凝土初凝时间 t_0(h)	4	外加剂影响修正系数 β_1	1
混凝土坍落度影响修正系数 β_2	1.15	混凝土浇筑速度 v(m/h)	1
混凝土侧压力计算位置处至新浇混凝土顶面总高度 H(m)	0.9		
新浇混凝土对模板的侧压力标准值 G_{4k}(kN/m²)	$\min[0.22\gamma_c t_0 \beta_1 \beta_2 v^{1/2}, \gamma_c H]=$ $\min[0.22\times25.5\times4\times1\times1.15\times1^{1/2}, 25.5\times0.9]=$ $\min[25.806, 22.95]=22.95\mathrm{kN/m^2}$		
倾倒混凝土时对垂直面模板荷载标准值 Q_{2k}(kN/m²)	2		

有效压头高度 $h=G_{4k}/\gamma_c=22.95/25.5=0.9\mathrm{m}$

承载能力极限状态设计值

$$S_{\max}=0.9\max[1.2G_{4k}+1.4Q_{3k}, 1.35G_{4k}+1.4\times0.7Q_{3k}]$$

$$=0.9\max[1.2\times22.950+1.4\times2.000,1.35\times22.950+1.4\times0.7\times2.000]$$
$$=29.65\text{kN/m}^2$$

$$S_{\min}=0.9\times1.4Q_{3k}=0.9\times1.4\times2.000=2.52\text{kN/m}^2$$

正常使用极限状态设计值

$$S'_{\max}=G_{4k}=22.950\text{kN/m}^2$$

$$S'_{\min}=0\text{kN/m}^2$$

4. 面板验算

设计信息，见表 8-22 所列。

面板设计信息 表 8-22

面板类型	覆面竹胶合板	面板厚度（mm）	15
面板抗弯强度设计值$[f]$（N/mm²）	37	面板弹性模量 E（N/mm²）	10584

《建筑施工模板安全技术规范》JGJ 162—2008，面板验算按简支梁。梁截面宽度取单位宽度，即 $b=1000\text{mm}$

$$W=bh^2/6=1000\times15^2/6=37500\text{mm}^3,\quad I=bh^3/12=1000\times15^3/12=281250\text{mm}^4$$

考虑到工程实际和验算简便，不考虑有效压头高度对面板的影响。

（1）强度验算（图 8-27）

$$q=bS_{\max}=1.0\times29.65=29.65\text{kN/m}$$

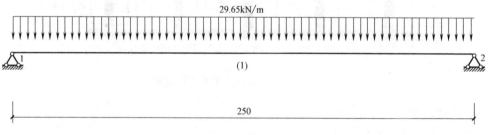

图 8-27 验算简图

$$M_{\max}=ql^2/8=29.65\times0.250^2/8=0.23\text{kN}\cdot\text{m}$$

$$\sigma=M_{\max}/W=0.23\times10^6/37500=6.177\text{N/mm}^2\leqslant[f]=37.000\text{N/mm}^2$$

满足要求。

（2）挠度验算（图 8-28）

$$q'=bS'_{\max}=1.0\times22.95=22.95\text{kN/m}$$

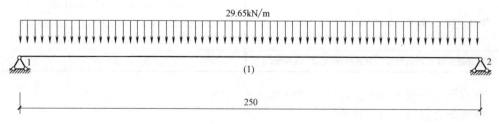

图 8-28 验算简图

挠度验算

$$v_{max}=5q'l^4/(384EI)=5\times22.95\times250^4/(384\times10584\times281250)$$
$$=0.39mm\leqslant[v]=l/250=250/250=1.00mm$$

满足要求。

5. 小梁验算

设计信息，见表 8-23 所列。

小梁设计信息 表 8-23

小梁类型	矩形木楞	小梁截面类型(mm)	100×100
小梁抗弯强度设计值$[f]$(N/mm^2)	14.85	小梁弹性模量 E(N/mm^2)	9350
小梁截面抵抗矩 W(cm^3)	166.667	小梁截面惯性矩 I(cm^4)	833.333
小梁合并根数 n	2	小梁受力不均匀系数 η	0.6

（1）强度验算（图 8-29、图 8-30）

$$q_{max}=\eta lS_{max}=0.6\times0.25\times29.648=4.447kN/m$$
$$q_{min}=\eta lS_{min}=0.6\times0.25\times2.52=0.378kN/m$$

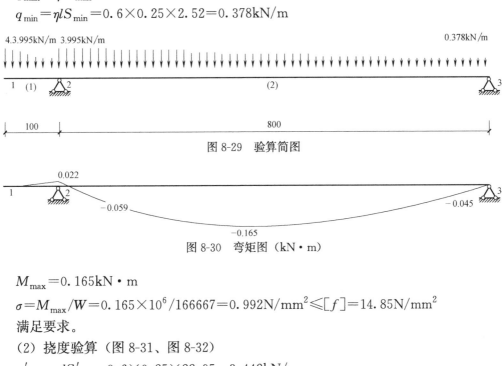

图 8-29　验算简图

图 8-30　弯矩图（kN·m）

$$M_{max}=0.165kN\cdot m$$
$$\sigma=M_{max}/W=0.165\times10^6/166667=0.992N/mm^2\leqslant[f]=14.85N/mm^2$$

满足要求。

（2）挠度验算（图 8-31、图 8-32）

$$q'_{max}=\eta lS'_{max}=0.6\times0.25\times22.95=3.442kN/m$$
$$q'_{min}=\eta lS'_{min}=0.6\times0.25\times0=0kN/m$$

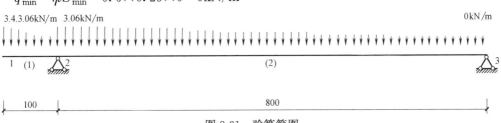

图 8-31　验算简图

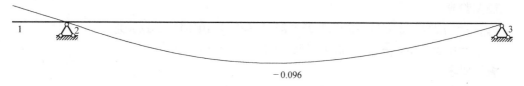

图 8-32　变形图（mm）

$v_{max}=0.096\text{mm} \leqslant [v]=l/250=800/250=3.2\text{mm}$

满足要求。

（3）支座反力计算（图 8-33、图 8-34）

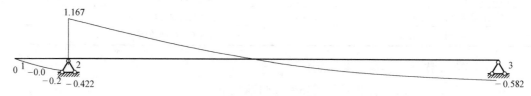

图 8-33　剪力图（kN）

承载能力极限状态：

$R_1=1.589/\eta=1.589/0.600=2.65\text{kN}$；$R_2=0.582/\eta=0.582/0.600=0.97\text{kN}$

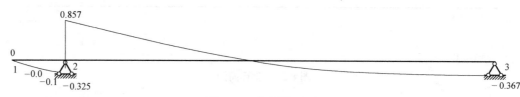

图 8-34　剪力图（kN）

正常使用极限状态：

$R'_1=1.182/\eta=1.182/0.600=1.97\text{kN}$；$R'_2=0.367/\eta=0.367/0.600=0.61\text{kN}$

4. 抗剪验算

$V_{max}=1.17\text{kN}$

$\tau=3V_{max}/(2bh)=3\times1.17\times10^3/(2\times100\times100)=0.18\text{N/mm}^2 \leqslant [\tau]=1.3\text{N/mm}^2$

满足要求。

6. 主梁验算

设计信息，见表 8-24 所列。

表 8-24

主梁设计信息

主梁类型	钢管	主梁截面类型(mm)	$\phi48\times2.5$
主梁计算截面类型(mm)	$\phi48\times2.5$	主梁抗弯强度设计值$[f]$(N/mm²)	205
主梁抗剪强度设计值$[\tau]$(N/mm²)	125	主梁弹性模量 E(N/mm²)	206000
主梁截面抵抗矩 W(cm³)	3.86	主梁截面惯性矩 I(cm⁴)	9.28
主梁合并根数 m	2	主梁受力不均匀系数 ζ	0.6
主梁计算方式	三等跨梁		

由上节"小梁验算"的"支座反力计算"知，主梁取小梁对其反力最大的那道验算。

承载能力极限状态：$R_{max} = \zeta \times max[2.648, 0.971] = 0.6 \times 2.648 = 1.589kN$

正常使用极限状态：$R'_{max} = \zeta \times max[1.97, 0.611] = 0.6 \times 1.97 = 1.182kN$

（1）强度验算（图8-35、图8-36）

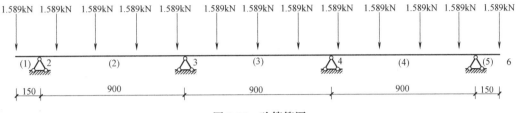

图8-35 验算简图

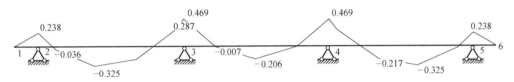

图8-36 弯矩图（kN·m）

$M_{max} = 0.469kN \cdot m$

$\sigma = M_{max}/W = 0.469 \times 10^6/3860 = 121.468N/mm^2 \leqslant [f] = 205.000N/mm^2$

满足要求。

（2）支座反力计算（图8-37）

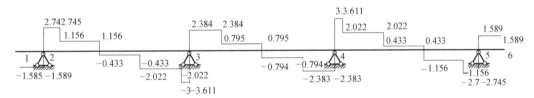

图8-37 剪力图（kN）

第1道斜撑所受主梁最大反力 $R_{max(1)} = 5.99/\zeta = 5.99/0.60 = 9.990kN$

计算方法同上，可依次知：

第2道斜撑所受主梁最大反力 $R_{max(2)} = 2.20/\zeta = 2.20/0.60 = 3.659kN$

（3）挠度验算（图8-38、图8-39）

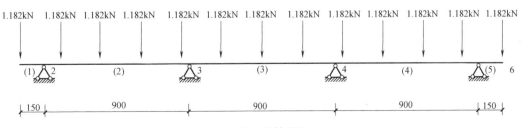

图8-38 验算简图

135

$$-0.752$$

图 8-39 变形图（mm）

$$v_{\max}=0.752\text{mm}\leqslant[v]=l/250=900/250=3.6\text{mm}$$

满足要求。

7. 斜撑验算

设计信息及计算结果，见表 8-25、表 8-26 所列。

斜撑设计信息 表 8-25

斜撑计算依据	最不利荷载传递方式	斜撑类型	钢管
材质规格(mm)	$\phi48\times3.5$	截面面积 $A(\text{mm}^2)$	489
回转半径 i(mm)	15.80	抗压强度设计值 $[f](\text{N/mm}^2)$	205
斜撑容许长细比	200		

根据"支撑构造"和"主梁验算"的"支座反力计算"可知，斜撑应力计算结果满足要求。

斜撑应力计算结果 表 8-26

序号	倾斜角(°)	计算长度 l_0(m)	主梁反力 R(kN)	斜撑轴力 N(kN)	长细比 $\lambda=l_0/i$	稳定系数 ϕ	斜撑应力 σ(N/mm²)	结论
第1道	4.764	1.204	9.99	10.025	76.203，符合要求	0.744	27.555	符合要求
第2道	36.87	1.5	3.659	4.574	94.937，符合要求	0.634	14.754	符合要求

8.13.5 端墙模板（单面支撑）计算书

1. 工程属性（表 8-27）

端墙工程信息 表 8-27

混凝土墙特性	始发井位置负二层侧墙	混凝土墙厚度(mm)	800
混凝土墙高度(mm)	7180		

2. 支撑构造（表 8-28）

端墙支撑构造信息 表 8-28

小梁布置方式	水平	小梁间距 l(mm)	250
小梁最大悬挑长度 d(mm)	80	主梁间距 L(mm)	600
主梁固定方式	斜撑	斜撑水平间距 S(mm)	600

续表

支撑构造		
支撑序号	预埋点距主梁水平距离 l_i（mm）	主梁上支撑点距墙底距离 h_i（mm）
第1道	1200	100
第2道	1200	600
第3道	1200	1100
第4道	2600	1600
第5道	2600	2100
第6道	2600	2600
第7道	2600	3100
第8道	2600	3600
第9道	1200	4100
第10道	1200	4600
第11道	1200	5100
第12道	1200	5600
第13道	1200	6100
第14道	1200	6600
第15道	1200	7100

墙模板单面支撑剖面图、正立面图，如图8-40、图8-41所示。

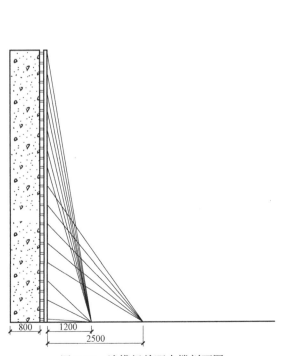

图8-40　墙模板单面支撑剖面图

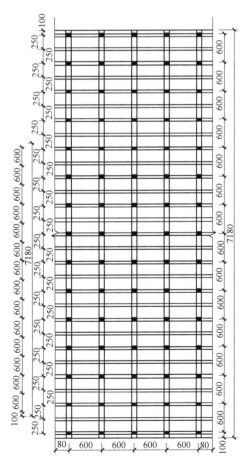

图8-41　墙模板单面支撑正立面图

3. 荷载组合

荷载组合信息，见表 8-29 所列。

荷载组合信息 表 8-29

侧压力计算依据规范	《建筑施工模板安全技术规范》JGJ 162—2008	混凝土重力密度 γ_c(kN/m^3)	25.5
新浇混凝土初凝时间 t_0(h)	4	外加剂影响修正系数 β_1	1.2
混凝土坍落度影响修正系数 β_2	1.15	混凝土浇筑速度 v(m/h)	1.5
混凝土侧压力计算位置处至新浇混凝土顶面总高度 H(m)			7.18
新浇混凝土对模板的侧压力标准值 G_{4k}(kN/m^2)		$\min[0.22\gamma_c t_0\beta_1\beta_2 v^{1/2}, \gamma_c H]=$ $\min[0.22\times25.5\times4\times1.2\times1.15\times1.5^{1/2}, 25.5\times7.18]$ $=\min[37.927, 183.09]=37.927\text{kN/m}^2$	
倾倒混凝土时对垂直面模板荷载标准值 Q_{3k}(kN/m^2)			2

有效压头高度 $h=G_{4k}/\gamma_c=37.927/25.5=1.487\text{m}$

承载能力极限状态设计值

$$S_{\max}=0.9\max[1.2G_{4k}+1.4Q_{3k}, 1.35G_{4k}+1.4\times0.7Q_{3k}]$$
$$=0.9\max[1.2\times37.927+1.4\times2.000, 1.35\times37.927+1.4\times0.7\times2.000]$$
$$=47.85\text{kN/m}^2$$

$$S_{\min}=0.9\times1.4Q_{3k}=0.9\times1.4\times2.000=2.52\text{kN/m}^2$$

正常使用极限状态设计值

$$S'_{\max}=G_{4k}=37.927\text{kN/m}^2$$

$$S'_{\min}=0\text{kN/m}^2$$

4. 面板验算

设计信息，见表 8-30 所列。

面板设计信息 表 8-30

面板类型	覆面竹胶合板	面板厚度(mm)	15
面板抗弯强度设计值 $[f]$(N/mm^2)	37	面板弹性模量 E(N/mm^2)	10584

《建筑施工模板安全技术规范》JGJ 162—2008，面板验算按简支梁。梁截面宽度取单位宽度，即

$b=1000\text{mm}$，$W=bh^2/6=1000\times15^2/6=37500\text{mm}^3$，$I=bh^3/12=1000\times15^3/12=281250\text{mm}^4$

考虑到工程实际和验算简便，不考虑有效压头高度对面板的影响。

（1）强度验算（图 8-42）

$q=bS_{\max}=1.0\times47.85=47.85\text{kN/m}$

$M_{\max}=ql^2/8=47.85\times0.250^2/8=0.37\text{kN}\cdot\text{m}$

$\sigma=M_{\max}/W=0.37\times10^6/37500=9.968\text{N/mm}^2\leqslant[f]=37.000\text{N/mm}^2$

满足要求。

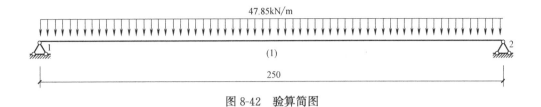

图 8-42　验算简图

（2）挠度验算（图 8-43）

$$q'=bS'_{max}=1.0\times37.93=37.93kN/m$$

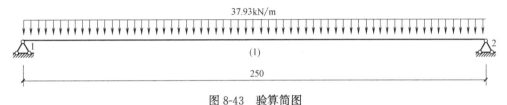

图 8-43　验算简图

挠度验算

$$v=5q'l^4/(384EI)=5\times37.93\times250^4/(384\times10584\times281250)$$
$$=0.65mm\leqslant[v]=l/250=250/250=1.00mm$$

满足要求。

5. 小梁验算

设计信息，见表 8-31 所列。

小梁设计信息　　　　　　　　　　　　　　　　　表 8-31

小梁类型	矩形木楞	小梁截面类型(mm)	100×100
小梁抗弯强度设计值[f](N/mm²)	14.85	小梁弹性模量 E(N/mm²)	9350
小梁截面抵抗矩 W(cm³)	166.667	小梁截面惯性矩 I(cm⁴)	833.333
小梁抗剪强度设计值[τ](N/mm²)	1.485	小梁合并根数 n	2
小梁受力不均匀系数 η	0.6	小梁计算方式	三等跨梁

显然最低处的小梁受力最大，以此梁为验算对象。

（1）强度验算（图 8-44、图 8-45）

$$q_{max}=\eta lS_{max}=0.6\times0.25\times47.845=7.177kN/m$$

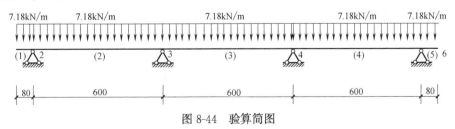

图 8-44　验算简图

$$M_{max}=0.254kN\cdot m$$

$$\sigma=M_{max}/W=0.254\times10^6/166667=1.523N/mm^2\leqslant[f]=14.85N/mm^2$$

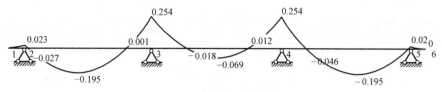

图 8-45 弯矩图（kN·m）

满足要求。

（2）挠度验算（图 8-46、图 8-47）

$$q'_{max} = \eta l S'_{max} = 0.6 \times 0.25 \times 37.927 = 5.689 \text{kN/m}$$

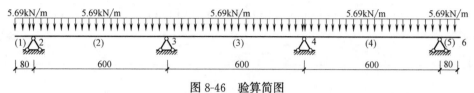

图 8-46 验算简图

图 8-47 变形图（mm）

$$v_{max} = 0.061 \text{mm} \leqslant [v] = l/250 = 600/250 = 2.4 \text{mm}$$

满足要求。

（3）支座反力计算（图 8-48、图 8-49）

承载能力极限状态

$$R_{max} = 4.693/\eta = 4.693/0.600 = 7.82 \text{kN}$$

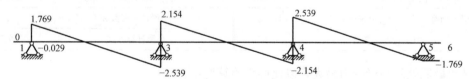

图 8-48 剪力图（kN）（承载能力极限状态）

正常使用极限状态

$$R'_{max} = 3.719/\eta = 3.719/0.600 = 6.20 \text{kN}$$

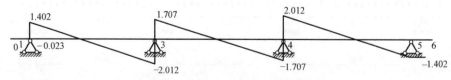

图 8-49 剪力图（kN）（正常使用极限状态）

（4）抗剪验算

$$V_{max} = 2.54 \text{kN}$$

$$\tau = 3V_{max}/(2bh) = 3 \times 2.54 \times 10^3/(2 \times 100 \times 100) = 0.38 \text{N/mm}^2 \leqslant [\tau] = 1.3 \text{N/mm}^2$$

满足要求。

6. 主梁验算

设计信息，见表8-32所列。

主梁设计信息　　　　　　　　　　　表8-32

主梁类型	钢管	主梁截面类型(mm)	$\phi 48 \times 2.5$
主梁计算截面类型(mm)	$\phi 48 \times 2.5$	主梁抗弯强度设计值$[f]$(N/mm^2)	205
主梁抗剪强度设计值$[\tau]$(N/mm^2)	125	主梁弹性模量E(N/mm^2)	206000
主梁截面抵抗矩W(cm^3)	3.86	主梁截面惯性矩I(cm^4)	9.28
主梁合并根数m	2	主梁受力不均匀系数ζ	0.6

将考虑有效压头高度后，各道小梁的承载能力及正常使用最大支座反力分别带入主梁验算中；当主梁合并根数为2时，乘以主梁受力不均匀系数ζ。

（1）强度验算（图8-50、图8-51）

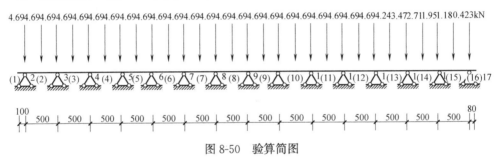

图8-50 验算简图

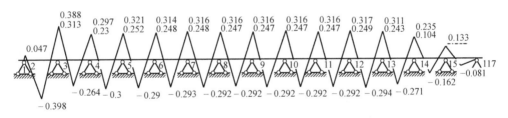

图8-51 弯矩图（kN·m）

$$M_{max} = 0.398 \text{kN} \cdot \text{m}$$

$$\sigma = M_{max}/W = 0.40 \times 10^6/3860 = 103.011 \text{N/mm}^2 \leqslant [f] = 205.000 \text{N/mm}^2$$

满足要求。

（2）支座反力计算（图8-52）

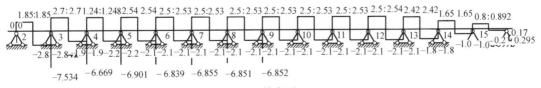

图8-52 剪力图（kN）

第 1 道斜撑所受主梁反力 $R_{\max(1)}$ ＝6.55/ζ＝6.55/0.60＝10.909kN

第 2 道斜撑所受主梁反力 $R_{\max(2)}$ ＝10.25/ζ＝10.25/0.60＝17.084kN

第 3 道斜撑所受主梁反力 $R_{\max(3)}$ ＝9.15/ζ＝9.15/0.60＝15.257kN

第 4 道斜撑所受主梁反力 $R_{\max(4)}$ ＝9.45/ζ＝9.45/0.60＝15.747kN

第 5 道斜撑所受主梁反力 $R_{\max(5)}$ ＝9.37/ζ＝9.37/0.60＝15.616kN

第 6 道斜撑所受主梁反力 $R_{\max(6)}$ ＝9.39/ζ＝9.39/0.60＝15.651kN

第 7 道斜撑所受主梁反力 $R_{\max(7)}$ ＝9.38/ζ＝9.38/0.60＝15.641kN

第 8 道斜撑所受主梁反力 $R_{\max(8)}$ ＝9.39/ζ＝9.39/0.60＝15.643kN

第 9 道斜撑所受主梁反力 $R_{\max(9)}$ ＝9.39/ζ＝9.39/0.60＝15.645kN

第 10 道斜撑所受主梁反力 $R_{\max(10)}$ ＝9.38/ζ＝9.38/0.60＝15.637kN

第 11 道斜撑所受主梁反力 $R_{\max(11)}$ ＝9.40/ζ＝9.40/0.60＝15.668kN

第 12 道斜撑所受主梁反力 $R_{\max(12)}$ ＝9.27/ζ＝9.27/0.60＝15.447kN

第 13 道斜撑所受主梁反力 $R_{\max(13)}$ ＝6.95/ζ＝6.95/0.60＝11.581kN

第 14 道斜撑所受主梁反力 $R_{\max(14)}$ ＝3.90/ζ＝3.90/0.60＝6.506kN

第 15 道斜撑所受主梁反力 $R_{\max(15)}$ ＝0.72/ζ＝0.72/0.60＝1.196kN

（3）挠度验算（图 8-53、图 8-54）

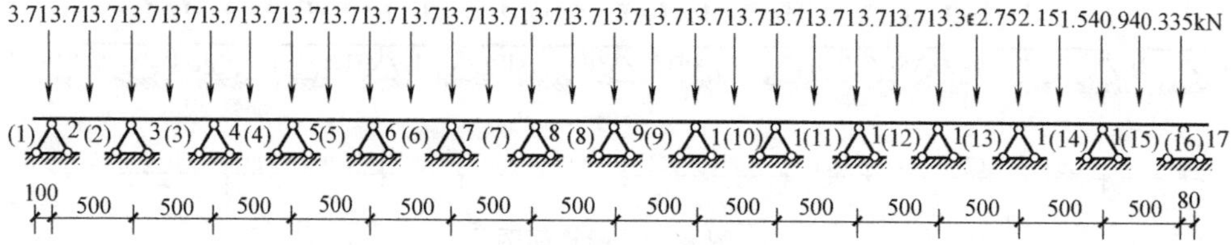

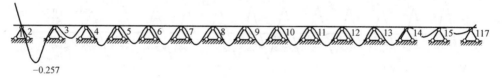

图 8-53 验算简图

图 8-54 变形图（mm）

$v_{\max}$＝0.257mm≤$[v]$＝l/250＝500/250＝2.0mm

满足要求。

7. 斜撑验算

设计信息及计算结果，见表 8-33、表 8-34 所列。

斜撑设计信息   表 8-33

斜撑计算依据	最不利荷载传递 方式	斜撑类型	槽钢
材质规格（mm）	10 号槽钢	截面面积 A（mm²）	1274
回转半径 i（mm）	39.50	抗压强度设计值 $[f]$（N/mm²）	205
斜撑容许长细比		200	

根据"支撑构造"和"主梁验算"的"支座反力计算"可知，斜撑应力计算结果满足要求。

斜撑应力计算结果 表 8-34

序号	倾斜角 （°）	计算长度 l_0(m)	主梁反力 R(kN)	斜撑轴力 N(kN)	长细比 $\lambda = l_0/i$	稳定系数 ϕ	斜撑应力 σ （N/mm²）	结论
第1道	4.764	1.204	10.909	10.947	30.481，符合要求	0.918	9.36	符合要求
第2道	26.565	1.342	17.084	19.101	33.975，符合要求	0.909	16.494	符合要求
第3道	42.51	1.628	15.257	20.697	41.215，符合要求	0.882	18.419	符合要求
第4道	31.608	3.053	15.747	18.49	77.291，符合要求	0.739	19.639	符合要求
第5道	38.928	3.342	15.616	20.073	84.608，符合要求	0.698	22.573	符合要求
第6道	45	3.677	15.651	22.133	93.089，符合要求	0.641	27.103	符合要求
第7道	50.013	4.046	15.641	24.34	102.43，符合要求	0.573	33.342	符合要求
第8道	54.162	4.441	15.643	26.718	112.43，符合要求	0.502	41.776	符合要求
第9道	73.686	4.272	15.645	55.696	108.152，符合要求	0.53	82.486	符合要求
第10道	75.379	4.754	15.637	61.947	120.354，符合要求	0.452	107.575	符合要求
第11道	76.759	5.239	15.668	68.403	132.633，符合要求	0.386	139.097	符合要求
第12道	77.905	5.727	15.447	73.722	144.987，符合要求	0.332	174.297	符合要求
第13道	78.871	6.217	11.581	59.999	157.392，符合要求	0.284	165.827	符合要求
第14道	79.695	6.708	6.506	36.371	169.823，符合要求	0.248	115.116	符合要求
第15道	80.407	7.201	1.196	7.176	182.304，符合要求	0.216	26.077	符合要求

8.13.6　大模板计算书

略

8.13.7　框柱钢模计算书

略

8.14　施工图

施工图，如图 8-55～图 8-62 所示。

注：本案例施工图有部分删减。

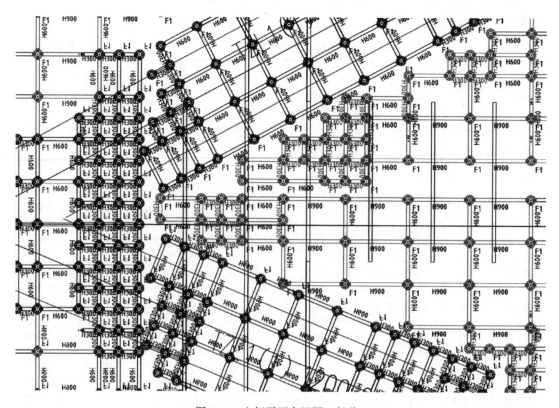

图 8-55　立杆平面布置图（部分）

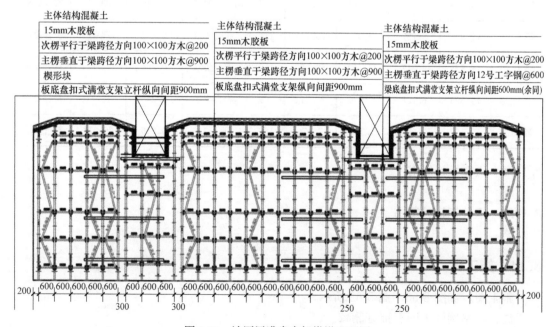

图 8-56　站厅层满堂支架搭设立面图

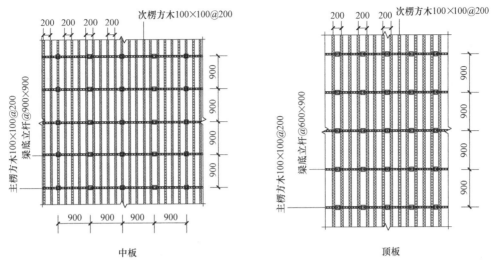

图 8-57　标准纵横间距方木立杆平面布置图

图 8-58　可调顶托大样图　　　　图 8-59　可调底托大样图

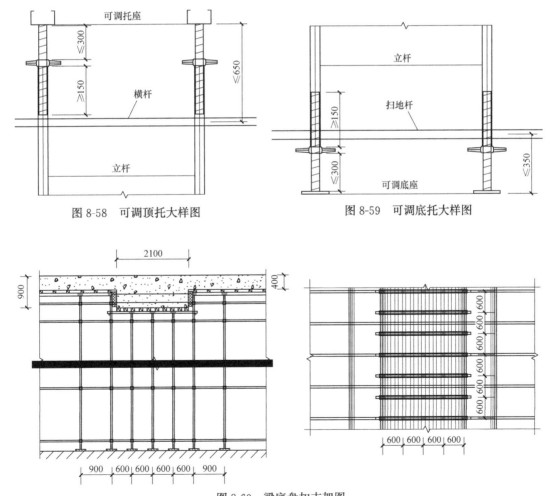

图 8-60　梁底盘扣支架图

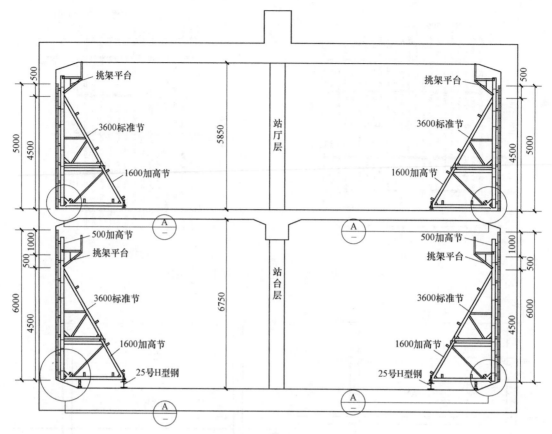

图 8-61　侧墙钢模示意图

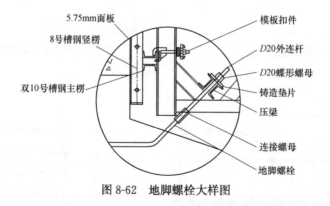

图 8-62　地脚螺栓大样图

第9章

附着式升降脚手架工程安全专项施工方案实例

实例3　××超高层办公建筑工程附着式升降脚手架安全专项施工方案

9.1　工程概况

9.1.1　项目信息

项目概况，见表9-1所列。

××项目概况表　　　　　　　　　　表9-1

工程名称	××综合体工程	建设单位	××轨道交通有限公司
工程地点	×××	设计单位	××建筑设计院有限公司
施工单位	××工程局有限公司	监理单位	××工程建设监理有限公司
分包单位	××有限公司	结构高度	229.9m
层数	地上51层,地下4层	标准层高	4.2m

9.1.2　爬架工程信息

爬架工程信息，见表9-2所列。

爬架工程信息　　　　　　　　　　表9-2

最大防护周长	本工程使用附着式升降脚手架外沿防护周长为164.08m
架体防护建筑范围	本工程拟从6层(标高27.7m)开始搭设附着式升降脚手架进行施工防护,施工防护至51层(标高223.9m)
架体型号	标准层高4.2m,使用架体总高度19.5m,5层走道板
架体走道板步高	架体走道板步高从下至上均为4.2m
机位数量	本工程共布置2组44个机位,机位平均跨度为3.91m,两机位间最大跨度为4.0m

9.2　方案编制依据

（1）××项目：建施图、结施图

（2）××企业产品标准《××型》

(3)《全钢爬架（××型）安装操作规程》

(4)《爬架安全技术操作规程》TCGC 156—2011

(5)《建筑施工工具式脚手架安全技术规范》JGJ 202—2010

(6)《建筑施工安全检查标准》JGJ 59—2011

(7)《钢结构设计标准》GB 50017—2017

(8)《建筑结构荷载规范》GB 50009—2012

(9)《建筑安装工人安全技术操作规程》(80) 建工老字第 24 号

(10)《施工现场临时用电安全技术规范》JGJ 46—2005

(11)《建筑施工高处作业安全技术规范》JGJ 80—2016

(12)《危险性较大的分部分项工程安全管理规定》中华人民共和国住房和城乡建设部令第 37 号

(13)《混凝土结构设计规范》GB 50010—2010

(14)《建筑机械使用安全技术规程》JGJ 33—2012

(15)《建筑施工临时支撑结构技术规范》JGJ 300—2013

(16)《建筑施工安全技术统一规范》GB 50870—2013

(17)《建筑施工升降设备设施检验标准》JGJ 305—2013

(18)《建筑施工组织设计规范》GB/T 50502—2009

(19)《生产经营单位生产安全事故应急预案编制导则》GB/T 29639—2013

(20)《建筑施工扣件式钢管脚手架安全技术规范》JGJ 130—2011

(21)《建筑业企业资质管理规定》中华人民共和国住房和城乡建设部令第 22 号

注：本书所选用的专项方案已在相应工程项目中安全施行并通过验收，相关专项方案所依据的规范可能存在与现行规范不一致的情况，方案的编辑应参照现行规范执行。

9.3 施工部署及劳动力计划

本工程拟从 6 层开始组装附着式升降脚手架（以下简称"爬架"），随楼层施工逐层组装。待爬架组装至设计高度 19.5m 后，随楼层施工逐层提升。根据主体外墙工程进度确定其具体组装时间，并保证爬架高出施工作业面至少 1.5m，本工程主体外墙爬架安装时间和主体施工同步，安排安装劳动力 6～10 人根据现场施工进度安装架体。

爬架的提升计划安排以满足施工进度要求为准，提升一层的操作时间为 0.5 个工作日，劳动力安排 4～8 人。本工程共需爬架机位 2 组 44 个。

见表 9-3、表 9-4 所列。

进场时间安排   表 9-3

序号	进程	时间计划	备注
1	爬架材料进场	2018 年 3 月 10 日	
2	安装开始时间	2018 年 3 月 12 日	
3	验收调试时间	2018 年 4 月 10 日	此为初步预定时间，具体以设备进场时间及工程进度为准
4	开始运行时间	2018 年 4 月 15 日	
5	预计完工时间	2018 年 12 月 31 日	
6	预计拆架时间	2019 年 1 月 10 日	

用工计划表　　　　　　　　　　　　　　　　表 9-4

项目	类别	机位数	分组	人数	时间
××项目	组装	44	2组	6~10	根据施工进度
	提升一层			4~8	约 0.5d
	拆除			6~12	约 8d

9.4　施工工艺技术

9.4.1　主要技术参数

主要技术参数，见表 9-5 所列。

主要技术参数　　　　　　　　　　　　　　　　表 9-5

指标内容	参　　数
架体总高度	规范：覆盖高度不大于 5 倍楼层高度 本工程：标准层层高 4.2m，架体高度 19.5m
架体宽度	规范：架体宽度≤1.2m 本工程：脚手板宽度 0.6m，连接板长 0.45mm
架体支撑跨度	规范：直线≤7.0m，折线转角架体外侧≤5.4m，水平悬挑≤2.0m 本工程：直线最大跨度 6.0m，折线转角外侧最大 4.85m，水平最大悬挑 2.0m
架体竖向悬臂高度	规范：架体悬臂高度不得大于架体高度的 2/5，且不大于 6m 本工程：标准层的竖向悬臂高度为 4.8m
附墙支座	规范：在主框架覆盖的每个楼层处，都安装有一个具有承载、升降导向、防坠、防倾功能的附墙固定支座 本工程：本工程附墙导座同时具备导向、防坠、防倾功能
升降系统	规范：独立附墙设置，与导向装置和防坠装置分离 本工程：提升吊点与附墙导座独立
升降设备	一体化倒挂电动捯链，额定提升量 7.5t，额定功率 0.5kW，提升速度 10~12cm/min
智能同步控制系统	采用电脑智能化控制，通过对提升重力的信息采集，经计算机进行综合分析，自动均衡调整升降速度，当超载、欠载 15% 时报警，超载、欠载 30% 时停机，实现了全智能化自动控制
额定荷载	二层作业时，每层≤3kN/m²；三层同时作业时，每层≤2kN/m²
防坠装置	在每个附墙固定导向座内，都安装有转轮式防坠器，全过程防护
防倾装置	每个附墙固定支座均安装有与导轨滑套连接的防倾装置
升降行程	2.8~8m
架体重量	19.5m 架体约 500kg/m
穿墙螺杆	5.6 级的 M30 螺杆，受拉螺栓的螺母不得少于二个或采用弹簧垫片加单螺母，螺杆露出螺母端部长度不应少于 3 扣，且不得小于 10mm

9.4.2　相关预留预埋

本工程拟从第 6 层开始组装全钢爬架，因此从第 7 层开始预埋工作，第 7 层每机位处只预埋附墙导向座安装孔，从第 8 层开始每机位每层均预埋 2 个孔，另一个孔视提升设备在机位导轨的一侧来预埋，二孔水平距离在 450~500mm 左右，如果预埋孔位置出现跟其他预埋孔位置冲突的情况，可在 100mm 范围内进行调整。

（1）施工现场负责人应该根据以上所述，按现场实际情况确定穿墙螺杆孔洞预留位置尺寸，并及时提供给操作班组，做好技术要求及交底，按要求预埋好塑料管。

（2）预留孔：当外墙楼板面准备浇筑底板梁混凝土时，按照全钢爬架机位布置图预留相应安装孔，结构边梁处预留孔使用内孔 35mm、壁厚大于 2mm 的 PVC 塑料管即可，管两端用宽胶布封住，以防止混凝土浇灌时进入管内而堵塞预埋孔；柱子处预留孔使用内孔 35mm、壁厚大于 2mm 的钢管即可，管两端用宽胶布封住，以防止混凝土浇灌时进入管内而堵塞预埋孔。

（3）随着主体上升，上面各层也应同样预埋，且应保证与下面各层预留孔的垂直度一致。在埋设时预留孔必须垂直于结构外表面，吊挂件附墙螺栓孔与附墙导向座附墙螺栓孔相距 450～500mm。

（4）螺栓孔洞的位置和各项垂直度的检查，必须在浇筑混凝土前后由全钢爬架分包单位进行检查和验收，如检查时发现有未通的预留孔必须在安装螺栓前打通。

9.4.3 安装技术措施

1. 安装前准备工作

（1）所有操作人员必须有省级建设行政主管部门核发的架工操作证。

（2）在组装前应对所有操作人员作全面的技术交底和安全操作规程交底，必要时可组织操作人员进行有关爬架操作的书面考试，考试合格人员才允许上岗操作。

（3）爬架安装前，应对爬架的导轨主框架、水平支撑框架、附墙固定导向座、提升设备等构配件进行全面的检查和验收。检查验收并有质量合格证后，方可使用。

2. 架体组装辅助平台的搭设

辅助平台的搭设采用钢管双排架，辅助平台架体底部地面夯实并加设木跳板，每层与结构采用钢管拉结，拉结距离不超过 6m。本工程 5 层以下（包含 5 层）结构采用落地式钢管扣件脚手架施工防护，架体搭设高度为 29.2m；6 层以上结构采用爬架施工防护。根据平面布局及结构特点，辅助平台水平度控制 10～30mm，内侧钢管内缘离墙小于300mm，外侧钢管离墙大于 1300mm，外侧搭设单排防护高度 1500mm，平台架宽度1200～1500mm。首层走道板安装后，间隔 4～5m 距离分别用 2 根钢管上下扣紧夹住走道板，加固走道板。初始安装时，升降脚手架需搭设两层楼高度再与结构连接卸荷，因此需钢管支撑架能够承受爬架的荷载 200kg/m。施工单位验收合格后，再交由升降脚手架专业分包单位使用。

3. 架体的组装

（1）步骤一（图 9-1）：将底层支架用扣件固定在普通双排架子上，然后将底层脚手板放在底层支架上并将其固定。脚手板端侧部位采用螺栓与底层支架连接，逐榀连接后，即形成底层的整体架板。

（2）步骤二（图 9-2）：先将内立杆（或导轨立杆）、外立杆安装在底层支架上，再将三角支架固定在内立杆（或导轨立杆）和外立杆上，然后将防护网安装在外立杆上，最后将脚手板放在三角支架上固定。

（3）步骤三（图 9-3）：将水平桁架斜撑杆与内立杆（或导轨立杆）和脚手板固定，再将水平桁架立杆与上下脚手板固定（吊点区位设定处的水平桁架斜撑杆先不安装）。

（4）步骤四（图 9-4）：将防护网固定在外立杆上，然后将防护网与下层防护网连接，

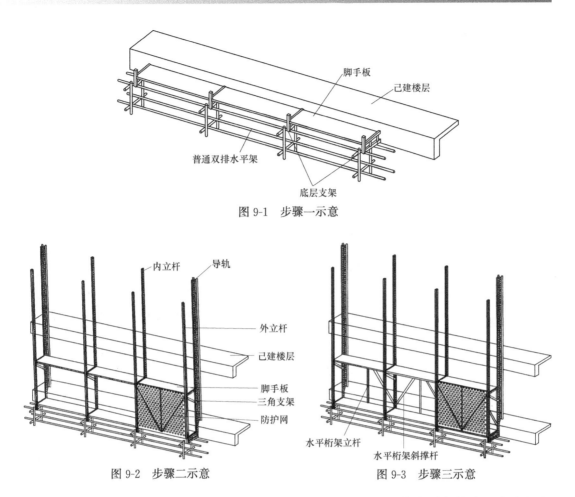

图 9-1　步骤一示意

图 9-2　步骤二示意

图 9-3　步骤三示意

再将三角支架固定在内立杆（或导轨立杆）和外立杆上，最后将脚手板放在三角支架上固定。

（5）步骤五（图 9-5）：将水平桁架斜撑杆与内立杆（或导轨立杆）和脚手板固定，再将水平桁架立杆与上下层脚手板固定（吊点区位设定处的水平桁架斜撑杆先不安装）。

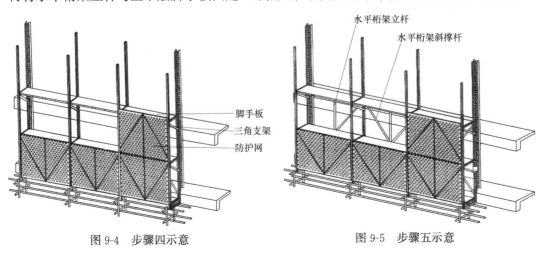

图 9-4　步骤四示意

图 9-5　步骤五示意

（6）步骤六（图9-6）：将吊点桁架与导轨立杆连接固定，然后将水平桁架斜撑杆与吊点桁架以及脚手板连接，再将翻板连接件和翻板与底层脚手板连接。

（7）步骤七（图9-7）：将架体用附墙导向座固定在主体结构上，防护网固定在外立杆上，然后将防护网与下层防护网连接，再将三角支架固定在内立杆（或导轨立杆）和外立杆上，最后将脚手板放在三角支架上固定。上层搭设，依此类推。

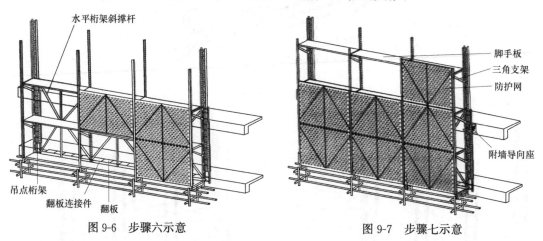

图9-6　步骤六示意　　　　　　　　　图9-7　步骤七示意

4.吊点、电动捯链、配电线路的安装

（1）吊点安装（图9-8）：附墙吊挂件安装在上部建筑层的预留孔位置，下吊点安装在桁架合适位置。

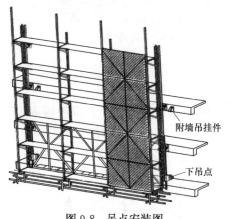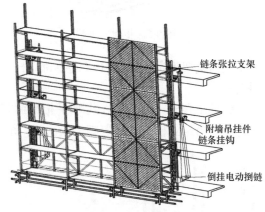

图9-8　吊点安装图　　　　　　　　　图9-9　电动捯链安装

（2）电动捯链安装（图9-9）：采用倒挂捯链装置，将电动捯链安装在附墙吊挂件上。

（3）配电线路安装：现场施工用电按三级配电布置，分配电箱和开关箱设二级漏电保护，电动捯链漏电保护器的额定漏电动作电流应不大于30mA，额定漏电时间应小于0.1s。升降架的分配电箱必须专用，严禁其他单位混用。现场电气维修及安装必须由专业电工操作，非工作人员不得擅自操作。

5.智能提升系统

全钢爬架（××型）控制系统运用计算机技术和传感器遥测技术，通过计算机对被提升架体的重力信号进行采集、综合分析并作出相应处理，实现了对架体升降及卸荷全过程的实时监测和自动控制，减少了架体的用材数量和装、卸工作量，极大地降低了成本；同时，整个架体升降自如、快速、准确、安全，从而有效地保证了施工的优质进行。

全钢爬架（××型）控制系统使用 PLC（可编程控制器）作上位机；采用触摸屏或 PC（个人电脑）作人机界面实现人机对话；多台以单片微型计算机为核心的智能分机（下位机）以及重力传感器组成测量系统。通过一条通信总线将上位机和下位机联系在一起，组成半双工通信系统，对系统中各分机的重力信号进行实时检测、实时报警、实时排障和实时控制，有效地保证了架体施工的快速、安全和准确。

6. 安全防护网的组装

第一步安全网底部应放置在底部走道板连接螺栓头部上侧，安全防护网与竖向立杆之间采用专用连接件固定。竖向立杆间隔相应尺寸安装一个网框固定件，网框固定件和网框组件连接，用定制销轴固定。

7. 导轨、固定导向座的安装

（1）附墙导向座

附墙导向座采用 16mm、10mm、8mm、6mm 厚钢板焊接成型（材料材质均为 Q235A），导向滚轮采用精密锻压成型（材料材质为 Q235A），滚轮轴为 $\phi16$ 圆钢（材料材质为 Q235A）。由可调节移动的导向滚轮座、导向滚轮和滚轮轴组成，导向滚轮座安有四个滚轮，导轨的两根立杆插在导向滚轮座中，四个滚轮约束着导轨立杆，形成滚动滑套连接。

安装附墙导向座时，在预留孔位置安装 1 根 M30 穿墙螺杆（材料材质均为 Q235A），两侧加装 100mm×100mm×10mm 垫板和双螺母，待附墙导向座放置准确后，拧紧螺栓，使螺杆伸出螺母外端面大于 3 扣丝或 15mm。

卸荷装置采用卸荷杆，杆件固定在导向座上侧，通过用 M30 螺纹调节，使杆件具有可调长度功能，架横杆处于不同高度均能有效调节，使荷载得以均匀传卸。

安装示意图，如图 9-10 所示。

（2）防坠装置

防坠装置采用机械转轮摆叉式防坠，每个防坠装置有防坠卡件功能，灵敏可靠，简单实用。防坠装置中转轮和摆叉采用 40Cr 铸钢材料经热处理后使用，其余材料材质为 Q235A。

横梁组合在架体主框架的垂直轴线位置，摆叉、摆叉轴、转轮及转轮轴组合在防坠器壳体内，并固定在主框架同一垂直轴线的建筑结构上，防坠器组合与架体作相对运动。摆叉下齿（棘爪）与转轮内齿（棘轮）经过啮合计算，摆叉在重力作用下，始终保持开口端向下的状态，当提升或下降时，横梁碰到转轮外

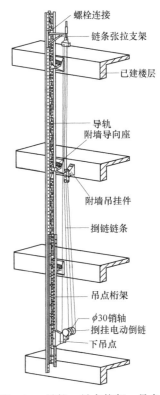

图 9-10　导轨、吊点桁架、吊点、附墙吊挂件、倒挂捯链安装示意图

齿，带动转轮内齿运动，因正常升降时，升降速度很慢，摆叉上齿（触臂）滑过转轮内齿位置时，摆叉下齿不会与转轮内齿相碰，可以缓慢滑过，在重力作用下恢复初始状态。

当发生坠落时，因下落速度很快，摆叉上齿（触臂）在滑过转轮内齿的瞬间，摆叉还未能在自然重力下恢复初始位置，此时转轮内齿（棘轮）已越过摆叉下齿的回复位置，即被摆叉下齿（棘爪）阻挡，所以阻止了架体向下坠落，起到了防止坠落的作用。防坠器两侧由侧挡板定位并承载，背面由背立板遮挡，上部由盖板覆盖，且其所处空间较窄，只有正向面对导轨区域才是开敞位置，防止施工中混凝土、砂浆渣等对防坠器的损坏，上部尘土也不会污染防坠器，以保证防坠器在使用过程中不致失效。

（3）吊点装置

附墙吊挂件采用 10mm 钢板和 $\phi 33.5 \times 3.0$ 圆管焊接成型（材料材质均为 Q235A），中间链条挂钩位置采用 $\phi 30$ 的圆钢销轴安装。在上部建筑层的预留孔位置安装附墙吊挂件，附墙吊挂件以 1 根 M30 穿墙螺栓（材料材质均为 Q235A）与墙体梁固定，螺栓两侧加装 100mm×100mm×10mm 垫板和双螺母。采用倒挂捯链装置，使用过程中，需移动电动捯链与附墙吊挂件。将附墙吊挂件固定在建筑结构上，然后将电动捯链挂钩安装在附墙吊挂件上：先检测预埋孔位置正确后，将套入固定导向座的导轨，用 M30 全螺纹螺栓安装在建筑结构的预埋孔中，螺栓两端各加 100mm×100mm×10mm 垫片 1 个，螺母 2 个；然后将导轨与已安装好的走道板及立杆连接，将走道板、导轨、建筑结构连接固定。

9.4.4　爬架的提升

1. 施工流程

施工流程，如图 9-11 所示。

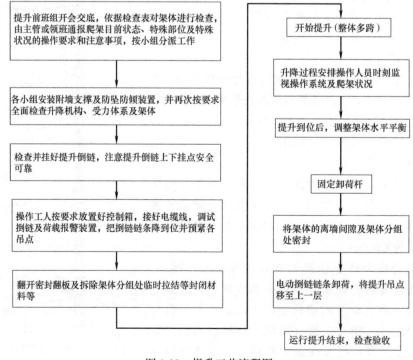

图 9-11　提升工艺流程图

2. 准备工作

组装完成后要组织施工总包方、监理单位在全钢爬架首次安装完毕及使用前进行一次全面的检查验收，并做以下准备工作：

（1）升降前应做好必需的准备工作，首先预紧提升链条，检查吊点、吊环、吊索情况，防坠器的情况，及密封板情况等，并对使用工具、架子配件进行自检，发现问题及时整改，整改合格后方可提升。

（2）设置安全防护区域，在升降平台区域下方地面划出安全区域，且必须有专人警戒守护，严禁与拆架无关的人员进入该区域。

（3）上层需附着固定导向座的墙体结构混凝土强度必须达到或超过 15MPa 方可进行升降。

（4）当每个机位的提升系统良好且固定可靠时，提升链条将张紧预定力，此时计算机将告知准备工作完成，可进行提升工作，否则应排除故障后重试。

3. 爬架的提升

（1）提升操作要求

1）脚手架操作人员各就各位，由架子总指挥发布指令提升（或下降）脚手架。

2）脚手架提升起 50mm 后，停止提升，对脚手架进行检查，确认安全无误后，由架子总指挥发布指令继续提升（或下降）脚手架。

3）在脚手架提升（或下降）过程中，脚手架监控操作人员，要巡视脚手架的提升（或下降）情况，发现异常情况，应及时吹哨报警。

4）总控按钮操作员听到哨声立即切断电源，停止提升（或下降）脚手架，并通知架子班长，等查明原因后，由架子班长重新发布提升（或下降）脚手架的指令。

5）脚手架提升高度为一个楼层高，提升到位后，班长发布停止提升指令（脚手架下降时下降高度为一个楼层高）。

6）脚手架提升（或下降）到位后，首先将翻板放下，并且固定好。

7）安装定位扣件，必须拧紧顶实。

8）将电动捯链松链，把提升挂座拆下，安装到上层（下一层）相应位置并把提升链条挂好。注意在电动捯链松链时，防止发生误操作。架体提升到位后必须固定好，否则不允许下班。

9）全钢爬架组装完毕后验收合格要试提升，一切正常方可正式提升。

（2）故障处理

经按"爬架提升、下降作业前检查验收表"的要求检查确认可以提升后，便可发出指令开始提升，提升时可整栋楼的爬架所有机位同时提升，也可分组分区提升，当无故障报警自行停机时，可一次提升到位。

1）当有故障时，应及时排除故障后再重新提升。提升过程中注意导轨垂直度，特别是顶部固定导向座应与其下的二个固定导向座同在一垂直面中并成一条直线，否则暂停提升进行调整。

2）当提升到底部固定导向座离开导轨后，停止提升并将该固定导向座卸下移往顶部对正导轨处安装好，然后方可继续提升。提升快到位之前，应将所有定位用的固定扣件全数松掉。提升到位停机后，首先将密封板全数封闭好后再及时全数上好定位扣件，当部分扣件位置过高时，应在其下加上垫高件。定位扣件全数固定上紧后，便可进行卸荷工作。

4. 卸荷

发出卸荷指令，提升链条将全部放松，连接在提升链条上的传（动）力捯链环链也随之放松，如定位装置连接可靠，则卸荷几秒内即可完成，否则，应重新固定再次卸荷。卸荷完成后可取消捯链上挂座与升降架的连接。

（1）当取消捯链上挂座与升降架的连接后，进行特殊构件的上移工作。

（2）当所有机位可靠卸荷后，可进行捯链工作。捯链时电机反转，自动捯链系统将把传力捯链环链恢复到升降前的状态。上述几道程序完成后，即可关机、停机，经再次复检后便可供下次继续使用。这样，整个完整的提升程序便已全面完成，再次升降时，只要重复上述程序，架子便可进行新的一次升降。

5. 提升作业技术措施

（1）结构的临边防护。架体提升前，总包方必须先做好主体结构的临边防护措施，否则架子不予提升，具体临边防护措施由总包方编制可实施性方案。

（2）爬架外防护网。全钢爬架的外防护网最外面是角钢和扁钢做的米字形骨架，里面设置一层有较高强度且孔洞较小的钢网。

（3）爬架与施工电梯的处理措施。主体外墙施工时，位于施工升降机上方的爬架可拆除任意层脚手板跟外侧网片。施工升降机的吊笼可升降至爬升架内任意一层，方便工人出入。施工升降机的两个吊笼均可进入架体内。架体侧面使用防护网进行刚性密封，水平方向在第二层走道板（施工电梯的顶部）布置内挑板和翻板进行刚性密封。

（4）爬架与塔式起重机的处理措施。在爬架架体平面布置时，在拟订塔式起重机附臂位置布置塔式起重机附墙处专用吊桥式折叠架，且应保证吊桥式折叠架架体立杆与塔式起重机附臂最靠近处中心留有不少于250mm的距离，吊桥式升降平台底层脚手板制作为可翻转型脚手板，当爬架升降时遇到上几层塔式起重机附臂影响平台升降时，先拆除塔式起重机附臂待通过的那层吊桥式折叠架脚手板处的外侧防护网，然后再拆除该层脚手板的中间连接螺栓组件，再用手动绞盘拉起脚手板到两端立杆处固定，则塔式起重机附臂就可顺利通过该层脚手板，待升降过后立即将所有拆除件和翻转件恢复到位即可。如图9-12、图9-13所示。

图9-12　塔式起重机附臂通过前展开
走道板及防护网

图9-13　塔式起重机附臂通过后
复原走道板及防护网

（5）爬架与物料平台之间的技术处理措施。项目东面与南面各布置1套，西面布置2套，共4套。自爬式卸料平台拟当爬架底层平齐7层楼面后开始安装。6层结构使用总包方自行提供的卸料平台卸料。

（6）爬架在台风工况的处理措施。当台风来临前，需对爬架进行如下处理：

1）及时将爬架上存留的材料、杂物等清理干净。

2）密封板全数密封严实，防止物体坠落。

3）保证每个机位导轨均有三个固定导向座与建筑结构连接固定。

4）在导轨固定导向座处上下位置安装扣件。

5）检查所有机位导轨、固定导向座、穿墙螺杆连接处，螺母是否拧紧。

6）在架体顶部，每个机位导轨处使用$\phi48$钢管与预埋钢管或膨胀螺栓将导轨立杆拉结固定，或与相邻柱子拉结固定。钢管两侧各安装2个钢管扣件（钢管及扣件需总包单位配合提供）。

7）关闭爬架所有电源开关。

9.4.5　使用与维护

升降架每次升降后要经过检查验收，合格并领取升降架准许使用证后方能使用。

（1）使用荷载。架体使用时，二步架使用时脚手板活荷载应小于$3kN/m^2$，三步架同时使用时脚手板活荷载小于$2kN/m^2$，严禁超载使用，荷载应尽量分布均匀，避免过于集中，局部集中荷载不大于5kN。

（2）架体在使用中必须与建筑物进行临时的连接、支撑，防止架体顶部晃动过大。

（3）架体的维护保养。

1）升降架每次升降前，施工班组应对所升降架体固定导向座的附墙螺栓进行检查，螺杆露出螺母端部的长度不得小于3扣且不小于10mm，发现问题应及时解决和更换，由工程部验收签字后方可进行升降。

2）定期对电动捯链进行维护保养，加注润滑油，检查电动捯链自锁装置、链条情况，检查传力捯链环链情况等。

3）检查构件焊接情况、悬挂端下沉情况、扣件松紧情况等。

4）检查吊挂件、捯链环链的松紧情况等。

5）检查控制分机、重力传感器及自动控制线路，确保能正常使用。

（4）全钢爬架的各部件及专用装置、设备均应制定相应报废制度：

1）焊接件严重变形或严重锈蚀时即应予以报废。

2）穿墙螺栓与螺母在使用1个单体工程后、或严重变形、或严重磨损、或严重锈蚀时即应予以报废；其余螺纹连接件在使用2个单体工程后、或严重变形、或严重磨损、或严重锈蚀时即应予以报废。

3）动力设备一般部件损坏后允许进行更换维修，但主要部件损坏后应予以报废。

4）防坠装置的部件有明显变形时应予以报废或更换。

9.4.6　爬架的拆除

本工程爬架提升到顶后利用塔式起重机整体分段拆除。本工程在北侧安装了一台型号TC7525塔式起重机，最大工作幅度半径为50m。吊装范围可满足项目爬架的安装拆除，确保拆除升降脚手架过程的安全，每次起吊拆除的架体单元重量约2.3t。

升降平台区域下方地面划出安全区域，且必须有专人警戒守护，严禁与拆架无关的人员进入该区域。如图 9-14 所示。

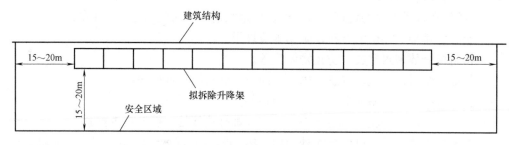

图 9-14　拆除作业安全防护区域示意

1. 拆架前的准备工作

（1）拆架前技术人员必须进行安全技术交底，并对人员进行分工，且通信可靠。

（2）拆架时切实注意安全，必须先卸除所有使用荷载，清除架体上建筑垃圾等。

（3）拆架前必须准备好所有拆架工具，如所需扳手等。

（4）架子工作业时，必须佩戴好安全帽、系好安全带，严禁穿拖鞋或硬底带钉易滑鞋作业，工具及零件应放在工具包内，服从指挥，集中思想、相互配合，拆除下来的材料不乱抛、乱扔。爬架作业下方不准站人，架子工不准在爬架上打闹、嬉笑。

（5）整个拆除过程中，操作人员应严格遵守升降爬架的有关安全规定，严禁抛扔。

（6）架子拆除后应及时将设备、构配件及架子材料运走或分类堆放整齐。

（7）架子利用塔式起重机向上提升拔出时，整个架子上严禁站有任何人员。

2. 爬架的拆除

（1）将吊装用钢丝绳（或链条）钩挂牢在分组处的架体折叠单元上节的吊钩上，塔式起重机稍往上提将其张紧。

（2）将塔式起重机吊住的架体单元与临边架体之间的连接拆除，水平桁架之间连接拆除，同时拆除横跨吊装架体与非吊装架体之间的防护网，拆除时操作人员必须严格按照施工安全要求系好安全带。

（3）拆除附墙固定导向座与建筑结构之间的穿墙螺杆，在上下方各装一个防止固定导向座滑动的扣件，并将电动捯链与架体立杆固定，防止吊装过程中捯链晃动。清理架体上所有拆下的连接固件及建筑垃圾，避免吊装时高空坠物。

（4）指挥塔式起重机将架体单元慢慢往上吊，待与其他走道板脱离后再吊放至地面平放。

（5）地面操作人员将塔式起重机吊环拆除，并将架体单元上四根立杆拆除，准备用到下次吊装；地面操作人员将架体单元所有走道板及封网等配件全部拆散并按类分别叠放到指定位置，以便打包运输。

3. 成品保护

略

4. 拆架时的安全、文明施工

略

9.5 施工安全保证措施

1. 组织保障体系

略

2. 搭设、安装、使用、提升、拆除的技术措施

(1) 安装前的准备工作

略

(2) 安装阶段的安全技术措施

安装阶段，现场主管和安全员全过程对现场操作人员、搭设质量、安全防护进行指导检查，公司专管员和区域负责人不定期地进行巡查，督促整改不规范的部分。

(3) 上升阶段安全技术措施

1) 提升及加固脚手架架体。明确脚手架提升时各岗位的职责，统一信号，统一指挥。提升过程中现场操作人员必须坚守岗位，注意观察并做好记录，一旦发现结构变形、受损等现象，应立即停止提升，待修复加固后才能继续使用。

2) 定期维护施工机具。对电动捯链进行包扎，作好防水处理；对电动环链加以保护，并按其使用说明书的规定定期清理外露零部件上的砂浆和污物；对链条和传动系统加注润滑油，并检查电动环链是否运行顺畅、不卡链、不爬链、不扭绕、无异常声响、制动可靠。电气系统各开关做到灵敏可靠，指示灯工作正常，电缆线扎束高挂。发现电缆局部损伤应立即包扎接复。对同步控制系统要进行防水处理。特别要对穿墙螺杆、可调拉杆等进行清洁并上好润滑油脂。每次提升前应清洁并检查防坠弹簧是否灵敏可靠。随时检查钢构件有无裂纹、变形等情况，做到早发现早整改。

3) 检查记录。每次提升施工过程都要严格按照专项方案中检查验收规定的内容进行检查记录。提升前认真检查，验收合格后，下达升降许可证；提升过程中，记录下突发情况，便于班后总结提高；提升完后，对架体再进行一次全面的检查，合格后下达准用证。

4) 当防护架提升、下降时，操作人员必须站在建筑物内或相邻的架体上，严禁站在防护架上操作。架体安装完毕前，严禁上人。

5) 防坠落装置与升降设备必须分别独立固定在建筑结构上，装置的技术性能应满足规范规定，应具有防火、防尘、防污染的措施。

(4) 运行使用过程中的要求及注意事项

1) 使用过程中的要求

① 升降操作总要求是：责任到人，人员到位，各尽其职，各负其责。

② 参加提升操作的施工人员必须经过培训，进行安全、技术交底。

③ 升降前检查：检查所有螺纹连接处螺母是否拧紧，所有障碍物是否拆除，连墙杆是否解除，导轨是否垂直，安全防坠落装置是否完好，启动是否灵敏。

④ 预紧电动捯链链条以吃力为准。捯链不允许有链条扭曲、翻链现象。

⑤ 确认系统正常、障碍物清除后，操作人员按分工就位，在现场指挥人员的统一指挥下进行提升操作。脚手架的运行指令只能由现场管理人员或领班一人下达，运行过程中遇紧急情况任何人均可终止脚手架的运行。

⑥ 提升过程中的检查：检查架子高度变化，支架是否有明显变形，捯链运转是否正

常，链条有无翻链、扭曲现象，支架与提升机构相对运动中是否有刮、碰现象，保持升降同步性。有报警应停止升降，排除故障方能继续运行。架子提升到位后将附着支撑上的顶板受力，盖好翻板。

⑦ 提升加固完毕后，投入使用前，应进行下列检查：检查各受力附着支撑能否有效传力，定位扣件是否紧固，所有螺纹连接处螺母是否紧固，底部防护是否到位。

2）使用注意事项

① 管理人员必须对架体进行严格检查后方能投入使用。

② 主体施工阶段允许有 2 层作业层施工，每层最大允许施工荷载 $3kN/m^2$。外墙装饰施工期间允许有 3 层作业层施工，每层最大允许施工荷载 $2kN/m^2$。

③ 使用时只能作为操作架，不得作为外墙模板支模架。

④ 严禁利用脚手架吊运重物、在架体上推车、在架体上拉结吊装缆绳。

⑤ 严禁任意拆除提升脚手架部件和穿墙螺栓、起吊构件时碰撞或扯动外架。

⑥ 外架不得超载使用，不得使用集中荷载。

3）拆除阶段安全技术措施

略

3. 应急救援预案

（1）应急救援准备

1）组织机构及职责

略

2）培训和演练

略

3）应急物资的准备、维护、保养

略

（2）应急响应

1）坍塌事故应急预案

略

2）倾覆事故应急预案

① 如果有倾覆事故发生，首先由现场人员在现场高呼，提醒现场周边人员，立即通知现场负责人，由安全员负责拨打应急救护电话"120"，通知有关部门和附近医院，到现场救护。现场总指挥由项目经理担当，负责全面组织协调工作，施工员亲自带领有关专家及组长，分别对事故现场进行抢救，如有重伤人员由专人负责送外救护，切断相关电源，防止发生触电事故，门卫值勤人员在大门口迎接救护车辆及人员。

② 其他人员协助生产负责人对现场进行清理，抬运物品，及时抢救被砸人员或被压人员，最大限度地减少重伤程度，如有轻伤人员可采取简易现场救护工作，如包扎、止血等措施，以免造成重大伤亡事故。

③ 如有脚手架倾覆事故发生，按小组预先分工，各负其责。架子班专家组长应组织所有架子工，立即拆除相关脚手架，其他人员应协助清理有关材料，保证现场道路畅通，方便救护车辆出入，以最快的速度抢救伤员，将伤亡事故降到最低。如事故严重，应立即报告公司安全科，并请求启动公司级应急救援预案。

3）物体打击事故应急预案

略

4）机械伤害事故应急预案

略

5）触电事故应急预案

略

6）高空坠落事故应急预案

略

7）火灾事故应急预案

略

（3）因质量缺陷而引起的突发停机事故应急处理和预防措施

1）爬架爬升过程中捆链链条断裂，造成提升停止，由于机位本身具有可靠的防坠落装置，同时在每个机位设置有重力遥控装置，因此不会往下坠落。该突发安全事故发生后，所有机位的电机会立即自动停机，此时部分操作人员立即更换提升设备，部分操作人员应注意观察相邻机位的情况。

预防措施：每次升降前对提升动力和链条进行全面维护，发现异常，立即更换。

2）使用中架体构配件焊缝开裂、破坏等。架体使用中应定期进行外观检查，发现构配件焊缝开裂、破坏的，能立即更换的应该立即更换，不能更换的应加固并焊接牢固使之符合使用要求。

预防措施：构配件进场前对构配件进行全面检查，合格后方可使用。每次爬升前后应该对其构配件进行全面的检查，发现不合格的构件应该立即更换或整修直到合格。

4. 防电措施

略

5. 防雷措施

略

6. 防台风措施

略

7. 质量监督保证措施

（1）本工程爬架在安装、使用、升降时，应保证附着在建筑主体上每个机位至少2个固定导向座。

（2）每个导座上安装2个定位扣件并可靠连接。

（3）两个相邻机位之间的距离不大于6m。

（4）提升爬架时，每个机位的提升力大小可进行实时监测，如有过载情况，则立即停止提升，找出异常原因后，排除故障。

（5）提升到位后固定好所有的定位扣件。

（6）密封翻板封闭后方可正常工作，防止跌落事故发生。

9.6　危险辨识及分析

危险辨识及分析，见表9-6所列。

危险辨识及分析　　　　　　　　　　　　　　　表 9-6

危险因素	发生时间及部位	预防措施
高处坠落	1. 找平架、水平支撑桁架以上部位分架体搭设过程中； 2. 水平支承桁架的组装过程中； 3. 主框架的安装过程中； 4. 框架顶部套附着支座过程中； 5. 主框架第二次校正过程中； 6. 紧邻阳台、飘窗板及结构层局部变化的特殊部位作业过程中； 7. 特殊情况下架体与结构件空隙大于安全要求的部位； 8. 架体升降后架体的端部	1. 加强作业人员的安全教育，作业过程中，按要求正确佩戴、使用劳动防护用品，做到"三不违章"； 2. 完善临边、洞口等危险部位的防护措施，并经常检查，发现缺损、丢失等隐患及时落实人员进行修补、整改； 3. 隐患整改完成必须进行复查，合格后方可使用； 4. 设置明显的安全警示标志，升降架按要求设置警示标志
物体打击	1. 从架体组装起直至架体拆除完毕全过程中，架体的底部作业人员、在架体上进行作业的人员及架体顶部作业层其他作业人员； 2. 材料吊运路径底下	1. 完善各危险部位的防护设施并经常检查其完整和有效性； 2. 对检查中发现存在的安全隐患及时落实人员进行整改； 3. 严格控制架体上的物料重量必须在安全荷载允许范围内，且不得集中堆放，松散材料必须装在容器内，架体上不得堆放钢管、扣件、木枋及其他小型工具； 4. 架体上的工具、用具及混凝土块和建筑垃圾等必须及时清理干净； 5. 架体升降过程中架体底部必须划出警戒区，拉上警戒绳，悬挂警示标语
机械伤害	1. 材料进出场装卸车； 2. 架体升降运行中，运动物体与运动物体间接触部位、运动物体与静止物体间接触部位(如：主框架与附着支座等)	1. 必须由具有作业资质的人员进行施工作业； 2. 作业前进行安全技术交底，经常性开展作业人员的安全教育，作业过程中按要求正确佩戴、使用劳动保护用品； 3. 夜间装卸车时必须有足够的照明，听从指挥人员指挥； 4. 机械保养、维修时严禁用手代替用具操作； 5. 机械设备运行中严禁进行维护保养和维修
触电	1. 非安全电压电源线缆布置区域； 2. 各用电设备处； 3. 电气开关控制箱处	1. 电气安装、维修必须由持有相应专业《特种作业人员操作证》的人员进行； 2. 经常检查电缆、动力设备绝缘性能，并及时修复破损部位，确保其绝缘性能； 3. 做好各电气设备的防砸、防水、防雷措施
坍塌	脚手架架体中及下面所有区域	1. 经常检查维护设备、设施的可靠性； 2. 架体运行中要仔细观察升降系统构件是否出现异常及各附着受力点处结构是否出现裂纹等损坏情况

9.7　爬架计算书

9.7.1　计算荷载情况及组合

1. 荷载计算

导轨自重：由设计图纸，重量为 $187 \times 15 = 2805$N

提升系统：$100 \times 10 = 1000N$

架体自重：$4.0 \times 7000 = 28000N$

静荷载合计$\sum = 2805 + 1000 + 28000 = 31805N$

2. 荷载组合

取动力系数 $\gamma_b = 1.3$；冲击系数 $\gamma_c = 2.0$；恒荷载分项系数 $\gamma_a = 1.2$；活荷载分项系数 $\gamma_q = 1.4$

静荷载：$P_{静} = 1.2 \times 31805 = 38166N$

活荷载：使用时 $P_{活} = 1.4 \times 4 \times 0.6 \times 2 \times 3000 = 20160N$；升降时 $P_{活} = 1.4 \times 4 \times 0.6 \times 2 \times 500 = 3360N$

根据规范计算附墙支座时，其设计荷载应乘以冲击系数 2.0；升降、坠落工况应乘以不均匀系数 2.0；组合风荷载时，活荷载需乘以系数 0.9。

(1) 使用坠落工况时：$P_{使} = 2.0 \times (P_{静} + 0.9 \times P_{活}) = 2 \times (38166 + 0.9 \times 20160) = 112620N$

(2) 升降时：$P_{升} = \gamma_c (P_{静} + 0.9 \times P_{活}) = 2 \times (38166 + 0.9 \times 3360) = 82380N$

9.7.2　验算过程

1. 工况验算

根据机位布置和建筑结构情况，使用工况下，导轨式附着升降脚手架的附墙支座设有 3 个。

(1) 使用坠落工况验算

架体在施工时，考虑风荷载对架体受力分析，风荷载 $F_{风} = 2 \times 1.4 \times 0.9 \times W_k \times 5.96 \times 6 = 2 \times 1.4 \times 0.9 \times 558.7 \times 5.96 \times 6 = 50347N$。

1) 内力计算

剪力：$N_v = P_1 = 5.96/13.5 \times 121665 = 53712N$

拉力：$N_t = P_1(L + a/2)/H + F_{风} = 53712 \times (0.43 + 0.6/2)/3 + 50347 = 63416.92N$

2) 承载力验算

本工程穿墙螺杆均采用 M30、5.6 级螺杆，$f_t^b = 210N/mm^2$，$f_v^b = 190N/mm^2$，根据《建筑施工工具式脚手架安全技术规范》JGJ 202—2010，（以下简称《脚手架规范》）式 (4.3.6-1)~(4.3.6-3)：

$N_v^b = \pi d^2 \times f_v^b / 4 = \pi \times 30^2 \times 190 / 4 = 134235N > 53712N$

$N_t^b = d_e^2 \pi f_t^b / 4 = 561 \times 210 = 117810N > 63416.92N$

$$\sqrt{\left(\frac{N_v}{N_v^b}\right)^2 + \left(\frac{N_t}{N_t^b}\right)^2} = \sqrt{\left(\frac{53712}{134235}\right)^2 + \left(\frac{63416.92}{117810}\right)^2} = \sqrt{0.1601 + 0.2898} = 0.6707 \text{ 满足}$$

要求。

抗拉强度 $f_t = N_t/A_s = 53712/561 = 95.74N/mm^2 < 210N/mm^2$ 满足要求。

抗剪强度 $f_v = N_v/A_s = 63416.92/561 = 113.04N/mm^2 < 190N/mm^2$ 满足要求。

(2) 升降工况验算

注：本计算项考虑 5 级大风、$W_k = 250N/m^2$ 两种情况分析，与上述使用坠落工况验算相似，此处略去。

(3) 强风来临时使用工况验算

注：本计算项考虑6级大风，架体下降1.5m情况分析，与上述使用坠落工况验算相似，此处略去。

2. 导轨上的小横杆验算

架体坠落时，小横杆的抗弯及小横杆端头处和与导轨焊缝处的抗剪验算，按最不利工况架体坠落及一根横杆冲击。

（1）抗剪验算

$F_\tau = 121665N$，

$2A_s = 2 \times 616 = 1232mm^2$

$f_v = F_\tau / A_s = 121665/1232 = 98.75N/mm^2 < [f_v] = 118N/mm^2$，满足要求。

（2）焊接处抗剪验算

焊缝采用母材直角焊，整个外圆满焊，建筑钢结构焊缝许用应力中查得焊缝强度许用设计值：

抗压：$f'_f = 167N/mm^2$

抗剪：$\tau'_f = 118N/mm^2$

小横杆与导轨管焊接处的焊缝高度 $h \geqslant 6mm$

焊缝长度 $L = 2\pi d = 2 \times \pi \times 28 = 176mm$

焊缝抗剪截面积 $A_s = lh/\sqrt{2} = 176 \times 6/\sqrt{2} = 746.8mm^2$

$f_v = F_\tau / 2A_s = 121665/2 \times 746.8 = 81.45N/mm^2 < [\tau_{f'}] = 118N/mm^2$，满足要求。

（3）抗弯验算

$F_\sigma = 121665 \times 0.6/4.1 = 17804N$ $\qquad l = 140 - 48 - 58 = 34mm$

$M_{max} = F_\sigma l/8 = 17804 \times 34/8 = 75667N \cdot mm$

$f_v = M_{max}/\omega = 75667/2155 = 35.11N/mm^2 < [f'_f] = 167N/mm^2$，满足要求。

3. 吊挂件及吊索验算

（1）上吊挂件设计计算

1）销轴用 $\phi 30$ 的 Q235A 圆钢

$[f] = 215N/mm^2$；$[f_v] = 125N/mm^2$；吊环截面积：$A_s = 616mm^2$

吊挂件提升时承重：$P_{升} = 77817N$

由 $f = N_t/A \leqslant [f]$，有 $f = 77817/2 \times 616 = 63.16N/mm^2 < [f] = 215N/mm^2$，满足要求。

2）焊缝强度验算

注：本计算项与上述小横杆计算相似，此处略去。

（2）下吊点桁架设计计算

下吊点桁架钩挂升降设备销轴处连接耳板强度计算，二块连接吊板厚度均为10mm，最小截面积为：

$A_s = 2 \times (35-16) \times 10 = 380mm^2$

$\sigma_{吊} = P_{升}/A_s = 77817/380 = 204.78N/mm^2 < [\sigma] = 215N/mm^2$，满足要求。

连接耳板处焊缝强度验算

总焊缝长度：$\sum l = 80 \times 4 = 320mm$

焊缝有效高度：$h_e = 0.7 h_f = 0.7 \times 6 = 4.2\text{mm}$

承受平行于焊缝长度方向的荷载为 $N_v = 77817\text{N}$

$f_v = N_v / h_e l_w = 77817 / h_e \sum l = 77817 / (4.2 \times 320)$

$\quad = 57.89\text{N/mm}^2 < [\tau_p'] = 118\text{N/mm}^2$，满足要求。

4. 附墙导向座验算

附墙导向座侧板采用 Q235A 钢板，其 $[f] = 215\text{N/mm}^2$，

$[f_v] = 125\text{N/mm}^2$，按"容许应力设计法"进行计算，即 $f \leqslant [f]$、$f_v \leqslant [f_v]$

（1）内力分析

BC 受压：压力 $N_2 = P_坠 = 121665\text{N}$

AB 受拉：拉力 $N_1 = N_2 \times 185/205 = 109795\text{N}$

（2）截面计算

$A_s = 70 \times 10 = 700\text{mm}^2$

附墙导向座有二个侧板，则拉力、压力每件均承受 1/2 力或按 $2A_s$ 计算。

$f_1 = N_1 / 2A_s = 109795 \div 2 \div 700 = 78.42\text{N/mm}^2 < [f] = 215\text{N/mm}^2$，满足要求。

$i = 0.289a = 0.289 \times 70 = 20.23\text{mm}$

$L = 323\text{mm}$；$\lambda = 323/20.23 = 16$

轴心受压构件的稳定系数 $\phi = 0.988$

$f_2 = N_2 / 2\phi A_s = 121665 \div 0.988 \div 1400 = 87.96\text{N/mm}^2 < [f] = 215\text{N/mm}^2$，满足要求。

以上是按整个架子的重量和荷载以一个附墙固定导向座承载来计算的，实际上有 2 个或 2 个以上这样的附墙固定导向座，平均按 2 个来承载则安全裕度就更大了。

（3）焊缝验算

焊缝采用母材直角焊，双面满焊 $h_f \geqslant 6\text{mm}$，在通过焊缝形心的拉力、压力或剪力作用下，当力垂直于焊缝长度方向时，$f = N_v / h_e l_w \leqslant \beta_t f_f^w$；当力平行于焊缝长度方向时，$f_v = N_v / h_e l_w \leqslant f_f^w$。另查得焊缝强度许用设计值：

抗压 $[f] = 167\text{N/mm}^2$；抗剪 $[f_v] = 118\text{N/mm}^2$。

1）当力平行于焊缝长度方向时

$h_e = 0.7 h_f = 0.7 \times 6 = 4.2\text{mm}$

$l_w = 2 \times 50 \times 2 - 10 \times 2 + 33.5 \times \pi \times 2 = 390.5\text{mm}$

$f_v = N_2 / h_e l_w = 121665 \div 4.2 \div 390.5 = 74.18\text{N/mm}^2 < [f_v] = 118\text{N/mm}^2$

满足要求。

2）当力垂直于焊缝长度方向时

$f_v = N_1 / h_e l_w \leqslant \beta_t f_{wt}$

$[f] = 167\text{N/mm}^2$；$\beta_t = 1.22$（《钢结构设计标准》GB 50017）

$f_v = N_1 / h_e l_w = 109795 \div 4.2 \div 390.5 = 66.94\text{N/mm}^2$

$f_v < \beta_t f_{wt} = 1.22 \times 167 = 203.7\text{N/mm}^2$，满足要求。

在其他力或各种力综合作用下 $\sqrt{(\sigma_f / \beta_t)^2 + \tau_f^2} \leqslant f_w$

即 $\sqrt{(74.18/1.22)^2+66.94^2}=90.42\mathrm{N/mm^2}<[f]=167\mathrm{N/mm^2}$，满足要求。

5. 防坠器验算

（1）防坠器说明

1）防坠器支座板与附墙支座为一个整体连接件，承载架体与墙体的连接、安装定位等功能。

2）防坠器通过 4 颗 M16 螺栓（8.8 级）与防坠器支座板连接，固定在其上。

3）在防坠器支座板上分别开孔安放摆叉轴及转轮轴，用以作为承载点，在发生坠落时，两轴分别承受转轮及摆叉对其产生的剪切。

4）转轮与摆叉通过啮合作用起防坠功能，分别承受架体传力产生的剪切力。

防坠器示意如图 9-15 所示。

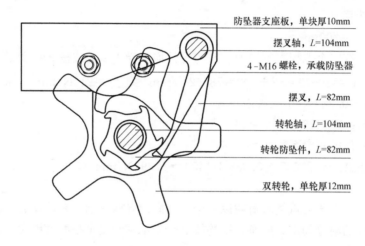

防坠器支座板，单块厚10mm

摆叉轴，L=104mm

4-M16 螺栓，承载防坠器

摆叉，L=82mm

转轮轴，L=104mm

转轮防坠件，L=82mm

双转轮，单轮厚12mm

图 9-15　防坠器示意图

（2）冲击荷载系数确认

防坠器材质为 45 号优质碳素结构钢，其强度设计值：$[f]=330\mathrm{N/mm^2}$；$[f_v]=210\mathrm{N/mm^2}$；弹性模量 $E=2.06\times10^5\mathrm{N/mm^2}$。

在冲击荷载计算公式中，由于防坠器中的防坠转轮与防坠齿及卡轮是应用齿轮啮合原理，即防坠转轮上的外齿与导轨上的防坠杆啮合在一起，可以视为 $H=0$ 或 $v=0$，即荷载突然全部加于构件，冲击荷载系数 K_k 计算如下：

$$K_k=1+(1+6HEI_x/P_{升}L_3)^{0.5}=1+1^{0.5}=2$$

（3）荷载取值

在发生坠落时，瞬时起作用的应为一个防坠器，因此，按一个防坠器承受整体架荷载值进行计算。按使用工况计算：

$$P=\gamma_0\gamma_1(\gamma_G G_K+\gamma_q Q_K)=1.0\times2.0\times(1.2\times28.17+1.4\times25.92)=140.18\mathrm{kN}$$

$$P=\gamma_0\gamma_1[\gamma_G G_K+0.9\times(\gamma_q Q_K+\gamma_q W_k)]$$
$$=1.0\times2.0\times[1.2\times28.17+0.9\times(1.4\times25.92+1.4\times0.844)]=135.05\mathrm{kN}$$

（4）连接螺栓验算

螺栓承受竖向剪力为 $H_a=P=140.18\mathrm{kN}$

单颗螺栓承受剪力为 $H'_a=140.18/4=35.05\text{kN}$

单颗 8.8 级螺栓抗剪承载力：$N_{vb}=\pi D^2_{螺}/4\times f_{vb}=3.14\times16\times16/4\times250=50.24\text{kN}$
$>35.05\text{kN}$，满足要求。

（5）防坠器支座板强度验算

防坠器支座板两块，单块厚度 10mm，在螺栓孔下 A 点处及转轮轴下 B 点为薄弱点。

1）A 点强度验算

A 处截面受剪，$f_v=140.18/4=35.05\text{kN}$

$\sigma=f_v/A=35050/(10\times2\times13)=134.81\text{N/mm}^2<[f_v]=210\text{N/mm}^2$，满足要求。

2）B 点强度验算

B 处截面受剪，$f_v=140.18/2=70.09\text{kN}$

$\sigma=f_v/A=70090/(10\times2\times21)=166.88\text{N/mm}^2<[f_v]=210\text{N/mm}^2$，满足要求。

（6）转轮强度验算

1）在发生坠落时，导轨防坠杆直接作用于 C 处截面，C 处截面受剪，$f_v=140.18\text{kN}$

$\sigma=f_v/A=140180/(29\times14\times2)=172.64\text{N/mm}^2<[f_v]=210\text{N/mm}^2$，满足要求。

2）在转轮防坠件根部 D 点位受剪，$f_v=140.18\text{kN}$

$\sigma=f_v/A=140180/(10\times85)=164.92\text{N/mm}^2<[f_v]=210\text{N/mm}^2$，满足要求。

（7）摆叉强度验算

1）在摆叉 E 处截面处，形成对截面的剪切应力，$f_v=140180\text{N}$

$\sigma=f_v/A=140180/(10\times85)=164.92\text{N/mm}^2<[f_v]=210\text{N/mm}^2$，满足要求。

2）在摆叉根部轴截面处，冲击力对摆叉套筒截面产生压应力，$f_v=140180\text{N}$

$\sigma=f_v/A=140180/(10\times85)=164.92\text{N/mm}<[f_v]=210\text{N/mm}^2$，满足要求。

6. 加高件计算

由上可知，剪力：$N_v=P_1=5.96/13.5\times121665=53712\text{N}$

拉力：$N_t=P_1(L+a/2)/H+F_{风}=53712\times(0.43+0.6/2)/3+48669=61739\text{N}$

$\sum P_x=0$

$P_{EB}\times600/624=N_t$

$\sum P_y=0$

$P_{CE}\times230/643+P_{EB}\times170/624=N_v$

$P_{EB}=64208\text{N}；P_{CE}=101256\text{N}$

而 P_{CE} 和 P_{EB} 均由两根 5 号槽钢承受，其单根截面积为：$A_s=692.8\text{mm}^2$

其中 L_{EC} 杆受压，$i=19.4\text{mm}$

$\lambda=L_{EC}\div i=643\div19.4=33.1$ 查得 $\psi=0.909$（材料 Q235）

$\sigma_{EC}=P_{CE}\div\psi\div2A_s=101256\div0.909\div2\div692.8=80.39\text{N/mm}^2<[\sigma]=215\text{N/mm}^2$，
满足要求。

$\sigma_{EB}=P_{EB}\div2A_s=64208\div2\div692.8=46.33\text{N/mm}^2<[\sigma]=215\text{N/mm}^2$，满足要求。

焊缝强度验算

注：本计算项与上述小横杆计算相似，此处略去。

7. 主体结构周边悬挑板强度验算

经过计算书的计算，架体作用到建筑结构上的荷载情况如下：

（1）使用工况下，架体传递到建筑结构上荷载

架体使用工况下荷载值 91.12kN，使用中有 4 个导座，单个导座处承受荷载值：$R_a=91.12/4=22.78$kN，也即架体传递到建筑结构梁处的集中荷载值为 22.78kN。考虑每个导座处使用一颗 M30 螺栓进行固定，螺栓对建筑结构处产生的集中荷载值即为 22.78kN。

按建筑梁截面厚度为 200mm 进行计算，导座安装处螺栓承受剪力，单颗螺栓所承受剪力值：$H_a=22.78$kN

螺栓孔混凝土受荷计算系数：$\beta_b=0.39$

混凝土局部承压强度提高系数：$\beta_1=1.73$

上升时混凝土龄期试块轴心抗压强度设计值：$f_c=9.6$N/mm^2

$1.35\beta_b\beta_1f_cbd=1.35\times0.39\times1.73\times9.6\times200\times30=52.46kN>H_a=22.78$kN，满足要求。

本工程中外墙梁厚为 300mm，完全能满足使用要求。

（2）升降工况下，架体传递到建筑结构上荷载

在升降工况下，此时架体的荷载均由钢丝绳吊点支座传递到建筑结构上，则建筑结构需承受升降工况时的架体荷载值，由计算得知，$N_s=G_K+Q_K=28.17+3.42=31.59$kN。

$1.35\beta_b\beta_1f_cbd=1.35\times0.39\times1.73\times9.6\times200\times30=52.46kN>N_s=31.59$kN，满足要求。

本工程中外墙梁厚为 300mm，完全能满足升降要求。

9.8 附图

施工图如图 9-16～图 9-21 所示。

注：本案例施工图有部分删减。

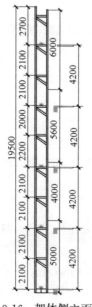

图 9-16 架体侧立面图

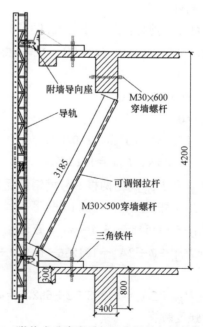

图 9-17 附着式升降脚手架机位导轨与梁结构连接大样

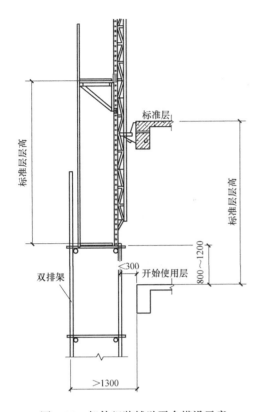

图 9-18 架体组装辅助平台搭设示意

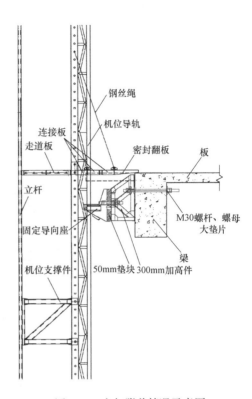

图 9-19 爬架附着情况示意图

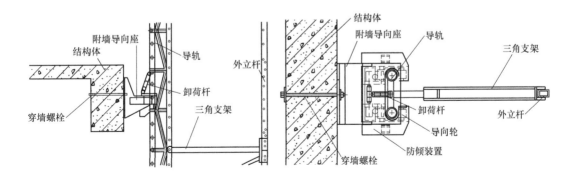

图 9-20 附墙导向座及导向轮安装

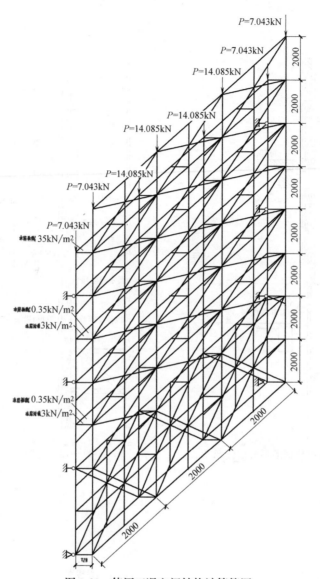

图 9-21 使用工况空间结构计算简图

第10章

悬挑高支模工程安全专项施工方案实例

实例4　××高层办公建筑工程高支模安全专项施工方案

10.1　编制依据

略

注：本书所选用的专项方案已在相应工程项目中安全施行并通过验收，相关专项方案所依据的规范可能存在与现行规范不一致的情况，方案的编辑应参照现行规范执行。

10.2　工程概况

10.2.1　项目概况

项目概况，见表10-1所列。

××项目概况表　　　　　　　　　表10-1

工程名称	××商务中心一期	建设单位	××房地产有限公司
工程地点	×××	设计单位	××建筑设计研究院
施工单位	××建筑安装工程有限公司	监理单位	××工程顾问有限公司

本工程为商务办公楼，占地约154577.0m²，总建筑面积约108213.4m²，其中地上建筑面积约97293.5m²，地下建筑面积约10919.9m²。负一层高4.25m，首层高6.0m，二层高4.8m，标准层高4.0～4.8mm。地上19层，高79.2m。本工程设计标高±0.00相当于黄海高程6.5m。

10.2.2　高支模区域概况

高支模区域概况，见表10-2所列。

高支模区域概况　　　　　　　　　表10-2

类型	高支模位置		楼板标高（m）	支模高度（m）	板厚（mm）	面积（m²）	梁规格（mm）
悬挑工字钢架高支模区域	1-2～1-17轴交1-C～1-D	天面层	+79.200、局部+79.750	13.35m	120	约290	300×600、400×800、300×1000、400×1000、500×1000、600×1000、300×1200、600×1550

续表

类型	高支模位置		楼板标高（m）	支模高度（m）	板厚（mm）	面积（m²）	梁规格（mm）
悬挑槽钢架高支模区域	1-1A~1-18A 轴交 1-AA~1-CA	天面层	+79.200	25.0m	120	约850	200×500、300×600、250×700、300×700、300×800、300×1300、300×1350、600×1300

10.2.3　高支模区域设计规划

高支模区域设计规划，见表10-3所列。

高支模区域设计规划 表10-3

		支模高度（m）	最大板厚（mm）	梁面积（m²）			梁高（m）	
悬挑工字钢架高支模区域设计规划	实况参数	13.35	120	$S<0.50$	$0.50<S≤0.6$	$0.6<S≤0.93$	$h≤1.0$	$h>1.0$
	计算参数取值	14.0	120	0.5×1.0	0.6×1.0	0.6×1.55	0.6×1.0	0.6×1.55
悬挑槽钢架高支模区域设计规划	实况参数	25.0	120	$S<0.39$	$0.39<S≤0.5$	$0.5<S≤0.78$	$h≤1.0$	$h>1.0$
	计算参数取值	25.0	120	0.3×1.3	0.5×1.0	0.6×1.3	0.6×1.0	0.6×1.55

本区域中扣件式钢管脚手架支模体系，采用悬挑钢架作为模板支架立杆基础，悬挑钢架层下保留3层模板支架作为回顶。

10.2.4　高大模板重点难点

本工程高大模板高度较高，大荷载梁荷载较大，高大支模体系和普通楼板的支模体系连为一体，与已浇筑混凝土的结构进行顶紧或抱箍处理，以防止架体坍塌；另外，还增加抱柱、顶紧等措施，以防支撑体系整体倾侧。在大荷载梁底加密钢管立杆以加强支撑能力，加密立杆与非高大模板的立杆或水平杆拉结成整体。

采用悬挑型钢架作支模立杆的基础，方案对型钢架的施工和验收等作了详细的描述，并对型钢架进行了验算，在满足荷载要求的前提下有一定的富余量。

10.3　模板体系设计

10.3.1　悬挑工字钢架高支模区域

1. 高支模120mm厚楼板模板（表10-4）

120mm厚楼板模板做法 表10-4

支模做法	楼板	计算参数
楼板浇筑厚度（mm）	120	120
立杆横向间距或排距（m）	<1.0	1.0
立杆纵距（m）	<1.0	1.0
水平拉杆步距（m）	<1.5	1.5
水平剪刀撑步距（m）	<3.0	3.0

支模做法	楼板	计算参数
纵向剪刀撑设置	满堂模板支架四边与中间每隔四排支架立杆应设置一道纵向剪刀撑，由底至顶连续设置	
扫地杆(mm)	200	200
木楞下方支撑钢管	顶托＋双钢管	顶托＋双钢管
木方的间隔距离(mm)	木方宽度 80 高度 80 间距 250	木方宽度 80 高度 80 间距 250
立杆上端伸出至模板支撑点长度(m)	0.2	0.2

2. 高支模梁 500mm×1000mm 模板支架（表 10-5）

梁 500mm×1000mm 模板支架做法　　　　　　　　表 10-5

支模做法		梁截面面积小于 0.50m² 梁的做法	计算参数 500×1000
模板支撑及构造参数	增加梁底承重立杆根数	无	无
	梁底立杆沿梁跨度方向纵距(m)	<1.0	1.0
	梁两侧立杆间距(m)	1.0	1.0
	脚手架步距(m)	1.5	1.5
	水平剪刀撑距(m)	3.0	3.0
	梁底大楞下方支撑钢管	双钢管	双钢管
	大楞连接方式	可调顶托	可调顶托
	立杆上端伸出至模板支撑点长度(m)	0.2	0.2
梁底模板参数	面板厚度(mm)	18	18
	梁底模板支撑的间距(mm)	木方宽度 80 高度 80 间距 250	木方宽度 80 高度 80 间距 250

3. 高支模梁 600mm×1000mm 模板支架

注：同上述高支模梁 500mm×1000mm 模板支架做法，此处略去。

4. 高支模梁 600mm×1550mm 模板支架

注：除梁底立杆沿梁跨度方向纵距设为不大于 0.5m，计算参数设为 0.5m，其余同上述高支模梁 500mm×1000mm 模板支架做法，此处略去。

5. 悬挑工字钢架支撑系统

（1）GJ1 支撑系统（表 10-6）

GJ1 支撑系统做法　　　　　　　　表 10-6

支撑架体	扣件式钢管支撑架
悬挑钢架	悬挑工字钢拉吊钢丝绳
悬挑型钢材料	18 号工字钢
拉吊材料	17mm 钢丝绳
拉吊设置	1 道，每道 1 根 17mm 钢丝绳

（2）GJ2 支撑系统

注：除拉吊设置为 2 道，其余同上述 GJ1 支撑系统做法，此处略去。

10.3.2 悬挑槽钢梁高支模区域

1. 高支模 120mm 厚楼板模板

注：同上述悬挑工字钢架高支模区域 120mm 厚楼板模板做法，此处略去。

2. 高支模梁 300mm×1300mm 模板支架

注：同上述悬挑工字钢架高支模区域梁 500mm×1000mm 模板支架做法，此处略去。

3. 高支模梁 500mm×1000mm 模板支架

注：同上述悬挑工字钢架高支模区域梁 500mm×1000mm 模板支架做法，此处略去。

4. 高支模梁 600mm×1300mm 模板支架

注：除梁底立杆沿梁跨度方向纵距设为不大于 0.5m，计算参数设为 0.5m，其余同上述高支模梁 500mm×1000mm 模板支架做法，此处略去。

5. 悬挑钢梁支撑系统

（1）GL1 支撑系统（表 10-7）

GL1 支撑系统做法　　　　　　　　　　　　　　　　表 10-7

支撑架体	扣件式钢管支撑架
悬挑钢架	悬挑槽钢拉吊槽钢
悬挑型钢材料	32a 号槽钢
拉吊材料	28a 号槽钢
拉吊设置	2 道，每道设置 1 根 28a 号槽钢

（2）GL2 支撑系统

注：除拉吊设置为 1 道，其余同上述 GL1 支撑系统做法，此处略去。

10.3.3 侧模做法

1. 高支模梁 600mm×1000mm 侧模（表 10-8）

梁 600mm×1000mm 侧模做法　　　　　　　　　　　表 10-8

支模做法（mm）	梁高小于 1000 的梁	计算参数 600×1000
主楞道数	1 道	1 道
主楞间距（mm）	＜500	500
次楞间距（mm）	250	250
穿梁螺栓道数	1 道	1 道
穿梁螺栓水平间距（mm）	500	500
穿梁螺栓竖向间距（mm）	＜500	500
穿梁螺栓直径（mm）	M14	M14
主楞龙骨材料	钢管	钢管
次楞龙骨材料（mm）	80×80 木枋	80×80 木枋

2. 高支模梁 300mm×1550mm 侧模

注：除主楞道数、穿梁螺栓道数及其相应计算参数为两道，其余同上述高支模梁

600mm×1000mm 侧模做法，此处略去。

10.4 施工方法

10.4.1 施工工艺流程

编制专项施工方案→测量放线→高支模搭设→高支模验收→结构施工及养护→高支模拆除。

10.4.2 施工准备工作

（1）编制专项施工方案，经监理公司审查，组织专家评审通过后，方可实施。

（2）支撑体系搭设前，工程技术、安全负责人向施工作业班组、作业人员作出详细说明，对其进行技术和安全作业的书面交底，并由双方签字确认。

（3）对扣件式钢管脚手架、配件、加固件按规范要求进行检查、验收；严禁使用不合格的脚手架及构配件。

（4）测量放线。

1）模板放线时，应先清理好现场。

2）首先用经纬仪根据施工图测出每条轴线，然后用墨线弹出梁模板的内边线和中心线，以便于模板安装和校正。

3）用水准仪把建筑物水平标高引到模板安装位置，定好水平控制标高。

4）用墨线弹出脚手架立杆的位置线，垫板和底座安放位置应准确。

10.4.3 材料准备

略

10.4.4 模板制作

略

10.4.5 高支模安装搭设

1. 模板及支撑体系安装施工顺序

放线→垫脚板→底托→扣件式钢管脚手架→水平拉杆→剪刀撑→大楞→小楞→梁底模板→梁钢筋安装→梁侧板安装→楼板底模板安装。

2. 立杆的设计

本工程高大模板的立杆支撑在首层楼板上，而楼板下相应位置则保留原支模体系作回顶，不需进行地基处理。

（1）立杆底部垫 500mm×500mm×50mm 的木板。

（2）立杆接长必须采用对接扣件连接，且相邻两立杆的对接接头不得在同步内。

（3）当架体构造荷载在立杆不同高度轴力变化不大时，则采用等步距设置。

（4）当中部有加强层或支架很高，轴力沿高度分布变化较大，则采用下小上大的变步距设置，但变化不要过多。

（5）高大支撑架水平拉杆步距小于 1.5m。

3. 整体性构造层的设计

（1）水平加强层应以每 3～6m 沿水平结构层设置水平斜杆或剪刀撑，且需与立杆连接，设置斜杆层数要大于水平框格总数的 1/3。

（2）在任何情况下，高支撑架的顶部和底部必须设水平加强层。

（3）水平拉杆需加长时，搭设长度不得小于1000mm，用三个扣件扣紧。

4. 剪刀撑的设计

（1）在高大支模区域外围设置由下至上封闭的竖向连续式剪刀撑。

（2）中间在纵横向每隔10m左右设由下至上的竖向连续式剪刀撑，其宽度为4~6m。

（3）在支模架体顶部和扫地杆处设置水平剪刀撑，中间每隔1~2步设置一道水平剪刀撑。

（4）剪刀撑杆需加长时，搭设长度不得小于1000mm，用三个扣件扣紧。

5. 顶部支撑点的设计

顶部支撑点位于顶层横杆时，应靠近立杆，且不应大于200mm。

6. 支撑架搭设的要求

（1）严格按照设计搭设，立杆和水平杆的接头设置均应错开在不同的框格层。

（2）确保立杆的垂直偏差和横杆的水平偏差小于《建筑施工扣件式钢管脚手架安全技术规范》JGJ 130—2011的要求，各立杆垂直度控制在10mm以内。

（3）确保每个扣件和钢管的质量满足要求，每个扣件的拧紧力矩都要控制在40~65N·m，杆件不能选用变形的钢管。

（4）地基支座的设计要满足承载力的要求。

（5）在搭设过程中，支撑架的立杆必须采用对接扣件进行对接，水平拉杆和剪刀撑必须采用搭接，搭接长度不应小于1m，旋转扣件不少于3个，端部扣件盖板的边缘至杆端距离不少于100mm。

7. 梁模板安装

（1）先在柱子上弹出轴线、梁位置和水平线，然后才钉柱头模板。

（2）按设计标高调整支顶的标高，然后安装梁底模板，并拉线找平。当梁跨度不小于4m时，在梁底模板的跨中处要起拱，起拱高度为全跨长度的2‰~3‰。施工时，起拱高度需符合设计及规范要求。主次梁交接时，先主梁起拱，后次梁起拱。

（3）根据墨线安装梁侧模板、压脚板、斜撑等。梁侧模板制作高度应根据梁高及楼板模板碰旁或压旁确定。

（4）当梁高超过750mm时，梁侧模板加穿梁螺栓加固。

8. 楼面模板安装

（1）通线调节脚手架支撑体系的高度，将大龙骨拉平，架设小龙骨。

（2）铺模板时可从四周铺起，在中间收口。若为压旁时，角位模板应通线钉固。

（3）楼面模板铺完后，应复核面板标高和平整度，预埋件和预留孔洞不得漏设并应位置准确。支模顶架必须稳定、牢固。模板梁面、板面应清扫干净。

9. 型钢架吊装

根据本工程钢结构安装总体施工方案及构件形式、重量、作业半径等，通过经济对比分析，选用2台TC6513型塔式起重机。本工程中主要构件情况见表10-9所列。

构件吊装信息 表10-9

材料规格	整根长度(m)	重量(t)	备注
18号工字钢	最长8.8	约0.2	TC6513塔式起重机
40a号工字钢	最长9.7	约0.9	TC6513塔式起重机

材料规格	整根长度(m)	重量(t)	备注
28a 号槽钢	最长 10	约 0.5	TC6513 塔式起重机
32a 号槽钢	最长 16	约 0.7	TC6513 塔式起重机

10. 悬挑型钢安装

(1) 型钢架设置(表 10-10)。

型钢架设置情况　　　　　　　　　　　　　　　　　表 10-10

型钢架类型	工字钢型号	挂点(支点)	吊挂(支撑)方式
GJ1	18 号工字钢	最外排立杆下端	一道,每道一根 17mm 钢丝绳拉
GJ2	18 号工字钢	第三排、最外排立杆下端	两道,每道两根 17mm 钢丝绳拉
GL1	32a 号槽钢	悬挑段 1/2 处、最外排立杆下端	两道,28a 槽钢拉吊
GL2	32a 号槽钢	最外排立杆下端	一道,28a 槽钢拉吊

(2) 工艺流程。

悬挑工字钢:施工准备→测量放线→工字钢层预埋钢筋压环→设置工字钢→吊环预埋→钢丝绳组装→设置工字钢层操作平台→焊接定位钢筋桩头→扣件式钢管架安装……

悬挑槽钢:施工准备→测量放线→槽钢层预埋钢筋 U 形卡环→设置槽钢→设置预埋件→钢丝绳组装→设置槽钢层操作平台→焊接定位钢筋桩头→扣件式钢管架安装……

(3) 塔式起重机钢丝绳选用。

钢丝绳的选型:本工程中塔式起重机吊装的最大吊重为 1.26t。

(4) 施工要求。

1) 悬挑钢架所在楼面混凝土浇筑前,依据平面图所示工字钢预埋钢筋箍环位置和间距,在板面钢筋或楼层梁中预埋 20mm 钢筋箍环,埋入钢筋要求锚入板中或梁中长度不小于 60cm,第一道箍环距结构外皮 10cm,第二道箍环为悬挑长度的 1.25 倍,第三道箍环与第二道箍环之间为 20cm。

2) 悬挑钢梁所在楼面混凝土浇筑前,依据平面图所示槽钢预埋钢筋箍环位置和间距,在板面钢筋或楼层梁中预埋 20mmU 形卡环,第一道箍环距结构外皮 10cm,第二道箍环为悬挑长度的 1.25 倍,第三道箍环与第二道箍环之间为 20cm。

3) 型钢采用塔式起重机吊装,焊接接头均为一级焊缝,全数采用超声波检测。

(5) 高支模采用悬挑型钢加钢丝绳拉吊来进行支撑。

10.4.6　高支模工程模板支架体系、型钢构件的检查与验收

1. 模板支撑体系应在下列阶段进行检查与验收:

(1) 作业层上施加荷载前。

(2) 整体或分段达到设计高度后。

(3) 遇六级大风或大暴雨后。

(4) 停用超过一个月。

2. 模板支架体系使用中,应定期检查下列项目:

(1) 杆件、连接件、斜撑、剪刀撑、孔洞通道的构造是否符合要求。

（2）场地地表是否积水，底座是否松动，立杆立柱是否悬空，外侧立杆立柱是否被车辆冲撞过。

（3）立杆立柱沉降与垂直度的偏差是否符合要求。

（4）扣件、连接件是否松动。

（5）是否超载。

3.模板验收要求。

略

4.悬挑型钢验收要求。

略

10.4.7 高支模拆除

（1）高支模支架拆除必须提供混凝土的强度报告。在梁板混凝土达到设计强度后，模板支撑体系经单位工程负责人检查验证确认不再需要，并审批同意后，方可拆除。

（2）拆除多层楼板支柱时，应在确认上部施工荷载不需要传递的情况下，方可拆除下部支柱。

（3）拆除前，由项目部技术负责人进行拆除安全技术交底。

（4）支架的拆除应从一端走向另一端、自上而下逐层进行，严禁上下同时作业。

（5）拆除顺序：先松开顶托，然后按照先支的后拆、先拆主承重模板后拆次承重模板顺序拆除模板和支撑体系。同层构配件和加固件应按先上后下、先外后里的顺序进行拆除。

（6）在拆除过程中，支架的自由悬臂高度不得超过两步，当必须超过两步时，应加设临时拉结。

（7）通长水平杆和剪刀撑等，必须在支架拆卸到相关的立杆时方可拆除。

（8）拆卸连接部件时，应先将锁座上的锁板与卡钩上的锁片旋转至开启位置，不得硬拉，严禁敲击。

（9）模板拆除应按规定逐次进行，不得采用大面积撬落方法，严禁使用榔头等硬物击打、撬挖。拆除的模板、支撑、连接件等构配件严禁抛掷至地面，应用槽滑下或用绳系下。不得留有悬空模板。

（10）悬挑型钢架拆除。

1）按照先装后拆、后装先拆的原则拆除悬挑架。

2）悬挑工字钢架拆除顺序：扣件式架体→施工平台→钢丝绳→吊环→18号工字钢→预埋压脚处理。

3）悬挑槽钢架拆除顺序：扣件式架体→悬挑槽钢架上的施工平台→斜拉槽钢→吊环→悬挑32a号槽钢→预埋压脚处理。

4）型钢拆除时用5t的手拉捯链，悬挑型钢架则用塔式起重机辅助拆除。悬挑型钢架的型钢由塔式起重机吊紧卸荷后再拆钢丝绳。

5）型钢拆除前需划分警戒区域，拆除期间，非有关施工人员不得进入警戒区域。

（11）塔式起重机吊装能力验算。

工程采用 TC6513 塔式起重机，吊臂长度 65m，参数见表 10-11 所列。方案中最重构件为 40a 号工字钢，重量小于 0.9t，而塔式起重机在最远的 65m 位置可起吊 1.30t，即安全系数 1.30/0.9＝1.4 倍，满足要求。

塔式起重机吊装能力参数信息　　　　　　　　　　表 10-11

幅度(m)		2.5～19.32	22	24	26	30	34.92	36	38	40	42
吊重(t)	2 倍率			3.00				2.89	2.7	2.53	2.38
	4 倍率	6.00		5.15	4.65	4.22	3.55	2.94	2.82	2.63	2.46	2.31
幅度(m)		44	46	48	50	52	54	56	58	60	62	65
吊重(t)	2 倍率	2.24	2.11	2.0	1.89	1.79	1.7	1.61	1.54	1.46	1.4	1.3
	4 倍率	2.17	2.05	1.93	1.82	1.72	1.63	1.55	1.47	1.4	1.33	1.26

10.5 钢筋混凝土结构施工部署

10.5.1 施工准备

1. 掌握工程现场情况

了解当地气象资料、水文地质情况，摸清周边环境情况，包括运输道路、施工用水用电、现场场地标高、规划地下管线走向等情况。

2. 做好图纸会审工作

项目经理部组织有关人员学习、熟悉施工图纸内容，了解设计意图，并进行自审、会审工作，扫除图纸上的施工障碍，以便正确无误地施工。

3. 编制混凝土结构专项施工方案

对可能出现问题的部位和工序提出注意事项和措施，并进行详细的技术交底。按照施工工期要求结合实际情况，编制施工机具设备需用量计划，组织施工机具设备需用量计划的落实，确保按期进场。

4. 材料准备

材料员根据材料供应计划，做好材料订货和采购工作，使计划得到落实。材料进场按计划进行，并做好保管工作。

5. 施工机具准备

按施工机具进场计划组织机具进场，对进场设备做相应的保养、检查和试运转工作，以保证施工机械能正常运转。

6. 劳动力准备

按照劳动力需用量计划，安排由具有丰富施工经验的技术工人组成的专业施工队伍进行施工。

7. 施工临水、临电布置

施工临水、临电安装按施工临水、临电专项方案进行布置。

10.5.2 施工段的划分

见本工程施工组织设计，此处略去。

10.5.3 施工安排

1. 现场主要运输机具安排

(1) 本工程预拌混凝土由大型搅拌站用搅拌车运送到场，场内由混凝土泵机输送至操作工作面。

(2) 混凝土泵选用 HBT30 系列，设置 1 台塔式起重机辅助垂直运输。

2. 外脚手架选用

外脚手架采用扣件式钢管脚手架，脚手架外侧采用密目安全网整体封闭；在施工通道上方设置双层防穿透安全平挡板。

3. 钢筋混凝土结构施工安排

（1）各层楼面结构的高支模支顶采用扣件式钢管脚手架支顶，拟配备三层梁板模板、两层柱子模板进行施工。

（2）混凝土构件的钢筋制作加工在现场进行。钢筋成型后按楼层、部位、规格、编号分类堆放。安装时利用塔式起重机或提升机垂直运到各操作层。

（3）本工程采用商品混凝土现场浇筑。商品混凝土用混凝土泵进行输送，并配以串筒、溜槽下料。柱采取独立浇筑，梁板浇混凝土采取一次成型的方法连续施工。

（4）泵送混凝土时应避免混凝土出料冲击荷载影响支架稳定。

（5）对泵管出口处最大堆料厚度应控制在 15cm 以内，以保证安全。

（6）混凝土的养护：混凝土浇筑完后 12h 内进行浇水养护，养护由专人负责，每天浇水的次数应能保持混凝土处于湿润状态，混凝土养护用水应与拌制用水相同，养护期不得少于 14d。

（7）泵送混凝土的浇筑顺序和路线。

本工程采用混凝土输送管泵送混凝土，在同一区域的混凝土，应按先竖向结构后水平结构的顺序，分层连续浇筑；梁混凝土浇筑采用从跨中向两端对称进行分层浇筑，每层厚度不得大于 400mm，且先浇筑非高支模区域混凝土，压稳非高支模区域支架后，再浇筑高支模区域混凝土。

高支模区域中从飘板内侧往外侧浇捣，飘板纵向由中间往两侧浇捣。如图 10-1 所示。

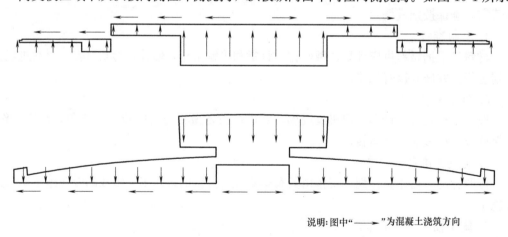

说明：图中"——→"为混凝土浇筑方向

图 10-1　泵送混凝土的浇筑顺序和路线

10.6　高支撑架变形监测

10.6.1　监测内容和监测要求

（1）监测项目：支架沉降、位移和变形；悬挑型钢架沉降。

（2）测点布设：在高大支模区域内荷载较大或支模高度较高的位置设置位移和沉降监测点。监测仪器精度应满足现场监测要求。

（3）监测频率：在浇筑混凝土过程中实施实时监测，监测频率 20～30min 一次。

10.6.2　监测报警指标

监测指标见表 10-12 所列。

高支撑架变形监测指标　　　　　　　　　　　表 10-12

监测项目	监测报警值(mm)	检测控制值(mm)
支架沉降	8	10
支架水平位移	12	15
悬挑型钢架沉降	8	10

10.6.3　监测方法

支撑的监测采用经纬仪和水准仪。做法是：在主体墙柱的侧面标示出观测基准点，分别在支撑杆上用油漆标示观测点；悬挑型钢架上也用油漆标示观测点。在整个浇筑混凝土的过程中，安排专职人员进行监测。

10.6.4　处理方法

当监测数据接近或达到报警值时，立即组织有关各方采取应急或抢险措施，同时向上级有关部门报告。

10.7　质量保证措施

10.7.1　保证材料质量的控制措施
略

10.7.2　预防轴线偏位、标高不正确的控制措施
略

10.7.3　施工质量保证措施
略

10.7.4　预防漏浆的控制措施
略

10.7.5　成品保护措施
略

10.7.6　混凝土浇筑施工注意事项
略

10.8　安全保证措施

10.8.1　安全生产保证体系
略

10.8.2　安全教育制度
略

10.8.3　安全检查制度
略

10.8.4　高支模工程的安全管理措施

（1）搭拆支架的工作必须由专业架子工担任，并按《特种作业人员安全技术培训考核

管理规定》考核合格，持证上岗。上岗人员定期进行体检，凡不适于高处作业者，不得上支架操作。

（2）施工前由项目部技术负责人对施工人员进行安全技术交底。

（3）搭拆支顶架时工人必须戴安全帽、系安全带和穿防滑鞋。高处作业之前，应进行安全防护设施的逐项检查和验收。验收合格后，方可进行高处作业。

（4）作业层上的施工荷载应符合设计要求，不得超载。不得在支架上集中堆放模板、钢筋等物件。

（5）施工期间不得拆除剪刀撑、纵横向水平杆、纵横向扫地杆等加固杆件。

（6）当支架基础下有设备基础、地下管线时，在支架使用过程中不应开挖，否则必须采取加固措施。

（7）在支架基础或邻近严禁挖掘作业，否则应采取安全措施，并报主管部门批准。

（8）支模应按规定的作业程序进行，模板未固定前不得进行下一道工序。严禁在上下同一垂直面上装、拆模板。结构复杂的模板，装、拆应严格按照施工组织设计。

（9）模板支架应自成体系，严禁与脚手架进行连接。施工人员上下施工面时，必须走施工梯，上下严禁攀援模板支架。

（10）支设悬挑式的模板时，应有稳固的立足点。支设临空构筑物模板时，应搭设支架或脚手架。模板上有预留洞时，应在交装后将洞盖没。

（11）临街搭设的支架外侧应有防护措施，以防坠物伤人。施工作业场所有坠落可能的物件一律先行撤除或加以固定，高处作业中所用的物料均应堆放平稳。不得任意乱置或向下丢弃物件，传递物件禁止抛掷。

（12）设专人负责对支架进行经常检查和保修工作。对高层支架定期作立杆基础沉降检查，发现问题立即采取措施。

（13）施工中对支架发现有缺陷和隐患必须及时解决，危及人身安全必须停止作业。

（14）六级及六级以上大风和雨、雾天应停止支架的搭设与拆除及支架上的施工作业。下雨后进行作业时必须采取可靠的防滑措施。对进行高处作业的高耸建筑物事先设置避雷设施。遇有台风暴雨后应对支架设施逐一加以检查，发现有松动、变形、损坏或脱落等现象立即修理完善。

（15）进行高处拆模作业，应配置登高用具或搭设支架，工人必须站在临时设置的脚手板上进行拆卸作业。

（16）拆除支顶架前，应清除支顶架上的材料、工具和杂物。

（17）拆除楼板底模时，应设临时支撑，防止大片模板坠落。拆立柱时，操作人员应站在待拆范围以外安全地区拉拆，防止模板突然全部掉落伤人。

（18）模板及支撑体系搭设、拆除以及混凝土浇筑期间，应设置警戒区和警戒标志，由安全员在现场监护，严禁无关人员进入模板下方警戒区域。

（19）模板拆除时，不应对楼层形成冲击荷载。模板拆除后，拆除的模板和支架宜分散堆放并及时清运。临时堆放处离楼层边沿距离不得小于 1m，堆放高度不得超过 1m。楼层边口、通道口、脚手架边缘严禁堆放任何拆下物件。

（20）拆下的支架及配件应清除杆件及螺纹上的污物，并分类检验和维修，按品种、规格分类整理存放，妥善保管。

10.8.5 高支模工程的安全技术措施

（1）设计模板及支撑体系时按规范有关要求验算，保证其具有足够的强度、刚度和稳定性，能可靠地承受施工过程中可能产生的各项荷载。验算模板及其支架的刚度时，其最大变形不得超过《混凝土结构工程施工质量验收规范》GB 50204—2015 的允许值。

（2）所有钢管、连接件、木枋等支撑材料使用前均进行全面检查，不得使用不合格的材料。

（3）施工前由项目部安全技术负责人对施工人员进行安全技术书面交底，施工时严格按本方案的要求执行。

（4）模板支架搭设场地必须平整坚实、排水良好和具有足够承载力。

（5）现场搭设模板支架时，对模板支撑体系的强度、刚度和稳定性等有显著影响的承载构件、连接件的尺寸、间距必须进行严格控制。

（6）现场搭设模板支架时，必须按要求在立杆底部设置底座或钢垫板。每搭完一步架后，应立即检查并调整支架立杆的垂直度，确保立杆的垂直度符合要求，防止因支架立杆倾斜过大造成支架系统的不稳。

（7）支架系统安装时，必须严格按照本方案要求设置纵横水平拉杆、扫地杆、剪刀撑，防止由于整体刚度不足和失稳造成坍塌事故。

（8）大梁模板支架立杆的纵向水平拉杆应顶贴到已浇筑好的混凝土柱上，主梁模板下两侧支架立杆的纵向水平杆在与混凝土柱交接处成井字形箍牢"抱柱"，以增强支架系统的整体稳定性。

（9）可调托座伸出长度不宜超过 200mm，若伸出长度超过 200mm，应加拉杆连接。

（10）安装完毕经验收确认符合要求后才能进行混凝土浇筑。

（11）作业层上的施工荷载应符合设计要求，不得超载。不得在支架上集中堆放模板、钢筋等物件。

（12）施工期间不得拆除剪刀撑、纵横向水平杆、纵横向扫地杆等杆件。

10.8.6 型钢施工安全技术措施

（1）所有型钢到达项目后应进行见证取样后送检。

（2）悬挑型钢施工前应由项目技术负责人向施工班专家组长进行安全交底，施工班专家组长向作业人员进行施工前作业交底，并履行签字确认。

（3）作业人员在作业时应严格佩戴安全帽和安全带。

（4）型钢安装和拆除作业范围安全距离下严禁人员进入。

（5）塔式起重机起重安装作业时，应确定工作步骤、施工方法及安全措施。

（6）塔式起重机起重操作人员必须熟悉施工方法、起重设备的性能、所起支架构件的特点和确切重量以及施工安全要求。

（7）塔式起重机指挥应由有起重作业经验的人员担任。指挥人员的哨音、手势和旗语应洪亮、正确、清楚。如遇有妨碍司机视线处，应增加传递信号人员。

（8）起重工在工作时应集中精力，明确分工，服从统一指挥。

（9）塔式起重机起吊时，起重架下不得有人停留或行走。塔式起重机停止作业时，应按止动器，收紧吊钩和钢丝绳。

（10）施工作业前应检查施工平台、通道、安全网等安全设施。确认正常并符合安全规定后方可开始施工作业。施工平台必须满铺脚手板且应固定，脚手板应是 5cm 厚的坚固原木板。施工平台上应经常清除杂物，保持整洁。

10.8.7　施工现场防火措施

略

10.8.8　安全用电管理措施

略

10.8.9　塔式起重机防碰撞措施

略

10.9　季节性措施

10.9.1　针对雨季的施工措施

略

10.9.2　针对台风的施工措施

略

10.9.3　针对炎热的施工措施

略

10.10　应急救援预案

10.10.1　应急救援组织机构

1. 应急救援预案的目的

略

2. 项目部应急救援小组名单

略

3. 应急响应

发生四级以下的一般事故时，由现场应急救援小组实施应急响应，同时以最快的方式报告公司应急救援机构；发生四级以上重大安全事故时，由公司应急救援小组指挥现场应急救援小组实施应急响应。

（1）工程项目部现场应急救援小组

1）工地现场发生事故后，现场应急救援小组应立即组织人员抢救伤员和排除险情，同时以最快的方式报告公司应急救援机构；如发生人员伤亡或火警等，应分别第一时间直接打电话报 120 急救中心或 119 报火警救助。

2）由现场应急救援小组专家组长负责事故现场应急指挥工作，进行应急任务分配和人员调度，以便有效利用各种应急资源，保证在最短时间内完成对事故现场的应急行动，防止事故的扩大和蔓延，力求将损失减少至最低程度，同时注意保护好事故现场。

3）指挥调动工地现场一切所需的应急救援排险物资和人员参与救援，确保救援工作在统一指挥下有序地进行。

4）协助公司和上级部门开展事故调查，接受公司及政府有关部门对事故的调查处理。

5）协助公司及上级有关部门分析事故原因和性质，吸取事故教训，"举一反三"地制定并落实相应的预防措施，切实防止类似的事故重复发生。

6）负责安排专人做好事故善后处理工作，使各级人员都受到安全教育，在切实做好预防措施和确保安全的情况下，上报有关上级部门，争取尽快批准恢复工地的正常生产。

（2）公司应急救援小组

1）公司应急救援小组接到工地重大事故报告后，应立即赶赴现场，同时将事故概况（包括伤亡人员，发生事故时间、地点、原因等）分别用电话和快报的办法报告上级应急救援组织以及政府有关部门。

2）指挥现场应急救援组织，首先抢救伤员和排除险情，防止事故蔓延扩大。同时，协同保护好事故现场。

3）负责协调指挥调动公司的应急救援力量，包括应急物质资源和人员支持、技术支持，全力保障应急行动的顺利完成。

4）协助和接受政府有关部门对事故的调查处理。

5）协助政府有关部门分析事故原因和性质。

6）吸取事故教训，制定并落实相应的预防措施，防止类似事故的重复发生。

7）协同现场做好事故的善后处理工作，在做好预防措施确保安全的情况下，上报有关部门复检认可后，努力争取尽快恢复正常生产。

4. 应急响应中必须遵循的原则

略

5. 事故的类别

略

6. 救援器材及设备

略

10.10.2　应急救援措施

1. 发生模板及支架坍塌事故的应急救援措施

略

2. 发生高处坠落事故的应急救援措施

略

3. 发生物体打击伤害事故的应急救援措施

略

4. 发生机械伤害事故的应急救援措施

略

5. 发生触电事故的应急救援措施

略

10.11　危险源识别与监控

10.11.1　危险源识别

（1）模板坍塌事故；

（2）高处坠落事故；

（3）高空坠物事故；

（4）触电事故；

（5）火灾事故。

10.11.2 危险源监控

略

10.12 组织结构

10.12.1 管理人员

略

10.12.2 组织结构图

略

10.12.3 岗位及部门职责

略

10.13 计算书

10.13.1 悬挑工字钢架高支模区域计算书

1. 高支模板 120mm 模板计算书

（1）工程属性（表 10-13）

悬挑工字钢架区域楼板支模信息 表 10-13

新浇混凝土楼板名称	悬挑工字钢架 120mm 板	新浇混凝土楼板板厚(mm)	120
模板支架高度 H(m)	14	模板支架纵向长度 L(m)	6
模板支架横向长度 B(m)	5		

（2）荷载设计（表 10-14）

设计荷载信息 表 10-14

模板及其支架自重标准值 G_{1k}(kN/m²)	面板		0.1
	面板及小梁		0.3
	楼板模板		0.5
	模板及其支架		0.75
混凝土自重标准值 g_k(kN/m³)	24	钢筋自重标准值 G_{3k}(kN/m³)	1.1
施工人员及设备荷载标准值 Q_{1k}	计算面板和小梁时的均布活荷载(kN/m²)		2.5
	计算面板和小梁时的集中荷载(kN)		2.5
	计算主梁时的均布活荷载(kN/m²)		1.5
	计算支架立柱及其他支撑结构构件时的均布活荷载(kN/m²)		1
风荷载标准值 ω_k(kN/m²)	基本风压 ω_0(kN/m²)	0.35	0.238
	地基粗糙程度	C 类(有密集建筑群市区)	
	模板支架顶部距离地面高度(m)	80	
	风压高度变化系数 μ_z	1.36	
	风荷载体型系数 μ_s	0.5	

（3）模架体系设计（表10-15）

模架体系设计信息　　　　　　　　　　　　表 **10-15**

主梁布置方向	平行立柱纵向方向	立柱纵向间距 l_a(mm)	1000
立柱横向间距 l_b(mm)	1000	水平拉杆步距 h(mm)	1500
小梁间距 l(mm)	250	小梁最大悬挑长度 l_1(mm)	200
主梁最大悬挑长度 l_2(mm)	200	结构表面的要求	结构表面隐蔽

设计简图如图10-2、图10-3所示。

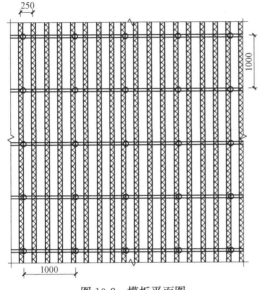

图10-2　模板平面图

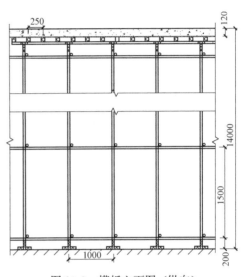

图10-3　模板立面图（纵向）

（4）面板验算

设计信息，见表10-16所列。

面板设计信息　　　　　　　　　　　　表 **10-16**

面板类型	覆面木胶合板	面板厚度 t(mm)	18
面板抗弯强度设计值 $[f]$(N/mm²)	13	面板抗剪强度设计值 $[\tau]$(N/mm²)	1.4
面板弹性模量 E(N/mm²)	6000	面板计算方式	三等跨连续梁

楼板面板应搁置在梁侧模板上，本例以三等跨连续梁，取1m单位宽度计算。

$W=bh^2/6=1000\times18\times18/6=54000\text{mm}^3$，$I=bh^3/12=1000\times18\times18\times18/12=486000\text{mm}^4$

承载能力极限状态

$q_1=0.9\times\max\{1.2[G_{1k}+(g_k+G_{3k})\times h]+1.4\times Q_{1k},1.35[G_{1k}+(g_k+G_{3k})\times h]+$
$\quad 1.4\times0.7\times Q_{1k}\}\times b$
$\quad =0.9\times\max[1.2\times[0.1+(24+1.1)\times0.12]+1.4\times2.5,1.35\times[0.1+$
$\quad (24+1.1)\times0.12]+1.4\times0.7\times2.5]\times1=6.511\text{kN/m}$

$q_{1\text{静}}=0.9\times\gamma_G[G_{1k}+(g_k+G_{3k})\times h]\times b=0.9\times1.2\times[0.1+(24+1.1)\times0.12]\times1$
$\quad =3.361\text{kN/m}$

$q_{1活}=0.9\times\gamma_Q Q_{1k}\times b=0.9\times1.4\times2.5\times1=3.15\text{kN/m}$

$q_2=0.9\times1.2\times G_{1k}\times b=0.9\times1.2\times0.1\times1=0.108\text{kN/m}$

$p=0.9\times1.4\times Q_{1k}=0.9\times1.4\times2.5=3.15\text{kN}$

正常使用极限状态

$q=\gamma_G[G_{1k}+(g_k+G_{3k})\times h]\times b=1\times[0.1+(24+1.1)\times0.12]\times1=3.11\text{kN/m}$

计算简图如图 10-4 所示。

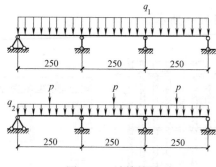

图 10-4　计算简图

1）强度验算

$M_1=0.1q_{1静}l_2+0.117q_{1活}l_2=0.1\times3.361\times0.25^2+0.117\times3.15\times0.25^2$
$\quad=0.044\text{kN}\cdot\text{m}$

$M_2=\max[0.08q_2l_2+0.213pL,0.1q_2l_2+0.175pL]=\max[0.08\times0.108\times0.25^2+$
$\quad0.213\times3.15\times0.25,0.1\times0.108\times0.25^2+0.175\times3.15\times0.25]=0.168\text{kN}\cdot\text{m}$

$M_{max}=\max[M_1,M_2]=\max[0.044,0.168]=0.168\text{kN}\cdot\text{m}$

$\sigma=M_{max}/W=0.168\times10^6/54000=3.116\text{N/mm}^2\leqslant[f]=13\text{N/mm}^2$

满足要求。

2）挠度验算

$v_{max}=0.677ql^4/(100EI)=0.677\times3.112\times250^4/(100\times6000\times486000)=0.028\text{mm}$

$v=0.028\text{mm}\leqslant[v]=l/250=250/250=1\text{mm}$

满足要求。

（5）小梁验算

设计信息，见表 10-17 所列。

小梁设计信息 表 10-17

小梁类型	方木	小梁截面类型(mm)	80×80
小梁抗弯强度设计值 $[f]$(N/mm²)	13	小梁抗剪强度设计值 $[\tau]$(N/mm²)	1.4
小梁截面抵抗矩 W(cm³)	85.33	小梁弹性模量 E(N/mm²)	9000
小梁截面惯性矩 I(cm⁴)	341.33	小梁计算方式	三等跨连续梁

$q_1=0.9\times\max\{1.2[G_{1k}+(g_k+G_{3k})\times h]+1.4Q_{1k},1.35[G_{1k}+(g_k+G_{3k})\times h]+$
$\quad1.4\times0.7\times Q_{1k}\}\times b$

$\quad=0.9\times\max\{1.2\times[0.3+(24+1.1)\times0.12]+1.4\times2.5,1.35\times[0.3+$

$(24+1.1)\times 0.12]+1.4\times 0.7\times 2.5\}\times 0.25$

$=1.68\text{kN/m}$

因此，$q_{1\text{静}}=0.9\times 1.2\times[G_{1k}+(g_k+G_{3k})\times h]\times b=0.9\times 1.2\times[0.3+(24+1.1)\times 0.12]\times 0.25=0.894\text{kN/m}$

$q_{1\text{活}}=0.9\times 1.4\times Q_{1k}\times b=0.9\times 1.4\times 2.5\times 0.25=0.787\text{kN/m}$

$q_2=0.9\times 1.2\times G_{1k}\times b=0.9\times 1.2\times 0.3\times 0.25=0.081\text{kN/m}$

$p=0.9\times 1.4\times Q_{1k}=0.9\times 1.4\times 2.5=3.15\text{kN}$

计算简图如图 10-5、图 10-6 所示。

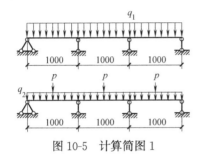

图 10-5　计算简图 1

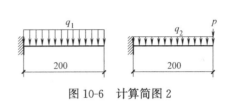

图 10-6　计算简图 2

1）强度验算

$M_1=0.1q_{1\text{静}}l_2+0.117q_{1\text{活}}l_2=0.1\times 0.894\times 1^2+0.117\times 0.787\times 1^2=0.18\text{kN}\cdot\text{m}$

$M_2=\max[0.08q_2l_2+0.213pL,0.1q_2l_2+0.175pL]=\max[0.08\times 0.081\times 1^2+0.213\times 3.15\times 1,0.1\times 0.081\times 1^2+0.175\times 3.15\times 1]=0.677\text{kN}\cdot\text{m}$

$M_3=\max[q_1l_1^2/2,q_2l_1^2/2+pl_1]=\max[1.682\times 0.2^2/2,0.081\times 0.2^2/2+3.15\times 0.2]=0.63\text{kN}\cdot\text{m}$

$M_{\max}=\max[M_1,M_2,M_3]=\max[0.182,0.677,0.632]=0.677\text{kN}\cdot\text{m}$

$\sigma=M_{\max}/W=0.677\times 10^6/85330=7.939\text{N/mm}^2\leqslant[f]=13\text{N/mm}^2$

满足要求。

2）抗剪验算

$V_1=0.6q_{1\text{静}}L+0.617q_{1\text{活}}L=0.6\times 0.894\times 1+0.617\times 0.787\times 1=1.02\text{kN}$

$V_2=0.6q_2L+0.675p=0.6\times 0.081\times 1+0.675\times 3.15=2.175\text{kN}$

$V_3=\max[q_1l_1,q_2l_1+p]=\max[1.682\times 0.2,0.081\times 0.2+3.15]=3.166\text{kN}$

$V_{\max}=\max[V_1,V_2,V_3]=\max[1.022,2.175,3.166]=3.166\text{kN}$

$\tau_{\max}=3V_{\max}/(2bh_0)=3\times 3.166\times 1000/(2\times 80\times 80)=0.742\text{N/mm}^2\leqslant[\tau]=1.4\text{N/mm}^2$

满足要求。

3）挠度验算

$q=\gamma_G[G_{1k}+(g_k+G_{3k})\times h]\times b=1\times[0.3+(24+1.1)\times 0.12]\times 0.25=0.828\text{kN/m}$

跨中挠度 $v_{\max}=0.677qL^4/(100EI)=0.677\times 0.828\times 1000^4/(100\times 9000\times 341.33\times 10^4)=0.182\text{mm}\leqslant[v]=L/250=1000/250=4\text{mm}$

悬臂端 $v_{\max}=ql_1^4/(8EI)=0.828\times 200^4/(8\times 9000\times 341.33\times 10^4)=0.005\text{mm}\leqslant[v]=2\times l_1/250=2\times 200/250=1.6\text{mm}$

满足要求。

（6）主梁验算

设计信息，见表 10-18 所列。

主梁设计信息　　　　表 10-18

主梁类型	钢管	主梁截面类型（mm）	$\phi48\times3.5$
主梁计算截面类型（mm）	$\phi48\times3$	主梁抗弯强度设计值$[f]$（N/mm²）	205
主梁抗剪强度设计值$[\tau]$（N/mm²）	125	主梁截面抵抗矩W（cm³）	4.49
主梁弹性模量E（N/mm²）	206000	主梁截面惯性矩I（cm⁴）	10.78
主梁计算方式	三等跨连续梁	可调托座内主梁根数	2
主梁受力不均匀系数	0.6		

1）小梁最大支座反力计算

$q_1=0.9\times\max\{1.2[G_{1k}+(g_k+G_{3k})\times h]+1.4Q_{1k},1.35[G_{1k}+(g_k+G_{3k})\times h]+1.4\times0.7\times Q_{1k}\}\times b$

$=0.9\times\max\{1.2\times[0.5+(24+1.1)\times0.12]+1.4\times1.5,1.35\times[0.5+(24+1.1)\times0.12]+1.4\times0.7\times1.5\}\times0.25=1.421kN/m$

$q_{1静}=0.9\times1.2\times[G_{1k}+(g_k+G_{3k})\times h]\times b=0.9\times1.2\times[0.5+(24+1.1)\times0.12]\times0.25=0.948kN/m$

$q_{1活}=0.9\times1.4\times Q_{1k}\times b=0.9\times1.4\times1.5\times0.25=0.473kN/m$

$q_2=\gamma_G[G_{1k}+(g_k+G_{3k})\times h]\times b=1\times[0.5+(24+1.1)\times0.12]\times0.25=0.878kN/m$

承载能力极限状态

按三等跨连续梁，$R_{max}=(1.1q_{1静}+1.2q_{1活})L=1.1\times0.948\times1+1.2\times0.473\times1=1.61kN$

按悬臂梁，$R_1=1.421\times0.2=0.284kN$

主梁2根合并，其主梁受力不均匀系数=0.6

$R=\max[R_{max},R_1]\times0.6=0.966kN$

正常使用极限状态

按三等跨连续梁，$R'_{max}=1.1q_2L=1.1\times0.878\times1=0.966kN$

按悬臂梁，$R'_1=q_2l_1=0.878\times0.2=0.176kN$

$R'=\max[R'_{max},R'_1]\times0.6=0.579kN$

计算简图如图 10-7、图 10-8 所示。

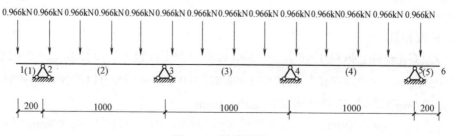

图 10-7　计算简图 1

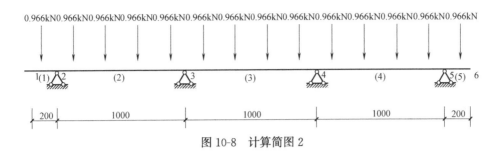

图 10-8　计算简图 2

2）抗弯验算（图 10-9、图 10-10）

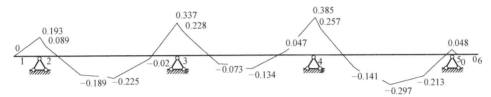

图 10-9　弯矩图 1（kN・m）

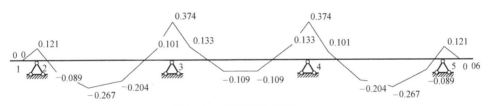

图 10-10　弯矩图 2（kN・m）

$$\sigma = M_{max}/W = 0.385 \times 10^6/4490 = 85.843 \text{N/mm}^2 \leqslant [f] = 205 \text{N/mm}^2$$

满足要求。

3）抗剪验算（图 10-11、图 10-12）

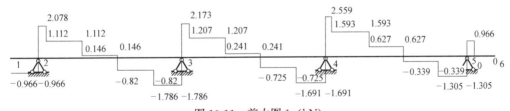

图 10-11　剪力图 1（kN）

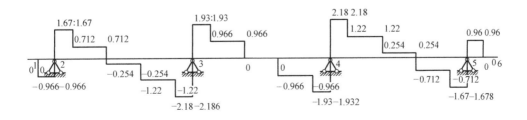

图 10-12　剪力图 2（kN）

$$\tau_{max} = 2V_{max}/A = 2 \times 2.559 \times 1000/424 = 12.07 \text{N/mm}^2 \leqslant [\tau] = 125 \text{N/mm}^2$$

满足要求。

4）挠度验算（图 10-13、图 10-14）

图 10-13　变形图 1（mm）

图 10-14　变形图 2（mm）

跨中 $v_{max} = 0.634 \text{mm} \leqslant [v] = 1000/250 = 4 \text{mm}$

悬挑段 $v_{max} = 0.425 \text{mm} \leqslant [v] = 2 \times 200/250 = 1.6 \text{mm}$

满足要求。

5）支座反力计算

承载能力极限状态

支座反力依次为 $R_1 = 3.044 \text{kN}$，$R_2 = 3.96 \text{kN}$，$R_3 = 4.249 \text{kN}$，$R_4 = 2.271 \text{kN}$

支座反力依次为 $R_1 = 2.644 \text{kN}$，$R_2 = 4.118 \text{kN}$，$R_3 = 4.118 \text{kN}$，$R_4 = 2.644 \text{kN}$

（7）可调托座验算

按上节计算可知，可调托座受力 $N = 4.249/0.6 = 7.08 \text{kN} \leqslant [N] = 30 \text{kN}$

满足要求。

（8）立柱验算

设计信息，见表 10-19 所列。

立柱设计信息

表 10-19

剪刀撑设置	加强型	立柱顶部步距 h_d(mm)	750
立柱伸出顶层水平杆中心线至支撑点的长度 a(mm)	200	顶部立柱计算长度系数 μ_1	1.94
非顶部立柱计算长度系数 μ_2	1.508	钢管截面类型(mm)	$\phi 48 \times 3.5$
钢管计算截面类型(mm)	$\phi 48 \times 3$	钢材等级	Q235
立柱截面面积 A(mm²)	424	立柱截面回转半径 i(mm)	15.9
立柱截面抵抗矩 W(cm³)	4.49	抗压强度设计值 $[f]$(N/mm²)	205
支架自重标准值 q(kN/m)	0.15		

1）长细比验算

顶部立柱段：$l_{01} = k\mu_1(h_d + 2a) = 1 \times 1.94 \times (750 + 2 \times 200) = 2231 \text{mm}$

非顶部立柱段：$l_0 = k\mu_2 h = 1 \times 1.508 \times 1500 = 2262 \text{mm}$

$\lambda=\max[l_{01},l_0]/i=2262/15.9=142.264\leqslant[\lambda]=210$

满足要求。

2）立柱稳定性验算

根据《建筑施工扣件式钢管脚手架安全技术规范》JGJ 130—2011，荷载设计值 q_1 有所不同：

$q_1=1\times\{1.2\times[0.5+(24+1.1)\times0.12]+1.4\times0.9\times1\}\times0.25=1.369\text{kN/m}$

同前述计算过程，可得：

$R_1=2.905\text{kN}$，$R_2=3.93\text{kN}$，$R_3=4.056\text{kN}$，$R_4=2.524\text{kN}$

顶部立柱段：

$l_{01}=k\mu_1(h_d+2a)=1.217\times1.94\times(750+2\times200)=2715.127\text{mm}$

$\lambda_1=l_{01}/i=2715.127/15.9=170.763$

查表得，$\phi=0.245$

不考虑风荷载：

$N_1=\max[R_1,R_2,R_3,R_4]/0.6=\max[2.905,3.93,4.056,2.524]/0.6=6.76\text{kN}$

$f=N_1/(\phi A)=6760/(0.245\times424)=65.075\text{N/mm}^2\leqslant[f]=205\text{N/mm}^2$

满足要求。

考虑风荷载：

$M_w=1\times\gamma_Q\phi_c\omega_k\times l_a\times h^2/10=1\times1.4\times0.9\times0.238\times1\times1.5^2/10=0.067\text{kN}\cdot\text{m}$

$N_{1w}=\max[R_1,R_2,R_3,R_4]/0.6+M_w/l_b=\max[2.905,3.93,4.056,2.524]/0.6+$
$\qquad 0.067/1=6.827\text{kN}$

$f=N_{1w}/(\phi A)+M_w/W=6827/(0.245\times424)+0.067\times10^6/4490$
$\qquad=80.642\text{N/mm}^2\leqslant[f]=205\text{N/mm}^2$

满足要求。

非顶部立柱段：

$l_0=k\mu_2h=1.217\times1.508\times1500=2752.854\text{mm}$

$\lambda=l_0/i=2752.854/15.9=173.135$

查表得，$\phi_1=0.237$

不考虑风荷载：

$N=\max[R_1,R_2,R_3,R_4]/0.6+1\times\gamma_G\times q\times H$
$\qquad=\max[2.905,3.93,4.056,2.524]/0.6+1\times1.2\times0.15\times14=9.28\text{kN}$

$f=N/(\phi_1 A)=9.28\times10^3/(0.237\times424)=92.349\text{N/mm}^2\leqslant[\sigma]=205\text{N/mm}^2$

满足要求。

考虑风荷载：

$M_w=1\times\gamma_Q\phi_c\omega_k\times l_a\times h^2/10=1\times1.4\times0.9\times0.238\times1\times1.5^2/10=0.067\text{kN}\cdot\text{m}$

$N_w=\max[R_1,R_2,R_3,R_4]/0.6+1\times\gamma_G\times q\times H+M_w/l_b$
$\qquad=\max[2.905,3.93,4.056,2.524]/0.6+1\times1.2\times0.15\times14+0.067/1=9.347\text{kN}$

$f=N_w/(\phi_1 A)+M_w/W=9.347\times10^3/(0.237\times424)+0.067\times10^6/4490$
$\qquad=107.938\text{N/mm}^2\leqslant[\sigma]=205\text{N/mm}^2$

满足要求。

（9）地基基础验算

高大模板的立杆支撑在悬挑钢架或楼板上，悬挑钢架通过验算满足要求，而楼板下相应位置则保留原支模体系作回顶，不需进行地基处理。

2. 高支模梁 500mm×1000mm 模板支架计算书

（1）工程属性（表 10-20）

500mm×1000mm 梁模板及支架工程信息　　　　表 10-20

新浇混凝土梁名称	500×1000	混凝土梁截面尺寸(mm×mm)	500×1000
模板支架高度 H(m)	14	模板支架横向长度 B(m)	5
模板支架纵向长度 L(m)	6	梁侧楼板厚度(mm)	120

（2）荷载设计（表 10-21）

500mm×1000mm 梁模板支架荷载设计信息　　　　表 10-21

模板及其支架自重标准值 G_{1k} (kN/m^2)	面板		0.1	
	面板及小梁		0.3	
	楼板模板		0.5	
	模板及其支架		0.75	
新浇筑混凝土自重标准值 $g_k(kN/m^3)$	24			
混凝土梁钢筋自重标准值 $G_{3k}(kN/m^3)$	1.5	混凝土板钢筋自重标准值 $G_{3k}(kN/m^3)$		1.1
当计算支架立柱及其他支撑结构构件时 $Q_{1k}(kN/m^2)$	1			
对水平面模板取值 $Q_k(kN/m^2)$	2			
风荷载标准值 $\omega_k(kN/m^2)$	基本风压 $\omega_0(kN/m^2)$	0.3		非自定义： 0.082
	地基粗糙程度	C类(有密集建筑群市区)		
	模板支架顶部距地面高度(m)	80		
	风压高度变化系数 μ_z	1.36		
	风荷载体型系数 μ_s	0.2		

（3）模架体系设计（表 10-22）

500mm×1000mm 梁模板支架设计信息　　　　表 10-22

新浇混凝土梁支撑方式	梁两侧有板，梁底小梁垂直梁跨方向
梁跨度方向立柱间距 l_a(mm)	1000
梁底两侧立柱间距 l_b(mm)	1000
步距 h(mm)	1500
新浇混凝土楼板立柱间距 l_a'(mm)、l_b'(mm)	1000、1000
混凝土梁距梁底两侧立柱中的位置	居中
梁底左侧立柱距梁中心线距离(mm)	500
板底左侧立柱距梁中心线距离 s_1(mm)	1500
板底右侧立柱距梁中心线距离 s_2(mm)	1500

续表

新浇混凝土梁支撑方式	梁两侧有板，梁底小梁垂直梁跨方向
梁底增加立柱根数	0
梁底支撑主梁最大悬挑长度(mm)	200
梁底支撑小梁间距(mm)	200
结构表面的要求	结构表面隐蔽
梁底支撑小梁左侧悬挑长度 a_1(mm)	0
梁底支撑小梁右侧悬挑长度 a_2(mm)	0

设计简图如图 10-15、图 10-16 所示。

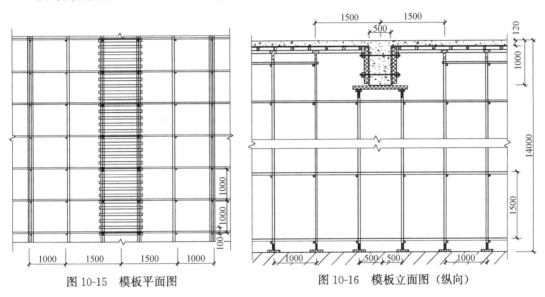

图 10-15　模板平面图　　　　　图 10-16　模板立面图（纵向）

（4）面板验算（表 10-23）

500mm×1000mm 梁模板面板设计信息　　　　表 10-23

面板类型	覆面木胶合板	面板厚度 t(mm)	18
面板抗弯强度设计值[f](N/mm^2)	13	面板抗剪强度设计值[τ](N/mm^2)	1.4
面板弹性模量 E(N/mm^2)	6000	验算方式	三等跨连续梁

按三等跨连续梁计算：

截面抵抗矩 $W=bh^2/6=500×18×18/6=27000$mm^3，截面惯性矩 $I=bh^3/12=500×18×18×18/12=243000$mm^4

$q_1=0.9×\max\{1.2[G_{1k}+(g_k+G_{3k})×h]+1.4Q_k,1.35[G_{1k}+(g_k+G_{3k})×h]+1.4\psi_cQ_k\}×b$

$=0.9×\max\{1.2×[0.1+(24+1.5)×1]+1.4×2,1.35×[0.1+(24+1.5)×1]+1.4×0.7×2\}×0.5=16.434$kN/m

$q_{1静}=0.9×1.35×[G_{1k}+(g_k+G_{3k})×h]×b=0.9×1.35×[0.1+(24+1.5)×1]×0.5=15.55$kN/m

$q_{1活}=0.9\times1.4\times0.7\times Q_k\times b=0.9\times1.4\times0.7\times2\times0.5=0.88$kN/m

$q_2=1\times[G_{1k}+(g_k+G_{3k})\times h]\times b=1\times[0.1+(24+1.5)\times1]\times0.5=12.8$kN/m

简图如图 10-17 所示。

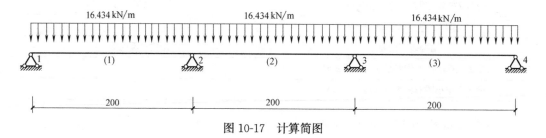

图 10-17　计算简图

1）抗弯验算

$M_{max}=0.1q_{1静}L^2+0.117q_{1活}L^2=0.1\times15.552\times0.2^2+0.117\times0.882\times0.2^2$
$=0.066$kN・m

$\sigma=M_{max}/W=0.066\times10^6/27000=2.457N/mm^2\leqslant[f]=13$N/mm^2

满足要求。

2）挠度验算

$v_{max}=0.677q_2L^4/(100EI)=0.677\times12.8\times200^4/(100\times6000\times243000)=0.095$mm

$\leqslant[v]=L/250=200/250=0.8$mm

满足要求。

3）支座反力计算

设计值（承载能力极限状态）

$R_{max}=1.1q_{1静}L+1.2q_{1活}L=1.1\times15.552\times0.2+1.2\times0.882\times0.2=3.633$kN

标准值（正常使用极限状态）

$R'_{max}=1.1q_2L=1.1\times12.8\times0.2=2.816$kN

（5）小梁验算

设计信息，见表 10-24 所示。

表 10-24

小梁设计信息

小梁类型	方木	小梁截面类型(mm)	80×80
小梁抗弯强度设计值[f](N/mm^2)	13	小梁抗剪强度设计值[τ](N/mm^2)	1.4
小梁截面抵抗矩 W(cm^3)	85.33	小梁弹性模量 E(N/mm^2)	9000
小梁截面惯性矩 I(cm^4)	341.33		

承载能力极限状态：

面板传递给小梁 $q_1=3.633/0.5=7.266$kN/m

小梁自重 $q_2=0.9\times1.35\times(0.3-0.1)\times0.2=0.049$kN/m

梁左侧楼板传递给小梁荷载

$F_1=0.9\times\max\{1.2\times[0.5+(24+1.1)\times0.12]+1.4\times2,1.35\times[0.5+(24+1.1)\times$
$0.12]+1.4\times0.7\times2\}\times(1.5-0.5/2)/2\times0.2+0.9\times1.35\times0.5\times(1-0.12)\times0.2$
$=0.896$kN

梁右侧楼板传递给小梁荷载

$F_2 = 0.9 \times \max\{1.2 \times [0.5 + (24 + 1.1) \times 0.12] + 1.4 \times 2, 1.35 \times [0.5 + (24 + 1.1) \times 0.12] + 1.4 \times 0.7 \times 2\} \times (1.5 - 0.5/2)/2 \times 0.2 + 0.9 \times 1.35 \times 0.5 \times (1 - 0.12) \times 0.2$

$= 0.896\text{kN}$

正常使用极限状态：

面板传递给小梁 $q_1 = 2.816/0.5 = 5.63\text{kN/m}$

小梁自重 $q_2 = 1 \times (0.3 - 0.1) \times 0.2 = 0.04\text{kN/m}$

梁左侧楼板传递给小梁荷载

$F_1 = [1 \times 0.5 + 1 \times (24 + 1.1) \times 0.12] \times (1.5 - 0.5/2)/2 \times 0.2 + 1 \times 0.5 \times (1 - 0.12) \times 0.2$

$= 0.527\text{kN}$

梁右侧楼板传递给小梁荷载

$F_2 = [1 \times 0.5 + 1 \times (24 + 1.1) \times 0.12] \times (1.5 - 0.5/2)/2 \times 0.2 + 1 \times 0.5 \times (1 - 0.12) \times 0.2$

$= 0.527\text{kN}$

计算简图如图 10-18、图 10-19 所示。

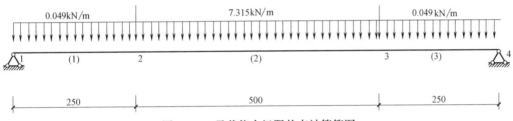

图 10-18 承载能力极限状态计算简图

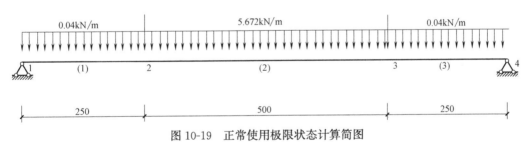

图 10-19 正常使用极限状态计算简图

1）抗弯验算（图 10-20）

图 10-20 弯矩图（kN·m）

$\sigma = M_{\max}/W = 0.902 \times 10^6 / 85330 = 10.573\text{N/mm}^2 \leqslant [f] = 13\text{N/mm}^2$

满足要求。

2）抗剪验算（图 10-21）

$V_{\max} = 2.737\text{kN}$

图 10-21　剪力图（kN）

$$\tau_{max}=3V_{max}/(2bh_0)=3\times2.737\times1000/(2\times80\times80)=0.641\text{N/mm}^2\leqslant[\tau]=1.4\text{N/mm}^2$$

满足要求。

3）挠度验算（图 10-22）

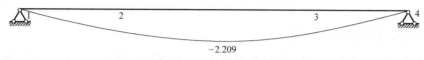

图 10-22　变形图（mm）

$$V_{max}=2.209\text{mm}\leqslant[V]=L/250=1000/250=4\text{mm}$$

满足要求。

4）支座反力计算

承载能力极限状态

$$R_1=2.737\text{kN},\ R_2=2.737\text{kN}$$

正常使用极限状态

$$R_1'=1.955\text{kN},\ R_2'=1.955\text{kN}$$

（6）主梁验算

设计信息，见表 10-25 所列。

主梁设计信息　　　　　　　　　　　　　　　　表 10-25

主梁类型	钢管	主梁截面类型（mm）	$\phi48\times3.5$
主梁计算截面类型（mm）	$\phi48\times3$	主梁抗弯强度设计值[f]（N/mm²）	205
主梁抗剪强度设计值[τ]（N/mm²）	125	主梁截面抵抗矩 W（cm³）	4.49
主梁弹性模量 E（N/mm²）	206000	主梁截面惯性矩 I（cm⁴）	10.78
主梁计算方式	三等跨连续梁	可调托座内主梁根数	2
主梁受力不均匀系数	0.6		

主梁自重忽略不计，主梁 2 根合并，其主梁受力不均匀系数=0.6

由上节可知 $P=\max[R_1,R_2]\times0.6=1.64\text{kN}, P'=\max[R_1',R_2']\times0.6=1.173\text{kN}$

计算简图，如图 10-23 所示。

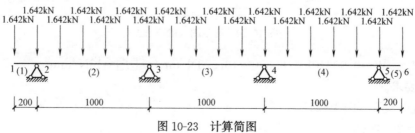

图 10-23　计算简图

1）抗弯验算（图 10-24）

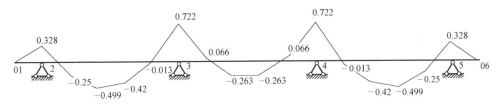

图 10-24　弯矩图（kN・m）

$\sigma = M_{max}/W = 0.722 \times 10^6/4490 = 160.802 \text{N/mm}^2 \leqslant [f] = 205 \text{N/mm}^2$

满足要求。

2）抗剪验算（图 10-25）

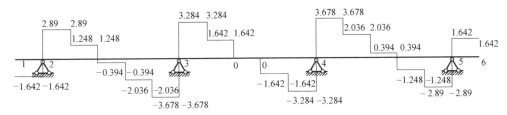

图 10-25　剪力图（kN）

$V_{max} = 3.678 \text{kN}$

$\tau_{max} = 2V_{max}/A = 2 \times 3.678 \times 1000/424 = 17.349 \text{N/mm}^2 \leqslant [\tau] = 125 \text{N/mm}^2$

满足要求。

3）挠度验算（图 10-26）

图 10-26　变形图（mm）

跨中 $V_{max} = 1.222 \text{mm} \leqslant [V] = L/250 = 1000/250 = 4 \text{mm}$

满足要求。

悬臂端 $V_{max} = 0.493 \text{mm} \leqslant [V] = 2l_2/250 = 2 \times 200/250 = 1.6 \text{mm}$

满足要求。

4）支座反力计算

立柱 1：$R_1 = 8.604 \text{kN}$，立柱 2：$R_2 = 8.604 \text{kN}$

立柱所受主梁支座反力依次为，立柱 1：$P_1 = 8.604/0.6 = 14.34 \text{kN}$，立柱 2：$P_2 = 8.604/0.6 = 14.34 \text{kN}$

（7）可调托座验算

可调托座最大受力 $N = \max[P_1, P_2] = 14.34 \text{kN} \leqslant [N] = 30 \text{kN}$

满足要求。

（8）立柱验算

设计信息，见表 10-26 所列。

立柱设计信息 表 10-26

剪刀撑设置	加强型	立柱顶部步距 h_d(mm)	750
立柱伸出顶层水平杆中心线至支撑点的长度 a(mm)	200	顶部立柱计算长度系数 μ_1	1.94
非顶部立柱计算长度系数 μ_2	1.508	钢管截面类型(mm)	$\phi48\times3.5$
钢管计算截面类型(mm)	$\phi48\times3$	钢材等级	Q235
立柱截面面积 A(mm²)	424	回转半径 i(mm)	15.9
立柱截面抵抗矩 W(cm³)	4.49	抗压强度设计值[f](N/mm²)	205
支架自重标准值 q(kN/m)	0.15		

1）长细比验算

顶部立柱段：$l_{01}=k\mu_1(h_d+2a)=1\times1.94\times(750+2\times200)=2231$mm

非顶部立柱段：$l_{02}=k\mu_2 h=1\times1.508\times1500=2262$mm

$\lambda=l_0/i=2262/15.9=142.264\leqslant[\lambda]=210$

长细比满足要求。

2）风荷载计算

$M_w=1\times\phi_c\times1.4\times\omega_k\times l_a\times h^2/10=1\times0.9\times1.4\times0.082\times1\times1.5^2/10=0.023$kN·m

3）稳定性计算

根据《建筑施工扣件式钢管脚手架安全技术规范》JGJ 130—2011，荷载设计值 q_1 有所不同：

① 面板验算

$q_1=1\times\{1.2\times[0.1+(24+1.5)\times1]+1.4\times0.9\times2\}\times0.5=16.6$kN/m

② 小梁验算

$F_1=F_2=1\times\{1.2\times[0.1+(24+1.1)\times0.12]+1.4\times0.9\times1\}\times(1.5-0.5/2)/2\times$
$\qquad 0.2+1\times1.2\times0.5\times(1-0.12)\times0.2=0.79$kN

$q_1=7.363$kN/m

$q_2=0.048$kN/m

同前述计算过程，可得：

$P_1=13.91$kN，$P_2=13.91$kN

顶部立柱段：$l_{01}=k\mu_1(h_d+2a)=1.217\times1.94\times(750+2\times200)=2715.127$mm

$\lambda_1=l_{01}/i=2715.127/15.9=170.763$，查表得，$\phi_1=0.245$

立柱最大受力 $N_w=\max[P_1,P_2]+M_w/l_b=\max[13.912,13.912]+0.023/1=13.935$kN

$f=N/(\phi_1 A)+M_w/W=13935.474/(0.245\times424)+0.023\times10^6/4490=139.272$N/mm²
$\leqslant[f]=205$N/mm²

满足要求。

非顶部立柱段：$l_{02}=k\mu_2 h=1.217\times1.508\times1500=2752.854$mm

$\lambda_2=l_{02}/i=2752.854/15.9=173.135$，查表得，$\phi_2=0.237$

立柱最大受力 $N_w = \max[P_1, P_2] + 1 \times 1.2 \times 0.15 \times (14-1) + M_w/l_b = \max[13.912,$ $13.912] + 2.34 + 0.023/1 = 15.275kN$

$$f = N/(\phi_2 A) + M_w/W = 15275.474/(0.237 \times 424) + 0.023 \times 10^6/4490 = 167.087N/mm^2$$
$$\leqslant [f] = 205N/mm^2$$

满足要求。

（9）地基基础验算

高大模板的立杆支撑在悬挑钢架或楼板上，悬挑钢架通过验算满足要求，而楼板下相应位置则保留原支模体系回顶，不需进行地基处理。

3. 高支模梁 600mm×1000mm 模板支架计算书

注：除梁截面尺寸需计算考量外，本计算项与高支模梁 500mm×1000mm 模板支架计算相似，此处略去。

4. 高支模梁 600mm×1550mm 模板支架计算书

注：除梁截面尺寸、梁跨度方向立柱间距（500mm）和梁底支撑小梁间距（150mm）需计算考量外，本计算项与高支模梁 500mm×1000mm 模板支架计算相似，此处略去。

5. 悬挑工字钢架计算书

（1）GJ1 计算

注：GJ1 与下述 GJ2 计算方面较为相似，仅取具有代表性的 GJ2 进行叙述，此处略去。

（2）GJ2 计算

1）基本参数

设计信息，见表 10-27 所列。

GJ2 设计信息 表 10-27

主梁离地高度(m)	15	悬挑方式	普通主梁悬挑
主梁间距(mm)	1000	主梁与建筑物连接方式	平铺在楼板上
锚固点设置方式	压环钢筋	压环钢筋直径 d(mm)	20
主梁建筑物外悬挑长度 L_x(mm)	3850	主梁外锚固点到建筑物边缘的距离 a(mm)	0
主梁建筑物内锚固长度 L_m(mm)	4813	梁/楼板混凝土强度等级	C25

2）荷载布置参数

荷载设计信息，见表 10-28 所列。

GJ2 荷载设计信息 表 10-28

支撑点号	支撑方式	距主梁外锚固点水平距离(mm)	支撑件上下固定点的垂直距离 l_1(mm)	支撑件上下固定点的水平距离 l_2(mm)	是否参与计算
1	上拉	1850	4000	1850	是
2	上拉	3750	4000	3750	是

计算模型为用两根钢丝绳拉吊工字钢，吊点在最外根立杆、次外根立杆下端。单根立杆产生的轴向压力值 $P_1 = 17.066kN$。

3）主梁验算

设计信息，见表 10-29 所列。

主梁设计信息			表 10-29
主梁材料类型	工字钢	主梁合并根数 n_z	1
主梁材料规格	18 号工字钢	主梁截面积 A(cm²)	30.6
主梁截面惯性矩 I_x(cm⁴)	1660	主梁截面抵抗矩 W_x(cm³)	185
主梁自重标准值 g_k(kN/m)	0.241	主梁材料抗弯强度设计值[f](N/mm²)	215
主梁材料抗剪强度设计值[τ](N/mm²)	125	主梁弹性模量 E(N/mm²)	206000
主梁允许挠度[ν](mm)	1/360		

计算简图，如图 10-27 所示。

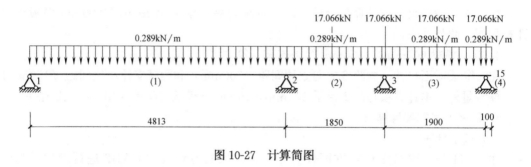

图 10-27 计算简图

① 强度验算（图 10-28）

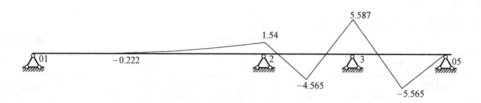

图 10-28 弯矩图（kN·m）

$\sigma_{max} = M_{max}/W = 5.587 \times 10^6/185000 = 30.201\text{N/mm}^2 \leqslant [f] = 215\text{N/mm}^2$
符合要求。

② 抗剪验算（图 10-29）

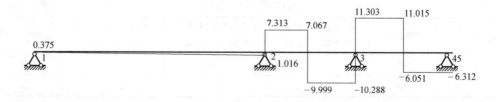

图 10-29 剪力图（kN）

$\tau_{max} = Q_{max}/(8I_x\delta)[bh_0^2 - (b-\delta)h^2] = 11.303 \times 1000 \times [94 \times 180^2 - (94-6.5) \times$
$158.6^2]/(8 \times 16600000 \times 6.5) = 11.06\text{N/mm}^2$

$\tau_{max}=11.06N/mm^2 \leqslant [\tau]=125N/mm^2$

符合要求。

③ 挠度验算（图 10-30）

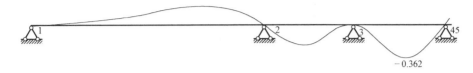

图 10-30 变形图（mm）

$\nu_{max}=0.362mm \leqslant [\nu]=2 \times L_x/360=2 \times 3850/360=21.389mm$

符合要求。

④ 支座反力计算

$R_1=0.375kN$，$R_2=8.328kN$，$R_3=38.658kN$，$R_4=23.407kN$

4）上拉杆件验算

设计信息，见表 10-30 所列。

上拉杆设计信息   表 10-30

钢丝绳型号	$(6 \times 19) \times 2$	钢丝绳公称抗拉强度(N/mm²)	1700
钢丝绳直径(mm)	15.5	钢丝绳不均匀系数 α	0.85
钢丝绳安全系数 k	6	钢丝绳绳夹型式	马鞍式
拴紧绳夹螺母时螺栓上所受力 T(kN)	15.19	钢丝绳绳夹数量 n	3

上拉杆件角度计算：

$\alpha_1=\arctan l_1/l_2=\arctan(4000/1850)=65.179°$

$\alpha_2=\arctan l_1/l_2=\arctan(4000/3750)=46.848°$

上拉杆件支座力：

$R_{s1}=n_z R_3=1 \times 38.658=38.658kN$

$R_{s2}=n_z R_4=1 \times 23.407=23.407kN$

主梁轴向力：

$N_{SZ1}=R_{s1}/\tan\alpha_1=38.658/\tan65.179°=17.879kN$

$N_{SZ2}=R_{s2}/\tan\alpha_2=23.407/\tan46.848°=21.944kN$

上拉杆件轴向力：

$N_{s1}=R_{s1}/\sin\alpha_1=38.658/\sin65.179°=42.59kN$

$N_{s2}=R_{s2}/\sin\alpha_2=23.407/\sin46.848°=32.084kN$

上拉杆件的最大轴向拉力 $N_S=\max[N_{s1},N_{s2}]=42.59kN$

钢丝绳：

查（《建筑施工计算手册》江正荣 著 2001 年 7 月第一版）表 13-4～表 13-6 得，钢丝绳破断拉力总和：$F_g=15kN$

$[F_g]=\alpha \times F_g/k=0.85 \times 152 \times 2/6=43.066kN > N_S=42.59kN$

符合要求。

绳夹数量：$n=1.667[F_g]/(2T)=1.667\times42.59/(2\times15.19)=2.34$ 个 $\leqslant[n]=3$ 个
符合要求。

5）悬挑主梁整体稳定性验算

主梁轴向力：$N=|[-(-N_{SZ1}-N_{SZ2})]|/n_z=|[-(-17.879-21.944)]|/1=39.823\text{kN}$

压弯构件强度：$\sigma_{max}=M_{max}/(\gamma W)+N/A=5.587\times10^6/(1.05\times185\times10^3)+$
$$39.823\times10^3/3060$$
$$=41.776\text{N/mm}^2\leqslant[f]=215\text{N/mm}^2$$

符合要求。

受弯构件整体稳定性分析：

其中，ϕ_b 为均匀弯曲的受弯构件整体稳定系数。

查《钢结构设计标准》GB 50017—2017 得，$\phi_b=0.99$

由于 ϕ_b 大于 0.6，根据《钢结构设计标准》GB 50017—2017 附表 B，得到 ϕ_b' 值为 0.79。

$\sigma=M_{max}/(\phi_b'W_x)=5.587\times10^6/(0.785\times185\times10^3)=38.465\text{N/mm}^2\leqslant[f]=215\text{N/mm}^2$
符合要求。

6）锚固段与楼板连接的计算

压环钢筋未受拉力，无需计算，节点按构造做法即可。

10.13.2 悬挑槽钢架高支模区域计算书

1. 高支模板 120mm 模板计算书

注：除风压高度变化系数作出调整（1.2）和立杆稳定性验算略有不同，本计算项与悬挑槽钢架高支模板 120mm 模板支架计算相似，此处略去。

2. 高支模梁 300mm×1300mm 模板支架计算书

注：除梁截面尺寸和主梁按简支梁考量计算外，本计算项与悬挑工字钢架区域高支模梁 500mm×1000mm 模板支架计算相似，此处略去。

3. 高支模梁 500mm×1000mm 模板支架计算书

注：除梁底支撑小梁间距设为 250mm 和主梁按简支梁考量计算外，本计算项与悬挑工字钢架区域高支模梁 500mm×1000mm 模板支架计算相似，此处略去。

4. 高支模梁 600mm×1300mm 模板支架计算书

注：除梁截面尺寸、梁跨度方向立柱间距（500mm）、梁底支撑小梁间距（150mm）和主梁按简支梁需计算考量外，本计算项与高支模梁 500mm×1000mm 模板支架计算相似，此处略去。

5. 悬挑槽钢架计算书

（1）GL1 计算

1）基本参数

设计信息，见表 10-31 所列。

2）荷载布置参数

荷载设计信息，见表 10-32 所示。

计算模型为用两根槽钢拉吊槽钢。引入钢管立杆，单根立杆产生的轴向压力值 13.85kN。

GL1 设计信息 表 10-31

主梁离地高度(m)	70	悬挑方式	普通主梁悬挑
主梁间距(mm)	1000	主梁与建筑物连接方式	平铺在楼板上
锚固点设置方式	U 形锚固螺栓	锚固螺栓直径 d(mm)	20
主梁建筑物外悬挑长度 L_x(mm)	7000	主梁外锚固点到建筑物边缘的距离 a(mm)	100
主梁建筑物内锚固长度 L_m(mm)	8750	梁/楼板混凝土强度等级	C25
混凝土与螺栓表面的容许粘结强度 $[\tau_b]$(N/mm²)	2.5	锚固螺栓抗拉强度设计值 $[f_t]$(N/mm²)	50

GL1 荷载设计信息 表 10-32

支撑点号	支撑方式	距主梁外锚固点水平距离(mm)	支撑件上下固定点的垂直距离 L_1(mm)	支撑件上下固定点的水平距离 L_2(mm)	是否参与计算
1	上拉	3200	4000	3200	是
2	上拉	6600	8000	6600	是

3）主梁验算

设计信息，见表 10-33 所列。

主梁设计信息 表 10-33

主梁材料类型	槽钢	主梁合并根数 n_z	1
主梁材料规格	32a 号槽钢	主梁截面积 A(cm²)	48.7
主梁截面惯性矩 I_x(cm⁴)	7598.06	主梁截面抵抗矩 W_x(cm³)	474.879
主梁自重标准值 g_k(kN/m)	0.382	主梁材料抗弯强度设计值 $[f]$(N/mm²)	215
主梁材料抗剪强度设计值 $[\tau]$(N/mm²)	125	主梁弹性模量 E(N/mm²)	206000
主梁允许挠度 $[\nu]$(mm)	1/360		

计算简图，如图 10-31 所示。

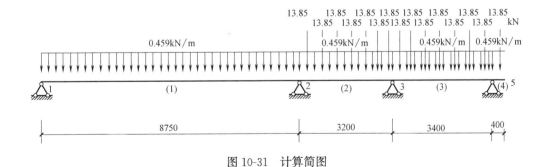

图 10-31 计算简图

① 强度验算（图 10-32）

$$\sigma_{max} = M_{max}/W = 37.988 \times 10^6/474879 = 79.995 \text{N/mm}^2 \leqslant [f] = 215 \text{N/mm}^2$$

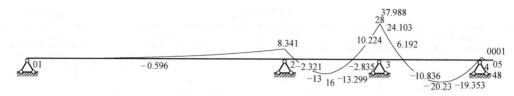

图 10-32　弯矩图（kN·m）

符合要求。

② 抗剪验算（图 10-33）

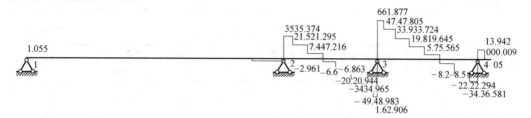

图 10-33　剪力图（kN）

$$\tau_{max} = Q_{max}/(8I_x\delta)[bh_0^2 - (b-\delta)h^2] = 62.906 \times 1000 \times [88 \times 320^2 - (88-8) \times 292^2]/(8 \times 75980600 \times 8) = 28.332N/mm^2$$

$$\tau_{max} = 28.332N/mm^2 \leqslant [\tau] = 125N/mm^2$$

符合要求。

③ 挠度验算（图 10-34）

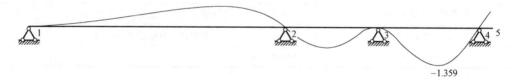

图 10-34　变形图（mm）

$$\nu_{max} = 1.359mm \leqslant [\nu] = 2 \times L_x/360 = 2 \times 7000/360 = 38.889mm$$

符合要求。

④ 支座反力计算

$R_1 = 1.055kN$，$R_2 = 38.474kN$，$R_3 = 124.836kN$，$R_4 = 50.615kN$

4）上拉杆件验算

设计信息，见表 10-34 所列。

上拉杆设计信息　　　　　　　　　　　　　　　　　　　　　表 10-34

上拉杆材料类型	槽钢	上拉杆截面类型	28a 号槽钢
上拉杆截面积 $A(cm^2)$	40.02	上拉杆截面惯性矩 $I(cm^4)$	4764.59
上拉杆截面抵抗矩 $W(cm^3)$	340.328	上拉杆材料抗拉强度设计值 $f(N/mm^2)$	205
上拉杆弹性模量 $E(N/mm^2)$	206000	对接焊缝抗拉强度设计值 $f_tw(N/mm^2)$	185
焊缝厚度 $h_e(mm)$	8	焊缝长度 $l_w(mm)$	120
角焊缝强度设计值 $f_{fw}(N/mm^2)$	160		

上拉杆件角度计算：

$\alpha_1 = \arctan l_1/l_2 = \arctan(4000/3200) = 51.34°$

$\alpha_2 = \arctan l_1/l_2 = \arctan(8000/6600) = 50.477°$

上拉杆件支座力：

$R_{s1} = n_z R_3 = 1 \times 124.836 = 124.836kN$

$R_{s2} = n_z R_4 = 1 \times 50.615 = 50.615kN$

主梁轴向力：

$N_{SZ1} = R_{s1}/\tan\alpha_1 = 124.836/\tan51.34° = 99.869kN$

$N_{SZ2} = R_{s2}/\tan\alpha_2 = 50.615/\tan50.477° = 41.757kN$

上拉杆件轴向力：

$N_{s1} = R_{s1}/\sin\alpha_1 = 124.836/\sin51.34° = 159.868kN$

$N_{s2} = R_{s2}/\sin\alpha_2 = 50.615/\sin50.477° = 65.616kN$

上拉杆件的最大轴向拉力：$N_S = \max[N_{S1}, N_{S2}] = 159.868kN$

轴心受拉稳定性计算：$\sigma = N_S/A = 159.868 \times 10^3/4002 = 39.947N/mm^2 \leqslant [f] = 205N/mm^2$

符合要求。

上拉杆上下节点吊耳螺栓验算（选用 8.8 级普通螺栓）：

$A = N_S/320 = 159.868 \times 10^3/320 = 499.60mm^2$ 直径 $D = (4 \times 499.60/\pi)^{0.5} = 25.2mm$

本工程选用直径 30mm 的 8.8 级 B 级螺栓

符合要求。

吊耳板验算（选用 10mm 钢板）：$\sigma_L = N_S/(2R-D) \times S$

式中，R 为吊耳板端部的圆弧，D 为吊耳板中心孔直径，

吊耳板厚度 $= 159.868 \times 10^3/(2 \times 200 - 35) \times 10 = 43.80N/mm^2 \leqslant [\sigma] = 205N/mm^2$

符合要求。

角焊缝验算：

$l_f \geqslant N_S/(h_e \times f_f) = 159.868 \times 10^3/(5 \times 160) = 199.835mm$（本设计焊缝长度远大于 199.835mm）

符合要求。

5）悬挑主梁整体稳定性验算

主梁轴向力：$N = |[-(-N_{SZ1}-N_{SZ2})]|/n_z = |[-(-99.869-41.757)]|/1 = 141.626kN$

压弯构件强度：

$\sigma_{max} = M_{max}/(\gamma W) + N/A = 37.988 \times 10^6/(1.05 \times 474.879 \times 10^3) + 141.626 \times 10^3/4870$

$\quad\quad\quad = 105.267N/mm^2 \leqslant [f] = 215N/mm^2$

符合要求。

受弯构件整体稳定性分析：

其中，ϕ_b 为均匀弯曲的受弯构件整体稳定系数，按照下式计算：

$\phi_b = (570tb/lh) \times (235/f_y) = 570 \times 14 \times 88 \times 235/(3400 \times 320 \times 235) = 0.645$

$\sigma = M_{max}/(\phi_b W_x) = 37.988 \times 10^6/(0.645 \times 474.879 \times 10^3) = 124.02N/mm^2 \leqslant [f]$

$\quad\quad = 215N/mm^2$

符合要求。

6）锚固段与楼板连接的计算

设计信息，见表 10-35 所列。锚固节点如图 10-35、图 10-36 所示。

<table>
<tr><td colspan="4" style="text-align:right">锚固点设计信息　　　　　　　　　　　　表 10-35</td></tr>
<tr><td>主梁与建筑物连接方式</td><td>平铺在楼板上</td><td>锚固点设置方式</td><td>U 形锚固螺栓</td></tr>
<tr><td>U 形锚固螺栓直径 d (mm)</td><td>20</td><td>梁/楼板混凝土强度等级</td><td>C25</td></tr>
<tr><td>混凝土与螺栓表面的容许粘结强度 $[\tau_b]$ (N/mm^2)</td><td>2.5</td><td>锚固螺栓抗拉强度设计值 $[f_t]$ (N/mm^2)</td><td>50</td></tr>
</table>

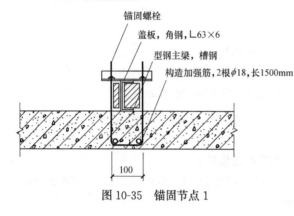

图 10-35　锚固节点 1

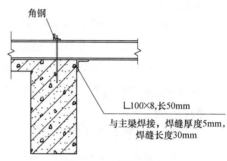

图 10-36　锚固节点 2

锚固螺栓未受拉力，无需计算，节点按构造做法即可。

（2）GL2 计算

注：GL1 与下述 GL2 计算方面较为相似，仅取具有代表性的 GL1 进行叙述，此处略去。

（1）高支模梁 600mm×1000mm 侧模计算书

注：除梁截面尺寸和所设对拉数（1 道）需考量计算外，本计算项与下述高支模梁 300mm×1550mm 侧模相似，此处略去。

（2）高支模梁 300mm×1550mm 侧模计算书

一、梁侧模板基本参数（图 10-37）

计算断面宽度 600mm，高度 1550mm，两侧楼板厚度 100mm。

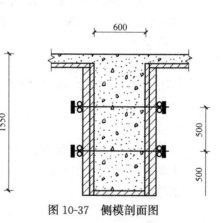

图 10-37　侧模剖面图

模板面板采用普通胶合板。

内龙骨间距 250mm，内龙骨采用 80mm×80mm 木方，外龙骨采用双钢管 ϕ48×3.0。

对拉螺栓布置 2 道，在断面内水平间距 500+500mm，断面跨度方向间距 500mm，直径 14mm。

面板 厚度 18mm，剪切强度 1.4N/mm^2，抗弯强度 13.0N/mm^2，弹性模量 6000.0N/mm^2。

木方剪切强度 1.4N/mm^2，抗弯强度 13.0N/mm^2，弹性模量 9000.0N/mm^2。

二、梁侧模板荷载标准值计算

强度验算要考虑新浇混凝土侧压力和倾倒混凝土时产生的荷载设计值；挠度验算只考虑新浇混凝土侧压力产生的荷载标准值。新浇混凝土侧压力为下式中的较小值：

(1) $F = 0.28\gamma_C t_0 \beta \sqrt{V}$

(2) $F = \gamma_C H$

式中 γ_C——混凝土的重力密度，取 25.500kN/m³；

t——新浇混凝土的初凝时间，取 4h；

T——混凝土的入模温度，取 25.000℃；

v——混凝土的浇筑速度，取 1.550m/h；

H——混凝土侧压力计算位置处至新浇混凝土顶面总高度，取 1.550m；

β——混凝土坍落度影响修正系数，取 0.850。

根据公式计算的新浇混凝土侧压力标准值 $F_1 = 30.220$kN/m²。

考虑结构的重要性系数 0.90，实际计算中采用新浇混凝土侧压力标准值：

$F_1 = 0.90 \times 30.220 = 27.198$kN/m²

考虑结构的重要性系数 0.90，倒混凝土时产生的荷载标准值：

$F_2 = 0.90 \times 4.000 = 3.600$kN/m²。

三、梁侧模板面板的计算

面板为受弯结构，需要验算其抗弯强度和刚度。模板面板按照连续梁计算。计算简图及受力图，如图 10-38～图 10-40 所示。

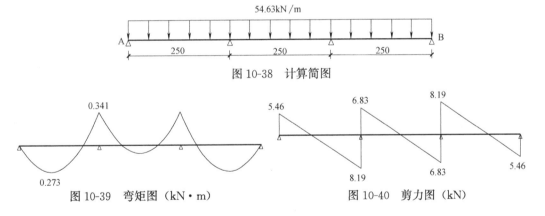

图 10-38 计算简图

图 10-39 弯矩图（kN·m） 图 10-40 剪力图（kN）

面板的计算宽度取 1.45m。

荷载计算值 $q = 1.2 \times 27.198 \times 1.450 + 1.40 \times 3.600 \times 1.450 = 54.633$kN/m

本算例中，截面惯性矩 I 和截面抵抗矩 W 分别为：

$W = 145.00 \times 1.80 \times 1.80 / 6 = 78.30$cm³

$I = 145.00 \times 1.80 \times 1.80 \times 1.80 / 12 = 70.47$cm⁴

变形的计算按照规范要求采用静荷载标准值，如图 10-41、图 10-42 所示。

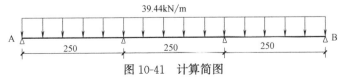

图 10-41 计算简图

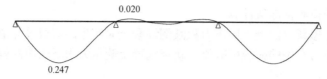

图 10-42　变形图（mm）

经过计算得到从左到右各支座力分别为

$N_1=5.463$kN；$N_2=15.024$kN；$N_3=15.024$kN；$N_4=5.463$kN

最大弯矩 $M=0.341$kN·m

最大变形 $v=0.247$mm

（1）抗弯强度计算

面板抗弯强度计算值 $f=M/W=0.341\times1000\times1000/78300=4.355$N/mm²

面板抗弯强度设计值 $[f]$，取 13.00N/mm²；

面板抗弯强度验算 $f<[f]$，满足要求。

（2）抗剪计算

截面抗剪强度计算值 $T=3Q/(2bh)=3\times8194.0/(2\times1450.000\times18.000)=0.471$N/mm²

截面抗剪强度设计值 $[T]=1.40$N/mm²

面板抗剪强度验算 $T<[T]$，满足要求。

（3）挠度计算

面板最大挠度计算值 $v=0.247$mm

面板的最大挠度小于 250.0/250=1mm，满足要求。

四、梁侧模板内龙骨的计算

内龙骨直接承受模板传递的荷载，通常按照均布荷载连续梁计算。

内龙骨强度计算均布荷载 $q=1.2\times0.25\times27.20+1.4\times0.25\times3.60=9.419$kN/m

挠度计算荷载标准值 $q=0.25\times27.20=6.800$kN/m

内龙骨按照均布荷载下多跨连续梁计算。如图 10-43～图 10-45 所示。

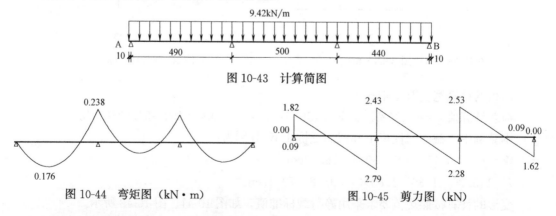

图 10-43　计算简图

图 10-44　弯矩图（kN·m）　　　　图 10-45　剪力图（kN）

变形的计算按照规范要求采用静荷载标准值，如图 10-46、10-47 所示。

经过计算得到最大弯矩 $M=0.237$kN·m

经过计算得到最大支座反力 $F=5.224$kN

经过计算得到最大变形 $v=0.082$mm

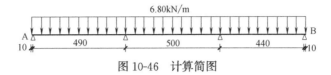

图 10-46　计算简图

图 10-47　变形图（mm）

本算例中，内龙骨的截面惯性矩 I 和截面抵抗矩 W 分别为：

$W=8.00\times8.00\times8.00/6=85.33$cm^3；

$I=8.00\times8.00\times8.00\times8.00/12=341.33$cm^4；

（1）内龙骨抗弯强度计算

抗弯计算强度 $f=M/W=0.237\times10^6/85333.3=2.78$N/mm^2

内龙骨的抗弯计算强度小于 13.0N/mm^2，满足要求。

（2）内龙骨抗剪计算

截面抗剪强度必须满足：

$T=3Q/(2bh)<[T]$

截面抗剪强度计算值 $T=3\times2792/(2\times80\times80)=0.654$N/mm^2

截面抗剪强度设计值 $[T]=1.40$N/mm^2

内龙骨的抗剪强度计算满足要求。

（3）内龙骨挠度计算

最大变形 $v=0.082$mm

内龙骨的最大挠度小于 500.0/250=2mm，满足要求。

五、梁侧模板外龙骨的计算

外龙骨承受内龙骨传递的荷载，按照集中荷载下连续梁计算。如图 10-48～图 10-50 所示。

集中荷载 P 取横向支撑钢管传递力。

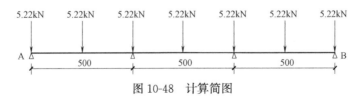

图 10-48　计算简图

变形的计算按照规范要求采用静荷载标准值，如图 10-51、图 10-52 所示。

经过连续梁的计算得到

最大弯矩 $M_{max}=0.457$kN·m

最大变形 $v_{max}=0.123$mm

最大支座力 $Q_{max}=11.231$kN

抗弯计算强度 $f = M/W = 0.457 \times 10^6 / 8982.0 = 50.88 \text{N/mm}^2$

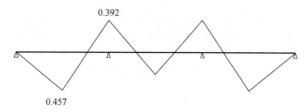

图 10-49　弯矩图（kN·m）

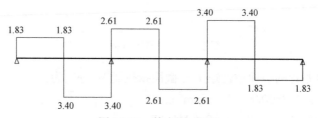

图 10-50　剪力图（kN）

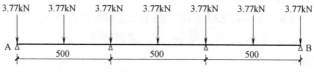

图 10-51　计算简图

图 10-52　变形图（mm）

支撑钢管的抗弯计算强度小于设计强度，满足要求。

支撑钢管的最大挠度小于 500.0/150 与 10mm，满足要求。

四、对拉螺栓的计算

计算公式：

$$N < [N] = fA$$

式中　N——对拉螺栓所受的拉力；

　　　A——对拉螺栓有效面积（mm²）；

　　　f——对拉螺栓的抗拉强度设计值，取 170N/mm²。

对拉螺栓的直径（mm）：14

对拉螺栓有效直径（mm）：12

对拉螺栓有效面积（mm²）：$A = 105.000$

对拉螺栓最大容许拉力值（kN）：$[N] = 17.850$

对拉螺栓所受的最大拉力（kN）：$N = 11.231$

对拉螺栓强度验算满足要求。

侧模板计算满足要求。

10.14　施工图

施工图如图 10-53～图 10-74 所示。

注：本案例施工图有部分删减。

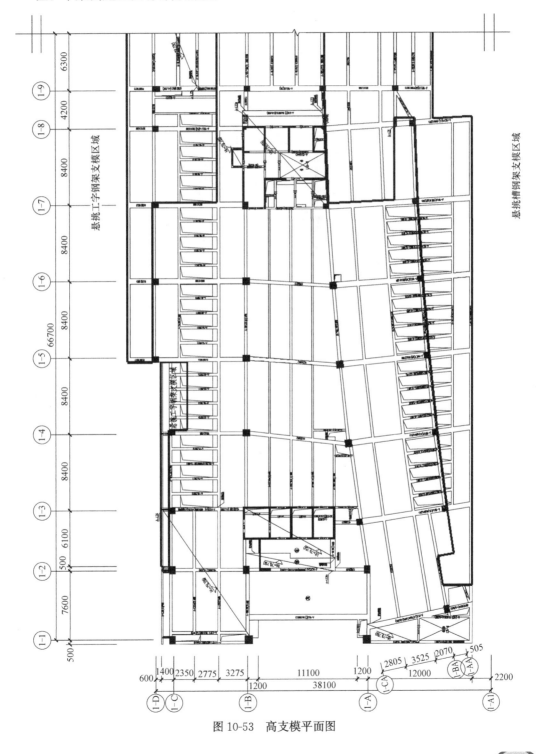

图 10-53　高支模平面图

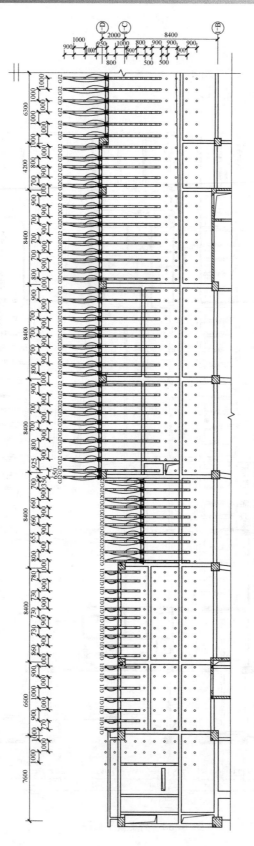

图 10-54　悬挑工字钢架平面布置图

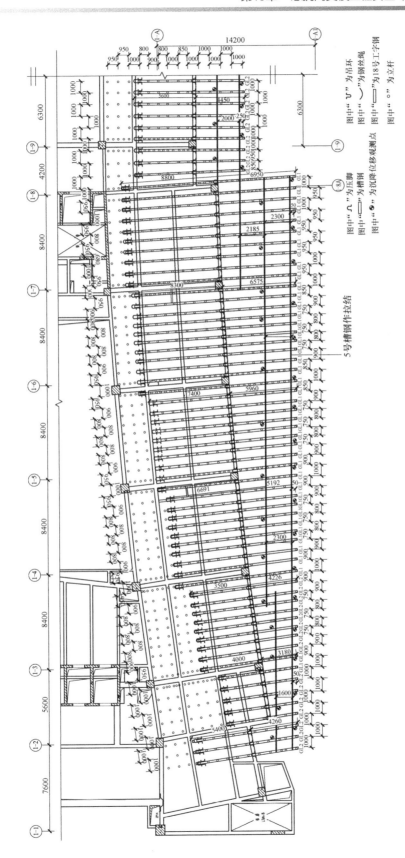

图 10-55　悬挑槽钢架平面布置图

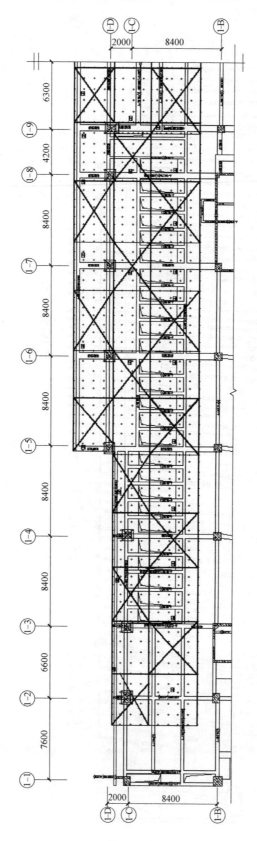

图 10-56　悬挑工字钢架区域剪刀撑平面布置图

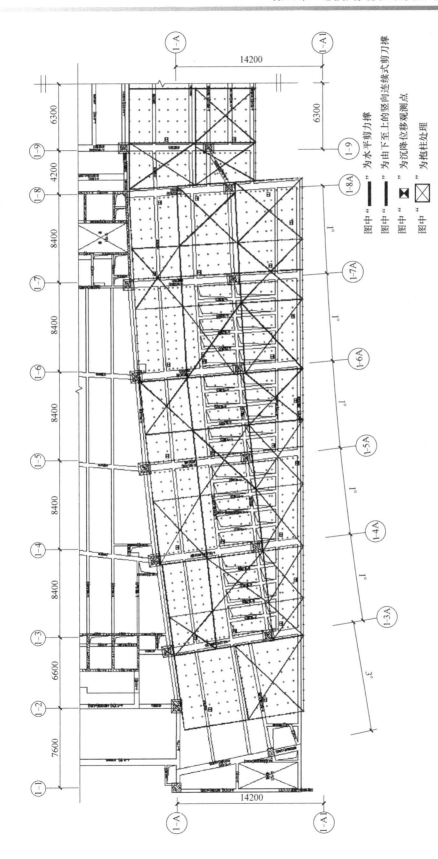

图 10-57　悬挑槽钢架区域剪刀撑平面布置图

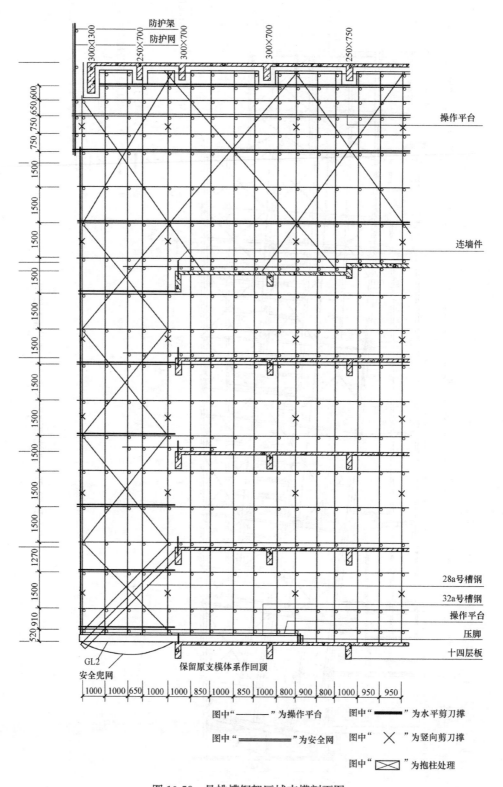

图 10-58　悬挑槽钢架区域支模剖面图

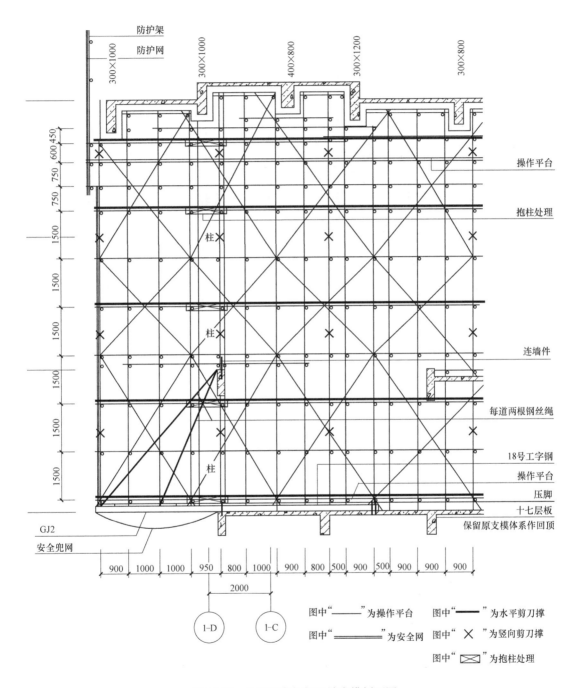

图 10-59　悬挑工字钢架区域支模剖面图

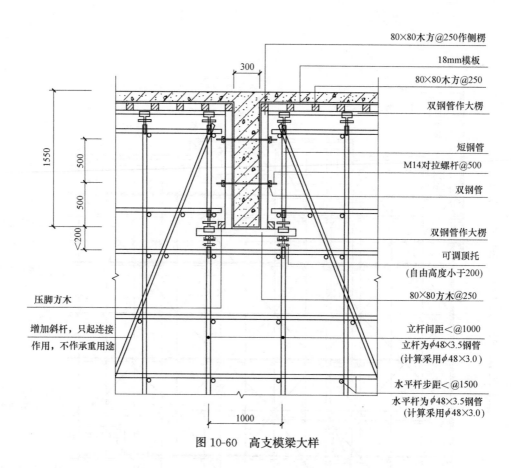

图 10-60　高支模梁大样

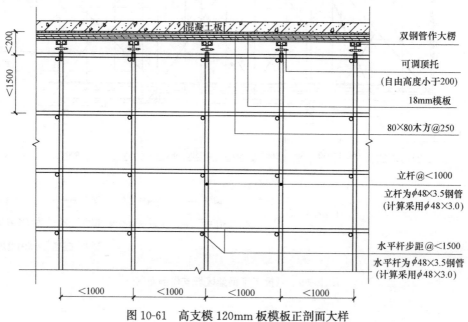

图 10-61　高支模 120mm 板模板正剖面大样

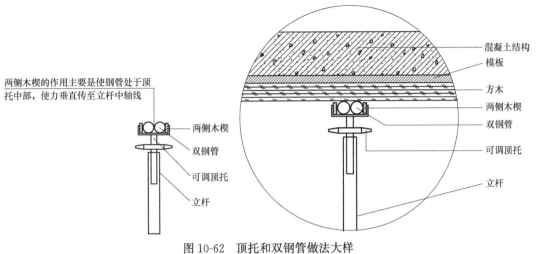

图 10-62 顶托和双钢管做法大样

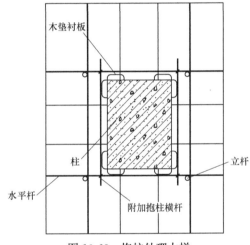

图 10-63 抱柱处理大样

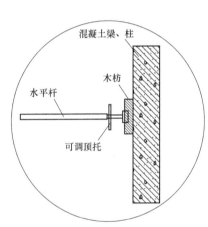

图 10-64 顶紧处理大样

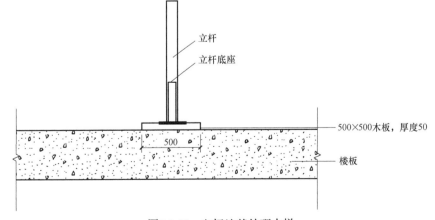

图 10-65 立杆地基处理大样

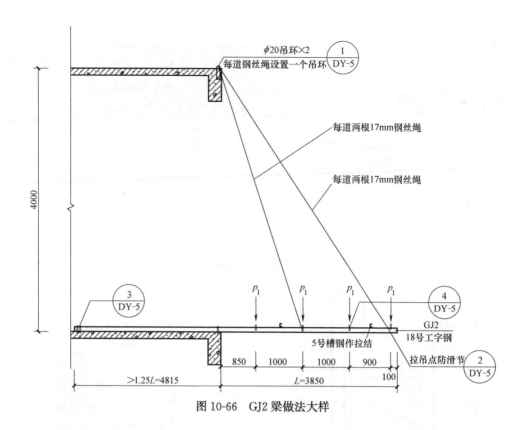

图 10-66　GJ2 梁做法大样

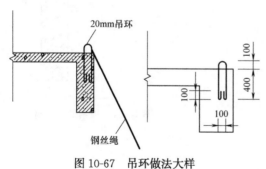

图 10-67　吊环做法大样

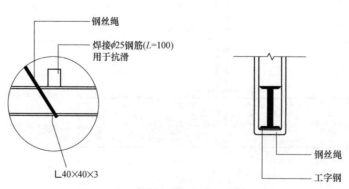

图 10-69　工字钢与钢丝绳的连接大样

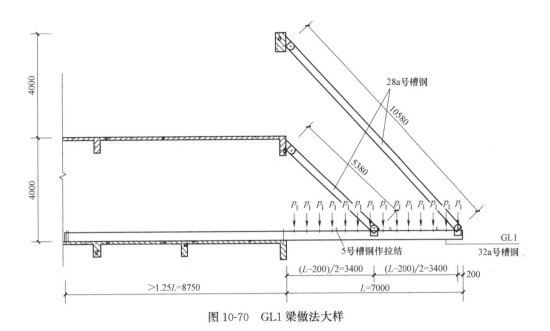

图 10-70　GL1 梁做法大样

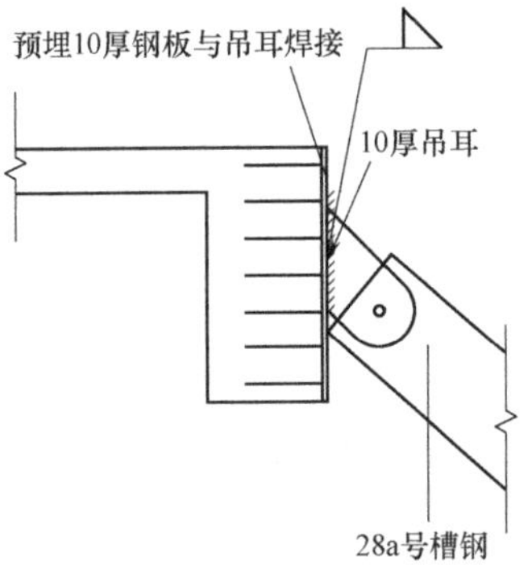

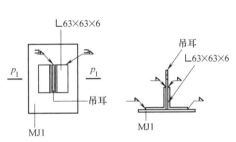

图 10-71　槽钢拉吊大样

图 10-72　槽钢拉吊上部节点图

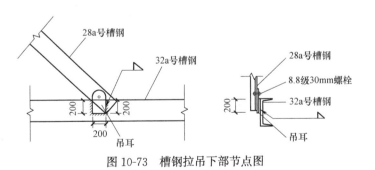

图 10-73　槽钢拉吊下部节点图

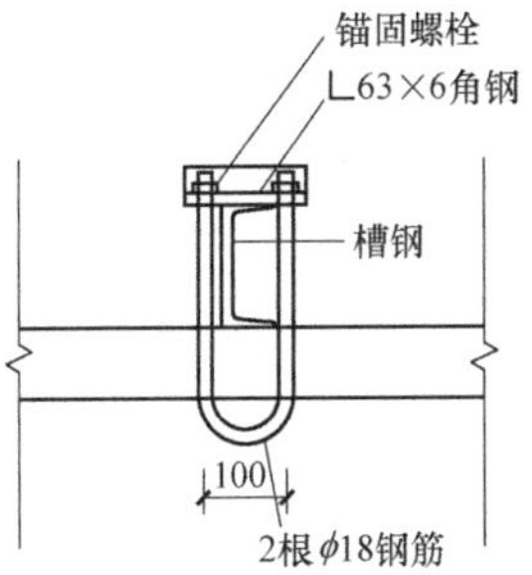

图 10-74　槽钢压脚做法

第11章

▷▷▷▷▷▷▷

顶升模架工程安全专项施工方案实例

实例5 ××商业、办公楼工程顶模安全专项设计施工方案

11.1 工程概况

11.1.1 项目概况

　　××中心为一个综合开发项目。占地面积约 104871m²，总建筑面积约 104 万 m²。由 4 层地下室，地上 5 栋塔楼及裙房组成。其中，T2 塔楼结构高度 398.1m，建筑总高度 428.8m，建筑面积约 21 万 m²，采用劲性柱＋钢板剪力墙核心筒＋型钢梁＋2 道伸臂桁架＋腰桁架＋带状桁架结构体系，标准层层高 4.3m。顶升模架施工作业楼层结构情况见表 11-1 所列。

顶升模架施工作业楼层结构情况　　　　　　　　　　　　　表 11-1

序号	楼层	层高（m）	外墙厚度（mm）	外墙设计概况
1	L10～15	4.3	1200	内外墙设有劲性钢板墙、钢骨柱、钢梁；部分外墙外侧内收 200mm
2	L16～34	4.3、4.26、10.34、6.0	1100	内外墙设有劲性钢骨柱、钢梁；外墙外侧内收 100mm；内墙不变
3	L35～39	4.3	1050	劲性钢骨柱、钢梁等消失；外墙外侧内收 50mm；内墙不变
4	L40～44	4.3	1050	外墙不变；部分内墙消失
5	L45～54	4.3	950	外墙外侧内收 100mm；内墙不变
6	L55～60	4.3	850	外墙外侧内收 100mm；内墙不变
7	L61～65	4.26、10.34、6.0、4.3	850	外墙不变；部分内墙消失
8	L66～74	4.3	700	外墙外侧内收 150mm；内墙不变
9	L75～78	4.3	700	部分外墙消失；内墙不变
10	L79～85	4.3、6.0	500	外墙外侧内收 200mm；内墙不变

11.1.2 模架概况及组成

　　顶升模架主要由支撑与平台系统、挂架系统、模板系统及液压油缸及控制系统组成。钢平台通过支撑与顶升系统支撑在内核心筒墙体上，模板系统悬挂或附着在钢平台系统顶部及四周。核心筒施工时作业人员利用挂架系统作为作业面吊焊钢构件、绑扎钢筋、支设模板、浇筑混凝土。通过利用支撑与顶升系统，使模架整体随着核心筒施工高度的增加不

断向上爬升，完成上部混凝土墙体的施工作业。

钢平台系统主要由主桁架、次桁架、中间平台结构连接成型等构成整个模架受力骨架。模架运行时，模板及附属设施系统依托附着在钢平台体上，钢平台系统随模架同步提升。支撑与顶升系统支撑在核心筒剪力墙上，支点由伸缩牛腿、顶升箱梁和支撑箱梁及顶升油缸构成。模架运行时，整体荷载通过顶升箱梁和支撑箱梁伸出的牛腿传至混凝土墙体。模板及挂架系统包含模板、防护等设施，满足纵向模架施工、安全及防护构造。

11.2 编制依据

略

注：本书所选用的专项方案已在相应工程项目中安全施行并通过验收，相关专项方案所依据的规范可能存在与现行规范不一致的情况，方案的编制应参照现行规范执行。

11.3 施工计划

略

11.4 施工工艺技术

11.4.1 施工流程及方法

核心筒施工时，先绑扎上层核心筒钢筋，此时整个平台荷载通过顶升箱梁和支撑箱梁，将荷载传递到核心筒墙体上。待钢筋绑扎完成及下层混凝土达到强度后，拆开钢模板开始顶升。顶升时，仅顶升箱梁支撑在核心筒墙体上，支撑箱梁随模架整体一起顶升，顶升到位后，支撑箱梁支撑至上层核心筒墙体，模板随模架一起顶升一个结构层，就位后通过油缸提升顶升箱梁，支撑固定至上层墙体，完成顶升过程。调整模板，合模固定后，浇筑混凝土。如图 11-1～图 11-3 所示。

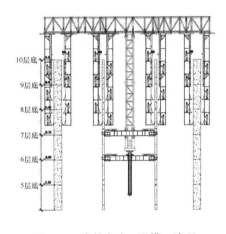

图 11-1 浇筑完成、退模、清理

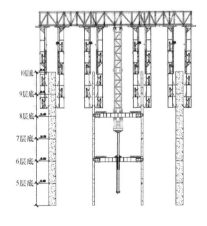

图 11-2 整体顶升

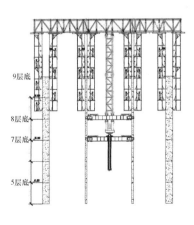

图 11-3 回收油缸，封闭模板

11.4.2　组成及设计

1. 支撑系统定位

综合考虑核心筒墙体内收、重型设备布置、劲性钢构件吊装空间的需要，拟定本工程将模架支撑点设置在核心筒内墙上或连梁上。根据墙体结构特点和变化情况，合理布置顶升箱梁与支撑箱梁等支撑系统，并在模架顶部用主桁架连接起来形成平台主受力骨架，同时设置次桁架，最终形成模架平面布置。

本工程顶升模架核心筒施工区域包括 3.5 个层高，由上至下，钢筋绑扎及钢筋预留占据 1.5 层，混凝土浇筑 1 层，混凝土养护 1 层。

2. 顶升模架功能分区

顶升模架系统竖向功能分区主要包括钢筋绑扎层、混凝土浇筑层、混凝土养护层等几个分层。钢梁主、次桁架下挂七步操作架，跨越三个半结构层，由上至下为：一个半结构层作为钢筋绑扎及钢筋预留层、一个混凝土浇筑结构层、一个混凝土养护层以待混凝土强度达到承载要求后供支撑架使用。如图 11-4 所示。

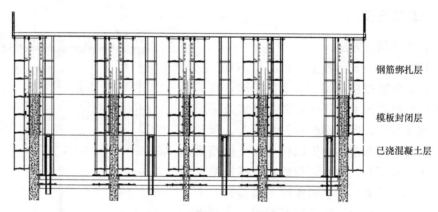

钢筋绑扎层

模板封闭层

已浇混凝土层

图 11-4　顶升模架立面工程功能分区示意

3. 平立面功能分区设计

如图 11-5、图 11-6 所示，智能顶模系统顶部钢平台主要作为临时堆载区域，设顶升操作室、混凝土布料机、钢筋临时堆场、施工机具堆场等，同时还设置有供核心筒施工人员作业、休息、控制施工平台运行的设施及场地（如移动卫生间、热水、消防水箱、垃圾箱等）。在划分功能分区时，除考虑施工方便、安全、高效等因素外，同时应考虑平台的受力情况，平台的悬挑区域不宜布置过大的荷载。

4. 钢平台系统设计

主次桁架系统构件主要由型钢拼成的桁架结构构成，其顶部平台主要作为核心筒施工的堆场，下部悬挂挂架作为核心筒施工时作业面和通道使用。钢平台系统设计时除了满足强度、刚度要求外，还应充分考虑劲性构件吊装、墙体内收、特殊楼层施工的需求。钢平台各构件均采用型钢，详细截面信息见表 11-2 所列。

5. 支撑与顶升系统设计

本工程拟订采用 5 套支撑顶升设备作为架体的支撑点，分别在核心筒内筒布置，支撑系统定位见图 11-41。

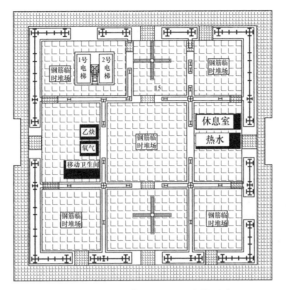

图 11-5 智能顶模顶层平面功能示意

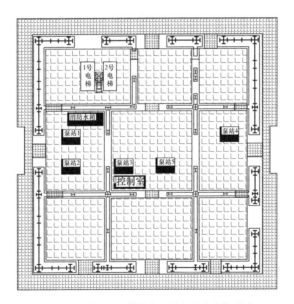

图 11-6 智能顶模桁架下层平面功能示意

构件型材详细截面信息 表 11-2

构件名称	材料名称	构件名称	材料名称
主桁架上弦杆	工 300×300×15×10	顶升立柱斜腹杆	φ159×9
主桁架下弦杆	工 300×300×15×10	顶升立柱横连杆	φ159×9
主桁架立杆	工 250×250×14×9	支撑箱梁	口 850×400×40×35
主桁架斜腹杆	工 200×200×12×8	顶升箱梁	口 850×400×40×35
次桁架上弦杆	工 300×200×12×8	支撑牛腿	口 450×300×40×40
次桁架下弦杆	工 300×200×12×8	传立柱立杆	φ351×16
次桁架立杆	工 150×150×10×7	传立柱斜腹杆	φ351×16
次桁架斜腹杆	工 150×150×10×7	传立柱连接杆	φ159×9
顶升立柱立杆	φ351×12	横梁	工 300×200×12×8

（1）结构部分设计

支撑与顶升系统结构组成主要由顶升箱梁和支撑箱梁及之间的顶升油缸构成。

（2）液压部分设计

本工程拟采用自动同步控制液压顶升系统，其包含液压设备、同步控制系统。

1）液压系统。用于顶升的自动控制液压设备包括5套顶升油缸、1套现地控制柜以及液压管道及附件等。其中泵站一控一配置。液压泵站设备包括4套油箱、5套顶升液压泵电动机组、5套顶升调压控制阀组、5套顶升同步控制阀组。5套顶升力为4500kN的顶升油缸作用于顶升箱梁与支撑箱梁间。

2）同步电控系统设计。主要包括液控系统和电控系统，实现对5套顶升油缸的同步控制。液控系统主要包括泵站、各种闸阀和整套液压管路，通过控制各个闸阀的动作以控制整个系统的动作和紧急状态下自锁。

电控系统主要包括一个集中控制台、连接各种电磁闸阀与控制台的数据线、主缸行程传感器等，实现对整个系统电磁闸阀动作的控制与监控、对主缸顶升压力的监控、对主缸顶升行程的同步控制与监控。

液压系统利用同步控制方式，通过液压系统调节控制5个油缸的液压油流量，从而达到5个油缸同步顶升要求。其中，液控系统主要包括泵站、各种闸阀和整套液压管路，通过控制各个闸阀的动作以控制整个系统的动作和紧急状态下自锁。动作要求如下：

① 主油缸伸出50mm（顶升上支撑横梁腾空）；

② 上支撑小油缸收回（带动上支撑牛腿收回）；

③ 主油缸继续伸出至4350mm（伸出长度比层高高出100mm，主要是考虑上下支撑大梁挠度的变化）；

④ 上支撑小油缸伸出（推动上支撑牛腿伸出）；

⑤ 主油缸收回100mm（主要为上支撑牛腿落实，下支撑腾空）；

⑥ 下支撑小油缸收回（带动下支撑牛腿收回）；

⑦ 主油缸继续全部收回（提动下支撑大梁上升一层高度）；

⑧ 下支撑小油缸推出（推动下支撑牛腿伸出）；

⑨ 主油缸伸出至主油缸无杆腔内压力达到7MPa（下支撑受力1000kN）。

电控系统主要包括一个集中控制台、连接各种电磁闸阀与控制台的数据线、主缸行程传感器、小油缸行程限位等，实现对整个系统电磁闸阀动作的控制与监控、对主缸顶升压力的监控、对主缸顶升行程的同步控制与监控；

其中，行程控制设置为不超过3mm，任意油缸顶升行程与另外两个超过3mm后即自动补偿，考虑到施工荷载的不均匀，主油缸压力控制以顶升开始前初始压力为基准，顶升过程中若压力出现急剧变化超过0.3MPa即紧急制动。

（3）支点牛腿与墙体连接

支点通过水平伸缩牛腿搁置在墙体上，墙体留洞尺寸为400mm×500mm×500mm，水平伸缩牛腿再与支撑箱梁连接。水平伸缩牛腿通过液压小油缸控制，每个箱梁两端设置共2个小油缸，共设置40支。上下支撑箱梁的伸缩牛腿最小距离设置为1m，通过爬升规划确定墙体预留洞的标高。

（4）立柱与钢平台连接

立柱分为顶升立柱和支撑立柱，与支撑箱梁连接，液压系统顶升时，通过立柱传递荷载。立柱采用格构式结构，与支撑箱梁、钢平台通过螺栓连接。

6. 模板及附属设施系统

(1) 模板系统设计

本工程拟订选用铝合金模板。模板配置时，分标准模板、非标准不变模板、异形角模进行配置。模板配置时尽量减少模板的变化，达到配模一次性成功，尽可能地减少补偿模板的配置。

1) 模板选择原则

模板选择需要满足便于安装、拆卸以及保证混凝土浇筑质量，并能保证周转使用的次数以及周转时转运方便的要求；满足核心筒沿竖向截面不断变化的要求；满足施工过程中高空改装作业的安全性和要求；满足核心筒施工的流水节拍要求；模板需要便于安装、拆卸以及进行模板表面的清理。

2) 模板设计概况

根据对本工程层高的统计情况得知，4.3m 层高的楼层有 50 层，4.5m 层高的楼层有 27 层，其余为非标准层高，综合考虑承力件、高度等因素，模板高度设为 4700mm。用铝合金模板于 10～85 层施工，单层使用铝合金模板面积约为 2000m²。模板材料规格见表 11-3 所列。

模板材料规格

表 11-3

序号	部件	材料规格
1	梁底模	标准长度 950mm
2	梁侧模	标准长度 1100mm
3	支撑梁	宽 100mm，间距 1000mm
4	加固背楞	双方钢管 60×30
5	对拉螺栓	ϕ20 高强度对拉螺栓

墙模板背面设置有背楞，背楞设置间距不大于 1200mm。背楞材料为方钢管 60×3mm。外墙面共设置 5 道背楞。

定型大模板主要节点：

① 角节点设置。阴角模脱离墙面，进行清理，在阴角模两边设计活模扇。支模时，阴角模先调整到位，最后闭合活模扇；拆模时，先打开活模扇，再退离阴角模。板采用普通墙模板的对接形式，用芯带重点加固；另在阳角模附近设计了调节模板的节点，方便拆除，以适应墙体收缩变化。

② 洞口模板及补偿模板。结构洞口的梁利用在定型大模板上伸出的背楞和配发背楞进行连接和加固。

③ 模板安装。模板安装与核心筒首层墙体拟同时进行施工，不采用分段浇筑；按照模板平面布置图进行分组吊装，并连续排列，做好临时固定。全部模板安装完毕，并校正好后，对模板顶部和底部背楞处进行加固，拟采用钢管对顶和钢丝绳对拉进行加固。本工程核心筒剪力墙模板支设采用 ϕ20 高强度对拉螺栓。

④ 墙体变截面处理。墙体变截面时，将变截面处的模板支座卸掉，将模板直接安装

在变截面处。浇筑混凝土时，变截面处的混凝土面按设计标高浇高 20cm，截面收掉一侧埋设木盒，如图 11-47 和图 11-48 所示，浇筑完混凝土后剔除木盒，未收掉一侧直接提升模板即可。

⑤ 模板脱模器大样。模板设置脱模器，如图 11-46 所示，在支模时脱模器顶紧模板，拆模时往墙体方向拧，顶紧墙体，以脱开模板。

（2）挂架系统设计

挂架是模板与钢筋工程的操作架，同时也是模架上下的通道。挂架的安装利用钢平台下的吊架梁作为吊点及滑动轨道，包括可移动滑轮、吊杆、水平连系杆、吊杆接头、踏板、可翻转踏板、兜底防护等。

1）滑梁与滑轮：滑轮采用截面 HM200×150×6×9，通过节点板与平台桁架下弦杆在施工现场焊接，用于悬挂模板及挂架；滑轮用于连接吊杆和钢平台桁架，通过滑轮的移动，整个挂架体系可一起移动。

2）吊杆：连接滑轮与水平横杆和水平纵杆，吊杆的长度根据整个挂架的需要选取。

3）模板吊索：采用 60×8 扁钢和 φ16 圆钢组焊成可调形式，用 M16×40 螺栓（8.8级）连接；吊索通过吊轮安装在滑梁上。为使脱模容易，吊轮采用轴承以便滑动。

4）水平横杆和纵杆：用于挂架的水平分层，与吊杆连接，其上铺设钢跳板为挂架形成人行通道。

5）水平推拉翻板：一端采用为可活动的交接形式通常与水平横杆连接，另一端部通过斜拉杆与吊杆连接。退模时翻起，使其与墙体之间保持一定距离，为退模留出一定空间，并留出清理面板的作业空间，同时避免顶升挂架被墙体拉扯而发生危险。

挂架组成如图 11-7 所示。

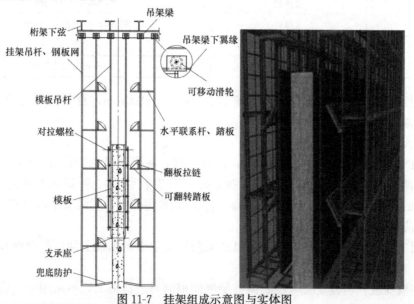

图 11-7　挂架组成示意图与实体图

6）平台板：平台板铺设于顶层钢梁面，主要为材料堆载、钢筋绑扎、混凝土浇筑等提供操作面，采用 3mm 花纹钢板，再局部点焊固定。

7）外围栏：顶模体系平台顶部外围栏高 2.2m，采用□50×30×3 方钢@2m 设置，外挂 3mm 厚钢板网，底部通过 L50×50×4 角钢与外框架钢梁焊接固定。

8）内围栏：内围栏主要作为工作人员在平台面工作情况下防止坠落或防止物体通过剪力墙预留空间处掉落，采用同外围栏方式搭设，外挂密目安全网，搭设高度 2.2m。

9）水平通道梯：平台顶部各板块之间通过水平通道梯形成连通，通道梯主要设置于墙体洞口上部对应位置（避免墙体竖向钢筋外伸的影响），通道宽度一般设置 1m 水平板，采用 3mm 花纹钢板，两侧设置 1.2m 高钢管防护栏杆。

7. 临水临电设施设计

（1）模架临水设计

1）模架顶设置两路供水管，一路为消防供水管，另一路为施工供水管，两路水管并排设置于机电管井内，在模架下部与墙体附着，模架内在二层开始转弯沿模架立柱上至六层，在模架内与框架立柱附着。

2）消防立管管径为 DN100，沿模架六层敷设至顶层消火栓位置，模架内各层设置 2 个消火栓，立管由模架顶层消防立管引入。供水主管管径为 DN50，在模架六层敷设至各框架区，其中一路设置立管至模架二层，形成混凝土喷淋养护管网；另外一路在模架六层的外框中间区域各设置一路取水点，保证施工临时用水。

3）模架需要提升时，关闭主立管阀门，断开主立管与下层立管的连接，环管系统随平台一起提升，待平台提升完毕后，增设一层立管，主立管与上层顶升模架给水环网采用法兰形式重新连接。

（2）模架临电设计

1）核心筒施工临时用电系统包括临时用电照明系统、结构施工用电、模架顶升用电，现场设计一级配电系统、二级配电系统。一级配电系统通过主电缆从地面的配电室接入。

2）在钢平台四个角部分设二级配电箱，负责模架用电需求。电源从一级配电箱接入。

3）三级配电箱根据现场施工情况由施工方按照用电需求自行配置，电源接驳就近二级配电箱。

8. 顶模的安装方案

根据本工程总体施工部署，核心筒施工完 9 层结构以后安装顶模架，塔楼核心筒在 9 层结构以下采用常规木模板体系（竖向结构）进行施工，剪力墙施工过程中按照顶升模架爬升规划进行预留预埋。计划 60d 安装、调试完毕，从第 6 层墙体开始留设伸缩钢梁预留洞口，开始安装顶模的钢平台及吊架系统。安装流程如下：

（1）顶模的安装顺序

模板开豁与预就位→顶升箱梁组装（支腿油缸、支腿、导向腿等）（地面）→顶升箱梁整体吊装就位（支撑位预埋有支腿垫板）→顶升油缸吊装组装→支撑箱梁组装（支腿油缸、支腿、导向腿等）（地面）→支撑箱梁整体吊装就位（支撑位预埋有支腿垫板）→立柱吊装安装→各箱梁的供电设备、液压设备及通信信号线连接→各主立柱之间的供电设备、液压设备及通信信号线连接调试→主次桁架拼装→主次桁架吊装→主次桁架与主立柱连接→挂架梁安装→内外挂架安装→挂架平台和安全网安装→模板梁安装→模板挂接→顶层工作台及卸料平台铺设→布料机架设→垂直爬梯安装→安全检查、试运行及安装验收。

（2）支撑体系安装流程图

支撑体系安装流程图，如图 11-8～图 11-17 所示。

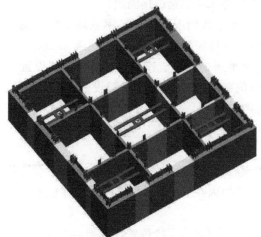

图 11-8　下支撑箱梁安装

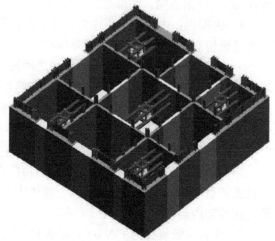

图 11-9　传力柱、油缸及上支撑箱梁安装

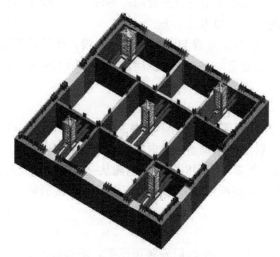

图 11-10　顶升立柱安装

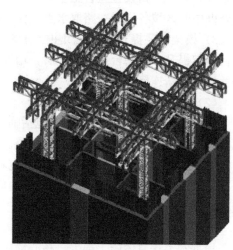

图 11-11　主桁架安装

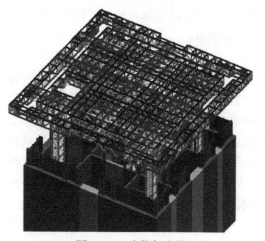

图 11-12　次桁架安装

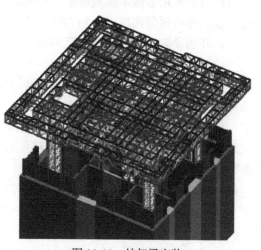

图 11-13　挂架梁安装

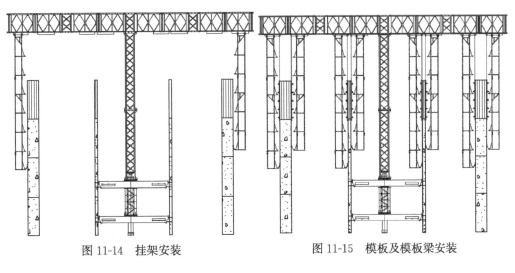

图 11-14　挂架安装　　　　　图 11-15　模板及模板梁安装

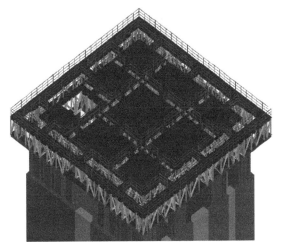

图 11-16　平台面板及挂架安全网铺设

图 11-17　布料机架设，垂直爬梯安装

（3）结构系统安装

支撑与顶升系统、钢平台系统是整个顶模系统的承力骨架，此部分构件数量相对较少，但单构件重量较大，具体安装过程为：

1）滑梁安装

钢平台主次桁架安装完毕后进行大钢模板及附属设施安装，首先进行滑梁安装。由于本工程滑梁设置数量较多，为提高工作效率，减少塔吊使用时间，可以将滑梁及吊杆构件集中通过塔吊吊装至安装地点，然后通过手动捯链进行安装就位。由于钢平台桁架高度较高，为 390mm，可直接在钢桁架上搭设一根 14♯工字钢型钢构件，作为手动捯链的支撑，如图 11-18 所示。

2）挂架安装

吊杆同样可采用手动捯链进行安装，在顶层钢梁处立支撑构件，通过手动葫芦将吊杆吊至指定位置安装。吊杆安装后铺设走道板，再用塔吊将模板吊至相应位置，通过手动捯链将模板就位，然后进行固定。

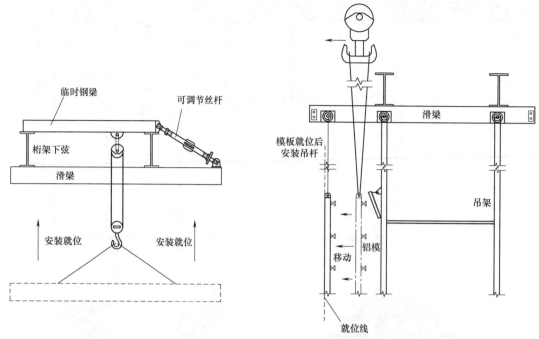

图 11-18　滑梁与模板安装示意图

吊耳与滑轮：吊耳与滑轮为在桁架下弦或滑梁与吊杆之间的连接器。外挂架吊杆主要采用滑轮与滑梁连接；内挂架吊杆主要采用吊耳与桁架下弦连接。吊耳与滑轮预先在地面安装到拼装好的挂架吊杆顶端，挂架提升至桁架下弦后，将吊耳与桁架下弦贴紧完成焊接。

吊杆：吊杆分为上、中、下三节。上面一节长度 5.75m，下面两节长度为 5.8m。

跳板：跳板由上至下共八层，每块跳板的四角均通过螺栓与吊杆上的对应托角连接。一至七层的跳板底板采用钢丝网。

侧面防护网：防护网通过螺栓与吊杆侧面连接。分为 A、B 两类。其中，A 类为钢板网，用于外挂架防护；B 类为钢丝网，用于内挂架防护。

3）平台板及外防护安装

下部滑梁、吊杆、走道板等构件安装完毕后再进行挂架、水平走道、护栏、平台面板安装，最终完成整个顶模系统的安装。

顶模系统平台面板安装过程中跟进平台布料机、操作室、内护栏等布置，平台面板主要采用 4mm 厚花纹钢板，安装前通过塔吊吊装至指定位置，再采用人工或手动捯链微调并焊接固定。安装采取平台上下或左右分区，对称安装就位。

在安装平台板的同时可进行外围防护安装，外防护栏杆高 1.8m，采用 60mm×5mm 方钢@1.5m 设置，外挂 3mm 厚钢板网，底部通过∟180×110×10 角钢与外框架钢梁焊接固定。

4）铝合金模板安装

滑梁及吊杆安装过程中可以跟进铝合金模板吊装，铝合金模采用塔吊吊装，安装过程缓慢就位，就位后将下吊索与上吊索通过螺栓进行连接，或预先使用模板，将使用中的模板通过手拉捯链连接在模板安装梁上，通过手拉捯链调节模板与平台高度。

5）钢柱吊装与校正

钢柱的吊装方法为旋转吊装法及滑行吊装法。对重型钢架可采用双机抬吊的方法进行吊装。起吊时，双机同时将钢架平吊起来，离地一定高度后暂停，然后双机同时打开回刹车，由主机单独起吊，当钢柱吊装回直后，拆除辅机下吊点的绑扎钢丝绳，由主机单独将钢柱插进锚固螺栓固定。

钢柱经过初校，待垂直度偏差控制在 20mm 以内方可使起重机脱钩。钢柱的垂直度用经纬仪检验，如有偏差，用螺旋（或油压）千斤顶进行校正，在校正过程中，随时观察柱底和标高控制块之间是否脱空，以防校正过程中造成水平标高的误差。

钢柱位置的校正，对于重型钢柱可用螺旋千斤顶加链条套环托座，沿水平方向顶校钢柱。校正后为防止钢柱位移，在柱四边用 10mm 厚的钢板定位，并用电焊固定。钢柱复校后，再紧固锚固螺栓，并将承重块上下点焊固定，防止走动。钢柱支撑应及时安装，以保证钢架的稳定性。

6）钢桁架的吊装与校正

由于桁架的跨度、重量和安装高度不同，适合的吊装机械和吊装方法亦随之而异。桁架多用悬空吊装，为使桁架在吊起后不致发生摇摆，和其他构件碰撞，起吊前在支座的节间附近用麻绳系牢，随吊随放松，以此保持其正确位置。桁架的绑扎点要保证桁架的吊装稳定性，否则就需在吊装前进行临时加固。

钢桁架的侧向稳定性较差，如果吊装机械的起重量和起重臂长度允许时，最好经扩大拼装后进行组合吊装，即在地面上将两榀桁架及其上的天窗架、檩条、支撑等拼装成整体，一次进行吊装，这样不但可提高吊装效率，也有利于保证其吊装的稳定性。

桁架临时固定需用临时螺栓和冲钉，则每个节点处应穿入的数量必须由计算确定，并应符合下列规定：不得少于安装孔总数的 1/3；至少应穿 2 个临时螺栓；冲钉穿入数量不宜多于临时螺栓的 30％；扩钻后的螺栓（A 级、B 级）孔不得使用冲钉。

钢桁架要检验校正其垂直度则可用拉紧的测绳进行检验，钢桁架的最后用电焊或高强度螺栓固定。钢屋架吊装应在上弦标出檩条等安装位置，为檩条等安装创造条件。

9.顶模钢平台的拆除

核心筒施工屋面机房层结构施工完成时拆除全部钢平台，拆除时先拆除墙体铝合金模板，然后按照安装顺序反向进行，拆除完附属设施及挂架系统后，钢骨架及顶升支撑系统均在空中解体，利用塔吊运至地面。

（1）顶模桁架及硬防护拆除

顶模桁架拆除原则：先拆次桁架，后拆主桁架，两侧对称拆除（即三级桁架→二级桁架→一级桁架）。桁架拆卸方法，如图 11-19 所示。

（2）顶模桁架拆除措施

1）桁架间临时杆件的添设。顶模桁架大部分为竖向桁架，桁架之间局部位置无杆件连接，若对部分桁架进行整体拆除时，需在桁架与桁架间添设临时杆件以保证桁架片状拆除的整体性。临时连杆可采用现场搭设脚手架所用圆钢管。如图 11-20 所示。

2）核心筒临时支撑措施。顶模桁架拆除前核心筒竖向结构已施工完成，因此部分桁架需穿过核心筒混凝土墙体，顶模拆除后永久留存于核心筒竖向墙内。桁架拆除时需对此部分桁架进行割除，为防止此部分桁架割除时其他桁架因无受力点而下落发生安全事故，需在此部分桁架割除前于桁架分段割断处设置挂板，且所有桁架割断处除设置竖向挂板外，同时增加水平限位板，以保证桁架割断后顶模桁架整体受力稳定。

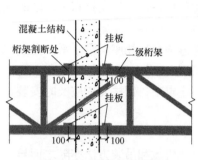

图 11-19　桁架拆卸做法

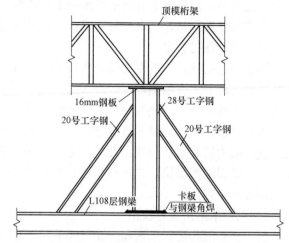

图 11-20　悬挑桁架临时支撑大样

　　3）悬挑桁架临时支撑。顶模桁架拆除时，核心筒已完成上部核心筒结构施工，部分顶模桁架处于悬挑状态，为了保证桁架割断后悬挑处桁架不会因重心偏离而发生倾覆，需在钢梁上设置钢柱支撑。

　　（3）顶模支撑系统拆除

　　顶模支撑系统由支撑柱、支撑短柱、上下支撑梁及顶升油缸组成。顶模支撑拆除前，为了保证顶模桁架拆除后支撑柱及上、下支撑梁不出现失稳状态，在核心筒竖向结构增设埋件，并通过 16 号工字钢连接支撑柱与埋件。如图 11-21、图 11-22 所示。

　　1）支撑柱拆除。将塔吊钢丝绳与支撑柱吊耳连接，连接后将 16 号工字钢割断，待支撑柱与上支撑梁解体后，将支撑柱（1 号、4 号为圆钢管柱，2 号、3 号为格构柱）吊出。

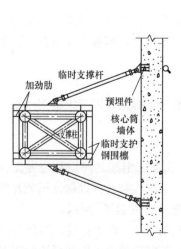

图 11-21　支撑柱与埋件连接剖面图

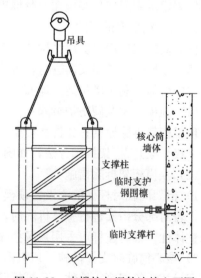

图 11-22　支撑柱与埋件连接立面图

支撑柱拆除时，为了便于工人切割工字钢及后续支撑梁拆除施工，需在支撑梁下方搭设操作架（900mm×900mm），操作架从筒内楼板生根、从塔吊标准节处悬挑。

2）上支撑梁及支撑短柱拆除。顶模上支撑梁拆除时，由于1～4号上支撑梁与支撑短柱是独立分开的，故拆除时需将上支撑梁与支撑短柱分吊运。支撑梁拆除时，将塔吊钢丝绳与支撑梁吊耳连接，并且顶模操作工人需手动将支撑梁牛腿收回，牛腿收回后将支撑梁吊出。

3）顶升油缸及下支撑梁拆除。顶模顶升油缸与下支撑梁分开吊运，顶升油缸拆除时，将塔吊钢丝绳与油缸吊耳连接，连接后将油缸吊出，油缸吊运完成后，拆除下支撑梁（拆除方法同上支撑梁拆除方法）。

11.5　施工安全保证措施

1. 组织措施

略

2. 技术安全措施

（1）平台系统的使用要求

1）钢梁如挠度值超过要求，则必须经过加固后方可使用（尤其是一级桁架）；

2）如焊缝出现开裂，或螺栓不牢固，则必须修补好后方可使用；

3）平台维护必须按照方案要求进行，如有破损，必须及时修补；

4）平台上严禁超载。

（2）挂架与模板系统的安全使用要求

1）挂架和模板与平台的连接必须牢固；

2）各杆件材料、维护材料必须完好，连接点必须牢固，挂架上材料不得超重；

3）挂架上最后一步的防护兜底在使用时，必须与墙面接触，防止物体下坠；

4）除提升状态，挂架的翻板必须保持水平状态。

（3）支撑柱和支撑钢梁的安全使用

1）支撑柱与平台的连接节点必须牢固，焊缝必须完好无损，螺栓连接牢固，连接处各构件不得有变形；

2）支撑柱的垂直度必须符合要求；

3）支撑柱与钢梁、油缸，钢梁与油缸的连接必须完好，节点处不得有变形；

4）钢梁的各节点在使用过程中必须完好，挠度应符合要求。

（4）操作人员要求

1）所有顶模操作及维护人员必须经过专门操作培训方可操作上岗；

2）坚持"定部位、定人、定岗位职责"制度。

（5）恶劣环境的应对措施

1）与气象部门直接沟通，提前了解第二天、第三天及未来七天的天气预报，高空随顶模安装风速仪，监测高空实际风速，并做好日常记录，在风力大于6级时，禁止顶升作业；

2）系统设计挂架侧向封闭均为钢板网，具有较大的疏风性能，大风天气时可将大部分水平荷载传递至结构自身受力；

3）大雨以及风力超过六级，顶模系统严禁使用；

4）大风过后，必须重新检查顶模系统，确保无误后方可使用。

（6）顶模拆除安全保障措施

1）顶模拆除过程安全因素识别

顶模拆除过程中的安全因素分类见表 11-4 所列。

顶模拆除过程安全因素识别

表 11-4

不可接受风险	活动点/工序/部位	管理方式
坍塌	塔吊使用及顶模拆除过程违章操作	严格按照方案部署及作业指导书施工
高空坠落	未正确使用安全带	现场严格管理，正确使用"三宝"
高空坠落	洞口、临边未设置安全防护措施	加强"四口、五临边"围护，设置警示牌
火灾	氧气、乙炔仓库、油漆作业和管理	按规范堆放，正确使用相关器材，操作工人需要有上岗证
火灾	电气线路老化	按照施工临时用电方案使用；加强人员教育
火灾	电焊作业不规范，引起火花	电焊焊接过程中，需放置接火盆，并加强施工过程中管理
触电	电气焊作业不规范，电气线路老化	加强临时用电施工管理、安全检查；临时用电人员持证上岗

2）安全措施

① 警戒线。在顶模各系统拆除时，吊运区域设置安全警戒线。

② 顶模拆除临边防护。顶模系统拆除时，为了保证工人操作安全，根据现场实际情况，局部位置需要设置防护栏杆，栏杆高 1.2m，设置 3 道横杆，分别距离地面 0.2m、0.6m、1m。

③ 顶模拆除过程安全施工用电。施工用电必须严格按照《施工现场临时用电安全技术规范》JGJ 46—2005 的要求进行现场临电的管理和临电维护。

④ 防火。顶模系统拆除使用的电气设备和易燃、易爆物品必须严格落实防火措施，指定防火负责人，配备灭火器材，确保顶模系统拆除施工的安全。临时用电必须安装过载保护装置；严禁乱拉乱接电源电器，严防电气线路引发火灾。现场施工要坚持防火安全技术交底制度，特别是在进行电气焊危险作业时，防火安全交底要具有针对性。

⑤ 机械设备。本次顶模拆除起重设备主要使用 1 号、2 号 ZSL850 塔吊及一台 50t 汽车吊和一台 80t 汽车吊。大型起重设备使用时，安全保证措施尤为重要。

⑥ 顶模钢构件吊运安全事项。为保证钢结构吊装安全，应编制切实可行的钢结构吊装安全技术措施，明确规定钢结构吊运的操作平台、临边防护设施做法。

⑦ 拆除作业人员所使用的各种手动工具必须用安全绳子与腰间的安全带相连接或将工具防坠落的安全绳子与扶手绳子相连接，防止手动工具在使用时脱手坠落；轻型或小型电动工具也必须加设不同形式的防坠链和防滑脱挂钩。

（7）电气控制设计安全事项

1）超高层顶升模架的控制系统具有完善的安全防护措施，一旦同步误差超过 3mm，黄色预报警动作，提醒工程人员设备已经出现问题。应急办法：降低模架顶升速度，查找设备出现的问题并解决。如果顶升模架的同步误差接近 5mm，红色声光报警器发出警报，系统油路关闭，停止顶升，直到故障排除，手动复位后才能继续启动运行。

2）液压泵站油箱安装温度检测传感器，系统设定高低温报警极限和正常工作的油温范围，如果低于低温极限，启动液压泵受限制，同时触发液压泵站低温报警，触摸屏提示需要给液压泵站加热升温。如果液压泵站超过正常的工作温度，系统自动启动该液压泵站冷却器散热，如果高于高温上限触发高温报警，系统动作暂停。液压泵站冷却器的散热受系统控制，自动在各自的温度范围内工作。

3）液压泵站油箱安装液位检测传感器，启动液压泵时如果液面低于油箱上限位则该站液压泵受限制不能启动，同时触发声光报警，触摸屏显示某液压泵站少油需要及时补充。在顶升期间液压泵站液面低于下限位，同时触发声光报警，系统暂停顶升动作，触摸屏提示某液压泵站油路故障，故障排除后才能继续顶升。在系统初始状态下液面低于下限位，则不管有无启动信号都在第一时间触发报警，触摸屏提示某液压泵站无液压油，同时限制其他所有液压泵的运行动作。

4）只有有资质的液压和电气技术人员才能维修泵和系统。系统故障不一定是因为泵的故障引起的，为了确定故障的原因，整个系统都应当进行故障诊断。

（8）人员交通组织及疏散

本工程顶模操作架总高度 15.4m，跨越三个半结构层高，为保证内筒墙体钢筋绑扎及外围墙体钢筋绑扎，在交通组织方面，一是要保证每片框架的竖向交通组织，二是保证内框架间水平交通组织，同时在模架顶层要保证行走顺畅及宽阔的堆载区域便于组织交通。本工程竖向通道由钢楼梯及竖向爬梯组成，水平通道由定型钢跳板或木跳板组成。

根据工程特点，模架应急时逃生及疏散通道主要分水平疏散通道及竖向疏散通道，主要依靠内筒施工电梯、塔吊、挂架纵向空间，保证人员顺利逃生。

（9）施工电梯与低位顶模衔接

电梯作为超高层垂直运输的生命线，在施工过程中起着至关重要的作用，其选型、布置到后期的安装、使用和拆除都需要与模架综合考虑、相互避让，要保证顶模桁架布置不能影响电梯上至顶模范围。

本工程核心筒内部安装一台双笼施工电梯，轿厢可直通顶模供施工人员使用。在模架附墙设计中，将挂架多下挂 3 层，与电梯轿厢衔接。

1）顶升模架适应墙体变化。

2）支撑箱梁适应墙体变化改造技术。

在顶模设计之初，支撑箱梁充分考虑墙体的变化情况，对其进行合理布置，以适应墙体在不同阶段的变化，通过适当改造使其对顶模结构不会产生过多影响。

（10）与塔吊的施工配合

本工程塔吊外挂，顶模布置时，避开塔吊标准节的部位，并预留足够的安全空间，通过爬升规划调整塔吊爬升时支架安装所需的高度。

通过爬升规划的部署，顶模顶升 3～4 次，塔吊爬升 1 次。

3. 监测监控措施

顶升模架体系结构形式复杂、受力情况多变且使用周期长，贯穿整个核心筒施工始终，因此对模架使用全过程进行监测，以掌握其使用阶段的安全状况显得尤为重要。

（1）顶升模架监测系统的组成

顶升模架监测系统由视频表观监测子系统、结构健康监测子系统、气象监测子系统组成，其中结构健康监测子系统中主要包含对架体主要结构的应力应变监测、水平度和垂直度监测。见图11-23、表11-5。

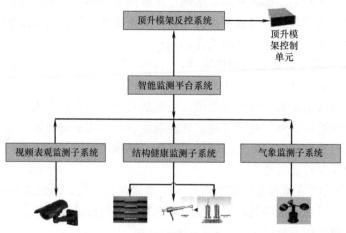

图 11-23　监测系统整体结构及子系统

监测项目　　　　　　　　　　　　　　　　　　　　　　　表 11-5

序号	监测内容	测点	仪器
1	标贯监测	80	摄像头
2	应力应变	—	应力应变仪无线
3	水平度	—	静力水准仪
4	垂直度	10	双轴倾角传感器
5	风速	1	风速传感器

（2）监测目的及监测系统的布置

1）监测目的及要求。通过表观观测，观察支撑系统是否支撑到位，在支撑点各设置一对摄像头，要求能观测到牛腿是否进入墙体。

2）布点位置与走线。摄像头固定在承力件的立柱上，通过同轴电缆沿支撑立柱引线至平台（或根据需要采用无线传输设备传输至控制室）。

11.6　验收要求

1. 质量控制体系

略

2. 顶升模架施工质量保证措施

塔楼3层核心筒剪力墙施工完成后安装顶模顶升模架系统，结合施工特点，平台施工过程中除满足专项施工方案、施工工艺标准质量控制要求外，重点从以下方面开展质量控制：

（1）模架施工技术性强，要求组织严密。为了确保施工过程有条不紊，必须建立一套平台指挥系统，各项工作落实到人，进行统一指挥。

（2）混凝土一定要分层浇筑、分层振捣，要注意变换浇筑方向，即从中间向两端、从两端向中间交错进行。

（3）模板要及时清理，清理要划分区段，定员定岗，从上到下，做到层层清理、层层涂刷隔离剂，必要时要进行大清理。

（4）要高度重视支撑柱的垂直度、倾斜度，确保支撑柱清洁，保证液压双作用油缸的正常工作，严格按照油缸的使用要求进行使用、维护和保养。

（5）在顶升过程中，要保持顶模系统平稳上升。当出现偏差时，可通过限位器调整，使模架系统结构不变形。整体范围允许偏差为30mm，油缸的同步顶升误差为3mm。

（6）挂架应严格按照设计要求进行安装，在使用过程中，要做好维护，不得随意破坏和拆除挂架的相应构件，对严重变形和损坏的构件要及时进行修整或更换，以保证挂架系统的正常使用。

3. 智能顶升模架施工重点检查和控制内容

检查和控制内容，见表11-6所列。

施工重点检查和控制内容　　　　　　　　　　　　表 11-6

工序	检查内容	控制措施
钢筋吊运	1) 钢平台上每个堆放点按照 $500 kg/m^2$ 控制； 2) 每个钢材临时堆放点限载 10t	在平台堆放点设置告示牌，并在使用过程中进行巡查和监管
安装洞口模板	1) 各洞口之间偏差≤10mm； 2) 牢固程度	在安装模板时，严格按模板定位和复核，严格按照模板安装方案对模板进行加固
模板松动	混凝土终凝情况	根据现场的同条件试块和混凝土的配合比情况判断混凝土的终凝情况，当符合设计要求时，即可松动模板
模板拆除	吊点及吊杆的牢固程度	在拆除模板前，应对模板的吊杆和吊点进行检查，及时进行加固和处理，经验收检查合格后，方可进行模板的拆除
模板清理与检测	1) 模板清理效果； 2) 模板的损坏情况及修补	模板拆除后，应对模板及时进行清理，如发现有损坏和变形的地方，应及时进行调整和修补
模板控制线测设	偏差≤2mm	模板控制线测设完毕后，需复核一遍，以确保模板的准确定位
顶升准备	1) 预留洞清理、抄平≤5mm； 2) 检查油路是否通畅； 3) 连接节点变形情况； 4) 螺栓紧固程度； 5) 缸体垂直度≤5mm； 6) 支撑钢柱垂直度≤20mm； 7) 支撑钢柱变形情况； 8) 检查钢平台各节点情况； 9) 检查每块模板是否脱开	在顶模系统顶升之前，需对上述各种状况进行检查，当各项指标经检查均合格后，即可进行下一步操作

续表

工序	检查内容	控制措施
试顶升	1)各节点变形情况、油缸同步运行情况≤20mm； 2)油缸和支撑钢柱垂直度≤20mm； 3)下支撑钢梁挠度≤20mm	通过设计要求和现场同步监控措施进行质量控制
顶升高度	1)风力≤6级； 2)平台上无大宗材料堆放； 3)油缸同步偏差≤20mm； 4)顶升力同步偏差； 5)顶升速度的平稳	在模架系统上安装风速仪，保证模架系统在不大于6级风的情况下，进行顶升操作。通过控制室的油压控制系统顶升。如平台上有大宗材料堆放，应及时将材料转移后，再进行系统的顶升
试提升50mm	1)油路是否通畅； 2)下支撑伸缩油缸协调情况	通过系统控制室进行监测
提升高度	1)上支撑钢梁挠度≤20mm； 2)下支撑伸缩油缸运行情况	根据设计要求操作即可满足质量要求
模板支设	1)墙体厚度偏差≤5mm； 2)模板下口定位偏差≤3mm； 3)模板上口定位偏差≤3mm	墙体厚度通过在模板内侧上口设置与墙体厚度尺寸相同的刚性撑杆，把模板两侧的对拉螺栓固定夹紧来控制
混凝土浇筑	1)是否按方案浇筑顺序浇筑； 2)浇筑过程中钢平台变形≤30mm； 3)支撑系统变形≤20mm	严格按照混凝土施工方案中的浇筑顺序分层浇筑，严禁一次浇筑到顶，浇筑完毕后确保各作业面的清洁，混凝土浇筑过程中需监测钢平台系统及支撑系统变化情况，掌握泵送力对系统的影响情况

4.其他控制措施

略

11.7 应急处置措施

1.事故应急预案

（1）应急工作原则

略

（2）应急响应

略

（3）危险源与风险分析

1）机械设备和设备用电。塔吊运行等施工及各种施工电气设备的安全保护（如：漏电、绝缘、接地保护、一机一闸）不符合规范要求，造成人员触电、局部火灾等意外伤亡事故。

2）材料坠落。工程材料、构件及设备等吊运过程中发生高空坠落、高空抛物、堆放散落、撞击人员等意外伤亡事故。

3）塔吊事故和起重伤害。塔吊作业中安全限位装置突然失控，发生撞击护栏及相邻塔吊或坠物，或违反安全规程操作，造成重大事故（如倾倒、断臂）；塔吊拆装和顶升过程中发生的人员伤亡事故；塔吊司机注意力不集中或操作失当，塔吊小车超出临时占道围挡外造成人员伤害或恐慌。

4）自然灾害。事故发生后会造成人员伤亡或机械设备损坏。台风、暴雨、雷暴、高温等自然天气灾害，因预防不力，造成人员伤亡、建筑及设施损坏等意外伤亡事故。

（4）组织机构及职责

略

（5）响应程序流程图

略

（6）应急处置措施

1）物体打击、高处坠落、机械伤害事故处置措施

略

2）触电事故处置措施

略

3）起重伤害（塔吊）事故处置措施

① 技术组起重伤害（塔吊）负责人立即到达现场，首先查明险情，确定是否还有危险源。如碰断的高、低压电线是否带电；塔吊构件、其他构件是否有继续倒塌的危险；人员伤亡情况等。与应急救援相关人员商定初步救援方案，并向应急总指挥、副总指挥汇报，经总指挥批准后，现场组织实施。

② 现场保卫专家组长负责把出事地点附近的作业人员疏散到安全地带，并进行警戒，不准闲人靠近，对外注意礼貌用语。

③ 工地值班电工负责检查电路，确定已切断有危险的低压电气线路电源。如果在夜间，接通必要的照明灯光。

④ 现场抢救组在排除继续倒塌或触电危险的情况下，迅速将伤员带离危险地带，移至安全地带。

⑤ 应急副总指挥立即拨打120与当地急救中心取得联系（医院在附近的直接送往医院），应详细说明事故地点、严重程度、本部门的联系电话，并派人到路口接应。

⑥ 现场简单急救。

⑦ 记录伤情，现场救护人员应边抢救边记录伤员的受伤部位、受伤程度等资料。

⑧ 对倾翻变形塔吊的拆卸、修复工作应在塔吊厂家来人指导下开展。

（7）现场处置措施

略

（8）应急救援路线及电话

略

（9）应急预案的演练

略

2. 应急处置措施

（1）突发事件及风险预防措施

当液压系统出现漏油时，应及时通知液压厂家驻场技术人员，并由其更换液压系统配件或联系液压厂家，确保液压厂家在24小时内赶到现场并处理由液压系统产生的问题。

如出现架体顶升过程中停电，顶模会自动降到导轨中的上一次提升的提档位置，此

时，模板工人停止操作，待恢复供电后，由专业模板人员继续操作架体顶升。

当在雷雨、大风（6级以上）等恶劣天气情况下，顶模不得进行任何操作。架体退下一层，挂好受力点后，将模板合模紧固在混凝土四周，确保架体安全。

断电、电控箱无法控制，液压缸处理。断电后，液压缸处于顶升运动时，由于重力的原因液压缸会缓慢下降，由于有调速节流阀的作用，下降会很缓慢，直至下降到对应提档位置，工作人员无需对液压缸作相应的处理。

（2）应急资源准备

应急资源的准备是应急救援工作的重要保障，应根据潜在事故的性质和后果分析，配备应急救援中所需消防手段、救援机械和设备、交通工具、医疗设备和药品、生活保障物资。应急资源主要包括应急机械设备储备（电焊机、拖车等）和应急基本物资（氧气、乙炔、气割设备以及绝缘杆、尼龙绳、急救药箱等必备应急物资）。

11.8 计算书及相关施工图纸

11.8.1 顶升模架系统设计验算

1. 模架设计概况

本工程钢桁架平台系统由主桁架、次桁架以及面外撑杆组成，支撑系统包括支撑钢柱与支撑梁。立柱高度21m，平台平面尺寸为28.8m×29.5m，支撑箱梁跨度3m。钢平台最大跨中长度17m，最长悬挑端部6.96m。模架结构部分主要构件材料均为Q345B钢，构件截面材料见表11-7所列。

主要结构材料表（mm） 表11-7

组件名称	杆件名称	截面尺寸
主桁架	上弦杆	H型钢300×300×10/15
	下弦杆	H型钢300×300×10/15
	竖腹杆	H型钢250×250×9/14
	斜腹杆	H型钢200×200×8/12
次桁架	上弦杆	H型钢200×200×8/12
	下弦杆	H型钢300×300×8/12
	竖腹杆	H型钢150×150×7/10
	斜腹杆	H型钢150×150×7/10
格构柱	竖杆	圆钢管351×12
	斜杆	圆钢管159×9
	横杆	圆钢管159×9
外部支撑箱梁	—	焊接箱梁850×40/400×35
内部支撑箱梁	—	焊接H型钢850×400×35/40
伸缩牛腿	—	焊接H型钢850×400×35/40
油缸法兰	—	焊接箱梁400×16/400×16
格构柱	加强立柱	圆钢管351×16
油缸	—	450t千斤顶

续表

组件名称	杆件名称	截面尺寸
调整立柱	—	圆钢管 351×16
调整段横杆	—	圆钢管 159×9
拆装钢梁	—	H 型钢 $300\times300\times8/12$

2. 荷载取值及工况分析

（1）荷载取值

根据所提供荷载资料，结构分析取以下几种荷载：

1）恒荷载。恒荷载包括自重、挂架恒荷载、模板恒荷载及其他固定设备设施荷载。其中，挂架恒荷载及模板恒荷载按照实际情况简化为线荷载形式，并按设计位置加载，挂架为 $7kN/m$，模板为 $5kN/m$。混凝土布料机按 $10t$ 集中荷载考虑。

2）活荷载。活荷载包括钢平台上的施工荷载（$1.5kN/m^2$）、堆载（$10kN/m^2$）以及悬吊走道活荷载（$1.5kN/m^2$，按照两层考虑）。钢平台顶部各区域荷载取值如图 11-24 所示。

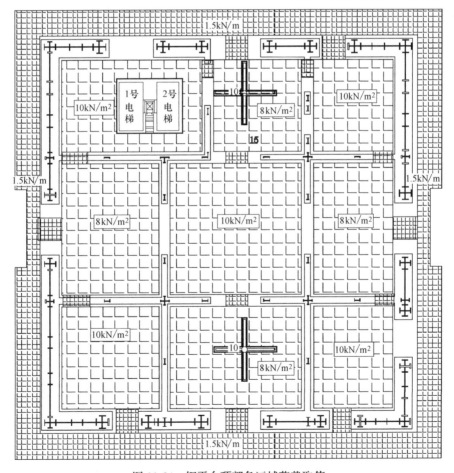

图 11-24 钢平台顶部各区域荷载取值

3）风荷载。采用本模架的办公楼 85 层，高 428.8m，位于东莞市。风荷载根据《建筑结构荷载规范》50009 的有关规定选取。出于安全的考虑，当风速达到 8 级以上时应停止施工，施工阶段按 12 级风计算，风速为 36m/s，风压为 0.81kN/m²；当风速达到 6 级以上时应停止顶升，顶升阶段按 8 级风计算，风速为 20m/s，风压为 0.25kN/m²。考虑到挂架顶部与钢平台滑梁采用滑轮连接，不能完全传递水平力，取受风面积为平台高度的 4 倍。桁架及挂架的挡风系数取为 0.5。核心筒墙体施工过程中，模板的荷载直接传递到墙体上，对模架的影响很小；模架顶升时，挂架与模板均与墙体脱开，风荷载对模架的影响较大。

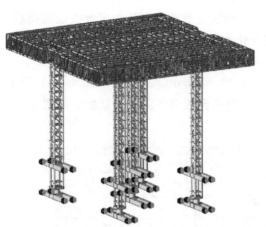

图 11-25　施工阶段模型及边界

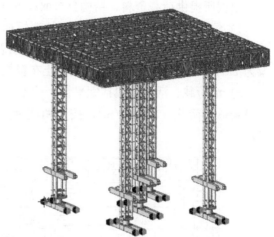

图 11-26　顶升阶段模型及边界

（2）工况分析

分析工况包括施工与顶升两个阶段。施工阶段模架上下支撑箱梁的牛腿均支撑在核心筒上，承载能力较高，但模架平台顶部的堆载与施工荷载等活荷载也较大；顶升阶段模架仅下支撑箱梁牛腿支撑在核心筒上，油缸打开，下箱梁与钢平台之间通过顶升柱与活塞杆传力，此时需要考虑风荷载的作用。图 11-25、图 11-26 是施工与顶升阶段支撑与顶升系统的约束示意图。工况及荷载组合项次见表 11-8 所列。

荷载工况组合　　　　　　　　　　　　　　　　　表 11-8

结构状态	工况项次	荷载组合内容
施工阶段	1	1.2D+1.0L+1.0W
顶升阶段	2	1.2D+1.0L+1.0W

注：提升阶段的工况不包括活荷载，施工阶段不包括风荷载。

3. 模型的建立

采用 Midas civil 2015 对模架进行有限元分析及设计验算，采用平面单元传递钢平台表面与侧面的均布荷载与风荷载。挂架与模板以及挂架上的施工荷载均折算成桁架下弦处的集中线荷载。有限元模型如图 11-27～图 11-30 所示。

4. 分析结果

（1）工况 1 作用下强度与刚度分析

为了叙述的方便，本计算结果规定 Z 向为竖向，X 和 Y 向为水平方向。根据计算结果可知，整个钢平台及模板挂架自重约 1185t，模架位移矢量和为 22.4mm，由于平台桁架悬挑较大，钢平台 Y 向位移峰值出现在桁架平台四个角部，峰值为 20.39mm，桁架悬挑长度 6960mm，其起点 Z 向位移 12mm，挠度为 8.39mm＜6960/400＝17.4mm，刚度满足要求；顶升系统水平位移最大值为 10.2mm，顶升系统高度（自上箱梁计算）为 21m，根据《钢结构设计规范》GB 50017，允许的立柱水平位移为 21000/1250＝16.8mm，刚度满足要求；模架体系最大应力为 144MPa，应力满足要求。如图 11-31、图 11-32 所示。

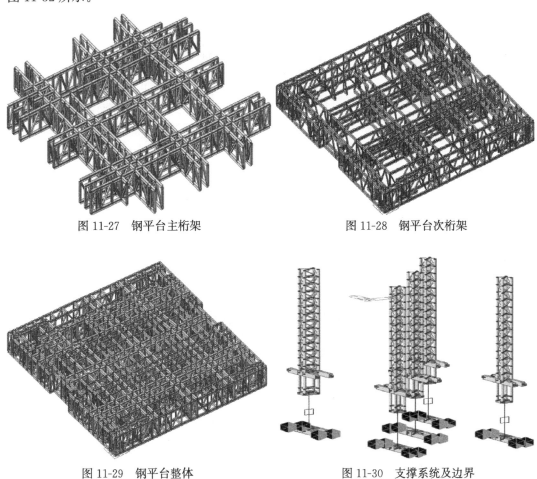

图 11-27 钢平台主桁架　　　　图 11-28 钢平台次桁架

图 11-29 钢平台整体　　　　图 11-30 支撑系统及边界

（2）工况 2 作用下强度与刚度分析

模架位移矢量和为 29.5mm，由于平台桁架悬挑较大，钢平台 Y 向位移峰值出现在桁架平台四个角部，峰值为 29.7mm，桁架悬挑长度 6960mm，其起点 Z 向位移 17mm，挠度为 12.7mm＜6960/400＝17.4mm，刚度满足要求；顶升系统水平位移最大值为 9.15mm，顶升系统高度（自上箱梁计算）为 21m，根据《钢结构设计规范》GB 50017，允许的立柱水平位移为 21000/1250＝16.8mm，刚度满足要求。模架体系最大应力为 217MPa，位于顶升立柱与横梁连接处，区域很小，为应力集中区域，大面积较高应力在主桁架与次桁架上，应力满足要求。如图 11-33、图 11-34 所示。

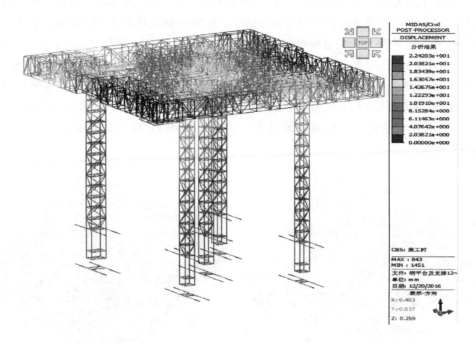

图 11-31　模架整体位移云图（mm）

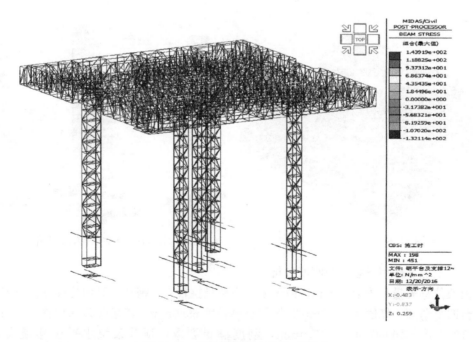

图 11-32　模架整体应力云图（MPa）

（3）支反力

工况 1 和工况 2 两种情况下的支反力，如图 11-35、图 11-36 所示。

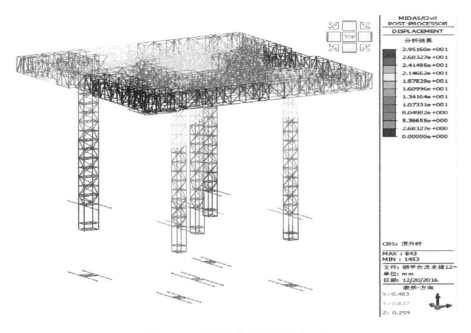

图 11-33 模架整体位移云图（mm）

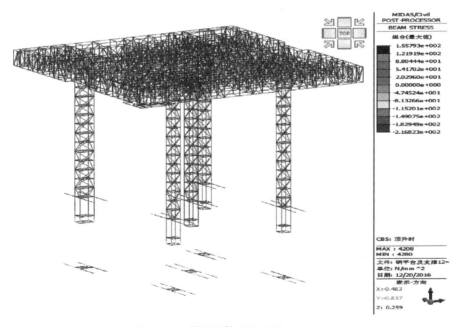

图 11-34 模架整体应力云图（MPa）

两种工况下，支反力均以竖向力为主。工况 1 情况下，支反力峰值约为 713kN，出现在右上角支撑箱梁内侧。箱梁两侧反力却存在较大差异，另外一侧支反力仅为 510kN 左右。偏差产生主要原因为风荷载。工况 2 的情况与工况 1 类似，支反力峰值约为 1071kN。

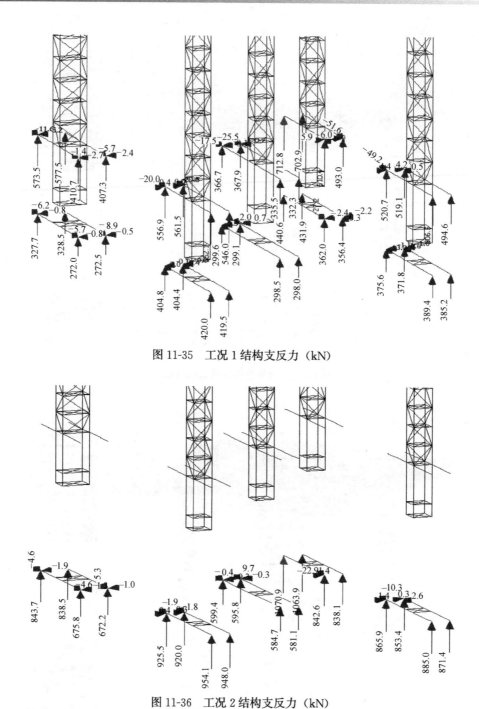

图 11-35 工况 1 结构支反力 （kN）

图 11-36 工况 2 结构支反力 （kN）

（4）分析验算结论

1）顶升阶段模架的最大应力约为 217MPa，使用 Q345 钢材，结构承载能力满足要求；

2）施工阶段桁架的最大竖向变形约为 9.82mm，工况 1、工况 2 中该部位悬挑长度为 6.96m，根据《钢结构设计规范》GB 50017 要求，允许位移为 6960/400＝17.4mm，满足要求。

3）支撑立柱位移在模架体系静止状态下水平位移峰值为 10.2mm，本模架体系高度（自上箱梁计算）为 21m，根据《钢结构设计规范》GB 50017，允许的立柱水平位移为 21000/1250＝16.8mm。

4）本模架支撑系统在项目中支撑箱梁跨度较小，挠度极小，承载力较大。

11.8.2　钢平台拼装支架设计验算

1. 模架设计概况

本工程支架由立柱以及面内撑杆组成，支架布置如图 11-37 所示。其中，支架高度 4.1m。支架最大跨中长度 7.9m，最长悬挑端部 2.5m。支架结构部分主要构件材料为 Q235、Q345，构件截面见表 11-9 所列。

支架结构构件材料表　　　　　　　表 11-9

材料	杆件名称	截面尺寸(mm)
Q235B	胎架支撑	方钢 200×6
Q235B	胎架横联	槽钢 [10
Q345B	上弦杆	HW300×300×10/15
Q345B	下弦杆	HW250×250×9/14
Q345B	竖向支撑	HW200×200×8/12
Q345B	斜腹杆	HW200×200×8/12

2. 荷载取值及工况分析

（1）荷载取值

根据所提供荷载资料，结构分析取以下几种荷载：

1）恒荷载为自重荷载。

2）冲击荷载为自重的 10%。

（2）工况分析

工况及荷载组合项次见表 11-10 所列。

荷载工况组合　　　表 11-10

结构状态	工况项次	荷载组合内容
水平推力 1	1	1.0D＋1.0C

图 11-37　支架结构部分三维效果图

3. 模型的建立

采用 Midas civil 2015 对支架进行有限元分析及设计验算。

4. 分析结果

（1）工况 1 作用下强度与刚度分析

为了叙述的方便，本计算结果规定 Z 向为竖向，X、Y 向为水平方向。根据计算结果可知，单个钢平台单元最大自重约 16t，支架水平位移最大值为 10mm，支架高度为 4.1m，根据《钢结构设计规范》GB 50017，允许的支架水平位移为 4100/400＝10.3mm，刚度满足要求。支架最大应力为 50.2MPa，应力满足要求。如图 11-38、图 11-39 所示。

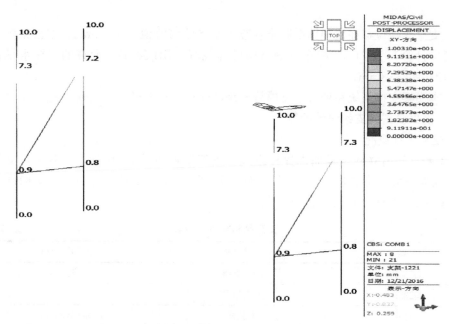

图 11-38 支架结构部分整体位移云图（mm）

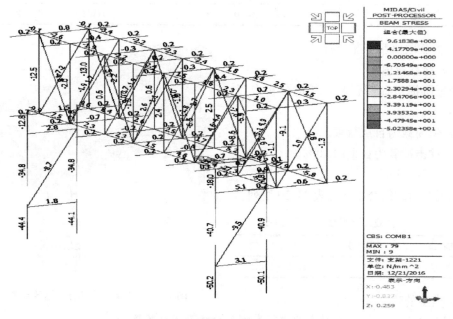

图 11-39 支架结构部分整体应力云图（MPa）

（2）支反力

工况 1 的支反力如图 11-40 所示。

支反力峰值约为 52.7kN。

（3）分析验算结论

1）顶升阶段模架的最大应力为 50.2MPa，使用 Q235 钢材，结构承载能力满足要求；

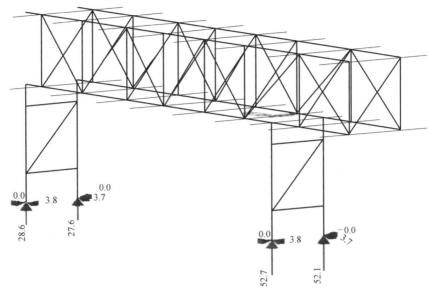

图 11-40 工况 1 结构支反力（kN）

2）支撑立柱位移在模架体系静止状态下水平位移峰值为 10mm，本支架高度为 4.1m，根据《钢结构设计规范》GB 50017，允许的立柱水平位移为 4100/400＝10.3mm。

11.8.3 铝合金模板计算书

略

11.9 施工图

施工图如图 11-41～图 11-48 所示。

注：本案例施工图有部分删减。

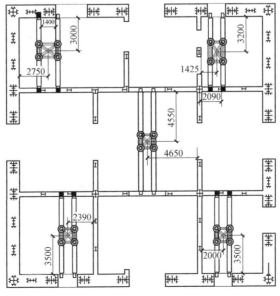

图 11-41 支撑系统的平面布置

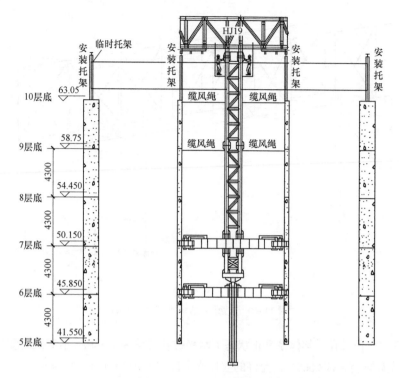

图 11-42　安装临时托架

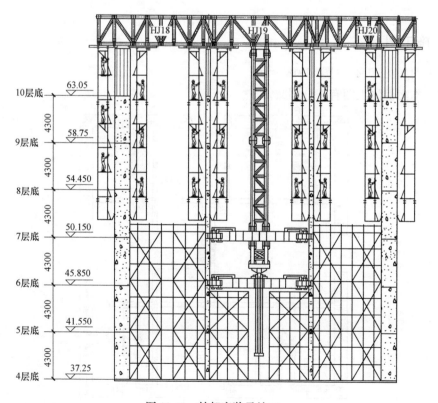

图 11-43　挂架安装及施工

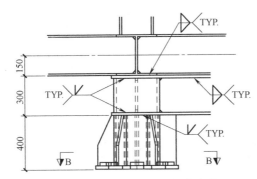

图 11-44 桁架与格构柱节点大样

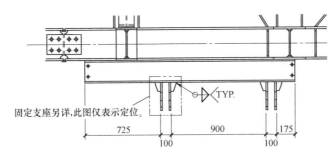

图 11-45 吊梁与支座节点大样

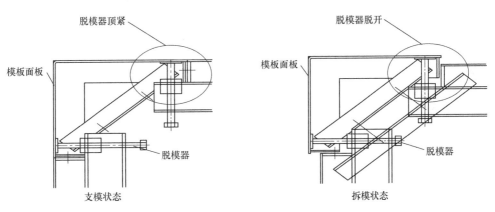

图 11-46 脱模器大样

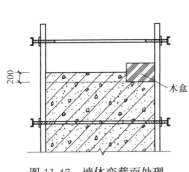

图 11-47 墙体变截面处理

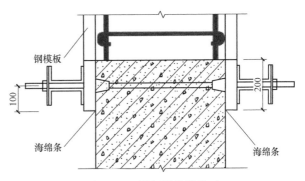

图 11-48 模板拼缝处截面

第12章

铝合金模板工程安全专项施工方案实例

实例6　××商业办公高层建筑工程高支模安全专项施工方案

12.1　编制依据

1. ××工程设计有限公司《××工程》蓝图，2017 年 10 月。
2. 《混凝土结构设计规范》（2015 年版）GB 50010—2010。
3. 《建筑结构荷载规范》GB 50009—2012。
4. 《铝合金结构设计规范》GB 50429—2007。
5. 《混凝土结构工程施工规范》GB 50666—2011。
6. 《混凝土结构工程施工质量验收规范》GB 50204—2015。
7. 《高层建筑混凝土结构技术规程》JGJ 3—2010。
8. 《组合铝合金模板工程技术规程》JGJ 386—2016。
9. 《铝合金模板技术规范》（广东省标准）DBJ 15-96—2013。
10. 《建筑施工模板安全技术规范》JGJ 162—2008。
11. 《建筑施工扣件式钢管脚手架安全技术规范》JGJ 130—2011。
12. 《建筑施工高处作业安全技术规范》JGJ 80—2016。
13. 《建筑施工安全检查标准》JGJ 59—2011。
14. 《关于印发〈危险性较大的分部分项工程安全管理办法〉的通知》（建质〔2009〕87 号）。
15. 《建设工程高大模板支撑系统施工安全监督管理导则》（建质〔2009〕254 号）。
16. 《建筑工程模板施工手册》第二版（中国建筑工业出版社）。
17. 《建筑施工手册》第五版（中国建筑工业出版社）。

注：本书所选用的专项方案已在相应工程项目中安全施行并通过验收，相关专项方案所依据的规范可能存在与现行规范不一致的情况，方案的编辑应参照现行规范执行。

12.2　工程概况

12.2.1　项目概况

项目概况表，见表 12-1 所列。

××项目概况表　　　　　　　　　　表 12-1

工程名称	××商贸中心一期	建设单位	××实业投资有限公司
工程地点	×××	设计单位	××工程设计有限公司
施工单位	××工程有限公司	监理单位	××建设监理有限公司

　　本工程为商业、办公楼，地下1层，地上5栋，分为1~5号商业、办公楼。其中，1号、2号商业、办公楼由标准层开始采用铝合金模板（以下简称"铝模"），框架剪力墙结构，两栋楼建筑面积 53278.6m²，铝模支模建筑面积合计 51023m²。

12.2.2　模板工程概况

　　模板工程概况，见表 12-2 所列。

模板工程概况　　　　　　　　　　表 12-2

楼号	标准层层高（m）	使用层数	标准层模板面积（m²）	模板暂定总面积（m²）	板厚（mm）	主要梁规格（mm）
1号	3.6	2~21F	3300	66000	100/120	150×400、200×400、200×600、200×700、200×800、250×800、300×1200
2号	3.6	2~26F	3300	82500	100/120	150×400、200×400、200×600、200×700、200×800、250×800、300×1200

12.2.3　模板设计概况

　　模板设计概况，见表 12-3 所列。

模板工程设计概况　　　　　　　　　　表 12-3

数量设置				面板板厚（mm）	梁立杆间距（mm）	楼板立杆间距（mm）	横向水平杆(m)		
							第一道	第二道	第三道
模板	支撑	梁支撑	悬挑支撑	4	1200(大荷载梁的立杆间距按计算确定)	1200×1200	离地面0.2	离地面2.2	梁底下0.3
1	3	4	6						

12.3　施工部署

12.3.1　项目组织管理机构

　　1. 项目部主要管理人员

　　略

　　2. 项目部管理人员岗位职责

　　略

　　3. 项目管理组织架构图

　　略

12.3.2　施工进度计划

　　1. 本工程进度计划安排

　　(1) 确保主体结构施工进度计划，前三层，每10d一层（考虑铝模配备、现场施工配合等因素)，铝模第四次安装开始按 6d 一层施工（实际拆装周期 2d）。

（2）铝模拆除时间计划

铝模首次拆模前应做同条件养护的混凝土试块，混凝土试块满足以下要求后可按计划拆模（依据 GB 50666—2011，4.5 节拆除与维护）：

1）梁、墙处混凝土强度达到设计值的 75% 后，可于 24h 后拆除梁侧模、墙模和柱模（非承重），48h（根据报告结果）后拆除梁底模（非承重）；

2）板处混凝土强度达到设计值的 50% 后，可于 36h 后拆除板底模（支撑不拆，板底提供 3 套支撑循环使用）；

3）板处混凝土强度达到设计值的 100% 后，可于 12d 后拆除板底支撑（非承重）；

4）梁处混凝土强度达到设计值的 100% 后，可于 14d 后拆除梁底支撑（非承重）。

2. 工期保证措施

略

12.3.3 材料与设备计划

（1）配置铝模 1 套，楼面支撑 3 套，梁支撑 4 套，悬挑支撑 6 套。

（2）本工程采用铝模，主材质为铝合金 6061-T6，铝模面板板厚 4mm。

（3）机械设备、机具准备。本工程铝模材料上下层周转，拟采用传料口人工传递，不占用垂直机械运输。

12.3.4 劳动力计划

本工程两栋楼模板展开面积共约 $6600m^2$，由 2 个劳务班组施工。计划 6d 完成一层楼（铝模安装拆除周期 2～2.5d），需按表 12-4 配备操作人员。

每个班组劳动力计划表　　　　　　　　　　　　　　　　　　表 12-4

工种	施工准备阶段	标准层施工阶段	职责
管理人员	1 人	2 人	组织协调
安装工	3 人	10 人	铝模及其支撑体系安装、拆卸
搬运工	3 人	8 人	材料运输及垃圾清理
小计	7 人	20 人	

12.4　施工工艺技术

12.4.1　铝模系统技术特点

1. 铝模体系技术特点

略

2. 铝模构配件技术特点

略

3. 铝模早拆体系特点

如图 12-1 所示。

12.4.2　模板设计

1. 铝模各构件的尺寸和销钉设置间距

各构件尺寸和孔位规定，见表 12-5～表 12-7 所列。

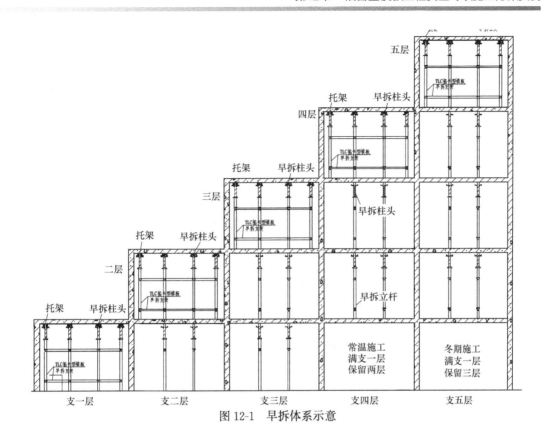

图 12-1 早拆体系示意

楼板、梁底板（宽度根据实际而定）、梁侧板的尺寸和孔位规定（mm）　　　　表 12-5

规格	长度	宽度 B						
	1100	400	350	300	250	200	150	100
孔位	$50+100\times10+50$	50×8	50×7	50×6	50×5	50×4	50×3	50×2

墙柱板的尺寸和孔位规定（mm）　　　　表 12-6

规格	长度	宽度 B						
	2700	400	350	300	250	200	150	100
孔位	$50+100\times26+50$	50×8	50×7	50×6	50×5	50×4	50×3	50×2

承接板（K 板）的尺寸和孔位规定（mm）　　　　表 12-7

规格	长度	宽度 B						
	1500	400	350	300	250	200	150	100
孔位	50×30	50×8	50×7	50×6	50×5	50×4	50×3	50×2

2. 模板分区

略

3. 楼面顶板设计

（1）楼面顶板标准尺寸 400mm×1100mm，局部按实际结构尺寸配置。楼面顶板型材高 65mm，铝合金板材 4mm 厚。

（2）楼面顶板横向间隔不大于 1200mm 设置一道 100mm 宽铝合金梁龙骨，铝合金梁龙骨纵向间隔不大于 1200mm 设置快拆支撑头（流星锤）。

（3）楼面顶板设计布置如图 12-2 所示。

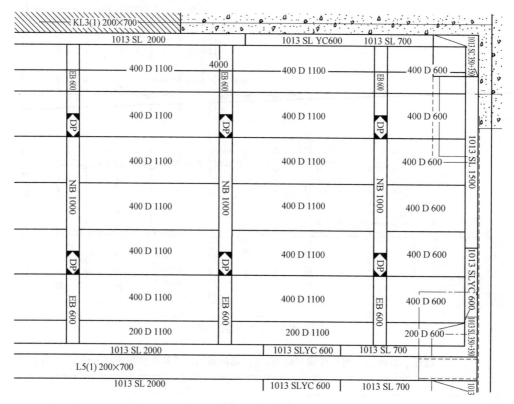

图 12-2　楼面顶板设计布置

（4）楼面顶板安装示例如图 12-3 所示。

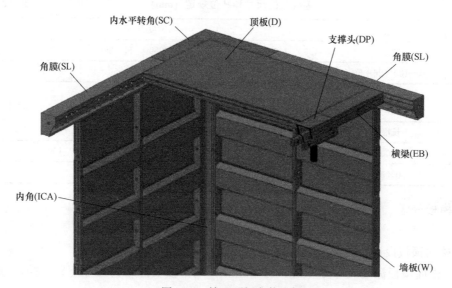

图 12-3　楼面顶板安装示例

（5）楼面龙骨（横梁）装拆示意，如图 12-4 所示。

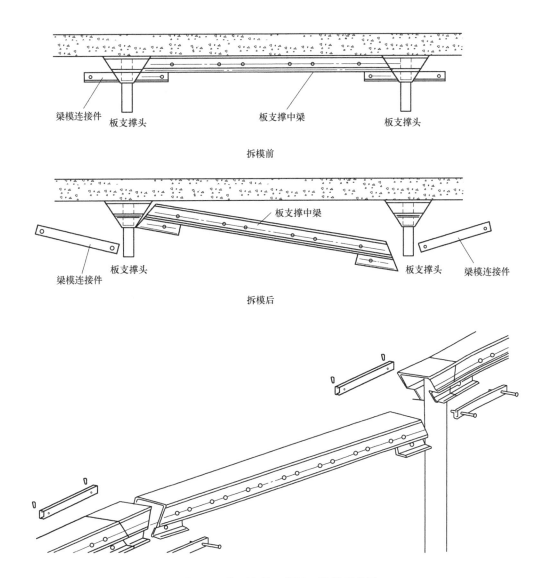

图 12-4　楼面龙骨（横梁）装拆示意图

4. 梁模板设计

（1）梁模板标准尺寸 200mm×1100mm，非 200mm 宽的梁板参照计算书而定，大梁梁底模板长度相应缩短，按实际结构尺寸配置。梁模板型材高 65mm，铝板材 4mm 厚。

（2）梁截面宽度不大于 350mm 时，梁底设单排支撑，梁底支撑间距 1200mm，梁底中间铺板，梁底支撑铝梁 100mm 宽，布置在梁两侧。

（3）梁截面宽度 350~700mm 时，梁底设双排支撑，梁底支撑间距 1200mm，梁底中间铺板，梁底支撑铝梁 100mm 宽。

（4）梁模板安装节点大样如图 12-5~图 12-8 所示。

（5）梁模板布置如图 12-9 所示。

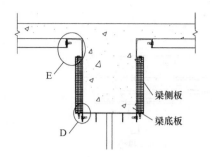

图 12-5　梁底单排立杆示意

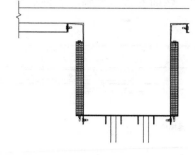

图 12-6　梁底双排立杆示意

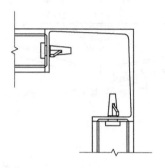

图 12-7　节点 E 大样

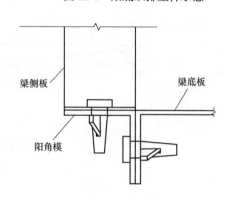

图 12-8　节点 D 大样

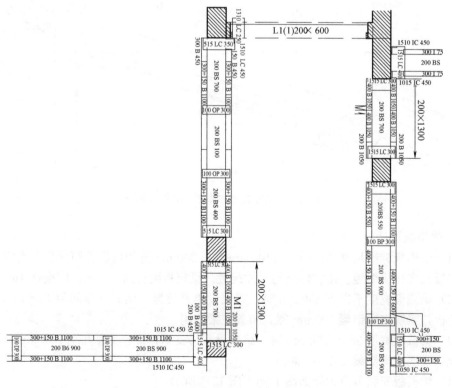

图 12-9　梁模板设计布置图

5. 墙模板设计

（1）本工程内墙模板标准尺寸（400×2745＋600）mm，外墙模板标准尺寸（400×2700＋600）mm。内、外墙超出标准板高度的部分，制作加高板与标准板上下相接。墙模板型材高 65mm，铝板材 4mm 厚。

（2）外墙顶部加一层 300mm 宽的 K 板模板，起到楼层之间的模板转换作用。

（3）墙模板处需设置对拉螺杆，其横向设置间距不大于 800mm、纵向设置间距不大于 600mm。对拉螺杆起固定模板和控制墙厚的作用。对拉螺杆为 T18 梯形牙螺杆，材质为 45 号钢。

（4）墙模板背面设置有背楞，背楞设置间距不大于 600mm。背楞材料为 60mm×40mm×2.5mm 的矩形钢管。

墙模板立面设计，如图 12-10 所示。

（5）横背楞外设置竖背楞，在第一道和第四道背楞高度附近焊接斜撑连接头以便装可调斜撑，用来调整墙面竖向垂直度，斜撑间距根据墙面长度来定，间距应不大于 1500mm。

（6）墙模设计布置示例如图 12-11 所示。

6. 楼梯模板设计

（1）楼梯模板包括踏步模、底模、底龙骨、墙模、狗牙模、侧封板等组成部分（图 12-12）。

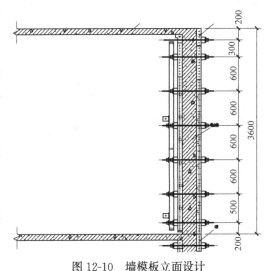

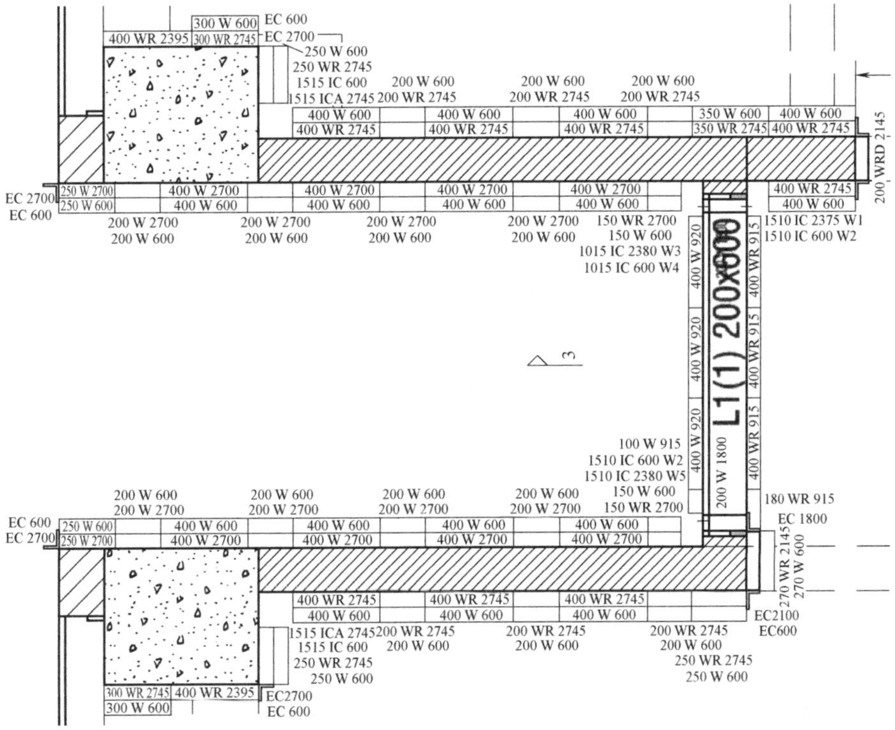

图 12-10　墙模板立面设计

图 12-11　墙模板设计布置图

（2）楼梯模板底部设置有底部龙骨（图12-13）。

图12-12　楼梯模板实物图　　　　　　　图12-13　楼梯底部实物图

7. 柱模板设计

本工程外围有框架柱，柱模板背楞按柱箍做法设计（图12-14）。

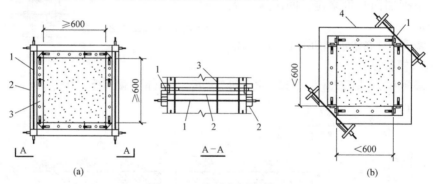

图12-14　柱箍大样示意图

（a）柱截面≥600mm柱箍大样示意图；（b）柱截面＜600mm柱箍大样示意图

1—对拉螺栓；2—背楞；3—内墙柱模板；4—柱箍

8. 本工程特殊部位的模板设计处理

（1）沉降板处的设计处理

当沉降高度小于100mm时，采用角钢或者方钢来作吊模；当沉降高度大于100mm时，采用铝模来作吊模。吊模使用时需用吊架将吊模吊起至指定高度。

（2）电梯井、采光井等位置的设计处理

电梯井、采光井等位置根据外墙板来配模，需要注意的是其上方需用角钢或者槽钢对其加固，以保证电梯井尺寸。

（3）预留孔洞的处理

如图12-15所示。

9. 支撑系统设计

（1）本工程在使用铝模施工时，配置铝模1套，楼板支撑3套，梁支撑4套，悬挑支撑6套。

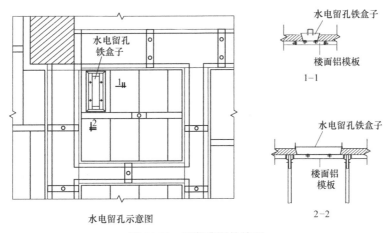

水电留孔示意图

图 12-15　预留孔洞的处理

（2）本工程标准层层高 3.6m，支撑系统均选用工具式钢支柱。工具式钢支柱主要材料特性见表 12-8 所列。

工具式钢支柱材料特性　　表 12-8

项目	外径 （mm）	内径 （mm）	壁厚 （mm）	截面积 （mm²）	截面惯性矩 I （mm⁴）	抗弯截面系数 W_x（mm³）	回转半径 （mm）
插管	48	42	3.0	424.1	107831	4492	15.9
套管	60	55	3.0	537	218800	7293	20.3

（3）本工程工具式钢支柱安装如图 12-16 所示。

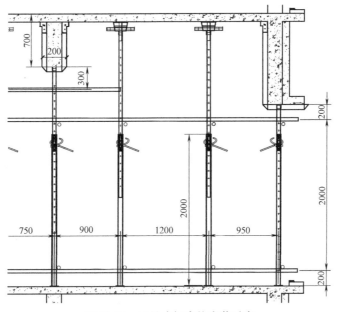

图 12-16　工具式钢支柱安装示意

（4）本工程铝模施工的支撑搭设前，应做出样板单元，经建设单位、监理验收合格后方可继续搭设。

12.4.3 铝模施工流程及安装技术要求

工艺流程：验线→墙身垂直参照线及墙角定位→安装墙板及校正垂直度→楼面梁模板安装及校正→安装楼面模板龙骨→安装楼面模板及调平→整体校正、加固检查及墙模板底部填灰→检查验收→混凝土浇筑。

铝模平面、剖面及大样，如图 12-17、图 12-18 所示。

1. 验线

（1）复核放线人员投射的轴线和墙线是否正确。

（2）目测墙身钢筋是否在墙线内，并留有相应保护层，超出范围的钢筋马上处理。

（3）使用水平仪测量本层标高是否在控制范围内，超过设计标高 10mm 范围（设计时内侧墙身板提高 10mm），需要做相应的找平处理。

2. 墙身垂直参照线及墙角定位

（1）根据校核后的墙线将控制线投绘在墙线 150mm 处，作为墙身垂直定位参照线。

（2）在剪力墙竖向钢筋离板面 50mm、间隔 500mm 焊接与剪力墙身宽窄相同的 $\phi14$ 钢筋定位，剪力墙墙头焊接两根。该工序直接影响墙面的垂直度，应专人检查。

3. 安装墙板及校正垂直度

（1）安装墙柱铝模前，根据标高控制点检查墙柱位置楼板标高是否符合要求，高出部分适当凿除，低的部分做水泥砂浆垫，尽量控制在 5mm 以内。

（2）在墙柱根部预留好定位钢筋，防止柱铝模在加固时跑位；在墙柱内设置好同墙柱厚的水泥内撑条或钢筋顶模棍，保证铝模在加固后墙柱的截面尺寸。

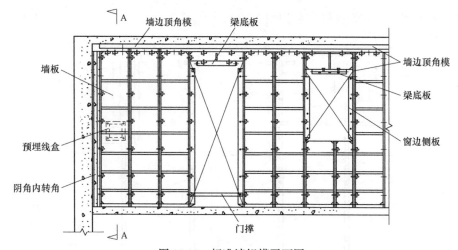

图 12-17 标准墙铝模平面图

（3）按编号依次拼装好墙柱铝模，封闭墙柱铝模之前，需在墙柱模紧固螺杆上预先外套 PVC 管，同时要保证套管与墙两边模板面接触位置准确，以便浇筑后能收回对拉螺杆。

（4）楼板浇筑时预埋可调斜拉杆的固定板，并按照模板图纸所示安装可调节斜杆，可调节拉杆的上端安装在第三道方钢高度。

（5）安装过程中遇到墙拉杆位置，需要将胶管及杯头套住拉杆，两头穿过对应的模板孔位。

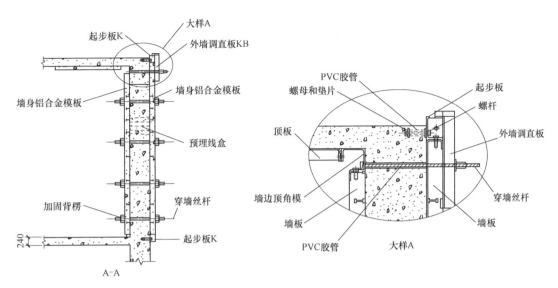

图 12-18　剖面及大样图

（6）墙板安装完毕后，需用临时支撑固定，再安装两边背楞加固，拧紧对拉螺杆。对拉螺杆的螺母拧紧力应适度，以保证墙身厚度。

（7）在墙模顶部转角处，固定线坠自由落下，线坠尖部对齐楼面垂直度控制线。如有偏差，通过调节斜撑进行调节，直到线坠尖部和参考控制线重合为止。

4．楼面梁模板安装及校正

（1）墙身垂直校正完毕后，进行楼面梁底板模板安装。

（2）楼面梁模板应先安装底模，校正垂直后安装侧模。

5．安装楼面模板龙骨

（1）检查所有部位线坠都指向墙身垂直参考线后，开始安装楼面龙骨。

（2）龙骨安装关系楼板面平整，在安装期间一次性用单支顶调好水平。

（3）校对本单元楼面板对角线。

6．安装楼面模板及调平

（1）楼面对角线检查无误时，开始安装楼面模板，为了安装快捷，楼面模板要平行逐件排放，先用销子临时固定，最后统一打紧销子。

（2）每个单元模板全部安装完毕后，应用水平仪测定其平整度及本层安装标高，如有偏差通过模板系统的可调节支撑进行校正，直至达到整体平整及相应的标高。

7．整体校正、加固检查及墙模板底部填灰

（1）每个单元的水平及标高调整完毕后，需对整个楼面做一次水平和标高的校核。

（2）检查墙身对拉螺杆是否拧紧。楼板模板拼装完成后进行墙柱模板的加固，即安装背楞及穿墙螺栓。安装背楞及穿墙螺栓应两人在墙柱的两侧同时进行，背楞及穿墙螺栓安装必须紧固牢靠，用力得当，不得过紧或过松——过紧会引起背楞弯曲变形，影响墙柱实测实量数据；过松会在浇筑混凝土时造成胀模。

（3）检查墙身模板底部是否用素混凝土填实。

（4）把楼面板及梁板清洁干净后刷隔离剂。

8. 检查验收

所有安装及内部自检查工作完成后，需要总包、监理、施工方人员一起做混凝土浇筑前的最后检查验收，并做好书面交接，安排好下一步的守模工作。

9. 混凝土浇筑注意事项

（1）混凝土浇筑时应从核心筒中间向四周扩散浇筑，防止铝模产生整体移位。

（2）所有柱及剪力墙需分 2～3 次、循环浇筑，从下至上分层浇筑，确保每次浇筑不超过 2m，并振捣均匀。

（3）楼梯位分三次浇筑，每次浇筑时必须打开踏步板上的透气口，以防止气泡和蜂窝产生。

（4）双层窗台板浇筑时需分开浇筑，以防止窗台板浇筑时内部气体过多而起拱。

（5）垂直混凝土泵管不能和铝模硬性接触，必须在工作面以下的两层固定泵管，在楼面上的泵管需要用胶垫防振。

12.4.4 铝模施工方法

1. 本工程铝模主要施工特点

为加快施工进度、节省工期、减少塔吊工作量，结合本工程的实际情况，梁、楼面板模板均采用整体安装；铝模支撑系统采用快拆施工工艺；模板及其支撑材料的上下层转运采用人工运输，减少了塔吊的工作量。其主要施工顺序如下：结构找平，刷模板隔离剂，模板放线、安装、定位、校直，梁、板模板安装；混凝土浇筑后，梁、板模板拆除；人工经上料口转运到上一层。

2. 铝模安装

（1）铝模物料的接收与放置

1）模板卸下后必须按规格及尺寸堆放，把模板分成 25 个一堆，堆放在货架或托板上；

2）模板应按照编号堆放，排列整齐，以便于辨别；

3）模板叠放时必须保证底部第一块模板板面朝上；

4）所有的销子、楔子、墙模连接件等构配件以及特殊工具应妥当地储存起来，需要使用时再分发下去；

5）以装箱单为依据检查构件，确保构件全部到位。

（2）水平测量

1）装配模板之前，在装配位置进行混凝土楼板面标高水平测量；

2）水平测量都以 T.B.M（临时水平基点）为基准；

3）测量记录由指定监督员存档保存；

4）测量时，在地板上画正（＋）或负（－）来标记测量结果是行之有效的方法；

5）沿墙线标高超出设计标高 8mm 的地方，应打到不高于 8mm。沿墙线低于基准点的地方，需用胶合板或木头填塞模板至所需水平高度，角部及墙中的低位必须充分填塞；

6）混凝土浇筑后，平模外围起步板（K板）顶部需进行水平测量；

7）为便于浇筑后调整平模外围起步板（K板），上开 26mm 的长形孔；

8）与混凝土面水平测量一样，平模外围起步板（K板）的测量记录也要由指定监督员存档保存，同时偏差检测应执行并记录存档。

（3）放线

1）墙边模板线误差控制在 1mm 以内，离模板线外侧 300mm 应在相同方向再平行放一条控制线；

2）放样线应穿过开口、阳角等至少 150mm，便于控制模板在浇筑前的正确位置；

3）参考点及放样点很重要，直接影响墙体垂直度，严禁移动或损坏。

（4）精度控制与偏差纠正

1）通过观察偏差及用工具测量平模外围模板（K 板）水平度，确定哪些位置需要进行修正工作；

2）如果平模外围起步板（K 板）需要调整标高，逆时针拧松紧固螺栓，调整其至所需位置后再拧紧螺栓；

3）安装好垂直模板以后，立即检查阳模的垂直度并采取措施控制偏差；

4）除了平模外围起步板（K 板）的标高外，可以用螺旋千斤顶和铁链来拉动模板校正墙面垂直度，也可用可调支撑控制墙面垂直度。

（5）模板安装前检查

1）开始安装模板时，复查定位钢筋是否在放样线内，确保模板安装对准放样线；

2）所有模板从转角开始安装，使模板保持侧向稳定；

3）安装模板之前，保证所有模板接触面及边缘部已进行清理和涂油；

4）转角稳定及内角模按放样线定位后继续安装整面墙模，为了拆除方便，墙模与内角模连接时，销子的头部应尽可能在内角模内部；

5）封闭双边模板之前，需在墙模连接件上预先外套 PVC 管，同时要保证套管与墙两边模板面接触位置准确，以便浇筑后能收回对拉螺杆；

6）当外墙出现偏差时，必须尽快调整至正确位置，需将外墙模在一个平面内轻微倾斜，如果有两个方向发生垂直偏差，则要调整两层以上，一层调整一个方向；

7）在墙模顶部转角处，固定线坠上端，线坠自由落下，线坠尖部对齐楼面垂直度控制线。如有偏差，通过调节斜撑，直到线坠尖部和参考控制线重合为止。

（6）安装板模

1）安装墙顶边模和梁角模之前，在构件与混凝土接触面处涂隔离剂；

2）墙顶边模和角模与墙模板连接时，应从上部插入销子以防止浇筑期间销子脱落，安装完墙顶边模，即可在角部开始安装板模，保证接触边涂隔离剂；

3）龙骨用于支撑板模，在大多数情况下，应按板模布置图组装龙骨；

4）把支撑钢管朝横梁方向安装在预先装好的横梁组件上，当拆除支撑钢管时可保护其底部；

5）用支撑钢管提升横梁到适当位置，通过已在角部安装好的板模端部，用销子将梁和板模连接；

6）保证安装之前板支撑梁边框已涂完油；

7）每排第一块模板与墙顶边模和支撑梁连接，第二块模板需与第一块板模相连（两套销子连接），第二块模板不与横梁相连是为了放置同一排的第三块模板时有足够的调整范围，第三块模板和第二块模板连接上后，第二块模板固定在横梁上，用同样的方法安装剩下的模板；

8）同时安装多排，铺设钢筋之前在顶板模面上完成涂油工作；

9）顶板安装完成以后，应检查全部模板面的标高，如果需要调整则可转动支撑钢管调整梁板、顶板水平度；

10）注意事项：安装楼板模板时需要为施工操作人员提供登高工作凳子，凳子高1.7m，操作人员高空作业，必须按要求佩戴并挂牢安全带。

（7）安装平模外围起步板（K板）

1）在有连续垂直墙板模板的地方，如电梯井、外墙面等，用平模外围起步板（K板）将楼板围成封闭的一周并且作为上一层连续墙板模板的连接组件；

2）第一层浇筑以后，采用两套平模外围起步板（K板），一个用以固定在前一层未拆的模板上，另一个固定在墙模上部楼板的四周；

3）浇筑完成后保留上部平模外围起步板（K板），作为下层墙模的起始点；

4）平模外围起步板（K板）与墙模板连接，安装平模外围起步板之前确保已进行完清洁和涂油工作，在浇筑期间为了防止销子脱落，销子必须从墙模下边框向下插入到平模外围起步板的上边框；

5）平模外围起步板上开26mm×16.5mm的长形孔，浇筑之前，将M16的螺栓安装在紧靠槽底部位置，这些螺栓将锚固在凝固的混凝土里，浇筑后，如果需要可以调整螺栓来调节平模外围起步板的水平度，这也可以控制模板的垂直度；

6）平模外围起步板（K板）的定位，用吊线来检查平模外围起步板（K板）的定位：直的平模外围起步板（K板）可以保证下一层墙模的直线度。

（8）浇筑前需检查的项目

1）所有模板应清洁且涂有合格隔离剂；

2）确保墙模按放样线安装；

3）检查全部开口处尺寸是否正确并无扭曲变形；

4）检查全部水平模（顶模和梁底模）的水平；

5）保证板底和梁底支撑钢管是垂直的，并且支撑钢管没有垂直方向上的松动；

6）检查墙模和柱模的背楞和斜支撑是否正确；

7）检查对拉螺杆、销子、楔子保持原位且牢固；

8）把剩余材料及其他物件清理出浇筑区。

（9）混凝土浇筑期间的维护

1）混凝土浇筑期间至少要有两名操作工随时待命于正在浇筑的墙两边，检查销子、楔子及对拉螺杆的连接情况；

2）销子、楔子或对拉螺杆滑落会导致模板的移位和损坏，受到这些影响的区域需要在拆除模板后修补。

（10）浇筑期间注意事项

1）由于振动可能会引起销子、楔子脱落；

2）由于振动可能引起横梁、平模支撑头相邻区域的下降滑移，应保证特殊区域全部的支撑完好，特别是墙模、柱模、梁模及其支撑不能移位；

3）应随时注意窗口开口处等位置是否混凝土溢出；

4）操作工必须有以下工具（在手边）：销子和楔子、可调整支撑、水泥钉、木工锯和小锤、一些做附支撑垫块的短木条。

（11）浇筑完成后的验收

混凝土浇筑完成后，应按《混凝土结构工程施工质量验收规范》GB 50204—2015 的要求，进行检查验收。

3. 铝模的拆除

（1）拆模前的注意事项

底模拆除混凝土强度要求　　　　　　　　　　表 12-9

构件类型	构件跨度（m）	达到设计的混凝土立方体抗压强度标准值的百分率（%）
板	≤2	≥50
	>2，≤8	≥75
	>8	≥100
梁、拱、壳	≤8	≥75
	>8	≥100
悬臂构件	—	≥100

为保证混凝土质量，混凝土浇筑施工时需增加三组同条件养护立方体试块，拆除底模前需先进行此试块试压检测，或者现场进行回弹仪检测，强度满足表 12-9 要求后报监理工程师批准方可进行拆除。

（2）拆除墙模板

1）根据工程项目的具体情况决定拆模时间，一般情况下（天气正常）24h 后可以拆除墙模（特别注意：过早拆除会造成混凝土粘在铝模上，影响墙面质量）。

2）拆除墙模板之前保证以下部分已拆除：所有钉在混凝土板上的垫木、横撑、背楞、模板上的销子和楔子。在外部和中空区域拆除销子和楔子时，要特别注意安全问题，另外在拆模期如果不够重视收集配件，则会在短时间内丢失大量的销子和楔子。

3）墙模板应该从墙头开始，拆模前应先抽取对拉螺杆。

4）外墙脚手架必须封闭，确保铝模操作工人模安装安全。外墙拆除对拉螺杆及相关配件必须全部放在结构楼层内，防止高空坠物。

5）所有部件拆下来以后立即进行清洁工作，清洁得越早越好。拆除的第一块模板因为与其他相邻模板有连接较难拆除，剩余模板如在使用前已清洁和涂油，利用拆模专用拉杆将很容易拆除相邻模板。

6）对拉螺杆从墙上拆除的时间越早越容易拆除，可以减少损坏。

7）把模板转移到另一个地方时，做好标识并合理堆放在适当的地方，方便下次墙模板的安装并且可防止工作出现混乱。操作工人拆除外墙时要戴好安全带，物件要抓牢，采用两人一组，配合作业，严防高空坠物。

（3）拆除顶模

1）拆除时间根据每个工程项目具体情况来设定，但不能少于 36h 拆除顶模板；

2）拆除工作从拆除板梁开始，拆除 132mm 销子和其所在的板梁上的梁模连接杆，紧接着拆除板梁与相邻顶板的销子和楔子，然后可以拆除梁底板。

3）每一单元的第一块模板被搁在墙顶边模支撑口上时，要先拆除邻近模板，然后从需要拆除的模板上拆除销子和楔子，利用拔模工具把相邻模板分离开来。

4）顶模板拆除时，每次每块都需先托住模板，再拆除销钉，模板往下放时，应小心轻放，严禁直接将模板坠落到楼面。

（4）拆除支撑系统

拆除楼顶板、梁顶板时，严禁碰动支撑系统的杆件，严禁拆除支撑杆件后再回顶。支撑系统要确保板底三层、梁底四层、悬挑底六层。

（5）清洁、运输及叠放模板

1）所有部件拆下来以后立即用刮刀和钢丝刷清除污物。钢丝刷只能用于模板边框的清洁。

2）耽误清洁时间越长，清洁越困难，必须在拆除的地方立即进行清洁工作。

（6）传送模板

现场依据具体情况，按就近、统一原则选择以下两种方法向上传递模板及相关物料：通过楼梯转运；通过顶板上的预留孔洞，转运完模板后再浇混凝土封住。

（7）模板堆放

清除完的模板运到下一个安装点以后，按顺序叠放在合理的地方。分类合理地堆放模板，方便下一层模板安装，防止模板混乱。

（8）拆除平模外围起步板

拆除与墙模板下部相连的平模外围起步板（K 板），上部平模外围护不拆除，用于支撑下一层的墙模。墙模拆除以后，去除锚固螺栓，拆除下层平模外围起步板（K 板），然后进行清洁和涂油工作，以备下次使用。锚固螺栓每次使用后都要用钢刷清洁。每一层平模外围起步 K 板都跨层使用。

（9）重复上述步骤，即可完成一层楼的模板施工，图 12-19 为施工流程图。

12.4.5　支撑系统施工方法

1. 基本要求

本工程标准层高 3.6m，模板支撑选用工具式钢支柱，其搭设需满足《建筑施工模板安全技术规范》JGJ 162—2008 的要求。

2. 验收要求

模板支撑体系支设前应按方案进行放线，做出样板单元。支模分段或整体支设完毕，经项目安全和质量负责人主持分段或整体验收（监理参加），验收合格后方能进行钢筋安装和混凝土浇筑。

3. 安全施工要求

（1）支模应在施工现场搭设工作梯，作业人员不得从支撑系统上下。

（2）支模搭设、拆除和混凝土浇筑期间，无关人员不得进入支模底下，并由安全员在现场监护。

（3）下层楼板结构的混凝土强度要达到能支撑上层模板、支撑系统和新浇筑混凝土重量时，方可进行上层混凝土施工（以混凝土拆模试块的强度为依据），否则下层楼板结构的支撑系统不能拆除，同时上下层支柱应在同一垂直线上。

（4）模板及其支撑系统在安装过程中，必须设置临时固定设施，严防倾覆。墙模板在未装对拉螺杆前，板面要向内倾斜一定角度并撑牢，以防倒塌。

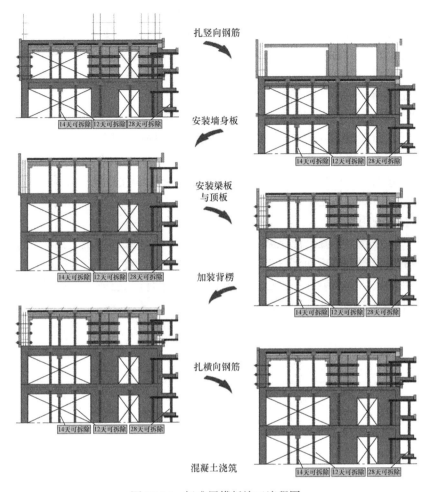

图 12-19 标准层模板施工流程图

（5）支设 4.5m 以上的独立柱模板和独立梁模板时，应搭设工作平台，不足 4.5m 的，可使用马凳操作，不准站在柱模板和梁底模板上行走。

（6）搭设过程中严禁集中超负荷堆放钢筋、机械设备及其他材料，防止物体坠落及支撑系统局部坍塌。

12.5 混凝土浇筑施工方案

布料机的选择应充分考虑铝模的特点，防止混凝土输送泵管、布料机使用不当造成板面受力不均。1、2 号商业、办公楼共布置四台（各两台）半径 18m 的 HGT-18 型塔式布料机。施工时在铝模层、铝模层下一层、铝模层下两层预留 1.2m×1.2（1.0）m 的布料机安装孔洞，布料机支撑在铝模层相对的负二层上，在负一层进行固定。

12.5.1 施工部署

（1）编制详细周密的施工方案，执行方案审核审批制度，严格按照方案要求施工。

（2）做好充分施工准备工作和交底工作，按照方案要求对所有施工人员进行详细的班前交底，告知每位参与施工人员重大危险源情况及必须注意避险的事项、应急措施。

（3）明确管理人员、班专家组长及各工人的职责分工。

（4）设计浇筑路线、制定浇捣方案，避免因混凝土浇捣方式错误而影响铝模稳定性。

（5）应急措施的准备及落实，编制切实可行的事故应急措施预案，组织落实应急预案材料设备人员到位。

12.5.2　施工顺序

楼层结构混凝土浇筑采用梁、板、柱同时（整体）浇筑的方法。根据楼层面积较大的施工实际情况，布置两台半径 18m 的 HTG-18 型布料机，覆盖 36m 内的布料机旋转范围。楼层结构施工顺序为先浇筑完成墙柱混凝土，然后是梁混凝土浇筑，最后是板混凝土浇筑。墙柱混凝土浇筑过程中，安排人员检查墙柱铝模稳定性，平稳无超出沉降、位置预警后，进行梁和板的混凝土浇筑。

12.5.3　布料机使用

如图 12-20 所示，混凝土浇筑施工采用 HGT-18 型塔式布料机，1 号楼两台、2 号楼两台，布料机半径覆盖楼板面。HGT-18 型塔式布料机，双巨型管对接大臂，结构稳定可靠，转动轻便、灵活，安装在铝模层（施工层）相对的负二层或负一层板面上，既安全，又减轻对施工层的振动，保证了浇筑板面混凝土的质量，特别适合铝模及混凝土施工作业。

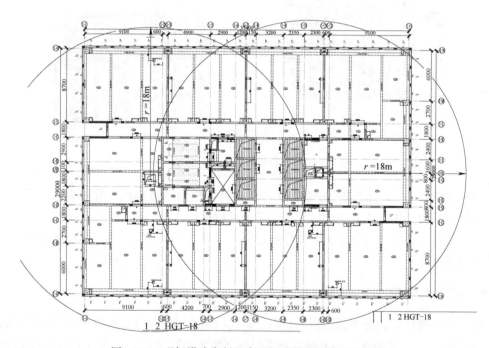

图 12-20　现场塔式布料机布置标准层模板施工流程图

在每层结构楼板预留 1.2m×1.2（1.0）m 布料机安装孔洞，采用塔吊安装。布料机安装考虑三个楼层，施工层（铝模层）、施工层负一层、施工层负二层；负二层用于布料机基座支撑，负一层用于布料机加固固定，施工层布置布料杆（布料机塔身穿过施工层预留洞口连接布料杆，布料机不与施工层有连接或碰撞的地方）；布料机随着楼层逐层升高而升高。

1. 主要的技术参数（表 12-10）

HGT-18 主要的技术参数　　　　　　　　　　　　表 12-10

布料机半径（m）	施工高度（m）	管径（mm）	回转范围（°）	旋转方式	底座预留口（m）	标准节尺寸（m）	主机大臂重量（kg）	工作配重（kg）	整机质量（kg）
18	4.7	$\phi 125$	360	手动	1.2×1.2	0.7×0.7×3	1900	1200	2900

2. 布料机组成及安装原理

略

3. 布料机安装

略

4. 布料机使用注意事项

（1）布置布料设备应根据结构平面尺寸、配管情况等考虑，要求布料设备应能覆盖整个结构平面，尽量少移动即能完成浇筑，并能均匀、迅速地进行布料。设备应牢固、稳定且不影响其他工序的正常操作。

（2）布料设备不得碰撞或直接搁置在铝模上。

12.5.4　操作工艺

1. 作业准备

（1）浇筑前应将模板内的垃圾、杂物及钢筋上的油污清除干净，并检查钢筋的保护层垫块是否垫好、是否符合规范要求。

（2）模板应浇水湿润。柱子模板的扫除口应在清除杂物及积水后再封闭。

（3）施工缝的松散混凝土及混凝土软弱层已剔掉清净，露出石子，并浇水湿润，无明水。

（4）梁、柱钢筋的钢筋定距框已安装完毕，并经过隐预检。

2. 混凝土浇筑与振捣的一般要求

（1）本工程采用预拌泵送商品混凝土，混凝土进场前首先进行配合比及质保资料的核验，然后进行资料收集，并进行坍落度检查。

（2）泵车进场架设必须由施工负责人指挥，按照指定地点进行架设，架设完毕必须通过安全员验收合格。混凝土开泵必须得到项目经理的开泵令方可施工。

（3）润滑泵管的砂浆采用现场搅拌，润滑泵管的砂浆严禁喷洒到楼面上。

（4）混凝土自泵口下落的自由倾落高度不得超过2m，浇筑高度如超过3m时必须采取措施，用溜管。

（5）浇筑混凝土时应分段分层连续进行，浇筑层高度应根据混凝土供应能力、一次浇筑方量、混凝土初凝时间、结构特点、钢筋疏密综合考虑，一般为振捣器作用部分长度的1.25倍。

（6）使用振动棒应快插慢拔，插点要均匀排列，逐点移动，顺序进行，不得遗漏，做到均匀振实。移动间距不大于振捣作用半径的1.5倍（一般为30~40cm）。振捣上一层时应插入下层5~10cm，以使两层混凝土结合牢固。表面振动器（或称平板振动器）的移动间距，应保证振动器的平板覆盖已振实部分的边缘。

（7）浇筑混凝土应连续进行。如必须间歇，其间歇时间应尽量缩短，并应在前层混凝土初凝之前，将次层混凝土浇筑完毕。间歇的最长时间应按所用水泥品种、气温及混凝土凝结条件确定，一般超过 2h 应按施工缝处理（当混凝土的凝结时间小于 2h 时，则应当执行混凝土的初凝时间）。

（8）浇筑混凝土时应经常观察模板、钢筋、预留孔洞、预埋件和插筋等有无移动、变形或堵塞情况，发现问题应立即处理，并应在已浇筑的混凝土初凝前修正完好。

（9）混凝土表面平整度控制不得大于 5mm，标高控制不得大于 ±8mm。

3. 柱的混凝土浇筑

（1）柱浇筑前底部应先填 5～10cm 厚与混凝土配合比相同的减石子砂浆，柱混凝土应分层浇筑振捣，使用振动棒时每层厚度不大于 50cm，振动棒不得触动钢筋和预埋件。

（2）柱高在 3m 之内，可在柱顶直接下灰浇筑；超过 3m 时，应采取措施（用串筒）或在模板侧面开洞口安装斜溜槽分段浇筑，每段高度不得超过 2m，每段混凝土浇筑后将模板洞封闭严实，并用箍箍牢。

（3）柱子混凝土的分层厚度应当经过计算后确定，并且应当计算每层混凝土的浇筑量，用专制料斗容器称量，保证混凝土的分层准确，并用混凝土标尺杆计量每层混凝土的浇筑高度，混凝土振捣人员必须配备照明设备，保证振捣人员能够看清混凝土的振捣情况。

（4）柱子混凝土应一次浇筑完毕，如需留施工缝时应留在主梁下面。无梁楼板应留在柱帽下面。在与梁板整体浇筑时，应在柱浇筑完毕后停歇 1～1.5h，使其初步沉实，再继续浇筑。

4. 梁、板混凝土浇筑

（1）梁、板应同时浇筑，浇筑方法应由一端开始用"赶浆法"，即先浇筑梁，根据梁高分层浇筑成阶梯形，当达到板底位置时再与板的混凝土一起浇筑，随着阶梯形不断延伸，梁板混凝土浇筑连续向前进行。

（2）和板连成整体高度大于 1m 的梁，允许单独浇筑，其施工缝应留在板底以下 2～3cm 处。浇捣时，浇筑与振捣必须紧密配合，第一层下料慢些，梁底充分振实后再下二层料，用"赶浆法"保持水泥浆沿梁底包裹石子向前推进，每层均应振实后再下料，梁底及梁帮部位要注意振实，振捣时不得触动钢筋及预埋件。

（3）梁柱节点钢筋较密时，浇筑此处混凝土宜用小粒径石子同强度等级的混凝土浇筑，并用小直径振动棒振捣。

（4）浇筑板混凝土的虚铺厚度应略大于板厚，用平板振捣器垂直浇筑方向来回振捣，厚板可用振动棒顺浇筑方向托拉振捣，并用铁插尺检查混凝土厚度，振捣完毕后用长木抹子抹平。施工缝处或有预埋件及插筋处用木抹子找平。浇筑板混凝土时不允许用振动棒铺摊混凝土。

（5）施工缝位置：宜沿次梁方向浇筑楼板，施工缝应留置在次梁跨度的中间 1/3 范围内。施工缝的表面应与梁轴线或板面垂直，不得留斜槎。施工缝宜用木板或钢丝网挡牢。

（6）施工缝处需待已浇筑混凝土的抗压强度不小于 1.2MPa 时，才允许继续浇筑。在继续浇筑混凝土前，施工缝混凝土表面应凿毛，剔除浮动石子和混凝土软弱层，并用水冲洗干净后，先浇一层同配合比减石子砂浆，然后继续浇筑混凝土，应细致操作振实，使新旧混凝土紧密结合。

12.6 质量、安全保证措施

12.6.1 质量保障措施

1. 质量标准

略

2. 质量控制项目及检查方式

略

12.6.2 安全文明保障措施

1. 安全文明保障措施

（1）管理制度

略

（2）施工措施

1）对参加模板工程施工的人员，必须进行技术培训和安全教育，使其了解本工程模板施工特点，熟悉规范的有关条文和本岗位的安全技术操作规程，并经考核合格后方能上岗工作，主要施工人员应相对固定；

2）严格按照操作规程施工作业。

3）模板施工人员应定期体检，经医生诊断凡患有高血压、心脏病、贫血、癫痫病及其他不适应高空作业疾病的，不得上操作平台工作。

4）浇筑混凝土前必须检查支撑是否可靠、螺杆是否松动。浇筑混凝土时必须由专人看模，随时检查支撑、螺杆是否变形、松动，并组织及时恢复。

5）安装模板时至少要两人一组进行安装，严禁模板非顺序安装，防止模板偏倒伤人。

6）严禁将梁顶撑与梁模板一起拆除，模板拆除时应分片、分区，从一端往另一端拆除，严禁整片一起拆除。

7）模板在拆除时应轻放，堆叠整齐，防止模板变形。

8）在电梯间进行模板施工作业时，必须层层搭设安全防护平台。

9）环保与文明施工。现场模板加工垃圾及时清理，并存放进指定垃圾站，做到工完场清。整个模板堆放场地与施工现场要达到整齐有序、干净无污染、低噪声、低扬尘、低能耗的整体效果。

2. 安全管理与维护

（1）搭拆模板的工作必须由搭设人员承担，并按现行国家标准《特种作业人员安全技术培训考核管理规定》考核合格，持证上岗。上岗人员应定期进行体检，凡不适于高处作业者，不得上脚手架操作。

（2）搭拆模板时工人必须戴安全帽、系安全带、穿防滑鞋。

（3）操作层上的施工荷载应符合设计要求，不得超载；不得在模板上集中堆放模板、钢筋等物件。

（4）当六级及六级以上大风和雾、雨天气时，应停止模板搭设与拆除作业。雨后上架作业应有防滑措施。

（5）模板使用中，应及时检查下列项目：杆件的设置和连接，构造是否符合要求；支撑立杆的沉降与垂直度的偏差是否符合规定；安全防护措施是否符合要求；是否超载。

（6）楼层上不允许集中堆放物料，混凝土浇筑时应避免荷载集中。

（7）搭拆模板时，应设围栏和警戒标志，并派专人看守，严禁非操作人员入内。

（8）严格遵守先支后拆的拆除顺序，不准上、下同拆。

（9）拆下的各种材料应分类堆放，集中存储，做好维护和管理。

（10）严格执行模板拆除审批制度，由班专家组长在拆模前书面向施工员、主管申请，经项目技术负责人批准后方可拆除。严禁未经审批擅自拆除。

3. 监测措施

（1）班组日常进行检查，同时项目部也进行安全检查，所有安全检查记录形成书面材料。

（2）日常检查，巡查重点部位：杆件的设置和连接、连墙件、支撑、剪刀撑等构件是否符合要求；连接扣件是否松动；施工过程中是否符合规范要求；安全措施是否有变形的现象，支架与杆件是否有变形的现象。

（3）支架在承受六级大风或大暴雨后必须进行全面检查。

（4）监测点的布设按每10m间距设置观测点；监测仪器精度应满足现场监测要求，并设变形监测报警值。

（5）监测频率：在浇筑混凝土过程中应实施定时监测，一般监测频率不少于20～30分钟一次。在混凝土初凝前后及终凝前后也实施定时监测，监测时间应控制在高支模使用时间至终凝后。

（6）当监测值超过监测报警值时，立即停止混凝土施工，楼面施工人员撤离高支模作业区，安排专人对模板支撑进行加固。

（7）监测项目：支架整体水平位移、支撑立杆水平位移、支撑立杆沉降。

（8）监测变形允许值、预警值：本次监测支架整体水平位移、支撑立杆水平位移、支撑立杆沉降，监测变形允许值为10mm，预警值为8mm。

12.7 应急预案

12.7.1 应急预案的方针与原则

略

1. 应急预案工作流程图

略

2. 危险源辨识

危险源辨识，见表12-11所列。

危险源辨识 表 12-11

作业项目	危险源	对策
人员	新增操作人员未进行安全培训和交底，不了解模板加工、堆放、运输、吊装、拆除等作业过程安全管理要求	现场随机抽查，询问受训情况和掌握情况，记录姓名、工种等信息，查找相关教育、培训、交底等书面资料
	模板加工人员对新型模板体系加工机械的性能应熟悉	观察工人操作方法，查询上岗证等材料

续表

作业项目	危险源	对策
人员	对高空作业人员身体状况进行检查或测试	现场抽查和询问
	分包架子工未持有效安全上岗证作业	检查队伍资质和人员上岗证,证、人同一、有效
材料	背楞、插销、螺栓等连接件从非正规厂家进货未检验合格就使用	对材料进行表象检查和使用情况调查,并检查进货单和相关检验材料
	模板支撑架钢管壁薄、插销含碳量高仍用作承重结构支撑未制止	现场检查及查厂家提供和现场抽样送检的检验报告
	铝模板板面强度不够仍用作承重结构底模未制止、未纠正	现场检查及查相关资料
	吊装模板用的钢丝绳断股未更换	现场检查及查相关资料
环境	刮六级以上大风未暂停模板吊装,下大雨后未对作业面上积水进行处理,干后再作业	现场检查及查相关资料
铝模板	下雨后铝模板的存放场地下沉未将存放的模板转移至安全区域	现场检查
	铝模板临时堆放在非承重结构上,在承重结构上堆放的模板超重	现场检查及查相关资料
	没有支腿的定型模板,安装时未放稳就受力	现场检查
	模板吊装经过区域下面有其他人员在作业且无人指挥吊装	现场检查及查交底书、教育培训等相关资料
	作业人员未系安全带,且临边防护不到位	现场检查及查培训教育记录等相关资料
	夜间照明灯光不足	现场检查及查交底书、教育培训等相关资料
	堆放在卸料平台上的模板超重	现场检查及查交底书、教育培训等相关资料

12.7.2　应急准备

1. 机构与职责

略

2. 应急组织的分工职责

略

3. 应急资源

略

4. 教育训练

略

5. 互相协议

略

6. 应急响应

略

12.7.3　应急措施

1. 应急目标

发生事故时，能及时开展抢救，明确是否有人受伤，及时联系距现场最近的医院，以最快的速度将受伤者在第一时间内抢救出来，并实施初步治疗。杜绝救护方法不当造成的人员伤亡事故，杜绝二次事故发生。

2. 应急组织分工

略

3. 应急准备

略

4. 应急措施

（1）发生坍塌的应急措施

略

（2）发生高处坠落的应急响应

略

（3）现场临时救治措施

略

（4）消防事故应急救援预案

略

（5）触电事故应急救援预案

略

（6）机械伤害事故应急救援预案

略

（7）高温中暑的应急

略

5. 应急响应

略

12.8　铝模及支撑体系计算书

12.8.1　荷载设计

1. 施工荷载取值

（1）铝模板自重标准值：$0.25kN/m^2$

（2）混凝土重力密度：$24kN/m^3$

（3）板钢筋自重标准值：$1.1kN/m^3$，梁钢筋自重标准值：$1.5kN/m^3$

（4）施工活载标准值：$2.5kN/m^2$

2. 混凝土侧压力荷载取值

混凝土侧压力根据《混凝土结构工程施工规范》GB 50666 要求，按以下公式计算取较小值：

$$F = 0.22\gamma_c t_0 \beta V^{\frac{1}{2}} ; F = \gamma_c H$$

其中

混凝土的重力密度：$\gamma_c = 24\text{kN/m}^3$

混凝土的浇筑速度：$v = 1.5\text{m/h}$

新浇混凝土的初凝时间：$t_0 = 200/(T+15) = 5\text{h}$（$T$ 为混凝土的温度，取 25℃）；

混凝土坍落度影响修正系数：$\beta = 1.15$（坍落度为 110~150mm）

混凝土侧压力计算位置处至新浇混凝土顶面的总高度：$H \geqslant 3.6\text{m}$

则有：

$$F = 0.22\gamma_c t_0 \beta V^{\frac{1}{2}} = 0.22 \times 24 \times 5 \times 1.15 \times (1.5)^{0.5} = 37.2\text{kN/m}^2$$

$$F = \gamma_c H \geqslant 24 \times 3.6 = 86.4\text{kN/m}^2$$

本工程计算取两者较小值 $F = 37.2\text{kN/m}^2$，考虑到混凝土振捣产生的水平分力，按规范取 2kN/m^2，则本工程混凝土侧压力 $F = (1.2F_1 + 1.4Q_2) = (1.2 \times 37.2 + 1.4 \times 2) = 47.44\text{kN/m}^2$

3. 楼面板荷载取值

（1）变形验算时的荷载取值

计算模板及支架的变形验算时按最不利的作用效应组合（模板自重＋新浇混凝土自重＋钢筋自重），本工程楼面厚度 120mm，楼面处最大施工荷载：

$$P = 1.35 \times (0.25 + 24 \times 0.12 + 1.1 \times 0.12) = 4.40\text{kN/m}^2$$

（2）强度验算时的荷载取值

计算模板及支架的强度时按最不利的作用效应组合（模板自重＋新浇混凝土自重＋钢筋自重＋施工活荷载），本工程楼面最大厚度小于 150mm，楼面处最大施工荷载：

$$P = 1.35 \times (0.25 + 24 \times 0.15 + 1.1 \times 0.15) + 1.4 \times (2+2) = 11.02\text{kN/m}^2$$

12.8.2　墙柱铝模设计计算校核

1. 整体强度及刚度校核

墙、柱处铝模所受荷载为混凝土侧压力。墙、柱处铝模在模板水平方向以不超过 600mm 的间隔设置背楞。按最不利情况两跨等跨连续梁计算，在均布荷载作用下，

最大弯矩：$M = 0.07 \times ql^2 = 0.07 \times 18.8 \times 0.6 \times 0.6 = 0.47\text{kN·m}$

最大挠度 $v = 0.521 \times \dfrac{ql^4}{100EI_x} = 0.521 \times \dfrac{18.8 \times 0.6^4 \times 10^3 \times 10^9}{100 \times 7 \times 10^4 \times 1031495.2} = 0.18\text{mm}$

式中

q——恒荷载均布线荷载标准值，$q = Fb = 47 \times 0.4 = 18.8\text{kN/m}$（$b$ 取标准模板宽度 400mm）；

E——铝合金弹性模量，$E = 7 \times 10^4 \text{N/m}^2$；

I_x——截面惯性矩，$I_x = 1031495.2\text{mm}^4$（400mm 模板）；

l——面板计算跨度，$l = 0.6\text{m}$。

校核墙、柱处铝模整体强度：

$$f = \frac{M}{W} = \frac{1.07 \times 10^6}{20406.9} = 52.4\text{N/mm}^2 \leqslant [f] = 200\text{N/mm}^2$$

墙、柱处铝模整体强度满足设计要求。

校核墙、柱处铝模整体刚度：

$v=0.89\text{mm}\leqslant[v]=1.5\text{mm}$

$[v]$ 按规范取计算跨度的 $1/400$，则 $[v]=600/400=1.5\text{mm}$

墙、柱处铝模整体刚度满足设计要求。

2. 标准单元局部强度及刚度校核

（1）筋板局部强度及刚度校核

标准模板背面焊接有人字骨筋板，人字骨筋板的最大间距 300mm，在铝模整体强度及刚度均符合设计要求的前提下，需进一步校核此处人字骨筋板的强度及刚度。人字骨筋板受力截面简化如图 12-21 所示。

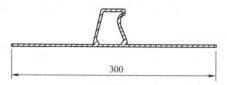

图 12-21　人字骨筋及面板截面示意图

此截面 $I_x=147876.3\text{mm}^4$，$W=5298.7\text{mm}^3$，

$q=Fb=47\times0.3=14.1\text{kN/m}$（$b$ 取最大人字骨筋板间距 300mm）

按简支梁计算，在均布荷载下，人字骨筋板受到的最大弯矩：

$M=0.125\times ql^2=0.125\times14.1\times0.4\times0.4=0.282\text{kN}\cdot\text{m}$

最大挠度：$v=\dfrac{5ql^4}{384EI_x}=\dfrac{5\times14.1\times10^3\times0.4^4\times10^9}{384\times7\times10^4\times147876.3}=0.45\text{mm}$

校核墙、柱处铝模筋板强度：

$$f=\frac{M}{W}=\frac{0.282\times10^6}{5298.7}=53.2\text{N/mm}^2\leqslant[f]=200\text{N/mm}^2$$

墙、柱铝模筋板强度满足设计要求。

校核墙、柱处铝模筋板刚度：

$v=0.09\text{mm}\leqslant[v]=1\text{mm}$

$[v]$ 按规范取计算跨度的 $1/400$，则 $[v]=400\text{mm}/400=1\text{mm}$

墙、柱铝模筋板刚度满足设计要求。

（2）铝模标准单元局部面板强度校核

铝模标准单元局部面板强度按照《机械设计手册》第一卷，平板中的应力部分的说明进行设计校核。铝模局部面板按周界固定，整个面板受均布荷载计算：

$a=0.4\text{m}$；$b=0.3\text{m}$；$h=4\text{mm}$；$q=47\text{kN/m}^2$

其中 $\dfrac{a}{b}=\dfrac{0.4}{0.3}=1.33$

查表（机械设计手册的矩形平板系数表）可知：$C_4=0.1968$；$C_5=0.1344$；

则有，面板中心应力：

$$f_z=C_4q\left(\frac{b}{h}\right)^2=0.1968\times47\times\left(\frac{300}{4}\right)^2=52\text{N/mm}^2$$

$$f_x=C_5q\left(\frac{b}{h}\right)^2=0.1344\times47\times\left(\frac{300}{4}\right)^2=35.5\text{N/mm}^2$$

校核墙、柱处铝模面板强度：

$f_z=52\text{N/mm}^2\leqslant[f]=200\text{N/mm}^2$

$f_x = 35.5\text{N/mm}^2 \leqslant [f] = 200\text{N/mm}^2$

墙、柱处铝模面板强度满足设计要求。

3. 墙、柱铝模配件强度校核

(1) 销钉强度校核

铝模标准单元之间通过销钉连接，在混凝土侧压力作用下，每个模板销钉在 0.4m（最大模板宽度）×0.3m（模板销钉间距）范围内受到剪切力。销钉直径 16mm，截面积 $A = 200.96\text{mm}^2$，材质 Q235，抗剪设计强度 $[f_v] = 120\text{N/mm}^2$，校核模板销钉强度：

$$f_v = \frac{47 \times 10^3 \times 0.3 \times 0.4}{200.96} = 28\text{N/mm}^2 \leqslant [f_v] = 120\text{N/mm}^2$$

模板销钉强度满足设计要求。

(2) 背楞强度校核

混凝土侧压力通过墙、柱处铝模传递给水平方向设置的背楞，背楞通过对拉螺杆连接。背楞最大竖向间距为 600mm，对拉螺杆的最大水平间距为 800mm。材质为 Q235，抗拉设计强度 $[f] = 210\text{N/mm}^2$，由两根 60mm×40mm×2.5mm 矩形管制作，其抗弯截面系数 $W = 14580\text{mm}^3$。

均布荷载作用下，铝模背楞上等效线荷载：

$q = Fb = 47 \times 0.6 = 28.2\text{kN/m}$（$b$ 取背楞设置间距 900mm）

铝模背楞以对拉螺杆为支点，按简支梁计算（偏安全）。

铝模背楞上最大弯矩：

$M = 0.125 \times ql^2 = 0.125 \times 28.2 \times 0.8 \times 0.8 = 2.256\text{kN} \cdot \text{m}$

校核墙、柱处铝模筋板强度：

$$f = \frac{M}{W} = \frac{2.256 \times 10^6}{14580} = 154.73\text{N/mm}^2 \leqslant [f] = 210\text{N/mm}^2$$

挠度验算：

$q_g = 47 \times 0.6 = 28.2\text{kN/m}$

$v = 5q_g L^4 / 384EI_x = 1.583\text{mm} < [v] = 800/250 = 3.2\text{mm}$

墙、柱处铝模筋板强度满足设计要求。

(3) 对拉螺杆强度校核

对拉螺杆采用 T18 梯形牙的为高强螺杆，轴向拉力设计值为 29.6kN。

对拉螺杆承载 0.8m×0.6m 范围内的集中荷载：

$P = 47 \times 0.8 \times 0.6 = 22.56\text{kN}$

校核墙、柱处铝模对拉螺杆强度：$P = 22.56\text{kN} < 29.6\text{kN}$

墙、柱处铝模对拉螺杆强度满足设计要求。

12.8.3 楼面铝模设计计算校核

1. 整体强度及刚度校核

本工程计算模板及支架的变形验算时按《混凝土结构工程施工规范》GB 50666—2011，最不利的作用效应组合（模板自重＋新浇混凝土自重＋钢筋自重），楼面铝模底部均设置有支撑立柱。支撑立柱最大设置间距 1200mm。如前所述，楼面处最大施工荷载 $P = 11.02\text{kN/m}^2$。

400mm 标准模板上受到的线荷载：

$q=Pb=11.02\times0.4=4.41$kN/m（b 取标准板宽度 400mm）

按 1200mm 跨度内简支梁计算标准模板受到的最大弯矩：

$M=0.125\times ql^2=0.125\times4.41\times1.2\times1.2=0.62$kN·m

校核模板刚度时，均布荷载按上述取值：$P=4.40$kN/m²

400mm 标准模板上受到的线荷载：

$q=Pb=4.40\times0.4=1.76$kN/m（b 取标准板宽度 400mm）

按 1200mm 跨度内简支梁计算标准模板受到的最大挠度：

$$v=\frac{5ql^4}{384EI_x}=\frac{5\times1.76\times10^3\times1.2^4\times10^9}{384\times7\times10^4\times1031495.2}=0.66\text{mm}$$

校核墙、柱处铝模整体强度：

$$f=\frac{M}{W}=\frac{0.79\times10^6}{20406.9}=38.71\text{N/mm}^2\leqslant[f]=200\text{N/mm}^2$$

楼面铝模整体强度满足设计要求。

校核墙、柱处铝模筋板刚度：

$v=0.66$mm $\leqslant[v]=3$mm

$[v]$ 按规范取计算跨度的 1/400，则 $[v]=1200/400=3$mm

楼面铝模整体刚度满足设计要求。

2. 局部筋板、面板强度及刚度校核

楼面铝模局部受力情况同墙、柱处铝模，因楼面铝模均布荷载远小于墙、柱，因此楼面铝模局部筋板、面板强度同样满足设计要求。此处不再重复计算。

3. 主龙骨强度及刚度校核

楼面主龙骨设置在两根立柱之间，其最大长度 1200mm。主龙骨最大设置间距同样也为 1200mm。主龙骨抗弯截面系数 $W=58822$mm³，转动惯量 $I_x=2494044$mm⁴。

校核主龙骨强度时，均布荷载按上述取值：$P=11.02$kN/m²

主龙骨上受到的线荷载：

$q=Pb=11.02\times1.2=13.22$kN/m（$b$ 取主龙骨设置间距 1200mm）

按 1200mm 跨度内简支梁计算标准模板受到的最大弯矩：

$M=0.125\times ql^2=0.125\times13.22\times1.2\times1.2=2.38$kN·m

校核模板刚度时，均布荷载按上述取值：$P=4.40$kN/m²

400mm 标准模板上受到的线荷载：

$q=Pb=4.40\times1.2=5.28$kN/m（b 取标准板宽度 400mm）

按 1200mm 跨度内简支梁计算标准模板受到的最大挠度：

$$v=\frac{5ql^4}{384EI_x}=\frac{5\times5.28\times10^3\times1.2^4\times10^9}{384\times7\times10^4\times2494044}=0.82\text{mm}$$

校核墙、柱处铝模整体强度：

$$f=\frac{M}{W}=\frac{2.38\times10^6}{58822}=40.46\text{N/mm}^2\leqslant[f]=200\text{N/mm}^2$$

铝模主龙骨强度满足设计要求。

校核墙、柱处铝模筋板刚度：

$v=0.82\text{mm}\leqslant[v]=3\text{mm}$

$[v]$ 按规范取计算跨度的 $1/400$，则 $[v]=1200/400=3\text{mm}$

铝模主龙骨刚度满足设计要求。

4. 楼面主龙骨拉杆强度校核

楼面主龙骨之间通过龙骨拉杆相连接，其构造如图 12-22 所示。

主龙骨拉杆承受来自主面板与筋板传递来的外力，作用在拉杆上为剪应力。

主龙骨拉杆双面均安装，因此每根拉杆上所受剪切力大小：

$P=11.02\times1.2\times1.2/2=7.93\text{kN}$

主龙骨拉杆截面面积 $A=500\text{mm}^2$，

校核主龙骨拉杆强度：

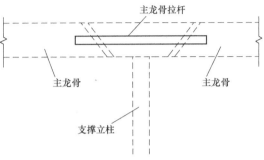

图 12-22　主龙骨之间的连接

$$f_v=\frac{P}{A}=\frac{7.93\times10^3}{500}=15.87\text{N/mm}^2\leqslant[f]=120\text{N/mm}^2$$

主龙骨拉杆强度满足设计要求。

12.8.4　梁底铝模设计计算校核

1. 梁底铝模整体强度及刚度校核的相关参数

相关参数见表 12-12 所列。

主要梁结构尺寸及梁底支撑情况　　　　　　　表 12-12

类型	规格(mm)	支撑最大间距(mm)	支撑立杆数
A 类梁	300×1200	600	单根
B 类梁	250×800	1100	单根
C 类梁	200×800、200×700、200×600、200×400	1200	单根

2. 梁底铝模局部筋板、面板强度及刚度校核

梁底铝模局部受力情况同墙、柱处铝模，因梁底铝模均布荷载远小于墙、柱处，因此梁底铝模局部筋板、面板强度同样满足设计要求。此处不再重复计算。

3. 梁底铝模整体强度及刚度校核

(1) 300mm×1200mm 截面梁底模板强度和刚度校核

由下述计算可知，300mm×1200mm 截面梁，当支撑间距为 600mm 时，立杆荷载为 11.308kN，因而强度验算的恒活线荷载为：

$q=11.308/0.6=18.8\text{kN/m}$

最大弯矩 M 为：

$M=1\times ql^2/8=18.80\times0.5^2/8=0.588\text{kN}\cdot\text{m}$（支撑间距 0.6m，梁底板长度 0.5m）

最大弯曲应力：

$\sigma=M/W=0.588\times10^6/51570=11.40\text{N/mm}^2<[f]=200\text{N/mm}^2$，满足要求。

线荷载和挠度按恒荷载计算。

梁范围内承受的线荷载：

$N_1=1.2×N_{gk}=1.2×25.5×0.3×1.2=11.016kN/m$

梁侧楼面板范围传递的等效线荷载：

$N_2=1.2×N_{gk}=1.2×25.1×0.12×(1.1-0.3)=2.89kN/m$

模板自重等效线荷载：

$N_3=1.1×0.25=0.275kN/m$

挠度验算的线荷载为：$11.016+2.89+0.275=14.18kN/m$

最大挠度 $v=5q_gL^4/384EI_x=5×14.18×500^4/(384×183000×770400)=0.08mm$，满足要求。

（2）250mm×800mm 截面梁底模板强度和刚度校核

由下述计算可知，250mm×800mm 截面梁，当支撑间距为 1100mm 时，立杆荷载为 15.123kN，因而强度验算的恒活线荷载为：$q=15.123/1.1=13.75kN/m$

最大弯矩 M 为：

$M=1×ql^2/8=13.74×1.0^2/8=1.72kN·m$（支撑间距 1.1m，梁底板长度 1.0m）

最大弯曲应力：

$σ=M/W=1.72×10^6/44625=38.5N/mm^2<[f]=200N/mm^2$，满足要求。

线荷载和挠度按恒荷载计算。

梁范围内承受的等效线荷载：

$N_1=1.2×N_{gk}=1.2×25.5×0.25×0.8=6.12kN/m$

梁侧楼面板范围传递的等效线荷载：

$N_2=1.2×N_{gk}=1.2×25.1×0.12×(1.1-0.25)=3.07kN/m$

模板自重等效线荷载：

$N_3=1.1×0.25=0.275kN/m$

挠度验算的线荷载为：$6.12+3.07+0.275=9.47kN/m$

最大挠度 $v=5q_gL^4/384EI_x=5×9.47×1000^4/(384×183000×728200)=0.93mm$，满足要求。

（3）200mm×800mm 截面梁底模板强度和刚度校核

由下述计算可知，200mm×800mm 截面梁，当支撑间距为 1200mm 时，立杆荷载为 15.712kN，因而恒活线荷载为：$q=15.712/1.2=13.1kN/m$

最大弯矩 M 为：

$M=1×ql^2/8=13.1×1.1^2/8=1.98kN·m$（支撑间距 1.2m，梁底板长度 1.1m）

最大弯曲应力：

$σ=M/W=1.98×10^6/376800=5.25N/mm^2<[f]=200N/mm^2$，满足要求。

线荷载和挠度按恒荷载计算。

梁范围内承受的线荷载：

$N_1=1.2×N_{gk}=1.2×25.5×0.2×0.8=4.896kN$

梁侧楼面板范围传递的等效荷载：

$N_2=1.2×N_{gk}=1.2×25.1×0.12×(1.1-0.20)=3.25kN$

模板自重等效线荷载：

$N_3 = 1.1 \times 0.25 = 0.275 \text{kN/m}$

挠度验算的线荷载为：$4.896 + 3.25 + 0.275 = 8.42 \text{kN/m}$

最大挠度 $v = 5q_g L^4 / 384 EI_x = 5 \times 8.42 \times 1100^4 / (384 \times 183000 \times 686000) = 1.29 \text{mm}$，满足要求。

4. 最大梁（A 类梁）300mm×1200mm 立杆荷载计算

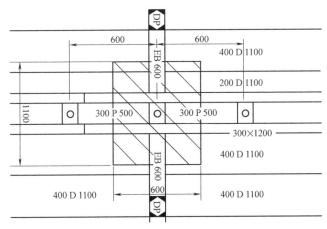

图 12-23　A 类梁立杆支撑计算区域示意

如图 12-23 所示，斜线填充部分为立杆承受荷载范围（1.1m×0.6m）。

梁截面为 300mm×1200mm，跨度为 600mm 时，

梁范围内承受的荷载：

$N_1 = 0.6 \times (1.2 \times N_{gk} + 1.4 \times N_{qk}) = 0.6 \times [1.2 \times 25.5 \times 0.3 \times 1.2 + 1.4 \times (1+2) \times 0.3] = 7.36 \text{kN}$

梁侧楼面板范围传递的荷载：

$N_2 = 0.6 \times (1.2 \times N_{gk} + 1.4 \times N_{qk}) = 0.6 \times [1.2 \times 25.1 \times 0.12 + 1.4 \times (1+2)] \times (1.1 - 0.3) = 3.75 \text{kN}$

模板自重荷载：

$N_3 = 1.1 \times 0.6 \times 0.25 \times 1.2 = 0.198 \text{kN}$

则单根支撑柱顶的最大压力：

$N = (N_1 + N_2 + N_3)/2 = (7.36 + 3.75 + 0.198)/2 = 5.65 \text{kN} \leqslant [N] = 16.0 \text{kN}$，满足要求。

故 300mm×1200mm 的梁立杆间距按 600mm 设计，刚好与楼板立杆间距 1200mm 模数相符。同样，按上述方法计算，当梁立杆间距为 800mm 时，$N = 7.55 \text{kN} \leqslant [N] = 16.0 \text{kN}$，满足要求。

5. 梁 250mm×800mm（B 类梁）立杆荷载计算

如图 12-24 所示，斜线填充部分为立杆承受荷载范围（1.1m×1.1m）。

梁截面为 250mm×800mm，跨度为 1100mm 时（受力计算按 1100mm，考虑水平杆拉通，本截面梁支撑按 600mm 设置），

梁范围内承受的荷载：

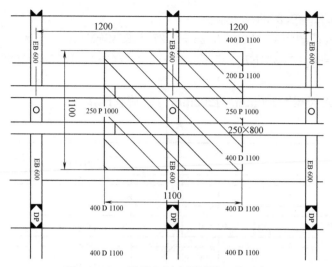

图 12-24　B 类梁立杆支撑计算区域示意

$N_1=1.1\times(1.2\times N_{gk}+1.4\times N_{qk})=1.1\times[1.2\times25.5\times0.25\times0.8+1.4\times(1+2)\times0.25]=7.88\text{kN}$

梁侧楼面板范围传递的荷载：

$N_2=1.1\times(1.2\times N_{gk}+1.4\times N_{qk})=1.1\times[1.2\times25.1\times0.12+1.4\times(1+2)\times(1.1-0.25)]=6.88\text{kN}$

模板自重荷载：

$N_3=1.1\times1.1\times0.25\times1.2=0.363\text{kN}$

则单根支撑柱顶的最大压力：

$N=(N_1+N_2+N_3)/2=(7.88+6.88+0.363)/2=7.56\text{kN}\leqslant[N]=16.0\text{kN}$，满足要求。

截面 250mm×800mm 的梁立杆间距不能大于 1.1m，考虑水平杆拉通，本截面梁支撑按 600mm 设置。

6. 小于 200mm×800mm 截面（C 类梁）立杆荷载计算（按 200mm×800mm 计算）

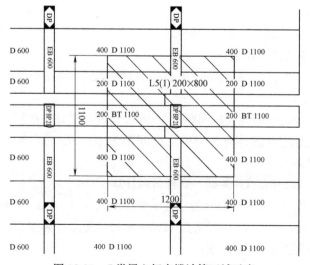

图 12-25　C 类梁立杆支撑计算区域示意

如图 12-25 所示，斜线填充部分为立杆承受荷载范围（1.1m×1.2m）。

梁截面为 200mm×800mm，跨度为 1200mm 时，

梁范围内承受的荷载：

$N_1 = 1.2 \times (1.2 \times N_{gk} + 1.4 \times N_{qk}) = 1.2 \times [1.2 \times 25.5 \times 0.2 \times 0.8 + 1.4 \times (1+2) \times 0.2] = 6.876\text{kN}$

梁侧楼面板范围传递的荷载：

$N_2 = 1.2 \times (1.2 \times N_{gk} + 1.4 \times N_{qk}) = 1.2 \times [1.2 \times 25.1 \times 0.12 + 1.4 \times (1+2) \times (1.1 - 0.20)] = 8.44\text{kN}$

模板自重荷载：

$N_3 = 1.1 \times 1.2 \times 0.25 \times 1.2 = 0.396\text{kN}$

则单根支撑柱顶的最大压力：

$N = (N_1 + N_2 + N_3)/2 = (6.876 + 8.44 + 0.396)/2 = 7.86\text{kN} \leqslant [N] = 16.0\text{kN}$，满足要求。

截面小于 200mm×800mm 的梁立杆间距全部按 1.2m。

7. 梁板阴角尺寸和设计计算

图 12-26　梁板阴角现场图片

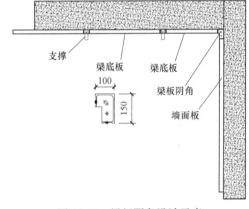

图 12-27　梁板阴角设计示意

如图 12-26、图 12-27 所示，设计阴角尺寸为 100mm×150mm，贴水平面尺寸为 100mm，贴竖向面尺寸为 150mm，梁板阴角模板的承载力验算应符合下列公式规定：

$$\sigma = M/W \leqslant [f]$$

$M = Pa$（P 为梁底板传来的荷载，可取立杆最大设计轴压力的一半计算，按 8kN）

$$W = t^2/6$$

式中　M——阴角模板单位长度的弯矩设计值（N·mm）；

　　　P——梁底传来的荷载设计值（N）；

　　　f——铝合金抗弯强度设计值（N/mm²）；

　　　t——阴角模板的截面厚度（mm）；

　　　a——阴角模板的截面宽度（mm）。

$\sigma = M/W = 0.8 \times 1000/8.16 = 98.04\text{N/mm}^2 \leqslant [f] = 200\text{N/mm}^2$，满足要求。

8. 梁侧与底模的阳角计算

图 12-28　梁侧与底模的阳角现场图片

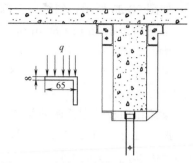

图 12-29　梁侧与底模的阳角设计示意

梁侧与底模的阳角，如图 12-28、图 12-29 所示。设计楼面单支撑离梁边最大距离为 800mm，梁底阳角模板的承载力验算应符合下列公式规定（取 1m 长度作为计算单元）：

$$\sigma=M/W\leqslant[f]；M=qa^2/2；W=t^2/6$$

式中　M——阳角模板单位长度的弯矩设计值（N·mm）；

　　　　W——梁侧传来的荷载设计值（N）；

　　　　f——铝合金抗弯强度设计值（N/mm^2）；

　　　　t——阳角模板的截面厚度（mm），为 8mm；

　　　　a——阳角模板的截面宽度（mm），为 65mm。

均布荷载 $q=0.4\times[1.2\times(25.1\times0.12+0.25)+1.4\times2]/0.065=41.319$kN/m

悬挑均布荷载产生的弯矩：$M=qa^2/2=41.319\times0.065\times0.065/2=0.0872$kN·m

$\sigma=M/W=0.0872\times1000/10.6=8.23N/mm^2\leqslant[f]=200$N/mm^2，满足要求。

9. 梁板立杆支撑头设计计算

如图 12-30 所示，梁板立杆支撑头主要进行销钉抗剪强度的验算，梁底模板一端承受的最大荷载为：$P=14.175/2=7.08$kN。

支撑模板一侧销钉承受此荷载的剪力，因该处单侧应销满 2 颗销钉，则单个销钉的剪力大小为 3.54kN。销钉直径 16mm，材质 Q235，抗剪截面积 $A=200.96$mm^2，抗剪强度 $[f_v]=125$N/mm^2，销钉抗剪应满足：

$$f_v=3.54\times1000/200.96=17.6\text{N/mm}^2<[f_v]=125\text{N/mm}^2$$

满足设计要求。

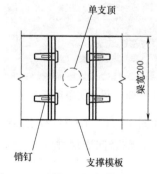

图 12-30　梁板立杆支撑头设计示意

12.8.5　铝模支撑体系设计计算

1. 整体稳定性计算

本工程采用工具式钢支柱作为铝模体系的支撑系统，最大支撑高度为 3600mm。立柱设置拉结两道水平杆，第一道离地面高度 0.2m，第二道离地面高度 2.2m，同时在梁底下 300mm 左右位置再附加一道水平杆，减少立柱上部悬臂长度。

立柱主要由两节钢管组成，底部钢管直径 60mm，上方为直径 48mm 钢管。中间 2.0m 左右位置，在钢管顶部焊接螺纹管用于高度微调。立柱最大间距为 1200mm。工具式钢支柱的截面特征见表12-13所列。

工具式钢支柱截面参数　　　　表 12-13

项目	外径 (mm)	内径 (mm)	壁厚 (mm)	截面积 (mm²)	截面惯性矩 I (mm⁴)	抗弯截面系数 W_x(mm³)	回转半径 (mm)
插管	48	42	3.0	424.1	107831	4492	15.9
套管	60	55	3.0	537	218800	7293	20.3

根据《建筑施工模板安全技术规范》JGJ 162—2008，工具式钢管立柱受压稳定性应考虑插管与套管之间因松动而产生的偏心（按偏半个钢管直径计算），工具式钢管立柱按照最大步距为2.2m（本项目设计两道水平杆拉结），应按下式的压弯杆件计算：

$$\frac{N}{\varphi_x A} + \frac{\beta_{mx} M_x}{W_{1x}\left(1 - 0.8\dfrac{N}{N_{Ex}}\right)} \leqslant [f]$$

式中，N 为单根工具式钢支柱所承受的最大压力。支架计算时均布荷载按上述计算取值。

$N = 8.58 \times 1.2 \times 1.2 = 12.36\text{kN} \leqslant [N] = 16\text{kN}$，满足规范要求。

φ_x 为轴心受压立杆的稳定系数，由长细比 $\lambda = \mu L / i$ 查表得到，

其中，$L = 2200\text{mm}$；$i = 20.3\text{mm}$；$\mu = \sqrt{\dfrac{1+n}{2}}$，$n = \dfrac{I_2}{I_1}$（$I_2$ 为套管惯性矩，I_1 为插管惯性矩）；$n = 186992.3/107831.2 = 1.734$

$$\mu = \sqrt{\frac{1+1.734}{2}} = 1.17$$

$\lambda = 1.17 \times 2200/20.3 = 126.8$；查表得 $\varphi_x = 0.432$

β_{mx} 为等效弯矩系数，此处为 $\beta_{mx} = 1.0$；

M_x 为弯矩作用平面内偏心弯矩值，$M_x = N \times \dfrac{d}{2}$，$d$ 为钢管支柱外径；

$$M_x = N \times \frac{d}{2} = 12.36 \times 48/2 = 296.6\text{kN} \cdot \text{mm}$$

此处偏心弯矩：

W_{1x} 为弯矩作用平面内较大受压纤维的毛截面抵抗矩，$W_{1x} = 6233\text{mm}^3$。

N_{Ex} 为欧拉临界力，$N_{Ex} = \dfrac{\pi^2 EA}{\lambda_x^2}$，$E$ 为钢管弹性模量，$E = 2.06 \times 10^5 \text{N/mm}^2$。

$N_{Ex} = 30647\text{N}$

$$\frac{N}{\varphi_x A} + \frac{\beta_{mx}}{W_{1x}\,(1 - 0.8 N/N_{Ex})}$$

$= 12.36 \times 1000/0.432/424 + 12.36 \times 296.6/6233/(1 - 0.8 \times 13.36 \times 13.36 \times 1000/30647)$

$= 68.35\text{N/mm}^2 < [f] = 210\text{N/mm}^2$

经验算，本工程工具式钢支柱整体稳定性（两道水平杆）满足设计要求。

2. 支撑立杆销钉强度

支撑立杆所用销钉抗双剪，销钉直径12mm，材质Q235，抗剪截面积 $A = 78.5\text{mm}^2$，

抗剪强度 $[f_v]=120N/mm^2$，销钉抗剪应满足：

$f_v=12.44/2A=79.2N/mm^2<[f_v]=120N/mm^2$，满足设计要求。

3. 铝模斜撑强度校核

铝模在施工过程中，水平分力主要由风荷载以及混凝土振捣产生。铝模受到的水平分力由可调钢斜杆约束。可调钢斜杆每 1.5m 设置一道，由 $\phi48\times2.5$ 钢管制作，截面面积 $A=424.1mm^2$。施工过程中，模板外围均搭设有外架，因此风荷载较小，此处水平分力取混凝土侧压力的 2%，则有

$F=47\times2.4\times2.7\times2\%=6.09kN$

可调钢斜杆支撑角度为 50°，则作用在可调钢斜杆上的轴心压力

$P=F/\cos50°=6.09/\cos50°=11.22kN$

$f=P/A=11.22\times10^3/424.1=26.46N/mm^2<[f]=205N/mm^2$，满足设计要求。

4. 楼梯底部支撑体系稳定性校核

楼梯处铝模支撑体系如图 12-31 所示，其支撑间距设计为 800mm 以内，支撑立杆高度 3600mm，工具式钢管立柱按照最大步距为 2.2m。

楼梯混凝土等效厚度为 $120+(258-120)/2=190mm$，楼梯宽度 1530mm，则楼梯支撑处立杆最大荷载有：

面荷载 $P=1.35\times(0.25+24\times0.19+1.1\times$
$0.19)+1.4\times(2+2)$
$=10.619kN/m^2$

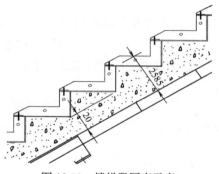

图 12-31　楼梯段厚度示意

立杆荷载 $F=P\times1.53/2\times0.8=6.49kN<16kN$，满足安全要求（梯段板两边均设支撑）。

校核楼梯处立杆的稳定性：

$$\frac{N}{\varphi_x A}+\frac{\beta_{mx}M_x}{W_{1x}\left(1-0.8\dfrac{N}{N_{Ex}}\right)}\leqslant[f]$$

其中，长细比 $\lambda=1.17\times2200/20.3=127$；查表得 $\varphi_x=0.397$

$$\frac{N}{\varphi_x A}+\frac{\beta_{mx}M_x}{W_{1x}\left(1-0.8\dfrac{N}{N_{Ex}}\right)}=108.7N/mm^2<[f]=210N/mm^2$$

本工程工具式钢支柱整体稳定性满足设计要求。

12.9　附件

1. 项目人员、特种作业人员资格证
略

2. 附图目录及附图
略

第13章

桥梁工程挂篮悬浇施工安全专项施工方案实例

实例 7　××工程桥梁挂篮悬浇施工安全专项施工方案

13.1　编制依据

1. 招标文件与施工承包合同；
2. 总体施工方案；
3.《公路桥涵施工技术规范》JTG/T F50—2011；
4.《公路工程技术标准》JTG B01—2003；
5.《公路工程质量检验评定标准》JTG F80/1—2004；
6.《公路工程施工安全技术规范》JTG F90—2015；
7.《公路桥涵设计通用规范》JTG D60—2015；
8.《公路钢筋混凝土及预应力混凝土桥涵设计规范》JTG D62—2004；
9.《公路桥涵地基与基础设计规范》JTG D63—2007；
10.《钢结构设计标准》GB 50017—2017；
11.《木结构设计规范》GB 50005—2003；
12.《公路环境保护设计规范》JTG B04—2010；
13.《公路建设项目环境影响评价规范》JTG B03—2006；
14.《建筑施工模板安全技术规范》JGJ 162—2008；
15.《建筑施工碗扣式钢管脚手架安全技术规范》JGJ 166—2008。

注：本书所选用的专项方案已在相应工程项目中安全施行并通过验收，相关专项方案所依据的规范可能存在与现行规范不一致的情况，方案的编辑应参照现行规范执行。

13.2　概述

13.2.1　工程概况

某桥梁项目跨径组合为：2×30＋3×30＋43＋73＋43＋2×30＋5×30变截面直腹板悬浇箱梁、装配式预应力砼先简支后连续小箱梁，桥梁全长526.2m，柱式墩，盖梁加承台式桥台，钻孔灌注桩基础。桥梁跨越汾溪河，河水水位受潮汐影响，水位落差约1.2m。

其中：主桥平面位于直线段内，上部构造为（43＋76＋43）m预应力混凝土连续箱梁桥，箱梁采用单箱双室截面，顶面设有 2.0‰横坡。箱梁顶板横向宽 17.4m，箱底宽 11.4m，顶板悬臂长 3.0m。顶板悬臂端部厚 22cm，根部厚 65cm。箱梁根部梁高 4.8m，跨中梁高 2.2m，顶板厚 30cm，底板厚从跨中至根部由 32cm 变化为 60cm，腹板从跨中至根部分段采用 50cm、65cm 两种厚度，箱梁高度和底板厚度按 2 次抛物线变化。箱梁 0 号节段长 10m，每个悬浇"T"纵向对称划分为 9 个节段，梁段数及梁段长从根部至跨中分别为 2×3.0m、4×3.5m、3×4.0m，节段悬浇总长 32m。边、中跨合龙段长均为 2m，边跨现浇段长 4m。箱梁根部设一道厚 2.5m 的横隔板，中跨跨中设一道厚 0.3m 的横隔板，边跨梁端设一道厚 1.5m 的横隔板。

下部结构中，6 号、7 号桥墩为主桥桥墩，墩身采用等截面矩形双柱墩，单柱截面尺寸 3.5m×2.8m，墩顶以下 2.5m 处双柱连成一体，截面尺寸为 11.4m×2.8m。主墩采用整体式承台基础，承台厚 3.0m，基础采用桩径 1.8m 的钻孔灌注桩，基桩按纵向两排、横向三排布置，每墩共 6 根桩。

13.2.2　箱梁预应力工程概况

略

13.2.3　上部结构模板体系设计

1. 边跨现浇段模板体系设计

边跨现浇段模板体系纵立面，如图 13-1 所示。

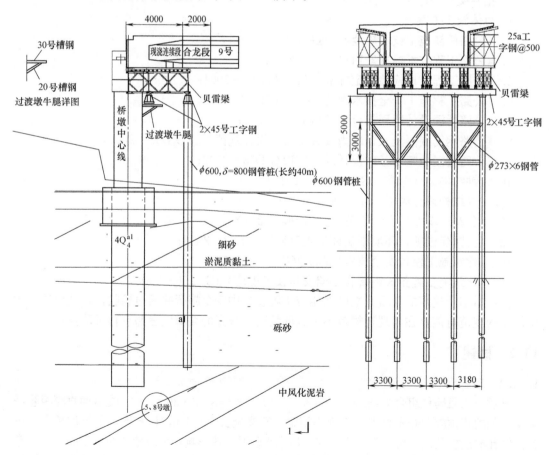

图 13-1　边跨现浇段模板体系纵立面

5号、8号墩支架设置多根钢管桩，每个墩支架共设置5根 $\phi600$ 壁厚8mm钢管，采用 DZ60 振动锤打入中风化岩层，钢管横向间距（3×3.3＋3.18）m，在钢管立柱顶部下0.5m 设置连接系梁，水平系梁及斜撑均采用 $\phi273\times6$ 钢管，上部钢管立柱顶部设置80cm×80cm×1.4cm 桩帽，在原桥墩设置钢牛腿，再放 2×I45a 工字钢作横梁，横梁顶部放19组贝雷梁，贝雷梁纵梁顶部放 I25a@50cm（实心段）或@75cm（标准断面）工字钢作分配梁，工字钢顶部放置底模。

2. 0号块现浇支架设计（图13-2、图13-3）

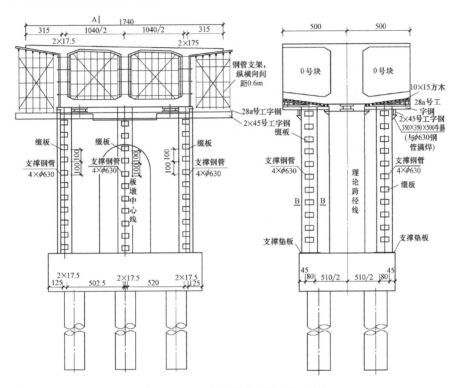

图13-2 边跨现浇段模板体系纵立面

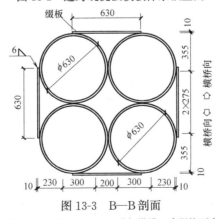

图13-3 B—B剖面

注：钢管支架立杆纵、横间距按不大于600mm进行搭设，步距按不大于1200mm进行搭设。

每个主墩前后两侧各布设3组 $4\times\phi630\times10$ 的钢管立柱（后期作0号块临时固结支

撑），在钢管立柱及原桥墩设置钢牛腿，再放 2×45 号工字钢作横梁，横梁顶部放 28 号工字钢作纵梁，支架顶部设置 10cm×15cm 方木，间距 20cm。

3. 墩梁临时固结设计

略

4. 悬浇段模板体系设计

悬浇段模板体系剖面图、立面图，如图 13-4、图 13-5 所示。

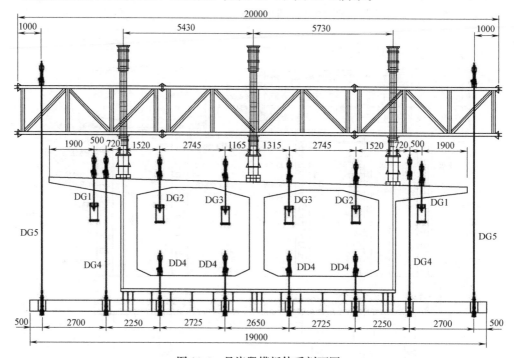

图 13-4　悬浇段模板体系剖面图

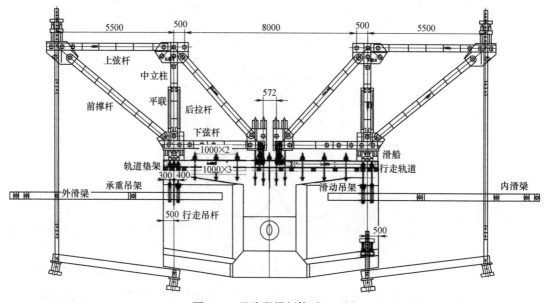

图 13-5　悬浇段模板体系立面图

施工采用菱形挂篮进行对称悬灌施工，内外模板和主构架一次走行到位。挂篮为菱形挂篮，菱形挂篮由主桁架、前吊装置、后吊装置、行走及锚固系统、外侧模、内模、底模系统等组成，挂篮自重115t。

（1）主桁架及横梁

挂篮的前上下横梁采用2×I40b工字钢，下后横梁采用2×I56a工字钢，底篮纵梁采用2×I36b工字钢，底板下纵梁采用H400×200普通热轧H型钢，内导梁采用双拼［32槽钢加工，外导梁采用双拼［32槽钢加工。

（2）底篮

底篮由前下横梁、后下横梁、纵梁、底模组成。前上横梁采用双拼I40b型钢，前下横梁采用双拼I40b型钢，后下横梁采用双拼I56a型钢。钢纵梁采用I36b型钢。纵梁与前、后下横梁螺栓固定。横梁提吊采用吊带和精轧螺纹钢吊杆。

（3）悬挂系统

悬挂系统均采用160mm×25mm钢带进行悬吊连接，通过30t千斤顶实现箱梁底部标高的调整。

（4）行走及锚固系统

挂篮行走系统由钢轨、滑块、上滑板和后勾装置组成。钢轨和滑块由槽钢和厚钢板组焊而成，上滑块为厚钢板，后勾装置由厚钢板和角钢组焊而成。滑道下铺厚钢板用竖向预应力钢筋锚固在桥面上，后勾装置反勾扣在滑道上以平衡挂篮空载前移时的倾覆力。挂篮施工过程中，采用160mm×25mm钢带作主吊杆。挂篮后锚固系统利用箱梁体预埋的JL25精轧螺纹钢筋来实现。

（5）内外模板系统

内模分顶模和内侧模。顶模和内侧模板由槽钢组焊而成的顶模架和钢板组成，顶模通过内导梁实现前移和调整箱室顶标高。外模由侧模板、翼板模板、底模板、对拉杆和外模支架组成。

13.3　施工部署

13.3.1　施工准备
略

13.3.2　主要结构材料需求

主要结构材料，见表13-1所列。

主要结构材料表

表13-1

材料名称	规格型号	单位	数量
混凝土	连续箱梁C50	m³	6044.90
预应力钢绞线	ϕ^s15.2钢绞线	t	311.28
预应力钢绞线	ϕ^s12.7钢绞线	t	44.24
精轧螺纹钢筋	JL32	t	86.66
钢筋	HPB300钢筋	t	60.29
	HRB400钢筋	t	1165.18

材料名称	规格型号	单位	数量
锚具	M_15-19	套	48
锚具	M_15-15	套	460
锚具	M_15-15P	套	64
锚具	M_15-11	套	416
锚具	M_15-11P	套	32
锚具	M_15-9	套	48
锚具	BM_13-5	套	1288
锚具	D32	套	7784

13.3.3 主要施工设备

主要机械设备，见表 13-2 所列。

主要机械设备配备表　　　　　　　　　　　　表 13-2

序号	设备名称	规格型号	单位	数量	新旧程度(%)
1	挂篮设备	菱形	个	4	全新
2	汽车吊	QY25t	台	2	90
3	电焊机	50～500A	台	20	85
4	输送泵	$60m^3/h$	台	2	95
5	混凝土运输车	$9m^3$	台	8	95
6	装载机	ZB40L×G951III	台	2	85
7	汽车自带吊	—	台	1	80
8	箱式变压器	400kVA/315kVA	台	2	100
9	搅拌站	JS750A×2	座	2	90
10	张拉设备	—	套	2	90
11	压浆设备	—	套	2	100
12	卷扬机	—	台	12	100
13	钢筋切断机	$\phi6～\phi40$	台	2	80
14	钢筋弯曲机	3KW	台	2	80
15	钢筋车丝机	3KW	套	2	80

13.3.4 劳动力组织

成立了四个挂篮施工组，分别为 6 号主墩左右幅和 7 号主墩左右幅挂篮作业组。四个挂篮承包组内部又分成几个组合工班实行流水作业与平行作业相结合的综合作业方式，同时，在两个作业组之间掀起以安全、质量、进度为目标的劳动竞赛热潮，确保优质高效地完成主梁施工任务。劳动力计划见表 13-3 所列。

劳动力计划表　　　　　　　　　　　　　　　表 13-3

序号	工种名称	需要人数					
		小计	6 号主桥右幅	6 号主桥左幅	7 号主桥右幅	7 号主桥左幅	现浇段
1	技术员	10	2	2	2	2	2
2	施工员	10	2	2	2	2	2
3	吊装工	46	10	10	10	10	6
4	钢筋工	100	20	20	20	20	20
5	模板工	55	10	10	10	10	15
6	张拉压浆工	35	7	7	7	7	7
7	电焊工	40	8	8	8	8	8
8	电工	5	1	1	1	1	1
9	普工	100	20	20	20	20	20
10	合计	402	80	80	80	80	81

13.3.5　进度计划及保障措施

1. 进度计划

本工程总计划工期为 245d，全幅共有 4 个挂篮悬浇施工段，右半幅计划投入 2 套挂篮同时施工，左半幅滞后右半幅一个施工节段。右幅主桥生产周期计划见表 13-4（以一个节段生产周期控制工期）。

挂篮段施工进度计划（d）　　　　　　　　　　表 13-4

0 号块施工			挂篮拼装、预压	节段浇筑	现浇段施工			边跨合龙施工	中段合龙段现浇	后期施工
支架安装及预压	模板、钢筋安装	混凝土浇筑、养护及张拉			支架安装及预压	模板、钢筋安装	混凝土浇筑、养护			
10	10	10	10	9 段×12 天/段=108 天	15	15	10	15	20	10

2. 工期保证措施

略

13.4　施工方法

13.4.1　总体施工方案

本工程连续梁共计 9 个节段，其中，0 号块长度为 10m，节段重量为 867t，采用支架法施工，在承台上留置预埋件，搭设钢管支架法施工。1～9 号块采用挂篮悬浇施工，其中 1～2 号块节段长度为 3m，3～6 号节段长度为 3.5m，7～9 号节段为 4.0m，中跨合龙段节段长 2m，采用吊架法施工，边跨合龙段节段长 2m，采用吊架法施工，边跨现浇段节段长 3.92m，采用支架法施工。施工工艺流程，如图 13-6 所示。

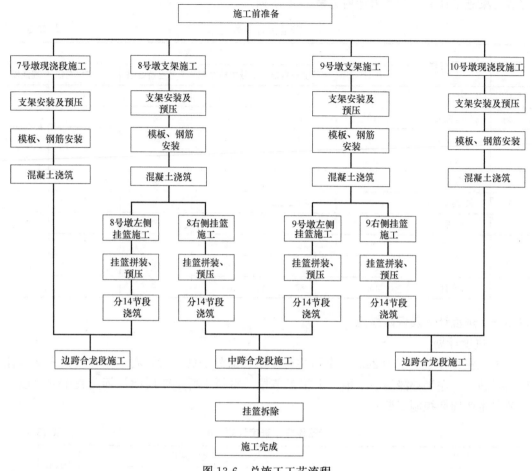

图 13-6　总施工工艺流程

1. 节段 0 号块施工方案

0 号块梁体内钢筋密集，预应力管道高度集中，加之主墩处有 1 道横隔板，结构非常复杂，是连续梁悬灌施工的一大重点、难点。

（1）施工流程

$D600$ 钢管桩施工→连系梁 $D273$ 钢管施工→2×45 号工字钢施工→贝雷片施工→25a 工字钢施工→模板支架施工→支架预压→模板、钢筋施工→混凝土浇筑施工→预应力张拉→施工完成。

（2）$D600$ 钢管桩施工

1）沉桩测量定位，本工程采用 GPS 测量定位系统进行沉桩测量定位。GPS 测量定位系统定位精度（平面位置和高程）已达到厘米级，可以满足沉桩精度要求。GPS 测量定位系统进行沉桩定位测量具有定位方便、速度快的特点，可实时提供放样点的三维坐标且不受天气影响，可全天候作业。

2）钢管桩的运输注意事项：由于钢管桩尺寸长、重量大、易滚动且涂有防腐层，要确保运输安全及钢管桩防腐层不致损坏。底座用于支垫的方木距离不宜过大，防止在运桩过程中对桩身的损害。根据桩长和施工的沉桩顺序，选择并设计装桩落驳图，标明钢管桩分层情况及编号、位置、重量、长度、质检状态等属性。对每根钢管桩进行严格质量检查，指定专人驻厂验收。主要检查项目：长度、直径、轴线偏差、桩头垂直度、防腐涂层、吊点、剪力环、合格证、数量等，设计表格，指定专人驻厂签字验收。操作时严禁破坏钢管桩防腐涂层。

（3）沉桩施工

1）桩身刻度的涂画：为满足沉桩过程对钢管桩桩顶标高的监测，且沉桩将结束时对钢管桩桩顶的标高进行确认，需要在钢管桩桩身上画刻度。具体的方法为：利用红油漆从桩尖向桩顶刻画，从桩尖向桩顶 $0 \sim (L-5)$m 范围内刻度线间距为 1m，从 $(L-5) \sim$ 桩顶范围刻度线间距为 0.1m（L 为桩长），刻度线的长度不小于 10cm，整米刻度时画长些，并且保证顺直。

2）吊桩：桩吊点严格按图纸规定进行布置，如图纸未设计吊点，则由技术人员计算吊点。

3）下桩、稳桩

立桩前必须测量水深情况，防止桩尖触及泥面，使桩身受损。在桩身立起之后将桩缓慢下放，下放过程中时刻保持桩架及桩的倾斜度与设计要求一致，在下放完毕后，立即检查桩锤、替打和桩身是否在同一轴线上，以避免造成偏心打桩。

4）锤击沉桩

在锤击过程中做好以下工作：

① 密切注意桩身与桩架的相对位置及替打的工作情况，避免造成偏心锤击；

② 密切注意贯入度的变化，根据地质资料和试打桩参数，桩尖在穿过可能出现贯入度较大的土层时，及时调整锤击能量；

③ 施工过程中注意观察桩身的晃动情况，防止整桩出现偏心锤击；

④ 施工过程中如出现贯入度反常、桩身突然下降、过大倾斜、移位等现象，立即停止锤击，及时查明原因，采取有效措施；

⑤ 打桩过程中如有异常情况，如锤击次数大于控制值、桩顶过高、贯入度过大等情况，立即与监理、设计、业主等有关方面取得联系，共同研究确定，迅速作出处理；

⑥ 停锤、移机、夹桩、警戒：沉桩停锤标准，沉桩控制标准严格按照设计、规范进行控制。当沉桩不能满足设计、规范要求或遇异常情况时，应暂停作业，并立即会同业主、设计、监理等有关方面研究处理。

（4）沉桩质量控制标准

略

（5）工字钢施工

1）在钢管立柱及原桥墩设置钢牛腿，再放 2×45 号工字钢作横梁，45 号工字钢上面布置贝雷片进行支撑，贝雷片上放 28 号工字钢作纵梁。

2）工字钢吊装：

① 根据工字钢重量、安全系数、工具的安全性能及使用要求选好吊装用的绳索、吊具及常用的起重工具。

② 本工程采用 25t 汽车吊进行现场吊装工作。

③ 吊装前应将拖挂汽车吊行走路线平整压实，确保拖挂汽车吊行走顺利及确保工字

钢在运输途中不损坏、不变形。

④ 合理安排施工计划，做到随装随运，随运随卸，随卸随吊。

3）工字钢与钢管立柱和贝雷片采用焊接进行连接。

（6）贝雷片施工

1）贝雷片放置在 45 号工字钢上，与工字钢采用焊接连接。

2）贝雷梁首先在地上按每组尺寸利用 0.45m 支撑架拼装好，然后运输到位。

3）贝雷架吊装：

① 根据贝雷架重量、安全系数、工具的安全性能及使用要求选好吊装用的绳索、吊具及常用的起重工具；

② 本工程采用 25t 汽车吊进行现场吊装工作；

③ 吊装前应将拖挂汽车吊行走路线平整压实，确保拖挂汽车吊行走顺利及确保钢梁在运输途中不损坏、不变形。

④ 合理安排施工计划，做到随装随运，随运随卸，随卸随吊。

4）依次安装销子。

5）贝雷梁安装到位后，横向、竖向均焊定位挡块及压板，将其固定在 45 号工字钢上。

（7）支架布设

0 号块支架采用在承台主墩前后两侧各布设 3 组 $4\times\phi630\times10$ 的钢管立柱（后期作 0 号块临时固结支撑），在钢管立柱及原桥墩设置钢牛腿，再放 2×45 号工字钢作横梁，横梁顶部放 28 号工字钢作纵梁，支架顶部设置 10cm×15cm 方木，间距 20cm。

承台施工时需在承台顶部设置预埋件，预埋件钢板焊接锚固筋深入承台混凝土，并与钢管立柱底部焊接牢固，钢管之间进行水平连接并采用 [14 槽钢作剪刀撑，在墩身预留件对钢管进行支撑，保证钢管立柱的稳定。

采用吊车进行模板、钢筋及其他材料、设备运输安装，另设上下人梯作为施工及管理人员上下通道。

混凝土达到拆模强度要求后，通过割除底部楔块来实现底模与混凝土的脱离，进而拆除底模及支架。

（8）支架预压

本大桥连续梁 0 号块为 C50 混凝土 326.8m³，节段重量 867t。支架安装完毕需进行预压，采用 0 号段梁体自重与施工荷载之和的 1.2 倍重量预压，用型钢及混凝土预制块加载的方法预压。由于 0 号段支架承受整个 0 号块混凝土的重量，在预压前计算出不同单位横断面上荷载分布情况，腹板和横隔板处荷载比较集中，混凝土预制块堆放时要按照单位横断面荷载分布情况进行堆放，以便能真正模拟混凝土荷载，达到预压的目的。

（9）支架的验收和安全措施

1）支架的验收

在生产的全过程都要进行过程质量控制，检查、验收等严格按照《钢结构工程施工质量验收标准》GB 50205 和《公路桥涵施工技术规范》JTG/T F50 执行，而且公司还编制相应的文件。

2）支架施工安全措施

① 吊装时应严格遵守操作规程，做足做好所有的安全措施，确保吊装过程的安全。

② 悬空作业处应有牢固的立足处，并必须视具体情况，配置防护栏网、栏杆或其他安全措施。

③ 吊装过程中，起重臂下严禁站人，在进行零星构件安装时，必须采取安全措施，以防止构件掉落伤人。

（10）模板安装

0 号块底模及侧面一次立模完成，内模分 2 次立模，内模立模高度至顶板倒角处，第一次浇筑完成后再安装剩余模板。

（11）混凝土浇筑

为保证 0 号块的浇筑质量和施工安全，0 号块分两次进行浇筑，第一次浇筑至顶板倒角处，第二次浇筑完成顶板及翼板。

混凝土采用混凝土搅拌站集中供应，混凝土罐车运输，汽车泵泵送入模，振动棒振捣。混凝土性能和质量控制符合设计和规范要求，为防止混凝土浇筑过程中流动面积过大出现施工缝，底板浇筑时从墩顶向两侧进行。底板混凝土浇筑完成后浇筑腹板及横隔板混凝土，腹板和横隔板同时水平分层进行，每层浇筑厚度为 30cm。浇筑横隔板时，过人洞底部的混凝土需根据现场情况选择合适位置插捣，必要时可单独在模板上开口。

（12）混凝土养护

混凝土养护采用自然养护的方法，梁体表面采用养护专用的土工布，并在其上覆盖塑料薄膜，梁体洒水次数以能保持混凝土表面充分潮湿为度，当环境相对湿度小于 60％时，保持相对湿度在 60％以上，自然养护不少于 14d。

（13）预应力张拉

箱梁按纵、竖和横向三向预应力设计。纵、横向均为钢绞线，竖向采用 JL32 精轧螺纹钢筋。张拉顺序：根据设计，先腹板束，后顶板束，从外到内左右对称进行，各节段先张拉纵向再横向再竖向，并及时压浆，横向、纵向预应力筋张拉可滞后 2 个节段。竖向预应力筋采取二次张拉的方法，即第一次张拉完成 1d 后进行第二次张拉。

（14）孔道压浆

张拉完成后，及时进行压浆施工，孔道压浆采用真空压浆施工工艺。

2. 1～9 号块挂篮悬浇施工方案

（1）施工工艺

0 号块梁段预应力施工完成后，在上部拼装挂篮，进行连续梁悬臂浇筑法施工。

（2）挂篮构造

施工采用菱形挂篮进行对称悬灌施工，内外模板和主构架一次走行到位。挂篮为菱形挂篮，菱形挂篮由主桁架、前吊装置、后吊装置、行走及锚固系统、外侧模、内模、底模系统等组成。挂篮自重 115t。

1）主桁架及横梁。挂篮的前上下横梁采用 2×I40b 工字钢，下后横梁采用 2×I56a 工字钢，底篮纵梁采用 2×I36b 工字钢，内导梁采用双拼 [32 槽钢加工，外导梁采用双拼 [32 槽钢加工，外滑梁采用双拼 [32 槽钢加工。

2）底篮。底篮由前下横梁、后下横梁、纵梁、底模组成。前下横梁采用双拼 I40b 型钢，后下横梁采用双拼 I56a 型钢。底篮纵梁采用 I36b 型钢。纵梁与前、后下横梁螺栓固定。横梁提吊采用吊带和精轧螺纹钢吊杆。

3）悬挂系统。悬挂系统均采用 160mm×25mm 钢带进行悬吊连接，通过 30t 千斤顶实现箱梁底部标高的调整。

4）行走及锚固系统。挂篮行走系统由钢轨、滑块、上滑板和后勾装置组成。钢轨和滑块由槽钢和厚钢板组焊而成，上滑块为厚钢板，后勾装置由厚钢板和角钢组焊而成。滑道下铺厚钢板用竖向预应力钢筋锚固在桥面上，后勾装置反勾扣在滑道上以平衡挂篮空载前移时的倾覆力。挂篮施工过程中，采用 160mm×25mm 钢带作主吊杆。挂篮后锚固系统利用箱梁体预埋的 JL25 精轧螺纹钢筋来实现。

5）内外模板系统。内模分顶模和内侧模。顶模和内侧模板由槽钢组焊而成的顶模架和钢板组成，顶模通过内导梁实现前移和调整箱室顶标高。外模由侧模板、翼板模板、底模板、对拉杆和外模支架组成。

挂篮进场后，检查挂篮合格证。由厂家专业拼装完成后，施工、监理、管理处按照要求共同进行检查。

（3）挂篮变形试验

挂篮在加工完成后，进行强度和变形试验，挂篮分级加载、卸载。通过加载试验测定挂篮的弹性变形和非弹性变形值，检验各部件的连接情况，测定施工数据，为安装挂篮预留沉落量提供依据，保证强度和刚度符合施工规范和钢结构设计规范要求。具体试验方法如下：

挂篮安装完成后，采用在地面平台上预先进行加载的方法进行预压试验，采用千斤顶对主桁架、主横梁进行分级加载，测定挂篮实际变形，做好记录；加载重量为 1.2 倍的悬臂浇筑重量加施工荷载。

（4）主跨连续梁悬臂浇筑施工

挂篮拼装完成并进行变形试验后，进行各个节段连续梁施工，各个节段在挂篮走行到位后，钢筋一次绑扎到位、一次浇筑成型的挂篮悬臂浇筑施工工艺。

3. 吊装施工

（1）吊装施工

本工程贝雷架、型钢等构件均采用 25t 汽车吊进行吊装施工。

（2）吊装前的准备工作

1）认真阅读图纸，全面熟悉掌握施工图纸、设计变更、施工规范、设计要求等有关技术资料，核对吊装构件的空间就位尺寸和相互关系。

2）掌握吊装场地范围内地面、地下、桥面、高空的环境情况。

3）进行细致、认真、全面的方案和作业设计的技术交底以及安全技术交底。

4）清点吊装构件的型号、数量。按设计和规范的要求认真复核轴线、水平标高、预埋件是否符合设计要求及施工规范，如有较大误差应及时处理。

5）做好所需机具、设备的准备及校正工作，保证所用机械、机具设备处于正常状态。

（3）吊装工艺

二点吊装法，起吊时先度一次梁重心偏移（梁保持平行能力），确认无误后正常起吊，吊到装配位置，分别用电焊固定，确认安装准确后再进行满焊。

（4）安全措施设置

1）吊装构件时必须设置警戒区域，凡无关人员不允许进入警戒区域之内。

2）吊装前在构件两端系设好2根防风麻绳，以控制梁在空中时的状态。

4. 边跨现浇段施工方案

（1）边跨现浇段概况

全桥共计4个边跨现浇段，分别为5号、8号墩处，长度为3.92m，中心梁高为2.2m，混凝土体积为86.1m³，重量为228.3t，顶板厚度0.3m，腹板厚度0.5～0.8m，底板厚度0.32～0.57m，加厚段为1.5m，顶板总宽11.4m，底板宽为11.4m，翼板悬臂长为3.0m。

（2）施工工艺

1）支架设计

5号、8号墩支架设置多根钢管桩，每个墩支架共设置5根ϕ600壁厚8mm钢管，采用DZ60振动锤打入中风化岩层，管横向间距（3×3.3+3.18）m，在钢管立柱顶部下0.5m设置连接系梁，水平系梁及斜撑均采用ϕ273×6钢管，上部钢管立柱顶部设置80cm×80cm×1.4cm桩帽，在原桥墩设置钢牛腿，再放2×45号工字钢作横梁，横梁顶部放19组贝雷梁，贝雷梁纵梁顶部放I25a@50cm（实心段）或@75cm（标准断面）工字钢作分配梁，支架顶部设置10cm×15cm方木，间距20cm。

2）支架预压施工方法

在顶托上部设置好面板后，可对支架进行预压。预压重量为设计荷载（箱梁混凝土自重、内外模板重量及施工荷载之和）的120%。加载时按照60%、80%、120%预压重量分三级加载，现场管理人员在支架搭设完毕后对施工队进行交底，并在预压时进行现场指导，在预压前对底模的标高观测一次，每加载一级后，平均每12h观测一次，将预压荷载按加载级别反向卸载后，再对底模标高观测一次，预压过程中进行精确的测量，测出梁段荷载作用下支架将产生的弹性变形值及地基下沉值，同时在支架外侧2m处设置临时防护设施。加载过程中测出各测点加载前后的高程，并做好记录。

5. 合龙段施工及结构体系转换

（1）合龙施工顺序

全桥合龙段共有6个，其中，4个边跨合龙段，2个中跨合龙梁段，合龙顺序依次为先边跨合龙，再进行中跨合龙。

（2）合龙温度

合龙温度为15～20℃，原则为满足正常施工温度的条件下，合龙段混凝土浇筑时间应在一天中温度最低时，并使混凝土浇筑后温度开始缓慢上升。

（3）边跨合龙段施工

边跨吊架法施工程序：

1）悬臂端施工完成后，拆除挂篮或者将挂篮后退至靠主墩的位置进行临时固定。在两侧悬臂端配置水箱，水箱配重25t，并测定悬臂两端的标高。

2）待边跨现浇段混凝土达到设计强度后，利用挂篮吊杆及大梁作为边跨合龙段的吊架，在吊架上安装模板。模板调节完成后，在一天中合适的温度下安装边跨合龙段的临时刚性连接，绑扎钢筋，浇筑边跨合龙段混凝土。

3）浇筑合龙段混凝土，边浇筑混凝土边同步逐渐释放水箱中的水；浇筑时间宜控制在 2h 以内。

4）混凝土强度和弹性模量均达到设计强度 90% 要求，以及龄期达到 7d 以上时，对称张拉底板及顶板预应力钢束（先长束后短束），再张拉横向、竖向预应力筋。

5）最后拆除边跨吊架。

（4）中跨合龙段施工

中跨合龙段施工同样采用吊架法施工。浇筑中跨合龙段时，边浇筑混凝土边同步将靠中跨合龙段悬臂端水箱中的水逐渐放掉（水箱配重 25t），浇筑时间控制在 2h 以内。

（5）结构体系转换

合龙段施工需进行结构体系的转换，梁体由悬臂状态转换成为连续状态。中跨合龙段施工完成后，拆除主墩 0 号块处的临时支撑，使梁体落于永久支座上，处于自由状态，完成体系转换。

临时支撑拆除前先将硫磺砂浆层烧融后，再采用风镐人工凿除，凿除时不准伤及梁体及墩顶混凝土面。临时锚固钢筋可采用砂轮机进行切割拆除。墩顶临时锚固钢筋切割完毕后，用高强环氧砂浆封堵墩顶钢筋外露之处。

6. 箱梁施工监控

（1）高程——准确提供每一个箱梁节段的立模标高。

（2）应力——保证结构的安全，为施工安全提供预警系统。

（3）温度——环境温度—挠度设有对应的解析公式。

13.4.2 边跨现浇段支架施工

1. 钢管支架施工工艺流程

钢管支架施工工艺流程，如图 13-7 所示。

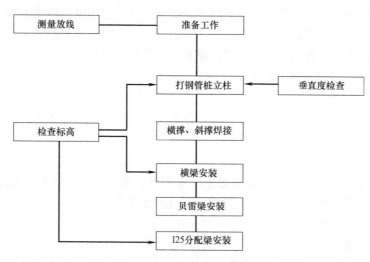

图 13-7 钢管支架施工工艺流程图

2. 支架基础

采用 DZ60 振动锤把 5 根 $\phi600$ 钢管立柱打入中风化岩层。

3. 支架搭设

钢管立柱顶部下 0.5m 设置连接系梁，水平系梁及斜撑均采用 $\phi273 \times 6$ 钢管，分节在场地加工，吊机安装，以增加稳定性。顶面安装可调砂箱，以便钢管立柱标高调整及拆除。

4. 分配梁安装

采用 2×45 号工字钢作横梁，横梁顶部放 19 组贝雷梁，贝雷梁纵梁顶部放 I25a@50cm（实心段）或@75cm（标准断面）工字钢作分配梁，支架顶部设置 10cm×15cm 方木，间距 20cm，在场地加工，吊机安装。

13.4.3　墩顶 0 号块现浇段支架施工

1. 钢管支架施工工艺流程

钢管支架施工工艺流程，如图 13-8 所示。

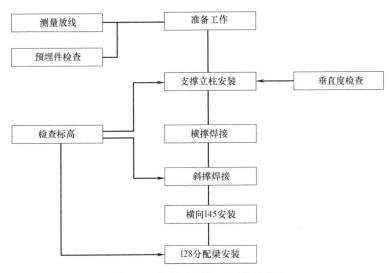

图 13-8　钢管支架施工工艺流程图

2. 支架基础

利用承台作为支架基础，在上面预埋螺栓与钢管立柱连接。

3. 支架搭设

每个主墩前后两侧各布设 3 组 4×φ630×10 的钢管立柱（后期作 0 号块临时固结支撑），在钢管立柱及原桥墩设置钢牛腿，再放 2×45 号工字钢作横梁，在场地加工，吊机安装。顶面安装可调砂箱，以便钢管立柱标高调整及拆除。

4. 分配梁安装

安装 2 根 I45a 工字钢，中间采用间隔焊接连接，每 2m 焊接一处，每处不少于 20cm，对应钢管支墩处要加强焊接，焊接长度不小于 60cm，横梁顶部放 28 号工字钢作纵梁，支架顶部设置 10cm×15cm 方木，间距 20cm，在场地加工，吊机安装。

13.4.4　悬臂挂篮施工

1. 概述

大桥主桥箱梁采用挂篮悬臂浇筑，先在支架上浇筑 0 号块，然后在 0 号块上安装菱形挂篮，并进行预压，完成对称悬浇 T 构的准备工作。一个 T 构上采用一对挂篮对称浇筑。箱梁 1～9 号块均为挂篮悬浇，悬浇长度分 3.0m、3.5m 和 4.0m 三种规格，其中，梁段最大重量为 158.3t，梁宽顶板为 17.4m，底板为 11.4m。本桥为直腹箱梁，竖向预应力采用 JL32 精轧螺纹钢筋，可与挂篮后锚装置有效连接。挂篮施工过程中，所有吊杆均为 ϕ32 PSB830 精轧螺纹钢，采用钢带作主吊杆时均为 Q345 材质钢带，钢带规格为 25mm×160mm。挂篮后锚固系统利用箱梁体竖向的 JL25 精轧螺纹钢筋来实现。

2. 悬臂浇筑施工工艺流程

悬臂浇筑施工工艺流程，如图 13-9 所示。

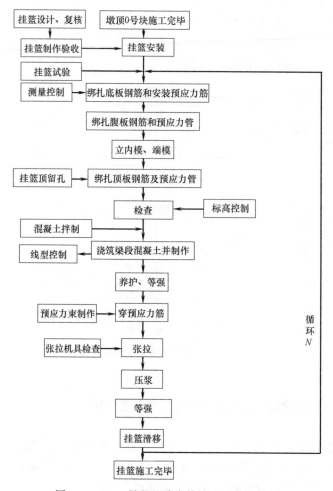

图 13-9 1～9 号段悬臂浇筑施工工艺流程图

3. 挂篮拼装

挂篮的制造和拼装应按设计图纸进行，挂篮加工后，对整个结构进行预拼装检查，合格后方能运往工地安装。

挂篮拼装程序：钢支墩→主桁架→横联及平联→前上横梁、前吊挂及走行机构→底模后吊挂→底模平台及底模→外侧模→内模→脚手平台→其他构件。如图 13-10～图 13-15 所示。

（1）轨道布设。

首先用箱梁竖向预应力钢筋将挂篮的移行轨道固定在桥面上，然后在轨道上安装下拉油缸、主千斤顶及液压驱动装置。

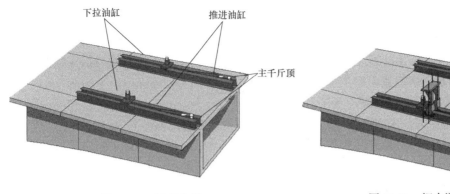

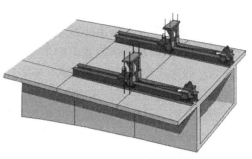

图 13-10　轨道布设　　　　　　　　　图 13-11　钢支墩布设

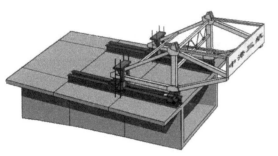

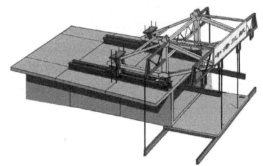

图 13-12　安装主框架　　　　　　　图 13-13　安装内模滑梁和底模

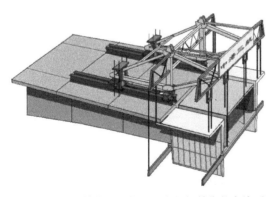

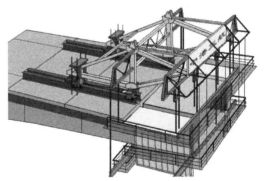

图 13-14　安装外模与内模（梁底板钢筋绑扎完毕后）　　图 13-15　安装侧向工作平台

（2）钢支墩布设。

根据设计图纸放样标记钢支墩位置，并弹出墨线，标记出钢支墩安装位置，按设计图加工刚性支墩并按要求布设在前支点位置，底口用干硬砂浆找平。在挂篮轨道上安装前后工作车和挂篮锚固装置。

（3）挂篮主桁拼装。

安装前，对所有主桁架与贝雷梁焊接的部位应逐个进行检查验收，发现问题要及时纠正和整改。

平整场地，将单片桁片按照设计图拼装成整体，底面和侧面支撑架要求全部安装。

（4）主桁及前后横梁的吊装作业。

吊点设在主桁片的 1/4 及 3/4 处，量测钢绳长度保证起吊水平，吊绳必须通过扁担吊挂，不得直接系于桁架上。在主桁上标示出钢支墩位置，以主桁上控制线与钢支墩上墨线相重合为标准调整下落位置，完全重合时落梁就位。在松吊钩前需完成以下作业：

1）斜向（横向）钢管支撑，以保证主桁梁稳定；

2）后侧临时后锚，采用 2 根 φ32 精轧螺纹钢用型钢扁担锚固。

完成以上工作后即可松开吊钩吊装另外一组桁梁并锚固，将前支点中间横梁按设计图要求加焊平面连接。

吊装另外一端主桁顺序：

1）将主桁梁吊装就位时先保证主桁梁尾部销孔对接，然后再对位前支点中线，对位完毕后完成连接锚固等过程。

2）主桁拼装结束后，吊装后上横梁，通过钩头 U 形扣件将工字钢横梁与主桁连接成整体，并按照图纸所示位置加设 φ32 精轧螺纹钢拉杆。

3）后上横梁吊装就位后吊装前上横梁，通过 U 形钩头扣件与主桁连接牢固；标记出横梁上各吊杆中心位置，将锚固扁担摆放就位（为保证不发生侧移，可与横梁局部点焊连接）安装各吊杆及螺母。

（5）底平台拼装。

主桁架系统安装完毕，检查锚固、连接，按设计要求到位后进行底平台系统安装。将挂篮前、后下横梁起吊，并用捯链将下横梁与主桁架临时固定；然后将底模吊放于前、后横梁上，前横梁吊杆与主桁横梁吊杆连接，后横梁与 0 号段底板预留孔下穿的后吊杆连接，并锚固于 0 号梁段底板；解除临时锁定捯链，最后安装底平台前端及后端工作平台。

（6）侧模拼装。

底平台拼装完毕，经检查符合设计要求且稳定牢固后，进行侧模拼装。在施工 0 号段时挂篮侧模已就位，将侧模滑道前端吊挂在前上横梁上。利用侧模滑道使侧模骨架悬挂在侧模滑道上，然后用捯链将侧模牵引到位，调整侧模位置使其准确就位，最后安装侧向工作平台。

（7）内模拼装。

待底侧模拼装完毕、加载预压结束和钢筋（底、腹板）绑扎完毕后，进行内模拼装。内模拼装时，先安装内模滑道，然后安装内模桁片，最后安装内模板，在内模桁片安装完成后，采用 [10 槽钢将内模桁片连成一个整体，以增大内模桁片沿桥梁轴线方向的稳定性。

提升底侧模至设计标高，精确调整模板中线，涂刷隔离剂，注意不能污染梁体混凝土，否则必须凿除。

检查所有前吊杆是否受力均匀，后锚杆是否紧固，侧模滑道与滚轴是否密贴，并再次检查模板中线以及模板与梁体是否密贴，全部合格后进行下一步作业。

（8）对挂篮各杆件的拴接和电焊连接部位，在拼装前及拼装过程中，都必须进行仔细的检查，以保证杆件位置正确，结构连接可靠，且对主要部件不能随意进行电焊或氧气切割，其焊缝质量必须保证，螺栓连接必须牢固。

（9）走道梁在使用过程中，必须保持其表面清洁，并于行走前涂抹一层黄油，以利挂篮行走。

（10）挂篮拼装及使用时，应严格控制吊架悬臂部分的重量，除张拉操作平台及必需的少量工具外，不得任意增加载重量。

（11）挂篮拼装或移动行走时，应做到精确定位，还必须进行全面检查验收，对挂篮前支点中心位置的偏差：顺桥方向应在±10mm之内；横桥方向应在±5mm之内。两主桁相对偏差应在±5mm之内，且每梁段的误差不得累计，以确保梁体中线顺直，并便于模板的安装、调整。挂篮整体拼装后容许误差，见表13-5所列。

挂篮整体拼装后容许误差　　　　　　　　表13-5

序号	检查项目	检查标准（mm）	检查方法
1	主桁架横向中心距	±5	测上、下弦前后共4点
2	主桁架扭角	±2	测上、下弦平面对角线4线
3	主桁架相对高差	±2	测上、下弦前后共8点
4	底模平台平整度	±2	用4m靠尺检查8点
5	底模平台扭角	±2	测对角线2线
6	吊带孔位置偏差	±2	每孔必检
7	吊带孔孔径偏差	+2，-0	游标卡尺检测每孔2点
8	销轴轴径	-0.5，+0	游标卡尺检测每轴2点
9	节点板栓孔位置	正确	拼装检查
10	构件防锈涂装	密实、完整	观察检查
11	单构构件尺寸偏差	2	尺量长、宽、高或系统线
12	组拼件总尺寸偏差	5	尺量长、宽、高或系统线

（12）安装前对关键部位重点交底和检查，上一道拼装工序完成后，需经检查合格后方准进行下一道工序。

（13）挂篮拼装完成后，对结构螺栓、焊缝、杆件等进行仔细检查。

4. 挂篮预压

（1）概述

本桥各分9对梁段，悬臂浇筑方量最大为1号节段，钢筋混凝土重158.3t，按设计最大控制重量158.3t进行预压设计，根据施工要求预压总重190t（$G=1.2×158.3=190t$）。为保证悬浇节段能获得好的设计外形，对挂篮进行加载预压。本桥拟采用型钢及混凝土预制块加载的方法预压。

（2）材料准备

型钢：作为预压荷载，主要用于腹板处的预压。

混凝土预制块：主要用于底板和翼板处的预压。

（3）工艺流程各步骤具体操作

1）铺设箱梁底模板。

铺设好箱梁底模板，将底模板顶面标高尽量调整到箱梁底设计标高（包括设计预拱度及施工调整值），同时加强对底模板下三角桁架的检查，确保支架与模板之间相邻面接触紧密，无明显缝隙。

2）布置测量标高点。

布置测量标高点并记录每点的初始标高值 H_1。在底模上顺桥向共布设 2 个测量断面，考虑到砂袋范围不易布点和进行后续测量，根据实际情况在 1 断面和 4 断面位置布 3 个观测点，其余断面均布设 2 个观测点。测出各点的初始标高值 H_1 并做好记录。为了便于布载后及卸载前各点标高的测量，在测量点位置用红油漆做好记号。

3）吊装型钢及混凝土预制块。

沿预压区域四周按所需高度堆码，整个加载区分成三块，底板加载区、腹板及翼板加载区。

4）对加载后各测量点标高值 H_2'、H_2 进行测量（加载至 50％测量 1 次 H_2'，加载至 100％测量 1 次 H_2）。

5）测量卸载前各测量点标高值 H_3。布载 24h 后、卸载前测量各测量点标高值 H_3。

6）卸载。卸载过程的操作基本与加载过程相反，卸载后的材料即可循环使用于其他挂篮的预压施工。

7）观测卸载后各测量点标高 H_4。卸载后测量出各测点标高值 H_4，此时就可以计算出各观测点的变形如下：

① 非弹性变形 $\Delta_1 = H_1 - H_4$。通过试压后，可认为支架、模板、方木等的非弹性变形已经消除。

② 弹性变形 $\Delta_2 = H_4 - H_3$。根据该弹性变形值，在底模上设置预拱度 Δ_2，以使支架变形后梁体线型满足设计要求。

③ 另外，根据 H_2 和 H_3 的差值，可以大体看出持续荷载对支架变形的影响程度。

8）调整底模标高。

对于已进行预压区段，根据如下公式调整底模标高：

$$底模顶面标高 = 梁底设计标高 + \Delta_2 的平均值$$

对于未进行预压的区段，参考如下公式调整底模标高：

$$底模顶面标高 = 梁底设计标高 + \Delta_1 的平均值 + \Delta_2 的平均值$$

（4）加载及卸载顺序

1）为保证加载安全，采用分级加载的方法，其加载时按以下顺序进行：0％→30％→50％→80％→100％→120％。

2）卸载同加载顺序恰好相反：120％→100％→80％→50％→30％→0％。

5）注意事项

1）铺设底模板后测量 H_1 前应加强对支架的全面检查，确保支架在荷载作用下无异常变形。

2）在加卸载过程中，要求两个挂篮基本同步，其不对称重量不允许大于 60t，同时必须随时对挂篮情况进行观测，特别是各节点（包括焊缝）受力情况，以免发生意外。

3）加载过程中应安排专人加强对挂篮变形情况的观测，如有异常变形，应及时通知现场施工管理人员立即停止加载，在采取足够的加固措施后方可继续加载，以免出现重大安全事故。

4）加载及卸载过程应加强施工现场安全保卫工作，确保各方面的安全。

5）本方案中的堆载预压高度为平均高度，各点的高度应根据所在位置进行调整。

6）预压完成后，根据挂篮变形情况，采取必要的措施对薄弱环节进行加强，确保施工安全和工程质量。

5. 悬臂浇筑施工要点

（1）测量放样

挂篮行走到待浇节段后，首先利用全站仪对挂篮底、顶模平面位置进行测量，然后再确定其标高。各节段施工定模标高＝设计标高＋预抬量＋挂篮计算变形值。其中，"设计标高"为根据设计图纸尺寸和平、竖曲线要素计算得到的标高，"预抬量"为监控单位或设计单位根据箱梁恒载因素产生的挠度而计算的预先抬高值。"挂篮计算变形值"为挂篮结构计算书中计算的主纵梁和悬吊系统理论变形值及挂篮试压取得的模拟观测值。平面位置和标高控制点分别在底模和顶模上中线和左右两侧设置。

（2）钢筋安装施工工艺

略

（3）预应力工程

略

6. 挂篮验收

略

7. 挂篮拆除

单幅箱梁合龙后，可进行挂篮拆除，拆除挂篮时危险因素大，需合理组织，确保安全。地面有条件时，可采用整体降挂篮至地面再拆除，边跨挂篮的拆除可直接在地面采用吊车配合拆卸，按照顶模—侧模—底模—下纵梁—底横梁—上横梁—主纵梁的顺序。位于中跨的挂篮在中跨合龙后，先降低底篮一定高度，将挂篮拖移到主墩1号块处，利用吊车按照边跨拆除方法和顺序逐个拆除。

（1）挂篮拆除前应确保梁段预应力张拉及压浆作业施工完毕；

（2）将挂篮底篮系统下落1m，侧模、内模与混凝土面完全分离，内模及内滑梁下落至内箱拆除；

（3）在梁面固定2台卷扬机，在前上横梁外侧2根吊带处固定2滑轮，卷扬机的钢丝绳穿过滑轮与前下横梁处对应位置连接牢固；

（4）在后下横梁梁体外侧的2处吊挂处，通过预埋孔加设卷扬机的钢丝绳吊挂；

（5）在2处卷扬机的吊挂加设完成后，将前下横梁中间2处吊带及后下横梁的吊带解除；

（6）在所有人员到位后，统一指挥，下落底篮；

（7）底篮下落完成后，将卷扬机钢丝绳从底篮上解除；

（8）将翼缘板下滑梁及导梁各套一钢丝绳连接与对应位置的卷扬机钢丝绳吊挂；

（9）在所有人员到位后，统一指挥，整体降落一侧翼缘板模板及滑梁，当一侧降落完成，采用相同顺序降落另一侧翼缘板模板；

（10）将后锚解除，主桁系统退至塔式起重机可吊装范围内，按照挂篮安装的相反顺序进行拆除。

13.4.5 合龙段施工

合龙段施工工艺流程，如图 13-16 所示。

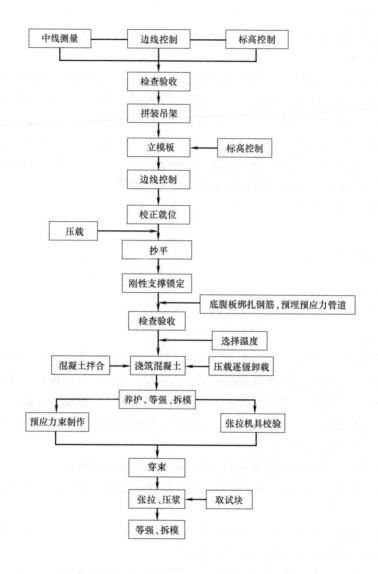

图 13-16 合龙段施工工艺流程图

合龙施工是连续刚构施工的重要环节，对保证成桥质量至关重要。合龙前使两悬臂端临时连接，保持相对固定，以防止合龙混凝土在早期因为梁体混凝土的热胀冷缩开裂。同时，选择在一天中的低温、温差变化较小时进行混凝土施工，保证混凝土处于温升、在受压的情况下达到终凝，避免受拉开裂。按照设计的合龙顺序为先边跨合龙，再进行中跨合龙。

1. 边跨合龙段施工方案

（1）概况

边跨合龙段全长 2.0m，该处箱梁设计高度为 2.2m，底板宽度为 11.4m，顶板宽度为 17.4m，腹板厚度为 0.5m，底板厚度为 0.32m，顶板厚度为 0.3m，边跨合龙段混凝土总方量为 26.8m³。

（2）边跨合龙段施工准备

清除箱梁顶面及内箱的材料设备，对于不需要的材料设备要全部清理到桥下，必须使用的材料设备应堆放到箱梁 0 号块横隔板顶上，最大限度地减少对箱梁悬臂端标高的影响。

（3）合龙段吊架模板的就位

边跨合龙时用挂篮腹板外模、外模行走梁，底板 16 号块悬臂端侧采用挂篮底纵梁前横梁作为横梁，靠边跨现浇段一端直接利用既有满堂支架管，然后其上满铺 10cm×15cm 方木，再铺 1.8cm 厚竹胶板。为方便内模拆装，因内模行走梁太长，故本次边跨合龙段不用该梁，重新加工两组内模行走梁，内模拼好后将其锚在顶板预留孔。

（4）边跨合龙段两端平衡重的设置

施工以弯矩平衡为原则，配重重量以（边跨合龙段混凝土重量＋边跨合龙段吊架重量）/2 为标准，确保每个单"T"构的平衡。配重又分固定荷载与非固定荷载两部分，固定荷载指中跨、边跨吊架的重量，其差值有砂袋或其他材料配平衡。非固定荷载即是指边跨合龙段混凝土重量。本桥直接采用砂袋配重，以箱梁轴线对称均匀布设。

2. 中跨合龙段施工方案

（1）概况

中跨合龙段全长 2.0m，该处箱梁设计高度为 3m，底板宽度为 7.0m，顶板宽度为 14m，腹板厚为 0.5m，底板厚度为 0.30m，顶板厚度为 0.28m，中跨合龙段混凝土总方量为 28.5m³。

采用已有挂篮作改动之后施工中跨合龙段。

（2）合龙段吊架模板的就位

待 16 号段张拉压浆施工完毕后，开始拆除两个"T"构悬臂端挂篮（仅拆除菱形部分），中跨合龙利用 16 号主墩挂篮，外侧模及底模通过外模行走梁和底横梁锚固在 16 号梁段预留孔上，内箱采用钢管架作支撑，钢管架按 70cm×70cm 布置。

（3）中跨合龙段两端平衡重的设置

施工以弯矩平衡为原则，在中跨合龙段两端，再加配中跨合龙段混凝土重量扣除已配边跨合龙段混凝土重量的差额，配重采用砂袋放置于 16 号梁段顶板，以箱梁轴线对称均匀布设。

3. 劲性骨架的安装

本桥合龙段劲性骨架为 32 号工字钢对拼，在 16 号块腹板近上下倒角处左右各对称埋置一处，外伸 19cm，为方便本桥的劲性骨架安装，在施工某一个 16 号段时直接预埋长 300cm 的 32 号工字钢，同时将其一端加工成楔形，将楔形钢块稍稍打紧。在气温最低时安装，待合龙段的临时钢绞线束张拉前再将楔子打紧并点焊即可。同时，焊接时要采取温控措施，避免烧伤混凝土。合龙温度应选择 18～23℃，以 20℃ 为最佳。

4. 合龙段钢筋、预应力管道的安装

对混凝土施工缝进行认真处理后，即可进行合龙钢筋的绑扎及预应力管道安装，由于合龙段钢筋、预应力管道密集，并且又增加了横隔板及劲性骨架，因此应特别注意预应力管道的定位和密封，确保管道畅通。由于合龙段预应力钢束管道内不能穿衬管，为安全考虑采用先穿束的方式。

5. 混凝土浇筑

混凝土浇筑前必须对模板加固情况及总体安全性、预埋件位置进行仔细的检查，确保施工安全。在一天中温度最低时间段并且在两小时之内浇筑完成，即应在当天晚上 2：30 左右结束。浇筑合龙段混凝土时，边浇混凝土边同步等效卸载。

6. 合龙段施工过程中其他注意事项

（1）合龙温度控制在 17～23℃为宜，以 20℃ 为最佳。

（2）焊接合龙劲性骨架及浇筑合龙段混凝土宜选在气温变化不大的天气进行，并应在当天气温较低的时刻（如凌晨 2 点钟），争取在 2h 内浇筑完成。

（3）中跨合龙段吊架及模板的拆除，必须在中跨底板束张拉完成后进行。

（4）混凝土加强养护，尽量减小箱梁悬臂日照温差，为此可采取覆盖箱梁悬臂等减小温差措施，注意保温和保湿养护，以免混凝土开裂。

（5）应首先在中跨合龙段处用千斤顶对两侧的 T 构进行对顶，顶梁也需选在日最低气温时进行。

7. 体系转换

桥梁体系转换施工主要包括支座约束解除和后期预应力张拉等内容。其施工顺序应严格按照设计文件规定执行，严格要求"三个同温"措施，即劲性骨架焊接、初张拉与混凝土浇筑同温。在桥梁合龙段施工过程中，主要是悬臂状态向固定状态转变，桥梁体系转换施工也同步进行，此时梁段处于比较复杂的受力状态，其施工的好坏直接影响到整个桥梁的结构安全和质量，因此在施工时需要注意以下几项：

（1）保证劲性骨架及临时预应力的施工质量，因为劲性骨架及临时预应力束锁定的好坏将决定合龙段的施工好坏。

（2）滑动支座和现浇段的约束及时解除，保证现浇段能随主梁温度变化自由伸缩，确保桥梁整体设计一致。

（3）后期预应力束一般比较长，制索、穿索及张拉施工均比较麻烦，应认真做好施工组织安排和施工质量控制工作，确保成桥质量。

（4）为保证悬浇桥顺利完成体系转换，由监理单位、监控单位、施工单位共同对体系转换前、转换时、转换后的应力、高程、平面位置进行数据对比、全程监测，发现异常立即停止下道工序施工并及时向上级领导单位汇报，从而保证顺利成桥。

13.4.6 测量监控

1. 悬臂浇筑测量监控

箱梁施工过程中由于受荷载、张拉预应力、挂篮、气温、日照的影响，箱体的平面位置和标高始终处于动态变化中，因此为保证整个施工阶段线形的正确性，根据设计按挂篮及施工荷载计算结果，应在监控测量的基础上，预设平面和标高值，以保证各块件施工能够按照设计要求顺利完成。测量放样时间应选择在晚上 10 点后到早晨 8 点前的施工测量时段，以避开日照、温差的影响。

（1）控制与观测点设置

利用已建立起来的局部控制网，结合桥型特点（设有竖、平曲线），在顶板、底板位置每一截面上放样测三个点控制，如图13-17所示，同时兼作挠度观测点，作为粗调和精调的依据。

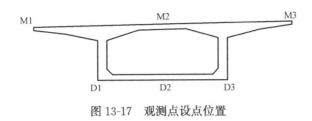

图13-17　观测点设点位置

粗调：挂篮前移时参照已有的轴线点情况，指导挂篮的移动方向和移动量，预调顶板和底板的平面位置和标高。

精调：钢筋、预应力设备安装完成后，重新测定和调整这几点处的标高和坐标，在考虑各项修正值（挂篮自重及本身挠度，箱梁自重挠度，张拉预应力挠度）的基础上，确定正确的立模标高。

当悬臂施工到合龙阶段时，为保证平面±10mm、标高±20mm的合龙精度，应对合龙段前几块箱梁在规范允许范围内进行有目的的预调工作，做好监控测量工作，制定正确的立模标高和立模位置，确定合适的合龙时间。在此期间，应对即将合龙的悬臂进行跟踪观测，取得每一构件的合龙参数，按照先中跨、后边跨的合龙顺序，进行体系合龙。

悬臂箱梁的挠度观测，以精密水准仪采用水准测量的方法，周期性地对预埋在悬臂每一块箱梁上的监测点进行监测，在不同施工状态下，同一监测点标高的变化就代表了该块箱梁在这一施工过程中的挠度变形。挠度观测的相对基准，布设在0号块顶，绝对基准设在桥下，由于各墩所承受悬臂荷载的不断增大，各墩在沉降变形，同时由于墩柱存在收缩徐变，所以0号块上的水准点不是绝对稳定的，为真实地反映箱梁的挠度变形，应以桥下水准点为基准，定期对0号块的水准点进行稳定性监测，并在挠度观测处理中加以考虑，予以修正。

为监测悬臂中每块箱梁在施工过程中的挠度变形情况并指导施工，每一块箱梁顶面分别在两侧腹板位置上埋设直径2cm、长度约为20~25cm的合金铜棒或钢棒。合金铜棒或钢棒要预先加工，顶部磨圆，在浇筑混凝土时埋好，端头处露出混凝土面约1cm，作为挠度监测的观测点。同一块箱梁上埋设2个观测点，有两方面的作用，其一是通过两个点的挠度比较，可观察该块箱梁有无出现横向扭转；其二是同一块箱梁上有2个观测点，其监测结果可进行比较，相互验证，以确保各块箱梁挠度观测结果正确无误，从而真实地反映变形。观测点埋好之后应注意保护，布置施工场地时应注意避开。

（2）测量精度保证措施

1）挠度观测，比较关键的是固定观测时间，以减少日照温差对观测结果的影响和施工时对观测工作的干扰。挠度观测宜严格安排在清晨6:00-8:00时段内，同时记录气温和气压。

2）建立可直接观测的相对基准点，分别在0号块顶面中心位置设立控制点，将该控制点纳入导线及高程网，平差后作为保障合龙精度的相对基准点并定期利用岸上的绝对基准点复核。

3）分三阶段进行施工观测，一为移挂篮前、后；二为混凝土浇筑前、后；三为张拉预应力前、后。以三阶段作为挠度观测的周期，每施工一个梁段，分三次观测控制点，其标高的变化，就代表了该点所在箱梁不同阶段的挠度变化过程。

同时，为方便检测误差，提高外业观测数据的自检能力，拟订观测水准点路线形式以各自0号块上的水准点为终点，采用闭合水准路线的形式进行水准测量。

测量人员、仪器配置　　　　　　　　　　　表 13-6

项目	单位	数量	备注
测量工程师	人	1	—
测量员	人	2	—
全站仪	台	1	标称精度为 2″
水准仪	台	2	DS1 级

2. 现浇梁段测量及监测

（1）检查内容

现浇梁段在搭设和钢筋安装、混凝土浇捣施工过程中，必须随时检查。具体如下：

1）班组日常进行安全检查，项目每周进行安全检查，有安全检查记录必须形成书面材料。

2）日常检查、巡查重点部位。

① 杆件的设置和连接以及扫地杆、支撑、剪力撑等构件是否符合要求；

② 地基是否积水，底座是否松动，立杆是否符合要求；

③ 横杆插销是否松动；

④ 架体是否不均匀沉降，垂直度是否有偏差；

⑤ 施工过程中是否有超载的现象；

⑥ 安全防护措施是否符合规范要求；

⑦ 脚手架体和脚手架杆件是否有变形的现象。

3）脚手架在承受六级大风或大暴雨后必须进行全面检查。

4）在浇捣梁板混凝土前，由项目部对脚手架全面检查，合格后才开始浇筑混凝土。浇筑过程中，由专职安全员、质检员、施工管理人员、班专家组长对架体进行观察，随时观测架体变形，发现隐患，及时停止施工，采取措施保证安全后再施工。

（2）监测内容

监测包括：

1）监测项目。支架沉降、位移和变形，地基沉降。

2）监测点布设。

监测点根据现场情况进行合理布置，主要对较为危险的地方或受力较大位置进行布置（大截面梁位置）。监测点布置主要包括支架水平位移观测点和支架沉降观测点。

必须使用经纬仪、水平仪等监测仪器进行监测，不得目测，监测仪器精度应满足现场监测要求，并设变形监测报警值。

3）监测频率。

在浇筑混凝土过程中应实施实时监测，一般监测频率不宜超过 20～30min 一次。

13.4.7　墩顶临时固结

1. 概述

本桥墩梁临时固结方案采用梁与墩身的体内固结方案。每个主墩前后两侧各布设 3 组 $4 \times \phi 630 \times 10$ 的钢管立柱作临时支撑，钢管柱顶各设置一个硫磺砂浆垫层＋临时支座，临时支座顺桥向距离墩中心 295cm。横桥向临时支座间距 537.5cm，每个墩顶设置临时支座 6 个，每组支撑预埋 10 根 JL32 锚固钢筋，锚固钢筋预埋于承台中，锚固钢筋在箱梁腹板中的管道采用 $\phi 50$ 的塑料波纹管成孔，临时固结拆除后应使用强度等级为 C50 的砂浆注浆封闭。

2. 施工注意事项

(1) 锚固钢筋的位置，应通过模板加固定位，确保其垂直受力，确保伸入箱梁段内位置准确。

(2) 施工中严防锚固钢筋被电焊烧伤。

(3) 锚固钢筋的布置位置，应以箱梁预应力管道为主，可适当调整。

(4) 在墩顶永久支座和临时支座的空余处，应采用砖砌砂浆胎模，以增加 T 构滑移的阻力，提高箱梁的稳定性。

(5) 永久支座在出厂时上下坐板间安装了临时连接拉板，在现场安装前必须保持完好。若发现损坏应加固后再安装。这个临时锁定拉板需在全部 T 构合龙后再拆除，不得提前拆除。

(6) 本方案能够满足单端最大节段重量的不对称悬浇需要。为控制 T 构不均匀沉降和保证墩身弯曲安全，不平衡荷载不应超过一罐车混凝土的重量偏差，或相关施工技术规范和设计文件的其他要求。

(7) 临时支座的拆除时间，按照公路桥涵施工技术规范的相关规定，在合龙段加劲型钢支撑形成能力后、混凝土灌注前解除合龙口一侧的临时支座，并保留部分锚固钢筋。解除临时支座的时间，对于中跨合龙段尤为重要，边跨段约束没有多大作用。因为，中跨合龙段加劲型钢支撑形成后，相当于门式刚架，温度内力很大，应严格按规范规定顺序解除，并快速解除。

13.5　质量管理及质量保证措施

13.5.1　工程质量管理目标
略

13.5.2　质量保证体系、组织机构
略

13.5.3　质量管理措施及质量保证措施

1. 质量管理措施
略

2. 质量保证措施

(1) 施工中严格按照挂篮设计图中要求的步骤进行安装作业，挂篮设备各连接部位螺栓紧固后，安排专职人员采用规范要求的扭力扳手进行检验，使其满足规范要求。

（2）根据设计箱梁的最大节段混凝土荷载及挂篮设备荷载并考虑相应的施工荷载进行预压试验。预压前在挂篮的上横梁、下横梁设相应的观测点，预压过程中根据荷载的施加顺序分别测量记录 50％、70％、100％、120％荷载情况下的挂篮相应各点的变形值，并根据实测的变形数值绘制变形曲线，分析挂篮结构在各级荷载状况下的变形情况，为实际施工中混凝土箱梁线型控制提供了切实可行的参考依据。

（3）施工过程中桥梁结构尺寸的控制：利用设计院提供的坐标控制点用全站仪进行测量定位。施工前对设计的桥梁各节段箱梁的中心坐标及底部标高、顶面标高进行计算，计算结果经监理工程师复核确认后作为测量控制依据。施工中根据确定的控制依据及设计结构尺寸进行定位放样，项目部测量员放样后报请监理工程师及监控人员进行复核，出现误差及时进行调整。箱梁底部、顶面标高根据设计提供的每节段箱梁的影响值再结合荷载预压试验所确定的挂篮变形值进行测量控制，在各节段箱梁模板安装、钢筋绑扎完成后对挂篮各部位标高进行测量调整，每节箱梁混凝土浇筑完成后再对箱梁各部位标高及中心位置坐标进行实测，根据箱梁底部、顶面各点的实际标高及中心坐标同设计值进行对比，确定误差数值，为下一节段箱梁的控制提供依据。

（4）施工过程中预应力张拉控制：施工过程中严格按设计要求的张拉顺序对每组预应力束进行张拉，张拉施工前对所使用的各种吨位张拉千斤顶进行标定，并根据标定的曲线结合设计的各种规格预应力钢绞线的应力控制数值进行计算，计算结果报请监理工程师复核确认后作为预应力施工中控制依据。预应力张拉施工过程中安排专职技术人员现场监控预应力张拉全过程，确保施加的预应力满足设计要求。

（5）严格控制悬浇梁段的混凝土方量，尽量不要超方，以减少实际值与计算采用值之间的误差。

（6）立模必须在当日 22：00～次日凌晨日出之前完成，以避开不均匀温度场的影响。同时，定期观测温度对悬臂段标高的影响，并对观测成果进行分析，为全桥的立模标高和线形调整提供依据。

（7）保证挂篮预留孔位置准确。因为当预留孔位置偏差较大时，挂篮不好调甚至调整不到中线位置。同时，为了防止混凝土振捣时预留孔的跑位，预留孔要用钢筋固定牢固。

（8）悬臂施工时，箱梁顶面所堆放的材料、设备等临时荷载的数量和堆放位置，必须严格控制，严禁超载、偏载。

（9）为确保顺利合龙，从合龙段前 2 个梁段起，对合龙段两侧各梁段的标高和线形进行联测，并在这 2 个梁段内逐步调整，以控制合龙精度。

（10）监控点要有明显标记，并在施工中妥善保护，避免碰撞后弯折变形。

13.5.4 质量管理工作程序

1. 施工准备阶段的质量控制

略

2. 施工阶段的质量控制

（1）原材料的质量控制

略

（2）施工工序的质量控制

略

（3）交工阶段的质量控制

略

13.5.5　安全管理措施

本施工段桥梁悬浇段施工时，确保施工安全是一项重要课题。结合箱梁施工工艺特点和现场施工环境，辨识的主要危险源清单见表 13-7 所列。

主要危险源清单
表 13-7

作业活动/状态	发生部位	危险因素	危险类型
起重吊装	作业点	安全保护装置失效	起重伤害
起重吊装	作业点	使用钢丝绳不符合安全规定	起重伤害
起重吊装	作业点	违规进行起重吊装	起重伤害
支架施工	作业点	脚手架搭设不符合设计要求	坍塌
悬浇施工	作业点	挂篮吊带不符合设计安全要求	坍塌
钢筋作业	作业点	违规作业	机械伤害
材料运输	作业点	违章作业	车辆伤害
高处作业	作业点	高处作业材料杂物放置不牢固	物体打击
高处作业	作业点	高处作业人员未系安全带	高处坠落
高处作业	作业点	高处作业未设置安全设施	高处坠落
高处作业	作业点	高处作业人员在危险独立梁行走	高处坠落
焊、切作业	作业点	防护措施不符合安全要求	灼烫
电气作业	作业点	施工人员违规电气作业	触电
压力容器操作	氧、乙炔气瓶	压力容器安全装置不符合安全要求	爆炸
压力容器操作	空压机	违章操作空压机	爆炸

1. 安全生产管理保证体系

略

2. 安全施工组织保证措施

略

3. 挂篮施工安全管理措施

（1）施工前安全管理措施

1）技术员必须向参加挂篮安装作业人员进行技术交底、安全交底，使全体作业人员熟悉挂篮操作规程及安装程序，严格执行施工工艺要求和技术要求。

2）凡参加挂篮作业的人员必须身体健康，有恐高症、心脏病和酒后人员不得参加作业，严禁疲劳作业。

3）作业人员应保证环境整洁，各种材料堆放要整齐，地面不应有油渍，以免滑倒。

4）挂篮施工属于在大型钢结构上作业，在用电方面要严格要求不得乱接乱拉，严防发生触电事故。

（2）挂篮安装安全管理措施

1）安装前应检查各杆件是否受损，如有不符合安全技术要求的应重新加工。

2）挂篮轨道、纵梁较长，安装过程中在 0 号块一端用重物压住，防止翘、翻。

3）挂篮大构件的调运安装必须专人指挥，专人安装，如横梁、主纵梁（桁架）。

4）挂篮受力构件的焊接必须用高强度焊条焊接，且必须专人焊接。

5）桁架在没连接成型前要有牢固的支撑，以免倒塌。

6）在安装侧模和底模前要保证有2组以上后锚锚固，在侧模安装过程中防止翘、偏。

7）应尽量避免在使用精轧螺纹钢作锚杆的挂篮上进行电焊作业，以免作业时产生的电火花灼伤精扎螺纹钢，影响其强度。如必须进行电焊作业时，应采取有效措施防止电焊电流通过精轧螺纹钢。

8）挂篮安装施工时，地面或水面范围应设警戒区，防止坠物伤人。

9）挂篮四周必须设置安全护栏，并在四周挂设安全网。

10）精轧螺纹钢拧入连接器的长度必须达到8cm，并在精轧螺纹钢上作标记。

11）施工中使用的卷扬机及钢丝绳道数应按技术要求选用，不得随便更改。

12）安装完毕后，收集整理各种操作工具，废弃物分类堆放。

（3）挂篮移动安全管理措施

1）挂篮的预埋孔必须垂直，且间距要合理，在挂篮行走前必须按要求设压轨梁，最后才能松后锚。

2）挂篮行走前要确保后下横梁与后上桁架连接稳固后，才能松开各吊带，进行主梁前移工作。

3）当挂篮行走时遇到压轨梁，这时必须先压后锚后面的压轨梁，然后才能取后锚前面的压轨梁。

4）挂篮行走时，支点和行走小车需连接成整体，让其同步前行，减少其行走过程中的冲击力。

5）挂篮在行走过程中要注意左右幅挂篮构件是否会碰撞。

6）移动挂篮时，必须有专人统一指挥，专人观察移动情况。

7）挂篮行走过程中如听见不明声音，必须停止行走，待查明原因后才能继续行走。

8）检查内滑梁的滑梁滚轮与滑梁之间的空隙是否有咬边，如有应进行调整。

9）挂篮移动过程中左右桁架要保持平衡。

10）反复使用并拆除的螺栓要经常涂油、检查，保证螺纹处于良好状态，发现和认为有隐患的，必须立即更换，不得使用。

11）调整吊带时必须对每一吊带的两个千斤顶同时升降，以保证千斤顶和吊带受力均匀，同时注意千斤顶不得超过行程使用。

12）每班作业前检查各部位（螺栓、销子、钢丝绳、捌链及主要受力焊缝），做好记录，发现问题及时通知技术员并及时处理，否则不得开工作业。

（4）混凝土浇筑安全管理措施

1）混凝土浇筑前，应检查各吊带是否均匀受力。

2）混凝土浇筑时，要设专人仔细观察和检查吊带、锚固系、侧模等主要受力部件有无变形，发现问题及时处理。

3）施工材料、机具作业完成后，要及时清理，严禁无关材料堆放在挂篮上。

4）混凝土浇筑时，应注意前后挂篮浇筑重量的对称。

（5）挂篮拆除安全管理措施

1）挂篮拆除时，工程科必须事先制定挂篮拆除方案。

2）挂篮拆除时，应先拆除模板，再从悬吊系统开始逐步拆卸，拆除过程中应防止挂篮构件倾倒及下落伤人。

3）挂篮拆除过程中，必须按拆除方案一步一步进行。

4. 安全生产保证措施

（1）施工机械的安全控制措施

略

（2）施工现场用电安全措施

略

（3）安全防护用品的设置措施

略

（4）易燃易爆危险品的管理办法

略

5. 安全生产管理制度

（1）建立安全生产责任制

略

（2）建立健全安全教育培训制度

略

（3）建立健全安全检查制度

略

（4）建立健全安全生产奖罚制度

略

（5）建立安全技术交底制度

略

（6）建立健全应急预案机制

略

（7）严格执行伤亡事故报告制度

略

（8）安全技术资料管理制度

略

6. 项目安全管理重点

本分项工程主要安全管理重点为：

（1）高空作业安全，防止施工人员高空坠落，防止高空重物坠落击人；

（2）起重、吊装防止出现突发事故；

（3）电气作业安全，防止人员触电；

（4）防止重大交通事故和机损事故；

（5）防止落水、溺水事故。

13.5.6　文明施工及环保措施

略

13.5.7　应急预案

1. 应急救援组织机构

略

2. 应急救援小组以及组员职责

略

3. 应急响应程序

略

4. 应急救援措施

（1）浇筑混凝土时模板坍塌或支架明显位移应急措施

略

（2）高空坠落、物体打击或机械伤害事故应急措施

略

（3）触电事故应急措施

略

（4）火灾事故应急措施

略

（5）防台风应急措施

略

（6）雨期施工应急措施

略

（7）溺水预防应急措施

略

（8）挂篮施工应急措施

略

5. 应急保障

（1）应急物资

略

（2）应急救援资金

略

（3）应急救援物资和设备

略

13.6 计算书

13.6.1 0号块支架以及主梁直线段支架计算书

1. 主梁0号块支架计算

0号块现浇支架的上楞采用贝雷架，下楞采用2×45号工字钢。

下部钢管有两种：600mm×8.0mm钢管、800mm×15mm钢管。

（1）贝雷架（上楞）计算

0号块长度为3750mm；

0号块下放置6片贝雷架，贝雷架最大间距为1000mm；

0 号块现浇箱梁部分最大截面面积为 $18.3m^2$；

静荷载的安全系数为 1.2；

活荷载的安全系数为 1.4；

每片贝雷架最大承受来自箱梁的荷载

$q_{砼} = (18.3×1.0×26)/17.4×1.2 = 32.81kN/m$；

贝雷架上部支架模板自重（包括模板、木方、工字钢等）为 $1.0kN/m^2$，

$q_{模} = 1.0×1.0×1.2 = 1.20kN/m$；

施工荷载为 $2kN/m^2$，则 $q_{施} = 2×1.0×1.4 = 2.80kN/m$；

综上荷载合计：$q = q_{砼} + q_{模} + q_{施} = 32.81 + 1.2 + 2.80 = 36.81kN/m$。

计算简图及内力图如图 13-18～图 13-21 所示。

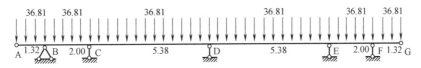

图 13-18　计算简图（kN/m）

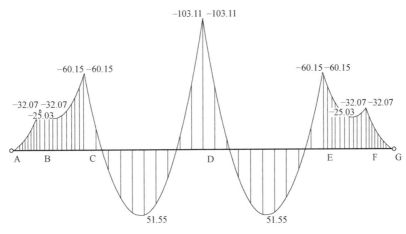

图 13-19　弯矩图（kN·m）

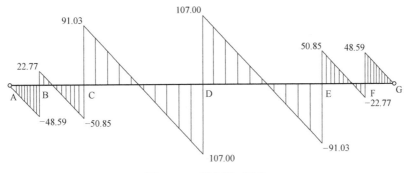

图 13-20　剪力图（kN）

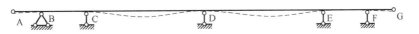

图 13-21　挠度图

由内力图可知：

最大弯矩为 $103.11kN \cdot m$

最大剪力为 $107.00kN$

本项目采用不加强型单排单层贝雷架

容许弯矩为 $788.2kN \cdot m$

容许剪力为 $245.2kN$

1）抗弯对比验算：

$$M_{max} = 103.11kN \cdot m \leqslant 788.2kN \cdot m$$

抗弯满足要求。

2）抗剪对比验算：

$$Q_{max} = 107.00kN \leqslant 245.2kN$$

抗剪满足要求。

3）挠度验算：

最大挠度为

$$v = (5 \times 36.81 \times 5380^4)/(384 \times 206000 \times 2504972000)$$
$$= 0.778mm \leqslant 5380/250 = 21.52mm$$

挠度满足要求。

（2）双拼 45 号工字钢（下楞）计算

0 号块长度为 3750mm；

贝雷架下放置 5 榀双拼 45 号工字钢（计算时取双拼 45a 号工字钢），双拼工字钢最大间距为 5380mm；

0 号块现浇箱梁部分最大截面面积为 $18.3m^2$；

静荷载的安全系数为 1.2；

活荷载的安全系数为 1.4；

双拼工字钢最大承受来自箱梁的荷载

$q_{砼} = (18.3 \div 17.4 \times 5.38 \times 26) \times 1.2 = 176.54kN/m$；

双拼工字钢上部支架自重（包括模板、木方、工字钢、贝雷架等）为 $2.0kN/m^2$，则 $q_{模} = 2.0 \times 5.38 \times 1.2 = 12.912kN/m$；

施工荷载为 $2kN/m^2$，则 $q_{施} = 2 \times 5.38 \times 1.4 = 15.064kN/m$；

综上荷载合计：$q = q_{砼} + q_{模} + q_{施} = 176.54 + 12.912 + 15.064 = 204.516kN/m$。

计算简图及内力图如图 13-22～图 13-25 所示。

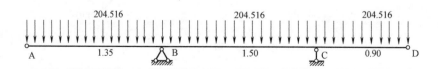

图 13-22　计算简图（kN/m）

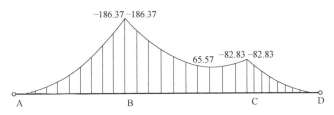

图 13-23　弯矩图（kN·m）

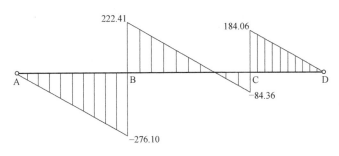

图 13-24　剪力图（kN）

图 13-25　挠度图

由内力图可知：

最大弯矩为 186.37kN·m

最大剪力为 276.10kN

1）抗弯验算：

$\sigma = M_{max}/W = 186.37 \times 10^6/(1430000 \times 1.05 \times 2) = 62.061 N/mm^2 \leqslant 205 N/mm^2$

抗弯计算满足要求。

2）抗剪验算：

$\tau_{max} = Q_{max}/(8I_z\delta)[bh_0^2 - (b-\delta)h^2]$

$= (276.10/2) \times 1000 \times [150 \times 450^2 - (150-11.5) \times 414^2]/(8 \times 322400000 \times 11.5) = 50.94 N/mm^2$

$$\tau_{max} = 50.94 N/mm^2 \leqslant [\tau] = 125 N/mm^2$$

抗剪计算满足要求。

3）挠度验算：

最大挠度为

$$v = (5 \times 204.516 \times 1500^4)/(8 \times 206000 \times 322400000 \times 2)$$

$$= 4.872mm \leqslant 1500/250 = 6.0mm$$

挠度验算满足要求。

（3）钢管计算

采用钢管有两种：600mm×8.0mm钢管、800×15mm钢管。

方案对600mm×8.0mm钢管进行验算，钢管壁厚取8.0mm，截面积$A=148.786\text{cm}^2$

钢管的轴向力为：$276.10+222.41=498.51\text{kN}$

钢管稳定性验算：

$\sigma=N/(\phi A)=(498.51\times1000)/(14878.60\times0.9)=37.23\text{N/mm}^2<205\text{N/mm}^2$

满足要求。

（4）钢管立柱混凝土承载力计算

立柱基础为C30的封底混凝土3m厚，立柱传来的荷载为498.51kN，按每根钢管柱下方钢板面积（$0.75\times0.75=0.56\text{m}^2$）计算，$498.51/0.56=890\text{N/m}^2<30\text{MPa}$，所以满足要求。

（5）0号块墩梁临时固结钢管验算

0号块混凝土浇筑完成后，箱梁下原设计作为0号块支撑钢架的3根钢管$\phi800\times15$向上延伸至箱梁底作为墩梁的临时固结。由主梁一般构造图可知，主梁一个挂篮施工浇筑区间的混凝土重量为：

$G_1=867/2+158.3+147.9+165+156+148.3+140.2+150.4+144.4+142.6+94.2/2$
$=1833.7\text{t}=18337\text{kN}$

挂篮一套总重为119653kg，约计$G_2=1197\text{kN}$

总重$G=18337+1197=19534\text{kN}$，取0号块两侧重力差为$g=19534\times0.10=1953.4\text{kN}$

取重力差g形心在离0号块中心$a=18\text{m}$

3根钢管离0号块中心距离为$c=2.6\text{m}$

钢管计算简图如图13-26所示。

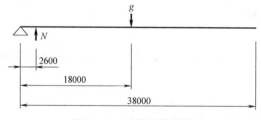

图13-26 钢管计算简图

钢管轴力：$N=ga/3c=(1953.4\times18)/(3\times2.6)=4507.8\text{kN}$

钢管强度计算：

截面积$A=275.675\text{cm}^2$

钢管的轴向力为4507.8kN

钢管稳定性验算$\sigma=N/(\phi A)=(4507.8\times1000)/(27567.50\times0.9)=181.69\text{N/mm}^2<205\text{N/mm}^2$

满足要求。

2. 主梁直线段支架计算

注：本计算项与主梁0号块支架计算相似，此处略去。

13.6.2 挂篮计算书

1. 设计计算说明

(1) 挂篮构造

挂篮为菱形挂篮，主要由主桁架、底篮、吊杆（吊带）、锚固系统、行走系统及模板系组成，桁架主要由[40b及25mm钢板和I14普通型钢组成。前上桁架梁为$2 \times$I56b，底模前横梁由$2 \times$I40c组成，底模后横梁由$2 \times$I45b组成，底模纵梁为I36b型钢组成，腹板位置间隔19cm左右，底板位置间隔60cm左右，由L 63×6角钢为横肋组成框架，间隔$60cm \times 30cm$左右，6号钢板做面板，整个挂篮大部采用Q235型材。主桁架、轨道及连接板均为Q345板材，所有销轴为45号钢调质处理，吊杆采用$\phi 32$精轧螺纹钢，吊带采用Q345板材。

(2) 计算参数（表13-8）

计算参数取值 表13-8

混凝土密度	超重系数	浇筑时的动力系数	挂篮空载行走时的冲击系数	抗倾覆稳定系数	吊带及精轧螺纹钢吊杆的安全系数
26kN/m³	1.05	1.2	1.3	2.0	$\geqslant 2$
箱梁按计算长度	自锚固系统的安全系数	施工和行走时的抗倾覆安全系数	工况一	工况二	工况三
4.5m	$\geqslant 2$	$\geqslant 2$	联体挂篮浇筑	挂篮前移	分体挂篮浇筑

箱梁荷载	施工荷载	混凝土偏载	人群及机具荷载	
			计算模板板材和小楞	计算支撑小楞
1650kN	3.5kN/m²	130kN	2.5kPa	1.5kPa

(3) 梁段截面分区

充分考虑挂篮的安全性，以4号块混凝土截面为参考截面得出混凝土混合截面，并以此为研究对象，以3.5m为浇筑计算长度。为便于计算，将梁段截面分为如图13-27所示的几个区。

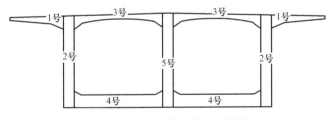

图 13-27 梁段截面分区示意图

分别计算以上几个区的近似荷载。

1区荷载：$\qquad F_1 = 1.63 \times 3.5 \times 26 = 148.33kN$

2区荷载：$\qquad F_2 = 4.6 \times 3.5 \times 26 = 418.6kN$

3区荷载：$\qquad F_3 = 2.62 \times 3.5 \times 26 = 238.4kN$

4区荷载：$\qquad F_4 = 5.08 \times 3.5 \times 26 = 462.28kN$

5区荷载：$\qquad F_5 = 4.7 \times 3.5 \times 26 = 427.7kN$

由设计图可知，

主桁架重量：$M_1 = 39t$

底栏重量：$M_2 = 31t$（含前下横梁、后下横梁重量）

侧模重量：$M_3 = 2 \times 6t = 12t$

内模重量：$M_4 = 6t$

前上横梁重量：$M_5 = 5.3t$

内外滑梁重量：$M_6 = 16t$

下部模板重量 $M = M_2 + M_3 + M_4 + M_6 = 65t$

2. 底模结构计算

（1）底模面板验算

1）底模面板所受荷载

面板支撑在由L 63×6 组成的小楞上，每个尺寸为 $L_a \times l_b = 300mm \times 600mm$，面板厚度 $h = 6mm$，长宽比 $l_b / L_a = 300/600 = 0.5$。取模板纵横向加劲肋最大的面板 0.3m×0.6m 作为计算单元，长宽比为 0.3/0.6=0.5<2，按四边简支双向板进行计算，长边跨中支撑处的负弯矩为最大，计算如下：

$$M = A \times q \times L_a^2$$

式中　A——计算系数，查《路桥施工计算手册》附表 2-15 得 0.0965；

　　　L_a——两边最小者，故为 0.3m；

　　　q——作用在模板上的侧压力。

1 区荷载：　　　　　$F_1 = 1.63 \times 3.5 \times 26 = 148.33kN$

2 区荷载：　　　　　$F_2 = 4.6 \times 3.5 \times 26 = 418.6kN$

3 区荷载：　　　　　$F_3 = 2.62 \times 3.5 \times 26 = 238.4kN$

4 区荷载：　　　　　$F_4 = 5.08 \times 3.5 \times 26 = 462.28kN$

5 区荷载：　　　　　$F_5 = 4.7 \times 3.5 \times 26 = 427.7kN$

$F_M = F/M = (F_2 \times 2 + F_3 + F_4)/(B \times A) = (418.6 \times 2 + 238.4 + 427.7)/(3.0 \times 14.5) = 34.56kN/m^2$

取单格面板 300mm×600mm 为计算单元，其单位宽板承受的荷载为：$Q' = 34.56 \times 0.3 = 10.37kN/m$

倾倒混凝土对底模的压力设计值：$Q_0 = 6 \times 1.4 = 8.4kN/m$

总荷载 $Q = Q' + Q_0 = 10.37 + 8.4 = 18.77kN/m = 18.77N/mm$

$M = 0.0965 \times 18.77 \times 0.3^2 = 0.163kN \cdot m$

$W = 30 \times 0.6 \times 0.6/6 = 1.8cm^3$

$\sigma = M/W = 163/1.8 = 90.56MPa < 1.3[\sigma] = 188.5MPa$

$f = Bql^4/k = 0.00603 \times 29.6 \times 0.3^4/3.44 = 0.0004203m = 0.4203mm < [f] = 1.5mm$

其中，B 为挠度计算系数，查《路桥施工计算手册》附表 2-15 得 0.00603，$k = Eh^3/[12(1-v^2)] = 2.1 \times 10^8 \times 0.008^3/[12(1-0.3^2)] = 3.44$

2）面板加强肋板的计算

面板与肋组合截面如图 13-28 所示。

底栏面板横向肋为角钢L 63×6，查得：$A = 7.288cm^2$，$i_x = 27.12cm^4$

组合截面的形心为：$\mathcal{L} = V_1 + V_2 = 0.3 \times 30 \times 0.3 + A \times (6.3 + 0.6)$

$$=2.7+7.288\times6.9=52.98cm^3$$

$$a_1=0.6\times30+7.288=25.23cm^2$$

$$y_0=52.98/25.23=2.1cm$$

$$y_x=6.3-2.1=4.2cm$$

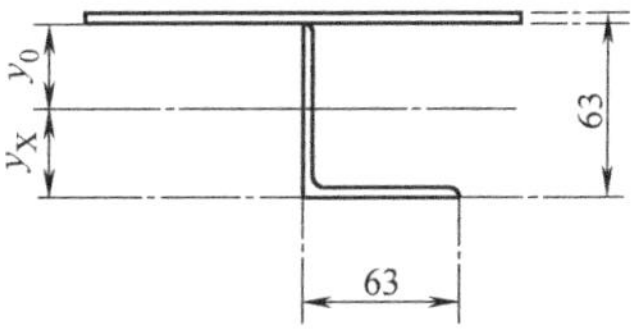

组合截面的形心惯性矩：

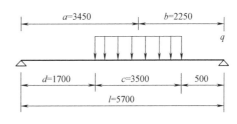

图 13-28 面板与肋组
合截面示意图

$$\pounds I=BH^3/12+BHy+I+AH_1^2$$

$$=30\times0.6\times0.6\times0.6/12+30\times0.6\times(2.1-0.2)$$

$$+27.12+7.288\times(4.2-2.1)^2$$

$$=0.54+34.2+27.12+32.14=94cm^4$$

$$W_0=\pounds I/y_0=94/2.1=44.76cm^3$$

$$W_x=\pounds I/y_x=94/4.2=22.38cm^3$$

已知 $M_{max}=257N\cdot m$，则

$$\sigma_{max}=M_{max}/W_x=257/22.38=11.5N/cm^2=0.115MPa<140MPa$$

强度满足要求。

3）刚度验算

最大变形量：

$$\Delta L=5\times q\times L^4/(384\times E\times\pounds I)$$

$$=5\times29.6\times600\times600\times600\times600/(384\times2060000\times940000)=0.0258mm$$

$L/500=300/500=0.6mm$

则有 $0.0258mm<0.6mm$

刚度满足要求。

（2）底模纵梁验算

计算简图，如图 13-29 所示。

1）计算参数

底板纵梁选用 I36b 工字钢，其截面特性

为：

图 13-29 底板纵梁计算简图

$$W=919000+138\times6\times183\times183/186=1068080mm^3$$

$$I=165000000+138\times6\times183\times183=192728892mm^4$$

以 4 号块混凝土底纵梁为研究对象，腹板下有 5 根纵梁，每根纵梁有效作用范围为
0.75m，底板纵梁荷载状况见下：

混凝土腹板下部压力：$F_4=F/5=427.7/5=85.5kN/m$

设计荷载：$85.5/3.5=24.4kN/m$

施工荷载：$1.5\times0.75=1.125kN/m$

底模自重：$1.536\times0.75=1.152kN/m$

纵梁自重：$0.656kN/m$

总荷载：$q=24.4\times1.3+1.125\times1.4+1.152+0.656=35.1kN/m$

2）强度计算

$$q_4=24.4\times1.3+1.125\times1.4+1.152+0.656=35.1kN/m$$

$$M_{max}=qcb(d+cb/2L)/L=1.16\times10^5kN\cdot m$$

$$\sigma_{\max}=M_{\max}/W=108.6\text{MPa}<140\text{MPa}$$

3）刚度计算

当 $x=d+\dfrac{cb}{L}=3082\text{mm}$ 时（弯矩最大处）

$$f_{\max}=qcb\ \left[\ (4L-4b^2/L-c^2/L)\ \times x-4x^3/L+\ (x-d)\ /bc\right]\ /\ (24EI)$$
$$=9.46\text{mm}<L/500=11.4\text{mm}$$

符合规范要求。

综合上述计算结果可知，底板纵梁强度及刚度均满足要求。

3. 侧模结构计算

（1）侧模面板强度验算

混凝土作用于模板的侧压力，可按下列二式计算，并取其最小值：

$$F=0.22\gamma_c \cdot t_0 \cdot \beta_1 \cdot \beta_2 V^{1/2}$$
$$F=\gamma_c \cdot H$$

式中　F——新浇混凝土对模板的最大侧压力（kN/m^2）；

　　　γ_c——混凝土的重力密度，取 26kN/m^3；

　　　t_0——新浇混凝土的初凝时间，取 4.44h；

　　　V——混凝土的浇筑速度，取 2m/h；

　　　H——混凝土侧压力计算位置处至新浇混凝土顶面的总高度（m），取 6.4m；

　　　β_1——外加剂影响修正系数，取 1；

　　　β_2——混凝土坍落度影响系数，取 1.15。

$$F=0.22\gamma_c \cdot t_0 \cdot \beta_1 \cdot \beta_2 V^{1/2}=0.22\times26\times4.44\times1\times1.15\times1.414=41.3\text{kN/m}^2$$
$$F=\gamma_c \cdot H=166.4\text{kN/m}^2$$

取二者中的较小者，即 $F=41.3\text{kN/m}^2$，作为模板侧压力的标准值，并考虑倾倒混凝土产生的水平荷载标准值 6kN/m^2，分别取荷载分项系数 1.2 和 1.4。

则作用于模板的总荷载设计值为：

$$q=1.2\times41.3+1.4\times6=58\text{kN/m}^2$$

侧模面板为 6 号，横向小肋为角钢∟63×6，间隔为 $30\text{cm}\times50\text{cm}$，竖向大肋背肋为槽钢组成桁架，间隔 1m。

偏于安全考虑，不考虑横线肋对面板的加强作用，将面板受力情况简化，其简化受力分析示意图如图 13-30 所示。

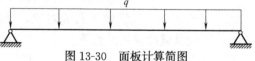

图 13-30　面板计算简图

选面板小方格中最不利情况验算，即三面固定，一面简支，由于 $L_x/L_y=300/500=0.6$，查表得：

最大弯矩系数 $K=-0.0663$

最大挠度系数 $K_f=0.00184$

取 1mm 宽的板条为计算单元，荷载为：

$q=0.059\times1=0.059\text{N/mm}$

面板截面参数：

抗弯系数：$W=B\times H^2/6=1\times6^2/6=6\text{mm}^3$

抗弯惯性矩：$I = B \times H^3/12 = 1 \times 6^3/12 = 18 \text{mm}^4$

最大弯矩：$M_{\max} = kql \times L_y^2 = 0.0663 \times 0.059 \times 300^2 = 352.05 \text{N} \cdot \text{m}$

最大弯应力：$\sigma_{\max} = M_{\max}/W = 352.05/6 = 58.68 \text{MPa} < 140 \text{MPa}$

最大变形量：$Y_{\max} = K_f \times qL_y^4/\beta_0 = 0.54 \text{mm} < 300/500 = 0.6 \text{mm}$

其中，$L_y = 300$ $q = 41.3 \text{kN/m}^2$

$\qquad \beta_0 = Eh^3/[12(1-\lambda^2)] = 206000 \times 6^3/[12(1-0.3^2)] = 4.07 \times 10^6 \text{N} \cdot \text{mm}$

λ 为钢板泊松系数。

面板满足要求。

（2）横向加劲肋计算

注：本计算项与底模面板加强肋板的计算相似，此处略去。

4. 挂篮各横梁结构分析

（1）后下横梁结构分析

后下横梁由 2 根 I45b 组成，承担底板、肋板及部分翼板的荷载。每根工字钢的参数为：$I = 33760 \text{cm}^4$，$W = 1500 \text{cm}^3$，$A = 111 \text{cm}$。

以 4 号块为校核对象：

底板位置荷载 $5.08 \times 3.5 \times 26 = 462.28 \text{kN}$

腹板位置荷载 $0.75 \times 6.254 \times 3.5 \times 26 = 426.8 \text{kN}$

（底模+内模+侧模）荷载 $q = (306 + 60 + 117)/14.5 = 33.3 \text{kN/m}$

模板荷载 33.3kN/m

人机荷载 $3.5 \times 3.5 = 12.25 \text{kN/m}$

底板位置单位荷载 $462.28/6.125 = 75.5 \text{kN/m}$

外腹板位置单位荷载 $418.6/0.75 = 558.1 \text{kN/m}$

中腹板位置单位荷载 $426.8/0.75 = 569 \text{kN/m}$

总荷载：

底板位置 $Q_1 = [(33.3 + 12.25) \times 1.4 + 75.5 \times 1.3] \times 0.67 = 108.5 \text{kN/m}$

外腹板位置 $Q_2 = [(33.3 + 12.25) \times 1.4 + 558.1 \times 1.3] \times 0.67 = 528.8 \text{kN/m}$

中腹板位置 $Q_3 = [(33.3 + 12.25) \times 1.4 + 569 \times 1.3] \times 0.67 = 538.3 \text{kN/m}$

根据施工图及挂篮后下横梁吊点分布的位置，可将每根工字钢受力简化为图 13-31 的受力模式。

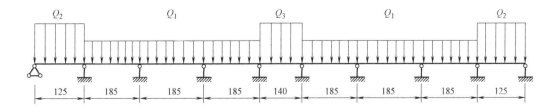

图 13-31 后下横梁简化结构计算简图

采用 Midas civil 软件对后下横梁进行建模和计算分析，如图 13-32 所示。

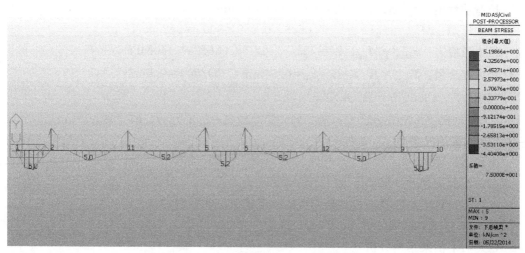

图 13-32　后下横梁应力图（kN/cm²）

由图 13-32 可见，单根后下横梁所受最大应力为 52MPa，故一组上横梁最大应力为 26MPa，其应力小于允许应力 140MPa，符合规范要求。

图 13-33　后下横梁弯矩图（kN·cm）

由后下横梁弯矩图（图 13-33）可知，最大弯矩 M_{max}＝7800.1kN·cm。

梁单元在自重、混凝土荷载、施工荷载作用下，最大等效应力：

σ_{max}＝26MPa＜$[\sigma]$＝140MPa，符合规范要求。

由后下横梁变形图（图 13-34）可知，梁单元在组合荷载作用下的最大变形 δ_{max}＝0mm，符合规范要求。

由后下横梁剪力图（图 13-35）可见，最大剪力为 260kN。

在组合荷载作用下梁单元的最大剪应力 τ_{max}＝11.7MPa＜$[\tau]$＝80MPa，符合规范要求。

（2）前下横梁结构分析

注：本计算项与上述后下横梁结构计算相似，此处略去。

图 13-34　后下横梁变形图（mm）

图 13-35　后下横梁剪力图（kN）

（3）滑梁结构分析

1）侧模外侧滑梁分析

浇筑混凝土时，侧模滑梁受力为翼板浇筑段区域混凝土重量加侧模重量。根据图纸得知，最长浇筑段为 4.5m，此区域混凝土重 $G_1 = 190.7 \times 1.3 = 247.9$kN，模板和外桁架重 $78.5 \times 1.4 = 110$kN，人机荷载 $3.75 \times 4.5 \times 3.5 \times 1.4 = 82.7$kN，则侧模滑梁总受力 $F = 247.9 + 110 + 82.7 = 440.6$kN。作用力通过外侧模桁架，分别分 5 个点作用在两组滑梁上，5 个集中力大小为外侧外滑梁受力 F_1、F_2、F_3、F_4、F_5，内侧外滑梁受力 F_1、F_2、F_3、F_4、F_5。如图 13-36 所示。

侧模外侧滑梁由两根 [28b 槽钢加贴一面 10mm 钢板组焊而成。

技术参数：$I = 5130$cm^4，$W = 366$cm^3（加贴钢板 $160 \times 10 \times 145 \times 145/150 = 224$cm^3），$A = 45.6$cm^2

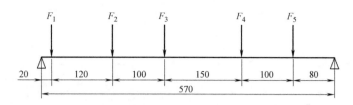

图 13-36　侧模外侧模滑梁计算简图（mm）

经计算，荷载如下：

$$F_1=9.4\text{kN},F_2=33.3\text{kN},F_3=37\text{kN},F_4=41\text{kN},F_5=9.8\text{kN}$$

采用有限元分析软件 Midas civil 对侧模外滑梁进行结构分析。杆件简化为双〔28b 截面，简支结构，左节点施加 x，y 位移约束，右节点施加 y 向约束。

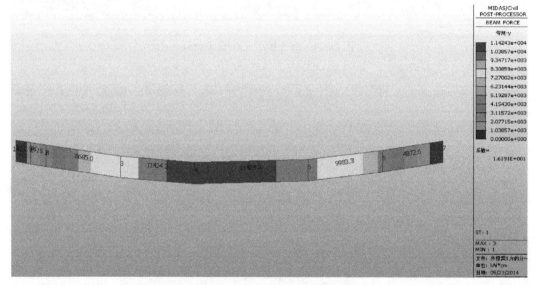

图 13-37　侧模外滑梁弯矩云图（kN·cm）

最大弯矩 $M_{\text{max}}=11424.3\text{kN·cm}$

由图 13-37 可见，梁单元在自重、混凝土荷载、施工荷载作用下，最大等效应力：

$\sigma_{\text{max}}=119.5\text{MPa}<[\sigma]=140\text{MPa}$，符合规范要求。

外模滑梁变形图如图 13-38 所示。

由图 13-38 可见，外模滑梁最大变形量 $\delta_{\text{max}}=17.6\text{mm}<L/250=5700/250=22.8\text{mm}$，符合规范要求。

由图 13-39 可知：前点支反力 $R_A=60.9\text{kN}$，后点支反力 $R_B=70.1\text{kN}$。

2）侧模内侧滑梁分析

注：本计算项与上述侧模外侧滑梁分析计算相似，此处略去。

3）内模滑梁分析

注：本计算项与上述侧模外侧滑梁分析计算相似，此处略去。

（4）前上横梁结构分析

前上横梁由两根 I56b 工字钢组成，从机械设计手册可查出工字钢的参数加上钢板参

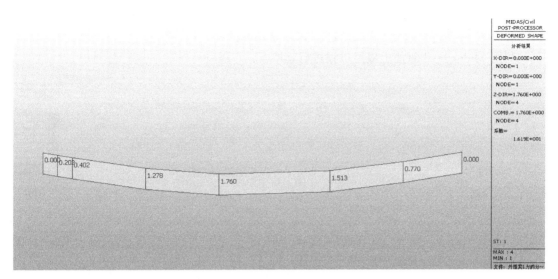

图 13-38　外模滑梁变形图（mm）

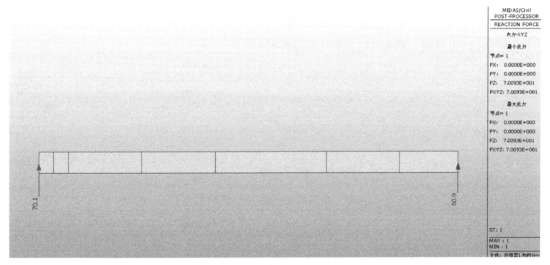

图 13-39　支反力（kN）

数单根为：$I = 68510 cm^4$，$W = 2447 cm^3$，$A = 146 cm^2$。

根据施工图及挂篮前上横梁吊点分布的位置，简化为图 13-40 所示的受力模式。

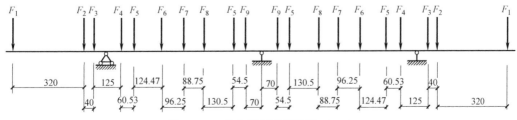

图 13-40　前上横梁计算简图（mm）

由已计算出的下横梁及内外滑梁反力分析得知：

$F_1 = 60.9\text{kN}$，$F_2 = 206.4\text{kN}$，$F_3 = 145.3\text{kN}$，$F_4 = 248.7\text{kN}$，$F_5 = 96.5\text{kN}$，$F_6 = 94.9\text{kN}$，$F_7 = 57.5\text{kN}$，$F_8 = 92.2\text{kN}$，$F_9 = 251.8\text{kN}$

利用 Midas civil 对前上横梁单根进行建模：

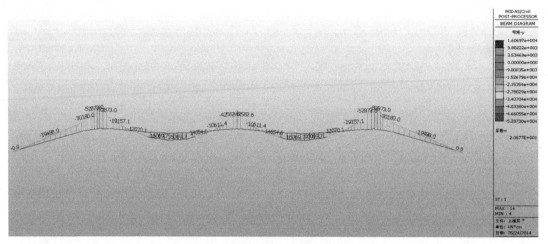

图 13-41　前上横梁弯矩图（kN·cm）

由图 13-41 可见，弯矩 $M_{\max} = 52873\text{kN·cm}$。

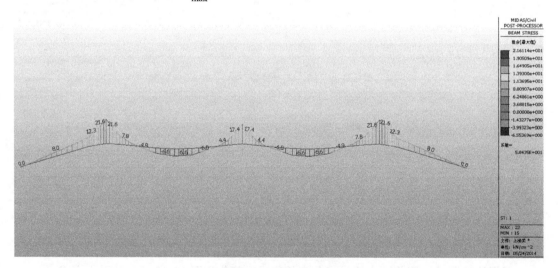

图 13-42　前上横梁应力图

由图 13-42 可见，单根前上横梁所受最大正应力为 216MPa，故一组上横梁最大应力为 108MPa，其应力小于允许应力 140MPa，符合规范要求。

由图 13-43 可见，单根 I56b 横梁变形为 19.4mm，所以前上横梁最大变形为 9.7mm＜$L/400$＝11mm，符合规范要求。

由图 13-44 可见，前上横梁最大剪力为 482kN。

最大剪应力为 482000/（14600×2）＝16.5MPa＜$1.3[\tau]$＝1.3×80＝104MPa，符合规范要求。

图 13-43 前上横梁变形图（mm）

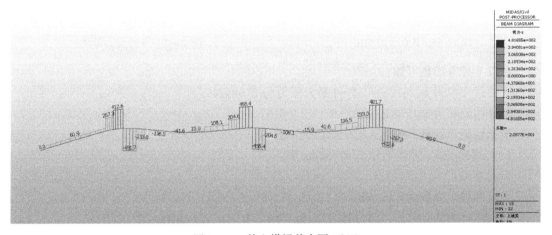

图 13-44 前上横梁剪力图（kN）

5. 主桁架结构验算

挂篮主桁架直接承受前上横梁与吊带传来的荷载，计算简图如图 13-45 所示。

$$F = 4305/3 = 1435 \text{kN}$$

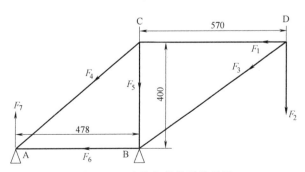

图 13-45 主桁架结构计算简图

由图 13-45 计算得出：

$F_2 = F = 1435\text{kN}$

$F_1 = F_2/\tan35° = 1435/0.7 = 2050\text{kN}$

$F_4 = F_1/\sin50° = 2676\text{kN}$

$F_7 = F_4 \times \sin40° = 1720\text{kN}$

$F_3 = F_2/\sin35° = 2502\text{kN}$

$F_5 = F_2 = 1435\text{kN}$

$F_6 = F_5/\tan40° = 1435/0.84 = 1709\text{kN}$

A、B、C 点受力示意图如图 13-46、图 13-47 所示。

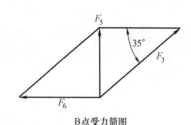

图 13-46　B 点受力简图

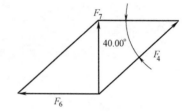

图 13-47　A 点受力简图

由以上计算参数可知：

杆件最大拉力为 2676kN，杆件最大压力为 2502kN

杆件截面积为 $8305 \times 2 + 250 \times 10 \times 2 = 21610\text{mm}^2$

根据型钢计算软件得出：

$I = 38100\text{cm}^4$　惯性半径 $i_x = 136\text{cm}$

$\lambda = 42.65$

查表的稳定系数为：0.888

最大压应力为：$\sigma_{max} = 2502000/(0.888 \times 21610) = 130.4\text{MPa} < 210\text{MPa}$

最大拉应力为：$\sigma_{max} = 2676000/21610 = 123.8\text{MPa} < 200\text{MPa}$

强度满足要求。

刚性验算：

计算主桁架挠度以 D 点的竖向位移为准。

由上面的计算可知各杆件的轴力分别为：

$F_{AB} = 1709\text{kN}$，$F_{AC} = 2676\text{kN}$，$F_{BC} = 1435\text{kN}$，$F_{BD} = 2502\text{kN}$，$F_{CD} = 2050\text{kN}$

当荷载变为单位荷载时，各杆件的轴力为：

$N_{AB} = -F_{AB}/F = -1709/1435 = -1.19$

$N_{AC} = F_{AC}/F = 2676/1435 = 1.86$

$N_{BC} = -F_{BC}/F = -1435/1435 = -1$

$N_{BD} = -F_{BD}/F = -2502/1435 = -1.74$

$N_{CD} = F_{CD}/F = 2050/1435 = 1.42$

D 点的垂直位移为：

$$\Delta_D = (N_{CD} \times F_{CD} \times L_{CD} + N_{AB} \times F_{AB} \times L_{AB} + N_{AC} \times F_{AC} \times L_{AC} + N_{BC} \times F_{BC} \times L_{BC} + N_{BD} \times F_{BD} \times L_{BD})/EA$$

$$= (1.42 \times 2050000 \times 5.7 - 1.19 \times 1709000 \times 4.78 + 1.86 \times 2676000 \times 6.23$$
$$- 1 \times 1435000 \times 4 - 1.74 \times 2502000 \times 6.86)/(206000 \times 21610) = 0.00051m$$
$$= 0.54mm < 20mm$$

经以上计算，刚度满足要求。

6. 混凝土强度，挂篮抗倾覆，钢吊带与主桁连接板及螺栓和焊缝

（1）主桁后锚及混凝土强度计算

1）后锚固计算

后锚固最大拉力为 $F = F_7 = 1720kN$

单根受力 $N = F/4 = 1720/4 = 430kN$

后锚有效面积 $A = 3.14 \times 30 \times 30 = 2826mm^2$

$\sigma_{max} = F/A = 430000/2826 = 152MPa < 200MPa$

故本后锚设计满足要求。

2）后锚点混凝土强度计算

新浇筑混凝土总荷载为 4304.5kN。

荷载由两部分构成，一个是挂篮主桁架，一个是后下横梁。

新浇筑混凝土主桁架所受荷载为：$F = F_2 = 1435kN$

主桁架后锚所受总荷载为：$P = 1720kN$

后锚由 4 根 $\phi 60Mn$ 钢锚固，每根与混凝土连接位置加设 $20mm \times 200mm \times 200mm$ 垫板，单根所受荷载为：$1720/4 = 430kN$

通过垫板作用于混凝土的均布荷载为（梁体为 C55 混凝土）：

$Q = P/A = 430200/(200 \times 200) = 10.76N/mm^2 < 35.5N/mm^2$（混凝土施工规范）

强度满足要求。

3）吊带计算

吊带拉力 $N = 4304.5/8 = 538kN$

吊带有效面积 $A = 200 \times 25 = 5000mm^2$

$\sigma_{max} = N/A = 538000/5000 = 107.6MPa < 200MPa$

吊带销有效面积 $A = 50 \times 50 \times 3.14 = 7850mm^2$

剪应力：$\tau_{max} = 538000/7850 = 68.5MPa < 125MPa$

故吊带、吊带销号合格。

吊带连接强度螺栓校核：

吊带连接部分由 8 个 10.9 级螺栓承受剪切力。

剪切力 $N = 538/8 = 67.25kN$，螺栓有效面积 $A = 245mm^2$

剪应力：$\tau_{max} = 67250/245 = 274.5MPa < 640MPa$

螺栓强度合格。

（2）后下横梁后锚点混凝土强度计算

计算后下横梁锚点：

后下横梁锚点共 10 个，通过 $\phi 32$ 精轧螺纹钢把待浇混凝土重量和模板等荷载传递到预埋处混凝土上，后下横梁锚点垫板为 $20mm \times 200mm \times 200mm$。

施工时混凝土总荷载为 4305kN。

偏于安全计算，把混凝土荷载和挂篮荷载等分到前下横梁和后下横梁上，考虑受力的不均匀性，则后下横梁单个锚点所受荷载为：$4305 \times 0.67/(4 \times 2) = 360.5$kN

通过垫板作用于混凝土的均布荷载为（梁体为 C55 混凝土）：

$$Q = P/A = 360500/(200 \times 200) = 9.01 \text{N/mm}^2 < 35.5 \text{N/mm}^2$$

查表对应参考值可知，混凝土强度满足要求。

$\phi 32$ 精轧螺纹钢有效面积 $A = 620 \text{mm}^2$

$\sigma_{max} = F/A = 360500/620 = 581.5 \text{MPa} < 1080 \text{MPa}$（精轧螺纹钢屈服强度）

强度满足要求。

（3）挂篮浇筑时后锚抗倾覆计算

8.8 级高强度螺栓所能承受的最大拉力为：$F = 303 \times 880 = 266640 \text{N} = 266.64$kN

小车与主桁架共有 8 颗高强度螺栓，则：抗倾覆力矩 $= 8 \times 266.64 \times 4.1 = 8746$kN

挂篮空载行走时的下部重量：

$$W = 侧模 + 底模 + 前后下横梁 + 前上横梁 + 内模 + 滑梁 = 563.5 \text{kN}$$

倾覆力矩 $= 563.5 \times 5.7 = 3212$kN·m

小车行走时的抗倾覆系数 $K = 8746/3212 = 2.73 > 2$

每榀主桁后锚共有 2 组共 4 根 $\phi 60/\text{Mn}$ 钢筋锚固，按照 2 组 4 根，作用点在中间锚点来计算抗倾覆系数。单根 $\phi 60$ 螺纹钢所受最大拉力为：

$F = 3.14 \times 0.03 \times 0.03 \times 200 = 565.2$kN

抗倾覆系数 $K = $ 抗倾覆力矩 ÷ 倾覆力矩

抗倾覆力矩 $= 4F \times 4.7 = 4.7 \times 565.2 \times 4 = 10626$kN·m

单榀主桁通过前吊点受荷载为 512.2kN；

倾覆力矩 $= 512.2 \times 5.5 = 2817.1$kN·m

所以挂篮浇筑混凝土时抗倾覆系数：

$K = $ 抗倾覆力矩 ÷ 倾覆力矩 $= 10626 \div 2817.1 = 3.8 > 2$，符合规范要求。

（4）挂篮行走时轨道的抗倾覆计算

轨道的锚固采用竖向预应力筋锚固，所以，计算轨道抗倾覆时，只计算轨道固定在最后一根预应力筋的情况。

挂篮行走时轨道锚固承受下部模板重量和一些施工辅助设备重量，这部分荷载约为 600kN，轨道每边设 6 个锚固点，锚固用 PS930 级 $\phi 32$ 精轧螺纹钢，有效截面积为：$A = 620 \text{mm}^2$。

$\phi 32$ 精轧螺纹钢能承受的最大拉力为：$620 \times 930 = 576600 \text{N} = 576.6$kN

抗倾覆系数 $K = $ 抗倾覆力矩 / 倾覆力矩

抗倾覆力矩 $M = 8 \times 576.6 = 4613$kN·m（平均按每边 4 个锚固点完全受力计算）

倾覆力矩 $= (600/2) \times 5.7 = 1710$kN·m

$K = 4612/1710 = 2.7 > 2$，符合规范要求。

（5）前上横梁吊带伸长量计算

单根吊带荷载为 $P = 538$kN。由胡克定律 $\Delta L = PL \div EA$ 计算吊带的拉伸长度。

伸长量：$\Delta L = 538000 \times 14 \div (200 \times 10^9 \times 0.2 \times 0.025)$

$= 0.007532 \text{m} = 7.53 \text{mm}$

主桁变形 + 吊带变形 $= 0.54 + 7.53 = 8.07 \text{mm}$

（6）连接螺栓与连接钢板、焊缝强度验算

1）主承重系统连接螺栓验算

主承重系统连接螺栓受剪力最大位置为撑杆位置，其承受最大剪力为 $F_3=2502\text{kN}$，由 8 个高强度螺栓承受（图纸中实际由大于 8 个螺栓承受），考虑受力的不均匀性，偏于安全考虑，按平均受力计算：

$F=F_3/(8\times2)=2502/16=156.4\text{kN}$

有效截面积 $A=561\text{mm}^2$（查表可知）

$\tau_{\max}=F/A=156400/561=278.8\text{N/mm}^2<640\text{MPa}$

（8.8 级螺栓抗拉强度 800N/mm^2，屈服极限 640N/mm^2）

2）主承重系统连接板及焊接验算

连接板所受的最大挤压力为 $F=F_3/2=2502/2=1251\text{kN}$

连接板最小有效面积 $A=1020\times25=25500\text{mm}^2$（连接板最小有效宽度 1.02m，连接板厚 25mm）

$\sigma_{\max}=F/A=1251000/25500=49\text{MPa}$

Q345 材料允许挤压应力为：325MPa

挤压满足要求。

3）焊缝强度计算

焊材选用 E50 焊丝，焊缝所受最大拉力为 $F=F_3/4=2502/4=625.5\text{kN}$

焊缝有效面积 $A=1020\times20=20400\text{mm}^2$

$\sigma_{\max}=F/A=625500/20400=30.7\text{MPa}<200\text{MPa}$

焊缝强度满足要求。

13.7　菱形挂篮设计图

菱形挂篮设计图，如图 13-48～图 13-52 所示。

注：本案例施工图有部分删减。

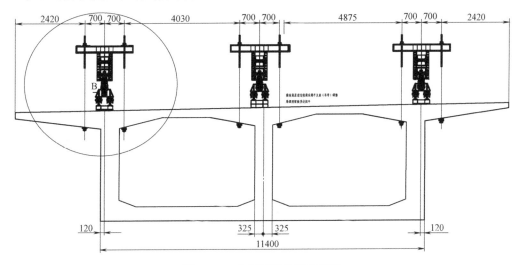

图 13-48　挂篮后锚总装示意图

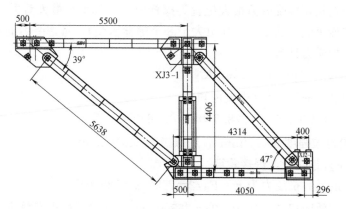

图 13-49　挂篮桁架总装图

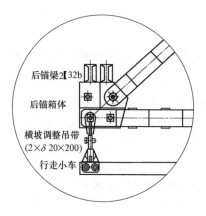

图 13-50　挂篮后锚大样

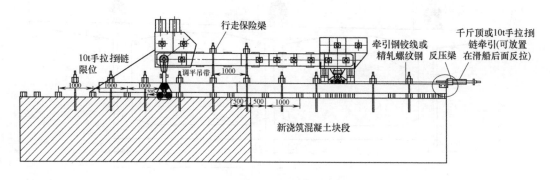

图 13-51　行走系统构件

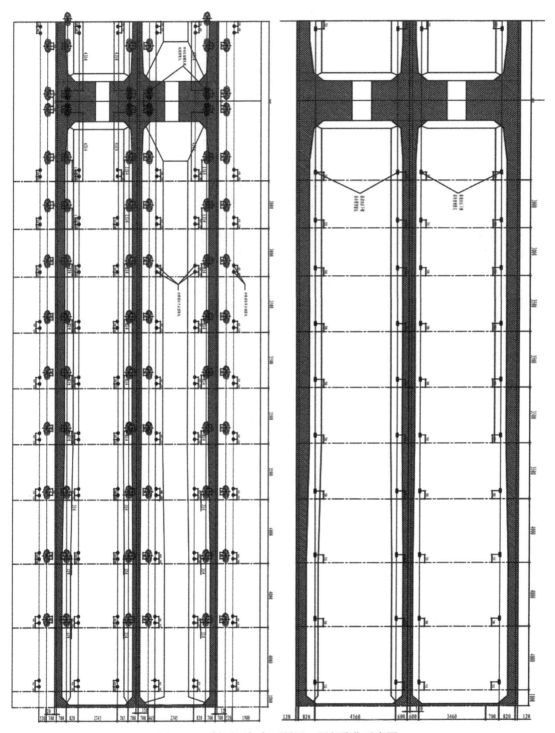

图 13-52 桥顶面与底面预埋、预留孔位示意图

附录　近年国内模架工程较大以上事故技术分析

（注：根据公开事故调查报告整理）

项目名称	坍塌破坏模式	事故原因	
西安市凯玄大厦项目（2011年9月，10人死亡、1人重伤、1人轻伤，直接经济损失约890万元）	附着式升降脚手架东侧偏南提升脚手架发生整体坍塌	直接原因	脚手架升降操作人员在未基挂好电动葫芦吊钩和撤出架体上施工人员的情况下违规拆除承定应承力构件，违规进行脚手架降架作业所致
		间接原因	(1)分包方无资力资质施工 (2)监理方未按规定进行劳务站等强制性监理 (3)总包违法分包，对施工现场监督、检查、验收、协调不到位 (4)建设方未完全取得建设工程相关手续连续进行项目建设 (5)建设行政主管部门履行施工安全监督职责不到位 (6)脚手架因受长时间雨淋而超重超载
大连市旅顺口区蓝湾三期（2011年10月，13人死亡，4人轻伤，1人重伤，直接经济损失1237.2万元）	地下车库浇筑，已经浇筑完的400多平方米顶板施工模板瞬间整体坍塌	直接原因	(1)工人为修复剪力墙脱模，随意拆除支架体系中的部分杆件 (2)在修缮模板和精运混凝土过程中，没有停止混凝土浇筑作业
		间接原因	(1)施工前未组织安全技术交底，未按规范和施工方案组织施工，未设置剪刀撑、扫地杆和水平拉杆，北侧剪力墙对拉螺栓布置不合理 (2)未向监理单位报告 (3)施工人员未向监理人员报告，未到现场组织处理，未对现场处理脱模工作提出具体安全要求 (4)项目经理职未到岗履职，直接委托不具有资质现场生产管理 (5)模板专项施工方案由不具有专业技术知识的安全员利用软件编制，该方案也未经过相关人员审核 (6)未设置专职安全员，兼职安全员不能认真履行安全员职责 (7)监理单位未发现施工单位未按施工方案施工时未加以制止 (8)监理人员只看到模板支护施工时，未到现场查看 (9)建设行政主管部门履行施工安全监督职责不到位

续表

项目名称	坍塌破坏模式	原因类型	事故原因
徐州市大马路小学教学楼建设（2012年11月，3人死亡，2人受伤，直接经济损失约为300万元）	③～⑪轴由西向东南侧构架整体向南倾翻，呈90°折曲变形	直接原因	构架现场实际搭设模板支撑系统不符合规范要求，在浇筑混凝土过程中，模板支撑系统整体失稳倾翻
		间接原因	(1)项目部负责人未认真履行管理职责，项目技术负责人长期脱岗，专职安全管理人员未认真履行安全管理职责；(2)总监理工程师未认真履行监理职责，现场安全监理责任不到位；(3)建设行政主管部门履行施工安全监督责任不到位
桐城市盛源财富广场工程（2013年3月8日，8人死亡，6人受伤，直接经济损失664万元）	中庭已浇筑混凝土部位的支撑系统发生跨塌	直接原因	搭设建材不合格，混凝土浇筑采取梁、柱、板一起进行浇筑
		间接原因	(1)未批先建，工程量增加而工期不变，致施工方抢工期首月施工；(2)施工项目日和模架工程非法分包给个人，没有足够合格的安全管理人员，没有专项施工方案；(3)监理方未对事故部位模板、支撑等审查、验收，口头同意浇筑施工，未对事故工程实施旁站监理；(4)建设行政主管部门履行施工安全监督责任不到位
滕州市鲁南中联水泥有限公司水泥粉磨系统技改项目（2013年11月，4人死亡，8人受伤，直接经济预失300万元）	平台西北侧立柱东侧3m处左右位置发生坍塌，随即平台大面积坍塌	主要原因	该工程的脚手架基础局部不均匀沉降，个别立杆有搭接现象，架体剪刀撑缺少，顶部水平拉杆未加固，造成架体局部变形失稳
		间接原因	(1)设计图纸未完全会审完全对图会审的情况下先期施工，对支撑高大模板的脚手架搭设地基变化情况分析判断不明，脚手架搭设缺少计算，仅凭经验搭设；(2)搭设前无安全技术交底记录，脚手架搭设后没有验收记录等；(3)监理规划和实施细则没有审批记录，所搭设支模架无检查验收，对安全隐患没有下达整改通知；(4)变径柱的计算的计算高度不明确，设计图纸上立杆有连梁，作出有连梁与无连梁两种工况而不加基础验收；(5)勘察公司未参加基础验收；(6)建设行政主管部门履行施工安全监督责任不到位
襄阳市金南漳国际大酒店新都汇酒店及附属商业用房（2013年11月，7人死亡，5人受伤，直接经济预失550万元）	由南向西北角实施浇筑，⑩轴交⑪轴区间同先坍塌下去，随即瞬间整个作业面同坠落	直接原因	事故原因为高支模的实际承载力无法达到施工总荷载的要求（事故发生后因全力组织抢救，现场支撑架全部被拆除，无法树探现场原基础处理，搭设方法，模板及支撑同图及载面构造等）

续表

项目名称	坍塌破坏模式		事故原因
襄阳市金南漳国际大酒店新都汇酒店及附属商业用房（2013年11月，7人死亡，5人受伤，直接经济损失约550万元）	由南向西北角实施浇筑，ⓒ轴交⑪轴交区间先塌陷下去，随即整个作业面瞬间坍塌	间接原因	(1)伪造规划管理部门批复文件，未办理《建筑工程施工许可证》，安全和质量监督手续，擅自重大变更规划和建筑工程设计图纸 (2)施工方违法出售资质，转包工程，未进行安全教育培训，管理和作业人员多为无证上岗 (3)无编制高支模的安全专项施工方案 (4)未确认高支模是否具备混凝土浇筑的安全生产条件，未签署混凝土浇筑令，未制定和落实模板支撑体系位移的检测监控及施工应急救援预案等安全保证措施 (5)监理对上述违规违法行为，既不制止，也不报告，无现场旁站监理 (6)建设行政主管部门履行施工安全监督职责不到位
辛集市钢信水泥有限公司钢渣微粉及输送车间（2013年12月，5人死亡，1人重伤，8人轻伤，直接经济损失约560万元）	对发现隐患的支撑体系进行加固，后续浇筑作业中支撑体系突然发生坍塌	直接原因	支撑体系局部失稳，带动支撑体系整体坍塌，诱发点位于④~⑤轴中间设备基础范围内，体系下方钢管支撑变形，引发周围钢管脚手架倾斜倒塌
		间接原因	(1)建设单位对安全管理未形成制度，无第三方单位监管监理，施工单位无技术负责人，无专职安全管理人员，管理人员也无相应的资格 (2)未进行安全培训教育 (3)建设行政主管部门履行施工安全监督职责不到位
遵化市港陆公司新炼钢2#高炉除尘框架（2013年12月，4人死亡，3人受伤，直接经济损失280万元）	发现刚浇筑完的混凝土出现下沉	主要原因	(1)立杆间距不满足规范要求 (2)架体内部未设置剪刀撑 (3)支撑体系与主体框架未设置拉接
		间接原因	(1)未按专项施工方案搭设顶板模板支撑体系 (2)专业分包对验收不合格的顶板模板支撑体系未按照整改意见整改 (3)一侧脚手架地基回填土有水渗入现象未采取有效应对措施 (4)安全教育培训不到位，且部分分包手工无证上岗 (5)总包对专业分包未按整改意见及整改的行为未采取有效措施，对擅自进行混凝土浇筑施工没有及时发现和有效制止 (6)建设行政主管部门履行施工安全监督职责不到位

续表

项目名称	坍塌破坏模式	事故原因	
		直接原因	间接原因
栾城县新建大型高温水锅炉供热站锅炉房主体工程(2014年1月,3人死亡,直接经济损失约200万元)	已浇筑的混凝土结构主体与满堂脚手架支撑体系一并发生坍塌	高支模系统搭设及混凝土浇筑顺序违反建筑施工规范、标准要求 (1)专项方案未组织专家论证 (2)实测脚手架管壁厚度为2.5mm;步距偏大,立杆间距偏大;仅局部设有少量竖向剪刀撑 (3)未设置水平剪刀撑,梁底无立杆,两颊设置一道单向扫地杆,未设向拉结点,纵横向水平杆大部分采用搭接且搭接长度不够,立杆接头采用同步同跨内对接,且距离主节点大于三分之一	(4)采取梁、板、柱整体浇筑 (5)安全管理制度不健全,对职工安全教育培训不到位 (6)现场监理人员不具备上岗资格,监理工作管理不到位 (7)建设行政主管部门履行施工安全监督责任不到位
东营市东营区中石化胜利油建工程有限公司液化气球罐内操作平台(2014年4月,5人死亡,6人受伤,直接经济损失540万元)	组焊人员在罐内的操作平台上进行球罐上极板焊接作业,操作平台突然坍塌	(1)内操作平台步距过大 (2)球罐内操作平台平台底部立杆无固定支撑点,局部未见扫地杆,部分扫地杆搭设不符合技术规范要求 (3)现场跳板固定形式不符合技术规范要求 (4)球罐内操作平台为多排井字架,缺少水平支撑系统,无一字撑或剪刀撑	(1)施工与安装单位,现场项目部安全生产主体责任不落实,违规分包,现场安全措施落实不严格,任命、使用无安全生产管理资质和能力的人员作为安全员 (2)承揽组焊施工工程的单位资质达不到要求或承揽施工工程达不到要求不具备任何相应资质,出借资质,违规转包 (3)施工队违规施工,搭设操作平台架子无资质,违规将不具备安全生产条件的操作人员投入使用 (4)建设单位未将生产发包的球罐制作、安装工程承包工作纳入统一管理,未与承包单位签订安全协议,对外来施工队伍安全生产管理混乱监督、管理不力,对施工单位、安装单位违规分包转包以及不认真履行项目监理职责,监理工作存在不到位,不严格搭设的球罐内操作平台搭设工程不检查,不制止,不报告,不处理 (5)监理公司未认真履行现场工程安全检查,不制止的现象,不严格的操作 (6)建设行政主管部门履行施工安全监督职责不到位

续表

项目名称	坍塌破坏模式		事故原因
徐州市龙山制焦有限公司焦化工程（2014年6月，3人死亡，1人受伤，直接经济损失约为300万元）	开始浇板后，模板支撑系统从第三跨下沉，构架整体向西翻转	直接原因	(1)造成煤塔西侧高25m外边梁下承重立杆支承在顶层水平杆上 (2)浇筑施工方法不当
		间接原因	(1)模板支撑系统搭设方案未经专家论证 (2)现场无专职安全员，管理体系同虚设，分工不明确 (3)未办理土地、规划、建设施工许可等相关手续的情况下，擅自开工 (4)无第三方单位实施监理 (5)建设行政主管部门履行施工安全监督职责不到位
定边县砖井镇西关村移民搬迁点（2014年6月，3人死亡，1人受伤）	移动脚手架触电	直接原因	事故发生点上方为10kV电力线路，作业人员缺乏电力安全常识，未采取避让和防护措施直接搬动脚手架导致发生事故
河北万聚房地产开发有限公司万聚·凯旋城综合楼（2014年7月，3人死亡，3人受伤，直接经济损失500余万元）	先中偏西北部布料机处发生陷式跨塌，随即整个顶板一起塌下来	直接原因	(1)高大模板支撑架四周立面无设置竖向剪刀撑，扫地杆处无设置水平剪刀撑，两竖向连续式剪刀撑之间未增加"之"字斜撑 (2)部分相邻对接的接头在同一步距内设置 (3)步距、立杆间距偏大
		间接原因	(1)建设方在不具备法定发包的条件下违法发包 (2)未依法聘用具备相应资质的工程监理单位 (3)施工人员无职业资格证书，安全考核合格证书、岗位证书 (4)未按照规定组织专家对高大模板支撑系统进行论证 (5)未按规定组织事故模架专项验收 (6)大厅周边四层的框架柱与五层楼板混凝土一起浇筑 (7)建设行政主管部门履行施工安全监督职责不到位
湘乡市东山新城市行政中心项目（2014年7月，3人死亡，2人轻伤，直接经济损失约222万元）	当脚手架搭至5～4楼（约16～12m）高时，脚手架突然产生晃动，随即向外倾倒	直接原因	(1)项目负一楼以上的所有连墙件已被截断或拆除的情况下，违章冒险拆除该楼南面6楼高外墙脚手架 (2)外架与幕墙作业与堆放已拆除架管和扣件

续表

项目名称	坍塌破坏模式	事故原因	
湘乡市东山新城市行政中心项目(2014年7月3日,3人死亡,2人轻伤,直接经济损失约222万元)	当脚手架拆至5~4楼(约16~12m)高时,脚手架突然产生晃动,随即向外倾倒	间接原因	(1)外架拆除与幕墙作业人员在同一区域脚手架上施工,未签订安全生产管理协议或指定专职安全员进行安全检查与协调 (2)安全管理人员没有及时发现连墙件被拆前拆除的重大安全隐患 (3)安全教育培训不到位 (4)监理人员发现连墙件被拆除后未采取加固措施,没有督促施工单位整改,也没有报告建设单位,对危险性较大的脚手架拆除施工,没有安排旁站监理 (5)建设行政主管部门履行施工安全监督职责不到位
广州市白云区大源北路林安物流园临街建筑物外立面整饰工程(2014年10月3日,3人死亡,11人受伤,直接经济损失约590万元)	脚手架突然坍塌	直接原因	(1)超载使用脚手架 (2)脚手架连墙件设置不足
		间接原因	(1)建设单位违法建设、违法发包 (2)施工方未取得建筑施工资质的情况下,违法承包(转包)建设工程 (3)没有取得建筑施工资质的情况下,擅自承揽脚手架工程 (4)没有编制安全专项施工方案,架设完成后没有进行验收便投入使用 (5)建设行政主管部门履行施工安全监督职责不到位
吉安市新干嵘源国际度假酒店工程(2014年10月6日,6人死亡,6人受伤,直接经济损失约1117.4万元)	高大模板支撑系统和地下室顶面突然发生坍塌	直接原因	(1)立杆间距过大和水平杆斜杆搭设混乱纵横不交汇,步距和扣件紧固扭矩等参数均不符合方案要求,水平剪刀撑、竖向剪刀撑未设置,且架体未按方案要求设置扣件结构拉结等 (2)钢管检测拉伸试验弯曲试验及时和浇筑时扣件不合格,扣件检测旋转扣件及对接扣件均不合格 (3)后浇带未浇带未及时方案要求及时浇筑,方案未按设计,方案未按方案要求,后浇带下部回顶支撑不符合规范及方案要求,使架体支撑基础的梁板构件承载力不能满足施工和上部架体和施工荷载,导致混凝土梁板坍塌,使得上部高大模板支撑基础失去支撑
		间接原因	(1)未采用招标方式,直接委托工程监理,工程施工违规发包 (2)未办理施工许可证,安全许可证,未签订施工合同 (3)职工教育培训不到位,安全和质量检查不到位 (4)安排无高大模架子工操作资格证书的人员从事支撑架搭设作业 (5)在高大模板支撑系统未通过验收情况下,违规进行后续作业 (6)未履行监理单位的职责,未依照法律、法规和工程建设强制性标准实施监理,聘用不具备岗位执业资格的人员担任现场监理 (7)项目总监理长期不在岗,对项目施工和高大模板支撑系统巡视检查和隐患排查流于形式,违章指挥不到位,对相关违章行为既不制止或提出整改要求,也不向有关单位报告 (8)建设行政主管部门履行施工安全监督职责不到位

续表

项目名称	坍塌破坏模式		事故原因
淮南平圩第三发电有限公司2×1000MW燃煤机组工程铁路专用线项目前站及卸煤站项目支撑系统坍塌(2014年11月,7人死亡,7人受伤,直接经济损失近1000万元)	发现支撑横梁下的钢管弯曲变形,随后已浇筑混凝土部位的支撑系统忽然跨塌	直接原因	现场搭设的模板支撑体系存在重大安全隐患,在混凝土浇筑过程中,立杆出现局部失稳和杆件破坏,进而导致整个支撑系统失稳迅速垮塌
		间接原因	(1)不具备特种作业操作资格人员凭经验搭设板设模板支撑系统 (2)模板支撑系统未经验收,混凝土浇筑令审他程序未完成 (3)监理单位和监理咨询服务单位未认真履行安全职责,总长期不在岗,监理人无注册监理师(员)资格 (4)当地政府对事故预防履行安全综合监督管理职责不到位
唐山市鼎祥锰业有限公司30万吨锰系合金项目1号矿热炉项目(2014年11月,3人死亡,4人受伤,直接经济损失231.4万元)	东侧柱子和梁浇筑完毕后,自东向西进行平台浇筑,浇筑过程中支撑模板突然坍塌	主要原因	(1)立杆间距,扫地杆,水平拉杆设置不满足要求 (2)架体内部未设置剪刀撑,水平剪刀撑及之字撑 (3)支撑体系与主体框架未设置拉结
		间接原因	(1)未编制高大模板专项施工方案并经专家论证 (2)模板支撑体系搭设时未向施工作业人向进行专项技术,安全交底,搭设完毕后未对支撑体系进行专项检查,验收 (3)项目负责人不具备相应的执业资格,部分特种作业人员无证上岗 (4)安全教育责任不到位 (5)监理方对未编制高大模板专项经专家论证便组织施工的行为没有及时制止,未对支撑体系进行专项检查,验收,部分现场监理人员无监理资质 (6)未按规定办理高大模工程质量,安全监督及施工许可证等相关备案手续 (7)建设行政主管部门履行施工安全监督责任不到位
光山县幸福花园(2014年12月,5人死亡,9人受伤,直接经济损失约450万元)	东北角柱子向东倾斜,采用补救措施未果,对模板进行拆除,随即整个楼个体瞬间坍塌	直接原因	(1)未编制安全专项施工方案,未计算地基承载力是否满足荷载要求,未按要求对模板支架承载地基分层压实 (2)未按规范施工作业,引发严重质量问题 (3)框架整体结构发生倾斜后,破坏模板支撑系统,处置方法不当
		间接原因	(1)实际承建人违法挂靠工程承揽工程项目,违法发包工程项目,违法压缩建设资金,未按要求提取安全文明经费,置自变更工程设计,未建立安全生产责任制,未能建立应急救援体系 (2)项目经理,技术负责人,安全管理人员及特种作业人员无证上岗 (3)未编制高大模板安全专项施工方案 (4)监理违法违规行为不制止,不报告,对相关违法违规行为不制止,不报告,工序验收设有形成验收记录;旁站监理不到位 (5)建设行政主管部门履行施工安全监督职责不到位

续表

项目名称	坍塌破坏模式		事故原因
湖南柿子园有色金属有限责任公司在建机修房(2015年1月,6人死亡,5人受伤,直接经济损失788.7万元)	振捣屋面混凝土的地方(北侧中间位置)突然发生凹陷式垮塌,导致屋面板形成南北走向的V字形,并自北向南瞬间坍塌,支模架立杆呈多波弯曲并迅即扭转,整个屋面现浇筑的混凝土连同支模架一起坍塌	直接原因	支模架搭设作业人员不按规范搭设南大支模架,使用不合格模架材料
		间接原因	(1)项目自建设工程违法转包 (2)高大支模架搭设未编制专项施工方案,无计算书,无专家论证 (3)没有安排专职安全生产管理人员进行现场监督 (4)作业人员没有接受安全教育培训,部分特种作业人员无证上岗 (5)未对操作工人进行技术交底,无技术交底 (6)对租赁进场的钢管、扣件、顶托等产品质量没有查验,未督促施工单位编制专项施工方案并进行专家论证,未对事故相关人员任职资格进行查验,无监理单位 (7)监理人员未对支模架进行验收,未按照规定程序确定监理人员到位 (8)无施工许可证;未取得施工许可证 (9)建设行政主管部门履行施工安全监督职责不到位
文山州职教园区学生活动中心在建工程(2015年2月,8人死亡,7人受伤,直接经济损失约1154.68万元)	混凝土浇到总方量的2/3左右时,突然发生坍塌,坍塌为脆性瞬间倒塌	直接原因	架体搭设不规范,构造存在严重缺陷;架体未经计算验证;钢管、托撑存在质量问题;混凝土构件浇筑顺序、浇筑方式存在错误等
		间接原因	(1)施工方未办理合法建筑施工手续,无视和拒绝停工指令通知,多次视施工事故隐患于不顾 (2)未编制模架专项方案,未组织专家论证 (3)模架未经验收,即进行后续施工 (4)框架柱与梁、板一起浇筑,框架柱混凝土未达到相应强度,不能提供有效的侧向支撑 (5)未开展安全教育培训 (6)监理方对施工方拒不停工施工,未采取有效措施进一步制止,也未及时向主管部门报告 (7)建设行政主管部门履行施工安全监督职责不到位
南宁市江南区工业标准厂房工程建设项目(2015年3月,3人死亡,10人受伤,直接经济损失约400万元)	南面外脚手架拆除约2~3步距时,其西段顶部①~⑤轴位置开始发生局部变形失稳,南面外脚手架自上而下,从西向东整体坍塌迅速倒塌	主要原因	(1)外脚手架拆除前连墙件数量严重不足,拉结方式不符合专项施工方案要求 (2)外脚手架拆除使用了不合格扣件 (3)施工作业人员将拆除的钢管、扣件及脚手架堆放于架体上增加荷载
		间接原因	(1)脚手架连墙件拉结方式、数量不符合专项施工方案安全要求等 (2)未审查劳务公司外脚手架拆除作业人员持证上岗情况,施工现场未按规定配备专职安全生产管理人员 (3)安全教育培训不到位 (4)项目部对进场的钢管、扣件抽样检验数量不符合要求 (5)监理管理不力,所签发的《监理工程师通知单》中,对存在的安全隐患未明确指出具体厂房外脚手架施工方案,未收到回复和无复查的情况下签署了实施三号施工同房外脚手架拆除作业人员到位 (6)建设单位未全面落实工程建设主体责任 (7)建设行政主管部门履行施工安全监督职责不到位

续表

项目名称	坍塌破坏模式	事故原因	
潍坊实验中学演艺中心建设项目（2015年4月,4人死亡,2人受伤,直接经济损失约460万元）	混凝土浇筑基本完毕,工人在进行提浆找平时,模板支撑系统坍塌	直接原因	支撑体系基础不牢固,搭设不规范,随意施工,未与四周已完成构件可靠拉结,所使用的钢管、扣件、可调托撑等材质不合格
		间接原因	(1)施工方资质挂靠承建项目,项目肢解非法转包,未向施工现场派驻任何管理人员和技术人员实施管理,违规冒险作业 (2)无模板系统、支撑系统专项方案 (3)监理方对借用资质、层层非法转包分包及施工人员无建筑施工资格等问题险作业和冒险作业不规范施工,对搭设不规范方案、对搭设和冒险作业行为为监理作业不到位 (4)建设行政主管部门履行施工安全监督责任不到位
新乐市金地国际市场在建13号商业楼工程（2015年4月,5人死亡,4人受伤,直接经济损失480万元）	天井部位模板支撑系统瞬间发生整体失稳坍塌	直接原因	(1)模板支撑系统立杆基础,立杆、水平拉杆设置不符合要求,架体内部未设置扫地杆,未设置纵横向支撑及水平垂直剪刀撑,支撑系统与周边主体框架结构未采取固定措施等 (2)风雨过后混凝土浇筑过程中,模板支撑系统周边地基基础沉降不均匀,致使架体承载能力降低、稳定性不足
		间接原因	(1)建设工程各方责任主体未建立齐全有效的安全保证体系,未落实安全生产法律法规、标准规范及安全生产责任制度 (2)模板支撑系统未编制专项施工方案,未进行专家论证,未制定和落实应急救援预案安全保证措施,未按规定对模板支撑系统进行专项验收,风雨过程中未开展针对性检查并未取相应措施 (3)模板支撑系统所使用的钢管、扣件、U形顶托等部分材料截面尺寸不足,锈蚀、变形,承载能力降低 (4)模板支撑系统立杆基础未设置防水、排水设施,立杆底部未铺设符合要求的垫板 (5)模板支撑系统施工人员（项目部负责人,施工现场技术未交底责人、安全管理人员及特种作业人员无证上岗 (6)无第三方单位监理 (7)未办理建设工程规划许可证、施工许可证等相关审批手续 (8)建设行政主管部门履行施工安全监督责任不到位
东莞市深粮物流有限公司粮食仓储及码头配套工程（2015年6月,4人死亡,直接经济损失约450万元）	高处坠落	直接原因	筒仓顶施工降作业过程中,悬挂在两个提升钢管弯曲变形架子上的其中1台手动捯链上吊点失稳和4台手动捯链4个吊点钢管弯曲变形从从钢桁架平台脱落
		间接原因	(1)违法分包给不具备工程劳务资质的人员 (2)现场监理人员在发现模板班组未按照专项论证方案施工时,未及时发出停工通知 (3)项目安全管理人员未对超过一定规模的危险性较大的分部分项工程施工进行现场管理 (4)安全培训和技术交底不到位 (5)建设行政主管部门履行施工安全监督职责不到位

续表

项目名称	坍塌破坏模式		事故原因
苍溪县广明·如意城模板建设项目(2015年11月,直接经济损失近150万元)	负一楼顶板混凝土模板下部的支撑架体突然坍塌	直接原因	(1)施工方案中楼板及个别框架梁荷载取值小于现场施工图设计荷载取值 (2)事故部位模架未按施工方案搭设,立杆间距及水平杆步距过大 (3)使用的钢管规格多日不符合要求 (4)现浇楼板模板支撑体系钢管连接件重量小于标准规定要求
		间接原因	(1)未按照规定由施工项目部技术负责人编制专项施工方案 (2)未取得混凝土浇筑资令的情况下,擅自从事混凝土浇筑作业 (3)未建立安全生产责任落实考核机制,现场安全管理混乱 (4)未按国家有关规定对从业人员进行安全教育和培训 (5)新工艺时,未采取安全防护措施及专门的安全生产教育和培训 (6)监理工程师签发的监理通知单未及时执行 (7)建设行政主管部门履行施工安全监督职责不到位 (8)同年发生两次重大事故后,安监局对综合督查组后续督查工作没有跟踪
辽宁煜桔新型材料基地搅拌楼皮带机输送廊工程(2015年12月,5人死亡,3人受伤,直接经济损失525.144万元)	输送廊顶板及模板支架突然向下滑落并发生坍塌	直接原因	模板支架立杆间多数缺少横向水平连接杆,整体外围设置的竖向剪刀撑不足且未连接,支架扫地杆处,最顶水平杆处,中间部分均未设置水平剪刀撑·模板支架高宽比较大,立杆顶部分悬臂过长
		间接原因	(1)工程建设项目连规规建设、违规施工 (2)没有对《搅拌楼皮带机构输送廊工程施工方案》和"模板支护"分部分项《专项施工方案》进行专家论证 (3)项目部实际负责人无从业资质 (4)现场没有专管理人员进行指挥作业,无专职安全管理人员,致使危险发生前,错过了采取补救措施,撤出危险区域的最佳时机 (5)安全培训教育不到位,作业人员全凭经验施工,且施工过程随意性较大;安全管理人员未能履行工作职责 (6)建设行政主管部门履行施工安全监督职责不到位
四川资阳南骏集团办公楼(2016年1月,3人死亡,1人受伤,直接经济损失约500万元)	脚手架拆除时,脚手架突然整体外倾倒塌	主要原因	(1)脚手架拆除前正立面连墙件严重缺失 (2)脚手架拆除未按规范要求顺序拆除
		间接原因	(1)未编制脚手架专项拆除方案 (2)不具备特种作业资格的人员从事脚手架拆除施工 (3)专职安全管理人员未实施现场监督 (4)拆除前未组织对脚手架进行安全检查和加固 (5)三级安全教育培训不到位,拆除脚手架前未进行安全技术交底 (6)违法分包,安全培训不健全,监理人员未配备安全员 (7)建设行政主管部门履行施工安全监督职责不到位

续表

项目名称	坍塌破坏模式		事故原因
丰润区金域名邸项目4号地块(2016年1月,5人死亡,直接经济损失684.5万元)	大门混凝土浇筑过程中,大门模板及支撑体系突然失稳经失稳坍塌	直接原因	架体局部立杆步距处未设水平杆;架未设水平层剪刀撑或水平剪刀撑;竖向斜杆设置不全;及在支架东西两侧及中间设置了单方向的竖向斜撑;架未与东西两侧建筑结构设置连接装置
		间接原因	(1)不具备施工资质的劳务公司成为实际施工单位,项目负责人及安全管理人员成为项目实际管理人员;(2)未进行模板及支架设计和制定大门专项施工方案;(3)施工图未经审查合格,未进行书面安全技术交底;(4)未设立安全生产管理机构,安全生产管理人员证书过期;(5)未对管理人员和作业人员进行安全生产教育培训;(6)建设行政主管部门履行施工安全监督职责不到位
黔西南州兴仁县博融养生城"博融天街一期~b区车库、物管用房及商业"建设项目(2016年8月,3人死亡,直接经济损失300余万元)	在屋面板混凝土浇筑完毕进行表面清光时,模板及支撑体系坍塌	直接原因	满堂支撑架搭设不满足规范规定的基本构造要求,支撑体系承载力不足,而且地面的距离过大,而且支撑架系发生滑移、扭曲、压曲失稳而整体坍塌。具体分析:(1)扫地杆未按规范过大;(2)立杆间距过大;(3)支撑架纵向未按要求竖向设置剪刀撑;(4)未与成型的结构柱进行有效拉结;(5)支撑架结构的扣件不合格
		间接原因	(1)施工单位未按规定对超过一定规模的危险性较大的分部分项工程编制专项施工方案;未按规定组织专项方案论证审查;(2)安全生产主体责任不落实,施工单位不具备工程建设项目施工资质,项目管理人员不具备相应资质;(3)对施工人员和安全管理人员履行工作职责督促不力,施工人员和安全技术措施和专项施工方案进行审查,未督促施工;(4)管理混乱,安全管理责任不落实;(5)监理单位对监督管理不到位,未到现场履行旁站监理职责;单位对扣件进行抽检,未履行主体责任;(6)建设单位安全责任不到位;(7)相关建设行政主管部门履行施工安全监督职责不到位
浠水散货江合作示范区自来水厂改扩建工程(2016年9月,3人死亡,2人受伤)	由北向南屋面梁板混凝土浇筑,浇至项目西南角时,已浇筑完成屋面板中部模架系统突然发生坍塌	直接原因	支撑架体结构未按排布柱梁、纵横水平杆未设置过大、水平杆步距过大;扫地杆距地面高度过大;纵横及立杆上部自由端接以及重立杆间距过大;立杆接头自由端顺序不符合规范,未按规定设置纵横向剪刀撑、钢管、扣件材料质量不满足规范要求
		间接原因	(1)未办理土地证、施工许可证、浇筑安全和质量监督手续;(2)未编制专项方案和专家论证;(3)未按中标文件派驻管理人员,而委托无资质人员担任项目负责人;(4)未组织相关人员进行验收;(5)监理单位资质证书过期,未及时制止施工违规违法行为,未向建设单位和主管部门报告;(6)劳务违规出借资质、违规分包;(7)建设行政主管部门履行施工安全监督职责不到位

续表

项目名称	坍塌破坏模式		事故原因
金华市东阳市横店镇"梦上海"百老舞汇剧院(20号楼)建设工程(2016年9月,5人死亡,9人受伤,直接经济损失约530万元)	自北往南浇筑1号区块的柱、梁、板,在完成约200m³的混凝土浇筑后,正在浇筑中间位置的梁板时,梁板突然从浇筑处坍塌,梁板的四周部位也随着坍塌	直接原因	高大支模架的搭设结构设计和钢管、扣件质量不符合相关标准和规定,导致模板支架体系承载力严重不足,在混凝土浇筑荷载作用下模板支架整体失稳破坏,造成坍塌
		间接原因	(1)支模架搭设人员和现场施工管理人员未按规定经过专业培训,施工作业人员未经安全生产教育培训持证上岗,未告知建筑行业标准操作规程和违章强行操作的危险 (2)施工组织严重违反建筑施工强制性条文规定,支模架搭设方案未具备安全条件的情况下开工建设,在未收到相关单位施工确认单等情况下开工建设 (3)未严格落实安全生产责任制度,安全生产规章制度和操作规程 (4)工程项目在未取得合法的建设工程规划许可证、施工许可证等相关审批手续,未依法履行工程项目建设程序的情况下开工建设 (5)相关建设行政主管部门履行施工安全监督职责不到位
江西丰城发电厂冷却塔施工(2016年11月,73人死亡,2人受伤,直接经济损失10197.2万元)	沿筒壁圆周方向向两侧连续倾塌坠落,筒壁混凝土及模架体系一起坍塌坠落,坍塌过程中,平桥晃动、倾斜后整体向东倒塌,事故持续时间24秒	直接原因	(1)筒壁混凝土强度不足的情况下,违规拆除事故节段模板,致使该节段筒壁混凝土失去模板支护 (2)坠落物冲击与筒壁内侧连接的平桥附着拉索,导致平桥也整体倒塌
		施工管理因素	(1)拆模前混凝土养护时间减少,混凝土强度发展速度不足 (2)气温骤降,没有采取相应的技术措施加快混凝土强度发展速度 (3)施工方案存在严重缺陷,未制定针对性的拆模作业管理控制措施 (4)对试块送检、拆模等关键工序管理失控
		主要责任主体问题 — 施工、劳务、混凝土供应方	(1)安全生产管理机制不健全 (2)项目部管理不力,现场施工管理混乱 (3)安全技术措施存在严重漏洞 (4)拆模等关键工序管理失控
		工程总承包方	(1)管理层安全生产意识薄弱,安全生产管理机制不健全 (2)对分包单位缺乏有效管控 (3)项目现场管理制度流于形式 (4)部分管理人员无证上岗,不履行岗位职责
		监理方	(1)对项目监督部监督管理不力 (2)对拆模工序等风险控制点失管失控 (3)现场监理工作严重失职

续表

项目名称	坍塌破坏模式	主要责任主体问题		事故原因
江西丰城发电厂冷却塔施工（2016年11月，73人死亡，2人受伤，直接经济损失10197.2万元）	沿筒壁圆周方向向两侧连续倾塌坠落，筒壁混凝土及模架体系一起坠落，坍塌过程中，平桥晃动，倾斜后整体向东倒塌，事故持续时间24秒	工程建设方		（1）未经论证压缩冷却塔工期 （2）项目安全质量监督管理工作不力 （3）项目建设组织管理混乱
		电力工程质量监督总站		（1）违规接受质量监督注册申请 （2）违规组建发电厂三期扩建工程项目站 （3）未依法履行质量监督职责 （4）对项目站质量监督工作失察
湖北麻城五脑山国家森林公园仙山牡丹博览园水上乐园综合楼工程（2017年3月，9人死亡，6人受伤，直接经济损失900万元）	东南角模板突然出现坍塌，随即整个模板支架系统快速向中部塌陷		直接原因	搭设模板支架所用的钢管和构件等材料质量不合格，混凝土浇筑工序不当
			间接原因	（1）施工单位不具备建筑施工资质，违法承包转给不具备资格人员，施工现场负责人、技术人员无证上岗 （2）建设单位未建立安全生产责任制，未取得建筑工程管理资质，违规委托个人进行事故工程的设计；事故单位在未办理相关报建、施工等手续的情况下，违法发包给不具备资质的单位进行施工建设 （3）事故工程建设单位和行政主管部门履行施工安全监督职责不到位
聊城公园首府项目（2017年5月，3人死亡，直接经济损失240万元）	浇筑东侧电梯井出现坍塌，随后重新浇筑该位置，出现电梯井顶板坍塌		直接原因	浇筑混凝土时等折施工并组织施工
			间接原因	（1）个人非法承揽工程并组织施工 （2）人员教育培训及技术交底不到位 （3）未编制专项施工方案 （4）监理在项目施工许可审查、施工方案审核、重点部位监理履行监理职责不到位 （5）未取得施工许可证、未签订专门的安全生产协议 （6）建设行政主管部门履行施工安全监督职责不到位
中梁地产集团徐州旭鑫置业有限公司怡景嘉园建筑工地（2017年8月，5人死亡，1人受伤，直接经济损失约900万元）	拆除到西端约剩有3、4排立杆时，临时钢管支撑结构东侧发生倾斜，临时楼房平台瞬间整体坍塌		直接原因	先拆除下部钢管扣件式支撑结构的上部纵向水平杆、纵向斜撑以及大部分的纵向和横向扫地杆，导致临时楼房平台纵向整体失稳倾塌
			间接原因	（1）建设方为骗取《商品房预售许可证》，在没有任何施工方案和图纸的情况下，用单层图指使施工单位在自然地坪上搭建8栋临时楼房平台 （2）未编制拆除方案 （3）安全监管人员未经考核任职，发现已拆除支撑结构部分杆件存在重大安全隐患，未要求立即整改 （4）监理未对搭建临时楼房平台进行制止、协同提快虚假进度证明资料 （5）建设行政主管部门履行施工安全监督职责不到位

续表

项目名称	坍塌破坏模式		事故原因
上蔡县河南省大程谷农坊食品有限公司一期建设项目（2017年9月，3人死亡，3人受伤，直接经济损失267.86万元）	浅圆仓仓顶顶盖浇筑面从东北侧突然坍塌	主要原因	（1）高大模板支撑系统所使用的钢管壁厚不符合规范要求 （2）扣件质量低下，现场发现出现劈裂、破坏的扣件 （3）支模基础为原状回填土，未进行任何处理，地基过量变形 （4）坍塌现场未发现模板支撑系统与筒体预留通高空间，将模板支撑系统分割构成2个独立受力体系，加大了系统的"高宽比" （5）遭目在模板支撑系统中部预留通高空间，而高大模板支撑系统未布置拉结构造措施 （6）混凝土浇筑过程中存在局部荷载集中，而高大模板支撑系统未布置变形监控点，未对系统水平、垂直位移等情况有效实施监控
		间接原因	（1）无对该项目施工过程的安全检查、验收记录 （2）违法分包给无资质自然人承担危险性较大的分部分项工程施工 （3）高大模板支架搭设人员无证上岗，未进行专项专项施工方案，未编制专项施工方案，未进行技术交底，未进行检查验收 （4）未落实架体巡视、监控措施，未及时发现并控制事故隐患 （5）该工程未依法取得建设工程施工许可证 （6）发现施工单位有违法分包的行为时，未向工程建设主管部门报告 （7）未对危险性较大的分部分项工程进行审查、签字，未督促施工单位编制、审查专项方案及严格按方案实施 （8）工程有关图纸未经施工图审查部门审查核验即组织施工 （9）监理方未督促施工单位编制并审查施工安全专项方案，未对危险性较大的分部分项工程施工方案进行审核通过即组织施工 工程履行劳务站职责，未组织，参与"危大工程"检查验收，发现"危大工程"不安全行为时未履行报告职责和制止义务 （10）建设行政主管部门履行施工安全监督职责不到位
德州经济技术开发区龙溪香岸地下车库工程（2018年8月，6人死亡，2人轻伤，直接经济损失980万元）	在地下车库出入口处顶板混凝土浇筑过程中，发生模板支架整体坍塌	直接原因	未按国家标准进行模板施工，立杆支撑点的工字钢承载力不足导致支撑体系变形过大后，人员违规操作，导致模板支架整体坍塌
		间接原因	（1）项目部管理混乱，安全生产责任制和安全管理规章制度落实严重不到位。施工项目部管理机构不健全，未按合同约定派驻具备资格的人员担任项目经理、派驻现场的安全员等关键岗位人员未以证不符，质量安全保证体系不能有效运转。未对新进场工人开展全员安全教育和培训。未按规定组织安全应急事故演练

续表

项目名称	坍塌破坏模式	事故原因	
德州经济技术开发区龙溪香岸地下车库工程（2018年8月，6人死亡，2人轻伤，直接经济损失980万元）	在地下车库出库入口处底板混凝土浇筑施工过程中，发生模板支架坍塌事故	间接原因	（2）项目部形同虚设，未能有效履行项目部管理职责，安全管理基本失控。专职安全生产管理人员配备不足。将工程全部劳务分包局，对承包人承建的施工现场"以包代管"。事故发生前未对工人进行安全技术交底，搭设前未组织有关人员进行验收，对存在的大量安全隐患未能及时发现并即令浇筑混凝土。 （3）未组织进场施工人员安全教育培训，私自更改施工方案，扣件和模板，致使现场产生大量事故隐患。在未对该部位的模板验收的情况下即浇筑混凝土，且发现事故隐患不上报，违章指挥工人违规操作。 （4）施工劳务分包单位未履行安全生产管理职责。违章指挥工人违规操作，未派班进场管理人员。 （6）相关监理单位安全生产履职尽责落实不到位。对施工、监理单位统一协调管理不力。发包工程监理。对施工中的违章指挥和违规操作行为未及时制止。相关监理项目监理机构和人员，未对工程的重要部位实施旁站监理。设计文件实施监理业务，未按监理文件要求进行实际把关。设计文件实施监理业务，未按监理文件要求进行实际把关。位，未对施工单位人员资格和方案编制落实进行实际把关。 （7）建设行政主管部门履行施工安全监管责任不到位
赣州经开区创业路高架桥I标68号墩柱（2018年9月，4人死亡，直接经济损失660万元）	CYL68号左墩柱在浇筑混凝土过程中，发生整体倾覆，倾覆方向为自西向东（在高架桥进路线方向倾斜）	直接原因	墩柱模板安装不符合规范要求，混凝土浇筑速度相对较快，在缺失多个拉杆等构件的情况下，模板连接法兰焊缝出现开裂，混凝土漏出，引起墩柱模板产生不平衡水平力，导致墩柱发生整体倒塌
		间接原因	（1）施工单位安全责任落实不到位。未按照规范和施工方案的要求进行施工。墩柱施工前，没有编制墩柱施工技术专项施工安全交底。险源辨识与管控中没有墩柱施工作业危险源辨识不足；设备、原料进场。险源辨识与管控繁。项目部编制的《危险源辨识与管控》中没有墩柱施工作业危险源辨识不足；设备、原料进场。险源辨识与管控繁。项目部主要管理人员变更。没有按照变更要求做混凝土防护设施。夜间施工没有照明设施。 （2）监理单位履约履职不到位。监理单位未严格按行相关安装规范。组织钢筋安装不到位。监理人员不足；项目中断以后，未保证项目监理人员到岗。聘用不合格人员担任旁站监理，现场监理对墩柱模板、斜对拉螺杆、锚孔螺栓、缆风绳等关键部件进行检查，漏检漏项，且无书面验收资料。对混凝土浇筑质量未实施。 （3）建设单位落实安全责任不到位。建设单位对施工、监理单位履行合同义务把关不严格，对专业监理人员到位以不监控不到位，特别是对监理单位严格执行监理合同约定的要求，对专业监理义务的行为，没有采取有效的反制措施。 （4）施工安全监管部门履职尽责不到位。施工安全监管部门对施工节点监督把关不够，对重要施工节点安全施工巡查，安全监管人员对针对性对性措施落实不到位

续表

项目名称	坍塌破坏模式	事故原因	
义龙新区黔西南泰龙有限公司(集团)中联冶炼有限公司"就地技改和新增矿热炉、精炼炉、烧结机项目"工程(2018年12月8日,8人死亡、4人受伤,直接经济损失1085万余元)	已经浇筑好的第三层混凝土面板突然发生坍塌坠落	直接原因	搭设的立杆间距、纵横杆步距及相关构造不能满足施工荷载的承载力、刚度、稳定性要求,矿热炉炉芯大模板高支撑系统使用不合格材料搭接,造成已浇筑完毕的混凝土板面失稳坍塌。未设置扫刀撑。具体分析:(1)模板支撑架体搭设不满足规范要求,立杆接长基本在同一高度,部分立杆对接扣件没有交错布置,可调支托螺杆伸出长度超出规范要求,大部分可调支托与立柱上下不在轴心上;所有模板支撑架体未与主体结构柱作固接,框梁、板模板架体、立杆长细比、立杆轴压力不满足要求,严重不符合要求。(2)架体承载力验算不满足要求,稳定性不满足要求;支撑梁架属用的木方和钢管的剪、抗弯、挠度、稳定性不满足要求。(3)所使用的钢管、扣件、顶托质量不满足要求
		责任单位存在的主要问题	(1)没有按照有关法律法规开展建设项目安全预评价、安全设施"三同时",未认真履行安全管理责任,安全生产主体责任不落实,对扩建项目未按照有关规定备项目建设必备手续 (2)建设单位未委托有有资质的单位和个人对项目进行设计;未聘请有资质的单位对扩建项目进行安全和质量管理;没有聘请监理单位进行监理的监理人员对扩建项目进行监理 (3)施工单位不具备施工资质 (4)建设行政主管部门履行施工安全监督职责不到位
莆田市涵江区大洋乡可山村山在建民房(2019年1月5日,5人死亡、3人重伤、4人轻伤,直接经济损失350万元)	模板局部失稳,造成模板支撑体系坍塌、倾覆滑落,引起外墙脚手架二次倒塌	直接原因	在建民房斜屋面部位支撑体系受力不均衡,传力不连续,未拉结形成整体,未针对斜屋面特点采取有效的稳定性差。混凝土浇筑时未对斜屋面采取对称有效方式
		间接原因	(1)凭经验安排工序工作进度、混凝条件较为简易,安全防护措施不落实 (2)建房审批手续不齐、自行设计和施工,自行设计和施工 (3)无视停建通知书 (4)建设行政主管部门履行施工安全监督职责不到位
东阳市南马镇花园村的花园国家居用品市场(2019年1月5日,5人死亡、5人受伤)	在进行三楼屋面构架混凝土浇筑施工时突然发生坍塌	直接原因	支模架体搭设参数没有经过设计计算,搭设构造不符合相关标准的规定,支模架高宽比超过规范的允许值且没有采取扩大下部架体尺寸或其他有效的构造措施等,导致模板支撑搭设质量严重不足,在混凝土浇筑荷载作用下模板支撑整体失稳倾覆破坏
		间接原因	(1)建设单位在未组织专家委员会审定措施方案相应费用的情况下,将工期压缩了41%,导致工期提前紧,引导致施工单位压缩合同工期 (2)施工总包方包审定项目部主要关键岗位人员未到岗履职,特种作业人员无证上岗,模板架专项施工钢管扣件支撑作业,人员未取得关于特种作业一定规模危险性较大分部分项工程,未按照要求编制支撑架专项方案,组织专家论证,施工技术负责人未能认真审查专项施工方案。对质安站及监理单位下达的安全隐患整改要求未认真组织整改,在未按规定完成整改情况下擅自施工

续表

项目名称	坍塌破坏模式		事故原因
东阳市南马镇花园村的花园家居用品市场（2019年1月，5人死亡，5人受伤）	在进行三楼屋面构架混凝土浇筑施工时突然发生坍塌	间接原因	(3)监理单位未按规定对施工项目部、特种作业人员进行资质资格审查，对施工现场分管管理人员不到岗，特种作业人员无证上岗，未能发现危大工程危险性较大的分部分项工程，未编制危大工程专项设计和专项施工方案实施细则。未严格执行劳务监理站监理的相则。对于施工单位未按规定整改重大安全隐患而擅自施工的情况未及时上报有关主管报告部门 (4)设计单位未在设计文件中注明涉及危大工程的重点部位和环节，未提出保障工程周边环境安全和工程施工安全的意见 (5)质安站对检查中发现施工单位有违反项目经理长期不在岗及备案人员和实际人员不一致问题未进行整改督促整改效果
扬州中航宝胜海洋工程电缆项目（2019年3月，7人死亡，4人受伤，直接经济损失约1038万元）	101a号交联立塔东北角16.5~19层处附着式升降脚手架下降作业时发生坠落、坠落过程中与交联立塔底部的落地式脚手架相撞	直接原因	违规采用钢丝绳替代爬架提升支座，人为拆除所有防坠器防倾覆装置，并拔掉吊点控制装置信号，在架体附近吊点局部大引起局部超载吊点，产生连锁反应，造成架体整体坠落，是事故发生的直接原因。作业人员违规在架上作业和落地架上交叉作业是导致事故扩大的直接原因
		间接原因	(1)项目管理混乱，建设单位未认真履行统一协调、管理职责，现场安全管理混乱，项目部安全管理与架子作业时间不一致，作业过程缺乏有效监督 (2)施工总承包单位存在挂靠、违法分包和架子作业时存在违章指挥 (3)工程项目存在挂靠，进行分包施工时，未采取有效措施制止在岗施工的作业行为，未按住房和城乡建设部有关危大工程检查的相关要求检查爬架等问题，未跟踪督促解决项目经理长期不在岗的情况 (4)工程监理不到位，未按危大工程监理相关要求检查爬架等问题有关危大工程监理落实不力 (5)监管责任落实不力
南宁经开区金凯街道居仁村委在建文化长廊舞台（2019年5月，3人死亡，4人受伤）	在建文化长廊舞台浇筑混凝土发生坍塌（尚未公示事故调查报告）	原因	未编制专项施工方案，设计未注明危险性较大分部分项工程的重点部位，未足额支付使用，水平拉结严重缺失，施工中模板支架与外架相连等安全隐患，加之未采取正确施工的错误施工做法
江夏区武汉巴登城生态旅游开发项目一期（1）二标段（2020年1月，6人死亡，6人受伤，直接经济损失约1115万元）	在浇筑门屋面坡面一侧作业中的过程中，门屋面坡面中间部位突然塌陷，随即附近整个门楼全部跨塌	直接原因	(1)门楼高大模板支撑体系未按照施工方案要求进行搭设，部分支架沿梁跨度方向扫地杆，第一步水平杆缺失，使得水平步距超过方案设计步距的两倍以上，部分高大模板支撑体系在搭设完毕后未按要求进行验收 (2)门楼高大模板支撑体系在浇筑时，违反专项施工方案完毕后未按要求的要求，对门楼坡屋面采用不对称浇筑，致使架支架立杆受压 (3)现场浇筑，实际产生的附加弯矩增加了部分梁立杆承受的压力，导致该处架支架立杆受压稳定性不满足设计要求

续表

项目名称	坍塌破坏模式	事故原因	
江夏区武汉巴登城生态旅游开发项目一期—(1)二标段(2020年1月,6人死亡,6人受伤,直接经济损失约1115万元)	在浇筑门楼坡屋面一侧作业面的过程中,门楼中间部位突然塌陷,随即整个门楼全部坍塌	直接原因	(4)现场浇筑完两根框架柱后,未按照方案中"竖向结构强度达到50%以上后,再浇水平构件"的要求,随即开始架板浇筑,由于竖向结构强度不够,致使部分梁钢筋随支架变形下沉,将框架柱拉倒,增加了事故的规模和惨烈程度 部分高大模板支撑体系架体材料(钢管、扣件、可调顶托)不合格,导致架体承载力及稳定性低于专项方案的设计预期
		间接原因	(1)建设单位安全管理责任落实不到位:一是未及时督促项目严格落实危险性较大的分部分项工程的验收工作。二是未及时发现和制止现场违规施工、组织施工行为。三是未按规定组织验收。四是未按规定对高大模板支撑体系施工专项方案进行审查 (2)施工单位安全管理责任落实不到位:一是把劳务工程违法发包给不具备安全生产条件的劳务单位。二是未严格按照方案要求进行高大模板支撑体系搭设,且未严格组织验收。三是模板支撑体系高大模板支撑系统完成后,未按规定组织验收程序,在高大模板支撑体系完成后,未按规定对高大模板支撑体系施工专项方案进行审查。四是盲目组织现场施工,在总监理工程师、在总监理工程师未签署筑施工令的情况下违规组织浇筑施工作业。五是盲目组织施工,组织施工。六是未按要求配备专职安全生产管理人员,项目安全员上岗前未取得有效组织相关安全技术交底。七是未按规定组织开展安全教育培训,在施工作业前未取得有效组织相关安全技术交底,相关工作台账不健全 (3)劳务公司安全生产责任不落实:一是未取得建设施工劳务作业资质及安全生产许可证书,不具备施工劳务工程的资格。二是将劳务工程违法转包给个人及队伍。三是未建立安全生产责任制和安全管理制度,未配备专职或者兼职的安全生产管理人员,无相关安全教育培训和安全检查工作台账。四是未对现场领导和现场监理检查项目监理机构,未合理安排相关组织现场安全监理工作,项目监理人员未经建设施工劳务作业业务培训 (4)监理单位安全监理责任不落实:一是未有效履行施工劳务作业安全验收,未合理安排现场安全监理工作,进场前劳务单位资质把关不严。二是未严格审核劳务支撑搭设后相关资料,事故当天无监理人员在岗,未及时发现存在的安全隐患。三是未高大模板支撑体系检查巡查缺位,事故当天无监理人员在岗,未履行日常项目监理工作。五是未严格审查高大模板支撑体系搭设完毕后相关安全验收,未及时发现和制止现场违规浇筑施工行为 (5)建设行政主管部门履行施工安全监督职责不到位

参 考 文 献

[1] 中华人民共和国国家标准. 建筑施工脚手架安全技术统一标准 GB 51210—2016.

[2] 中华人民共和国国家标准. 钢管脚手架扣件 GB 15831—2006.

[3] 中华人民共和国国家标准. 建筑地基基础设计规范 GB 50007—2011.

[4] 中华人民共和国国家标准. 建筑结构荷载规范 GB 50009—2012.

[5] 中华人民共和国国家标准. 混凝土结构设计规范 GB 50010—2010.

[6] 中华人民共和国国家标准. 钢结构焊接规范 GB 50661—2011.

[7] 中华人民共和国国家标准. 建筑地基基础工程施工质量验收标准 GB 50202—2018.

[8] 中华人民共和国国家标准. 混凝土结构工程施工规范 GB 50666—2011.

[9] 中华人民共和国国家标准. 钢结构工程施工规范 GB 50755—2012.

[10] 中华人民共和国国家标准. 重要用途钢丝绳 GB 8918—2006.

[11] 中华人民共和国国家标准. 高处作业吊篮 GB/T 19155—2017.

[12] 中华人民共和国国家标准. 安全网 GB 5725—2009.

[13] 中华人民共和国国家标准. 冷弯薄壁型钢结构技术规范 GB 50018—2002.

[14] 中华人民共和国国家标准. 钢管脚手架扣件 GB 15831—2006.

[15] 中华人民共和国国家标准. 混凝土模板用胶合板 GB/T 17656—2018.

[16] 中华人民共和国国家标准. 组合钢模板技术规范 GB/T 50214—2013.

[17] 中华人民共和国建筑工程行业标准. 建筑施工门式钢管脚手架安全技术标准 JGJ/T128—2019.

[18] 中华人民共和国行业标准. 建筑施工扣件式钢管脚手架安全技术规范 JGJ130—2011.

[19] 中华人民共和国行业标准. 建筑施工碗扣式钢管脚手架安全技术规范 JGJ166—2016.

[20] 中华人民共和国行业标准. 钢管满堂支架预压技术规程 JGJ/T194—2009.

[21] 中华人民共和国行业标准. 建筑施工工具式脚手架安全技术规范 JGJ202—2010.

[22] 中华人民共和国行业标准. 建筑施工临时支撑结构技术规范 JGJ300—2013.

[23] 中华人民共和国行业标准. 建筑施工承插型盘扣式钢管支架安全技术规程 JGJ231—2010.

[24] 中华人民共和国行业标准. 组合铝合金模板工程技术规程 JGJ386—2016.

[25] 中华人民共和国行业标准. 液压升降整体脚手架安全技术标准 JGJ/T183—2019.

[26] 中华人民共和国行业标准. 钢筋焊接及验收规程 JGJ 18—2012.

[27] 中华人民共和国行业标准. 建筑施工高处作业安全技术规范 JGJ 80—2016.

[28] 中华人民共和国行业标准. 液压爬升模板工程技术标准 JGJ/T 195—2018.

[29] 中华人民共和国住房和城乡建设部令第 37 号. 危险性较大的分部分项工程安全管理规定

[30] 高淑娴. 危险性较大工程安全监管制度与专项方案范例-模架工程 [M]. 北京：中国建筑工业出版社，2017.

[31] 北京土木建筑学会. 建筑工程施工安全专项方案编制与实例 [M]. 北京：冶金工业出版社，2015.

[32] 江西省建设工程安全质量监督管理局. 危险性较大工程安全监管及安全专项施工方案编制指南 [M]. 北京：中国建筑工业出版社，2012.

[33] 刘新. 建设工程安全专项施工方案编制实务 [M]. 北京：中国建筑工业出版社，2015.

[34] 张彤炜，周书东，麦镇东，等. 装配式建筑信息管理系统设计与应用 [J]. 工程经济，2019，29 (09)：22-24.

[35] 张彤炜，周书东，麦镇东，等. 超高层建筑顶升模架施工关键技术 [C]. //中国建设科技集团股份有限公司，中国建筑学会工程建设学术委员会，昌宜（天津）模板租赁有限公司，《施工技术》杂志社. 2019 全国模板脚手架工程创新技术交流会暨首届工程建设行业杰出科技青年论坛论文集.

[36] 高扬，庄寿松，罗金龙，等. 浅议高层住宅外脚手架选型对比分析 [J]. 施工技术，2018，47 (S1)：273-274.

[37] 金振，朱云良，周剑刚. 超高层建筑模架选型与应用技术 [J]. 施工技术，2017，46 (14)：61-65.

[38] 蒋卓生. 浅析高支模支撑系统优化选型 [J]. 城市建筑，2013 (16)：212＋215.

[39] 魏承祖，陆建飞. 绿地·中央广场液压爬模选型及施工关系分析 [J]. 施工技术，2013，42 (14)：69-72.

[40] 陈新福. 危险性较大脚手架工程安全专项施工方案的编制方法研究及配套软件开发 [D]. 南昌大学，2007.

[41] 陈安英，郭正兴. 超常规混凝土结构施工中高支模架的选型研究 [J]. 建筑施工，2007 (05)：346-348.

［42］ 黄跃明. 关于超危模板支撑工程简易判断与计算的探讨［J］. 福建建筑，2020（01）：68-71.

［43］ 赵娣. 扣件式高支模架安全施工方案评审程序［D］. 郑州大学，2014.

［44］ 闫金鹏. 2009 年至 2017 年房屋市政工程建设领域生产安全事故分析与安全控制重点［J］. 建筑安全，2019，34（02）：61-63.

［45］ 宋云珍. 高大模板事故原因与预防对策的研究［D］. 南昌大学，2016.

［46］ 谢楠，梁仁钟，王晶晶. 高大模板支架中人为过失发生规律及其对结构安全性的影响［J］. 工程力学，2012，29（S1）：63-67.

［47］ 张虎. 高大模板支撑体系施工安全风险管理研究［D］. 西安建筑科技大学，2012.

［48］ 郑屹峰. 建筑施工脚手架安全事故分析［D］. 中南大学，2010.